国家电网
STATE GRID

U0879981

电网企业专业技能考核题库

抄表核算收费员

（下册）

国网宁夏电力有限公司　编

中国电力出版社
CHINA ELECTRIC POWER PRESS

内 容 提 要

本书编写依据国家职业技能鉴定、电力行业职业技能鉴定与国家电网有限公司技能等级评价（认定）相关制度、规范、标准，立足宁夏电网生产实际，融合新型电力系统构建及新时代技能人才发展目标要求。本书主要内容为电网企业技能人员技能等级认定与评价实操试题，包含技能笔答及技能操作两大部分，其中技能笔答主要以问答题形式命题，技能操作以任务书形式命题，均明确了各个环节的考核知识点、标准答案和评分标准。

本书为电网企业生产技能人员的培训教学用书，可供从事相应职业（工种）技能人员学习参考，也可作为电力职业院校教学参考书。

图书在版编目（CIP）数据

抄表核算收费员：全2册/国网宁夏电力有限公司编. —北京：中国电力出版社，2022.9
电网企业专业技能考核题库
ISBN 978-7-5198-6934-2

Ⅰ. ①抄…　Ⅱ. ①国…　Ⅲ. ①电能–电量测量–职业技能–鉴定–习题集　Ⅳ. ①TM933.4-44

中国版本图书馆CIP数据核字（2022）第133748号

出版发行：中国电力出版社
地　　址：北京市东城区北京站西街19号（邮政编码100005）
网　　址：http://www.cepp.sgcc.com.cn
责任编辑：马　丹（010-63412725）　霍　妍
责任校对：黄　蓓　朱丽芳　马　宁
装帧设计：郝晓燕
责任印制：钱兴根

印　　刷：望都天宇星书刊印刷有限公司
版　　次：2022年9月第一版
印　　次：2022年9月北京第一次印刷
开　　本：889毫米×1194毫米　16开本
印　　张：52.75
字　　数：1516千字
定　　价：200.00元（全2册）

《电网企业专业技能考核题库　抄表核算收费员》

编　委　会

《电网企业专业技能考核题库　抄表核算收费员》

编　写　组

主　　编　岳东明

副主编　路　洁

编写人员　潘丽娟　郑小贤　牛文浩　叶　赞　王　蕾
周　旎　胡元杰　朱　静　杨家华　芦　佳
马丽萍　乔立平　赵风玲　熊会荣　李　彬
童嘉瑞

审稿人员　王　沛　秦　蕊　刘国洋　李靖波　张馨月
廖春光　马　林　李田鹏　马燕玲　刘新会
刘建伟　丁丽琼　张晓犁　张韶静　王亚婷
张　洁　沈卫明　马惠蓉　陈一平

前言

国网宁夏电力有限公司以国家职业技能鉴定、电力行业职业技能鉴定与国家电网有限公司技能等级评价（认定）相关制度、规范、标准为依据，主要针对电网企业各类技能工种的初级工、中级工、高级工、技师、高级技师等人员，以专业操作技能为主线，立足宁夏电网生产实际，结合新型电力系统构建要求，编写了《电网企业专业技能考核题库》丛书。丛书在编写原则上，以职业能力建设为核心；在内容定位上，突出针对性和实用性，涵盖了国家电网有限公司相关政策、标准、规程、规定及现代电力系统新设备、新技术、新知识、新工艺等内容。

丛书的深度、广度遵循了“适应发展需求、立足实践应用”的工作思路，全面涵盖了国家电网有限公司技能等级评价（认定）内容，能够为国网宁夏电力有限公司实施技能等级评价（认定）专业技能考核命题提供依据，也可服务于同类电网企业技能人员能力水平的考核与认定。本套丛书可供电网企业技能人员学习参考，可作为电网企业生产技能人员的培训教学用书，也可作为电力职业院校教学参考用书。

由于时间和水平有限，难免存在疏漏之处，恳请各位专家和读者提出宝贵意见。

声 明

目　录

下　册

第二部分 抄表核算收费员技能操作

第一章　初　级　工

Jc0001562001　电费差错率计算、原因分析及整改措施。（100分）

考核知识点：实抄率、抄表准确率、抄表差错率的概念及计算公式

难易度：中

技能等级评价专业技能考核操作工作任务书

一、任务名称

电费差错率计算、原因分析及整改措施。

二、适用工种

抄表核算收费员初级工。

三、具体任务

某供电所当月应抄表户数为56 000户，实抄表户数为50 000户，电费核算发行后，在核算检查中发现10户少抄电量、10户多抄电量，另有10户电价执行错误。请计算该供电所当月电费差错率，分析差错原因并提出整改措施。

四、工作规范及要求

列式计算电费差错率，正确分析原因，写出至少5条整改措施，数值保留两位小数。

五、考核及时间要求

本考核时间为20分钟，要求答题完整，文字描述应清晰、规范。

技能等级评价专业技能考核操作评分标准

工种	抄表核算收费员					评价等级	初级工
项目模块	抄表管理—抄表作业流程及规范—差错率				编号	Jc0001562001	
单位		准考证号				姓名	
考试时限	20分钟	题型		综合操作		题分	100分
成绩		考评员		考评组长		日期	
试题正文	电费差错率计算、原因分析及整改措施						
需要说明的问题和要求	（1）要求单人完成。 （2）列式计算，分析原因正确，对应措施有效						

序号	项目名称	质量要求	满分	扣分标准	扣分原因	得分
1	电费差错率	计算正确	30	公式错误扣20分，计算结果错误扣10分，扣完为止		
2	分析原因	写出2条，分析正确	20	每错、漏写一条扣10分，扣完为止		
3	整改措施	写出5条，措施有效	50	每错、漏写一条扣10分，扣完为止		
合计			100			

Jc0001561002　简述新建抄表段的业务流程。（100分）

考核知识点：抄表工作的内容

难易度： 易

技能等级评价专业技能考核操作工作任务书

一、任务名称

简述新建抄表段的业务流程。

二、适用工种

抄表核算收费员初级工。

三、具体任务

绘制新建抄表段业务流程图及所对应的工作内容。

四、工作规范及要求

按照营销业务应用系统规范流程填写。

五、考核及时间要求

本考核时间为 20 分钟，要求操作步骤正确，文字描述应清晰。

技能等级评价专业技能考核操作评分标准

工种	抄表核算收费员			评价等级	初级工
项目模块	抄表管理—抄表作业流程及规范—抄表工作流程		编号	Jc0001561002	
单位		准考证号		姓名	
考试时限	20 分钟	题型	综合操作	题分	100 分
成绩		考评员	考评组长		日期
试题正文	简述新建抄表段的业务流程				
需要说明的问题和要求	（1）要求单人完成。 （2）步骤规范、流程完整准确清晰				

序号	项目名称	质量要求	满分	扣分标准	扣分原因	得分
1	新建抄表段工作内容	各环节工作内容完整	40	每个环节工作内容不完整扣 20 分，扣完为止		
2	业务流程图	流程完整准确	60	每个流程步骤错误扣 10 分，扣完为止		
合计			100			

Jc0001541003 查询居民客户日用电量及月末冻结表码。（100 分）

考核知识点： 远程抄表的抄表原理、操作流程和注意事项

难易度： 易

技能等级评价专业技能考核操作工作任务书

一、任务名称

查询居民客户日用电量及月末冻结表码。

二、适用工种

抄表核算收费员初级工。

三、具体任务

在用电信息采集系统中查询某一居民客户某月 1～10 日每日总用电量及当月月末冻结表码，并将其填写在答题纸上。

四、工作规范及要求

填写查询客户编号、户名及对应的需要查询内容。

五、考核及时间要求

本考核时间为10分钟，时间到应立即停止操作。

技能等级评价专业技能考核操作评分标准

<table>
<tr><td>工种</td><td colspan="6">抄表核算收费员</td><td>评价等级</td><td colspan="2">初级工</td></tr>
<tr><td>项目模块</td><td colspan="5">抄表管理—抄表方式</td><td>编号</td><td colspan="3">Jc0001541003</td></tr>
<tr><td>单位</td><td colspan="3"></td><td>准考证号</td><td colspan="2"></td><td>姓名</td><td colspan="2"></td></tr>
<tr><td>考试时限</td><td colspan="2">10分钟</td><td>题型</td><td colspan="3">单项操作</td><td>题分</td><td colspan="2">100分</td></tr>
<tr><td>成绩</td><td></td><td>考评员</td><td></td><td>考评组长</td><td colspan="2"></td><td>日期</td><td colspan="2"></td></tr>
<tr><td>试题正文</td><td colspan="9">查询居民客户日用电量及月末冻结表码</td></tr>
<tr><td>需要说明的问题和要求</td><td colspan="9">（1）要求单人完成。
（2）填写查询客户编号、户名及对应的需要查询内容</td></tr>
<tr><td>序号</td><td>项目名称</td><td colspan="2">质量要求</td><td>满分</td><td colspan="3">扣分标准</td><td>扣分原因</td><td>得分</td></tr>
<tr><td>1</td><td>户号、户名</td><td colspan="2">填写正确</td><td>10</td><td colspan="3">错误一项扣5分，扣完为止</td><td></td><td></td></tr>
<tr><td>2</td><td>1～10日每日总用电量</td><td colspan="2">填写正确</td><td>80</td><td colspan="3">错误一项扣8分，扣完为止</td><td></td><td></td></tr>
<tr><td>3</td><td>年月、月末冻结表码</td><td colspan="2">填写正确</td><td>10</td><td colspan="3">错误一项扣5分，扣完为止</td><td></td><td></td></tr>
<tr><td colspan="2">合计</td><td colspan="2"></td><td>100</td><td colspan="3"></td><td></td><td></td></tr>
</table>

Jc0001541004　查询专用变压器客户日用电量及月末冻结表码。(100分)

考核知识点： 远程抄表的抄表原理、操作流程和注意事项

难易度： 易

技能等级评价专业技能考核操作工作任务书

一、任务名称

查询专用变压器客户日用电量及月末冻结表码。

二、适用工种

抄表核算收费员初级工。

三、具体任务

在用电信息采集系统中查询某一专用变压器客户某月1～10日每日总有功电量及当月月末冻结总有功表码，并将其填写在答题纸上。

四、工作规范及要求

填写查询客户编号、户名及对应的需要查询内容。

五、考核及时间要求

本考核时间为10分钟，时间到应立即停止操作。

技能等级评价专业技能考核操作评分标准

<table>
<tr><td>工种</td><td colspan="5">抄表核算收费员</td><td>评价等级</td><td>初级工</td></tr>
<tr><td>项目模块</td><td colspan="4">抄表管理—抄表方式</td><td>编号</td><td colspan="2">Jc0001541004</td></tr>
<tr><td>单位</td><td colspan="2"></td><td>准考证号</td><td colspan="2"></td><td>姓名</td><td></td></tr>
<tr><td>考试时限</td><td>10分钟</td><td>题型</td><td colspan="3">单项操作</td><td>题分</td><td>100分</td></tr>
</table>

续表

成绩		考评员		考评组长		日期		
试题正文	查询专用变压器客户日用电量及月末冻结表码							
需要说明的问题和要求	（1）要求单人完成。 （2）填写查询客户编号、户名及对应的需要查询内容							

序号	项目名称	质量要求	满分	扣分标准	扣分原因	得分
1	户号、户名	填写正确	10	错误一项扣 5 分，扣完为止		
2	1～10 日每日总用电量	填写正确	80	错误一项扣 8 分，扣完为止		
3	年月、月末冻结表码	填写正确	10	错误一项扣 5 分，扣完为止		
合计			100			

Jc0001541005 查询光伏客户日发电量及月末冻结表码。（100 分）

考核知识点：远程抄表的抄表原理、操作流程和注意事项

难易度：易

技能等级评价专业技能考核操作工作任务书

一、任务名称

查询光伏客户日发电量及月末冻结表码。

二、适用工种

抄表核算收费员初级工。

三、具体任务

在用电信息采集系统中查询某一低压发电客户某月 1～10 日每日发电量及当月月末冻结表码，并将其填写在答题纸上。

四、工作规范及要求

填写查询客户编号、户名及对应的需要查询内容。

五、考核及时间要求

本考核时间为 10 分钟，时间到应立即停止操作。

技能等级评价专业技能考核操作评分标准

工种	抄表核算收费员					评价等级	初级工
项目模块	抄表管理—抄表方式				编号	Jc0001541005	
单位			准考证号			姓名	
考试时限	10 分钟		题型	单项操作		题分	100 分
成绩		考评员		考评组长		日期	
试题正文	查询光伏客户日发电量及月末冻结表码						
需要说明的问题和要求	（1）要求单人完成。 （2）填写查询客户编号、户名及对应的需要查询内容						

序号	项目名称	质量要求	满分	扣分标准	扣分原因	得分
1	户号、户名	填写正确	10	错误一项扣 5 分，扣完为止		
2	1～10 日每日总用电量	填写正确	80	错误一项扣 8 分，扣完为止		
3	日期、月末冻结表码	填写正确	10	错误一项扣 5 分，扣完为止		
合计			100			

Jc0001541006　用电信息采集系统正确抄录相关参数。（100分）

考核知识点：远程抄表的抄表原理、操作流程和注意事项

难易度：易

技能等级评价专业技能考核操作工作任务书

一、任务名称

用电信息采集系统正确抄录相关参数。

二、适用工种

抄表核算收费员初级工。

三、具体任务

已知某供电公司客户的表号为××，请使用营销业务应用系统和用电信息采集系统完成以下任务。

（1）在营销业务应用系统中查询出该客户户号及终端地址。

（2）召测该电能表上两月月末冻结表码、上一月月末冻结表码、当前表码。

（3）请在营销系统中查询上两月、上一月发行的电量电费，并核实发行抄见电量与采集系统是否一致。

（4）在桌面以准考证号为名称建立文件夹，将电费清单、表码截图存入该文件夹中。

四、工作规范及要求

（1）在使用用电信息采集系统及营销业务应用系统功能时，不得进行其他无关操作。

（2）自备钢笔或圆珠笔、计算器。

（3）要求上两月月末冻结表码、上一月月末冻结表码、当前表码值等结果需提供截图；电费清单需导出。

五、考核及时间要求

本考核时间为30分钟，计时结束停止考评。

技能等级评价专业技能考核操作评分标准

工种	抄表核算收费员					评价等级	初级工
项目模块	抄表管理—抄表方式				编号	Jc0001541006	
单位			准考证号			姓名	
考试时限	30分钟		题型	单项操作		题分	100分
成绩		考评员		考评组长		日期	
试题正文	用电信息采集系统正确抄录相关参数						
需要说明的问题和要求	无						

序号	项目名称	质量要求	满分	扣分标准	扣分原因	得分
1	用电信息采集系统操作	通过终端地址进行实时数据召测，通过户号查询该表上一月、上两月冻结表码，提供上一月、上两月冻结表码截图	40	每个数据项错误扣10分，无截图每项扣5分，扣完为止		
2	营销系统操作	通过表号正确查询户号，在客户档案中查询终端地址，通过户号查询上两月、上一月电费清单，导出上两月、上一月电费清单，正确判断营销系统发行抄见电量与采集系统是否一致	50	每一项错误扣分10分，扣完为止		

续表

序号	项目名称	质量要求	满分	扣分标准	扣分原因	得分
3	计算机桌面系统	按要求建立文件夹，并将文件存入文件夹中	10	未按要求建立文件夹或未将文件保存至指定位置，每一项各扣 5 分，扣完为止		
合计			100			

Jc0001541007　单相电能表参数抄读。（100 分）

考核知识点：用电信息采集系统操作

难易度：易

技能等级评价专业技能考核操作工作任务书

一、任务名称

单相电能表参数抄读。

二、适用工种

抄表核算收费员初级工。

三、具体任务

在用电信息采集系统中查询某一低压客户当前表计执行电价和剩余金额并填写在答题纸上。

四、工作规范及要求

填写查询客户编号、户名及对应的需要查询内容。

五、考核及时间要求

本考核时间为 10 分钟，时间到应立即停止操作。

技能等级评价专业技能考核操作评分标准

<table>
<tr><td>工种</td><td colspan="5">抄表核算收费员</td><td>评价等级</td><td colspan="2">初级工</td></tr>
<tr><td>项目模块</td><td colspan="4">抄表管理—抄表方式</td><td>编号</td><td colspan="3">Jc0001541007</td></tr>
<tr><td>单位</td><td colspan="3"></td><td>准考证号</td><td></td><td>姓名</td><td colspan="2"></td></tr>
<tr><td>考试时限</td><td colspan="2">10 分钟</td><td>题型</td><td colspan="2">单项操作</td><td>题分</td><td colspan="2">100 分</td></tr>
<tr><td>成绩</td><td></td><td>考评员</td><td></td><td>考评组长</td><td></td><td>日期</td><td colspan="2"></td></tr>
<tr><td>试题正文</td><td colspan="8">单相电能表参数抄读</td></tr>
<tr><td>需要说明的问题和要求</td><td colspan="8">（1）要求单人完成。
（2）填写查询客户编号、户名及对应的需要查询内容</td></tr>
<tr><td>序号</td><td>项目名称</td><td colspan="2">质量要求</td><td>满分</td><td colspan="2">扣分标准</td><td>扣分原因</td><td>得分</td></tr>
<tr><td>1</td><td>户号、户名</td><td colspan="2">填写正确</td><td>10</td><td colspan="2">错误一项扣 5 分，扣完为止</td><td></td><td></td></tr>
<tr><td>2</td><td>阶梯电价</td><td colspan="2">填写正确</td><td>40</td><td colspan="2">错误一项扣 10 分，扣完为止</td><td></td><td></td></tr>
<tr><td>3</td><td>费率电价</td><td colspan="2">填写正确</td><td>40</td><td colspan="2">错误一项扣 10 分，扣完为止</td><td></td><td></td></tr>
<tr><td>4</td><td>剩余金额</td><td colspan="2">填写正确</td><td>10</td><td colspan="2">错误扣 10 分</td><td></td><td></td></tr>
<tr><td colspan="2">合计</td><td colspan="2"></td><td>100</td><td colspan="2"></td><td></td><td></td></tr>
</table>

Jc0001542008　单相电能表抄读、异常处理。(100 分)

考核知识点：抄表异常分析及处理

难易度：中

技能等级评价专业技能考核操作工作任务书

一、任务名称

单相电能表抄读、异常处理。

二、适用工种

抄表核算收费员初级工。

三、具体任务

（1）抄读指定单相电能表，完成铭牌信息及表 Jc0001542008 内示数信息填写。

表 Jc0001542008

电能表铭牌参数		表内信息	
电能表出厂编号		当前总电量	
额定电压		上一月总电量	
标定电流及最大电流		剩余金额	
接线方式		电压	
准确度等级		电流	

（2）笔答现场发现的电能表异常。

（3）填写表计异常单。

四、工作规范及要求

（1）着装符合要求，穿全棉长袖工作服、绝缘鞋，戴安全帽、线手套。

（2）携带自备工具（钢笔或中性笔、线手套）进入现场，待考评老师宣布许可工作命令后开始工作并计时。

（3）打开计量柜（箱）门之前必须对柜（箱）体验电，现场操作严格执行《国家电网有限公司营销现场作业安全工作规程（试行）》的相关规定。

（4）工作结束清理现场，并向监考老师报告。

五、考核及时间要求

（1）本考核时间限定为 20 分钟，计时结束停止考评。

（2）故障查找过程中，如确实不能查找出故障，可向考评员申请排除故障，该项故障项目不得分，但不影响其他项目。

技能等级评价专业技能考核操作评分标准

<table>
<tr><td>工种</td><td colspan="5">抄表核算收费员</td><td>评价等级</td><td>初级工</td></tr>
<tr><td>项目模块</td><td colspan="4">抄表管理—抄表方式</td><td>编号</td><td colspan="2">Jc0001542008</td></tr>
<tr><td>单位</td><td colspan="2"></td><td>准考证号</td><td colspan="2"></td><td>姓名</td><td></td></tr>
<tr><td>考试时限</td><td>20 分钟</td><td>题型</td><td colspan="3">单项操作</td><td>题分</td><td>100 分</td></tr>
<tr><td>成绩</td><td></td><td>考评员</td><td></td><td>考评组长</td><td></td><td>日期</td><td></td></tr>
<tr><td>试题正文</td><td colspan="7">单相电能表抄读、异常处理</td></tr>
</table>

续表

需要说明的问题和要求	（1）要求单人操作。 （2）操作应注意安全，按照标准化作业书的技术安全说明做好安全措施					
序号	项目名称	质量要求	满分	扣分标准	扣分原因	得分
1	安全文明生产	戴安全帽，穿全棉长袖工作服，穿绝缘鞋，操作时戴线手套，打开柜门前需先验电	10	每一项未按要求进行扣 5 分，扣完为止		
2	电能表抄读	电能表铭牌信息填写正确规范，表内示数信息填写正确规范	40	表格内每项数据未填写或填写错误扣 4 分，扣完为止		
3	判断电能表异常	正确识别电能表异常	20	漏答、错答一项异常扣 10 分，扣完为止		
4	填写表计异常单	异常单内容填写完整、正确	20	漏填、错填一项扣 2 分，扣完为止		
5	现场恢复	操作结束后清理现场杂物，并将工器具归位摆放整齐	10	现场留有杂物或工器具未归位扣 10 分		
合计			100			

Jc0001542009　电能表抄读异常处理。(100 分)

考核知识点：抄表异常分析及处理

难易度：中

技能等级评价专业技能考核操作工作任务书

一、任务名称

电能表抄读异常处理。

二、适用工种

抄表核算收费员初级工。

三、具体任务

经过稽查人员现场核实，发现某供电公司存在人为修改用电信息采集表码的现象（现场表码为 213.33，SG186 营销系统内为 189），且对于采集不成功的客户没有现场核实，不能及时将现场电能表示数录入营销系统，存在漏抄风险。试分析产生上述问题的原因并说明违反了哪些规定。

四、工作规范及要求

问题回答全面，准确，条理清晰。

五、考核及时间要求

本考核时间为 20 分钟，文字描述清晰，术语规范。

技能等级评价专业技能考核操作评分标准

<table>
<tr><td>工种</td><td colspan="6">抄表核算收费员</td><td>评价等级</td><td>初级工</td></tr>
<tr><td>项目模块</td><td colspan="5">抄表管理—抄表作业流程及规范</td><td>编号</td><td colspan="2">Jc0001542009</td></tr>
<tr><td>单位</td><td colspan="3"></td><td>准考证号</td><td colspan="2"></td><td>姓名</td><td></td></tr>
<tr><td>考试时限</td><td colspan="2">20 分钟</td><td>题型</td><td colspan="3">综合操作</td><td>题分</td><td>100 分</td></tr>
<tr><td>成绩</td><td></td><td>考评员</td><td></td><td>考评组长</td><td colspan="2"></td><td>日期</td><td></td></tr>
<tr><td>试题正文</td><td colspan="8">电能表抄读异常处理</td></tr>
<tr><td>需要说明的问题和要求</td><td colspan="8">（1）要求单人完成。
（2）问题回答全面，准确，条理清晰</td></tr>
</table>

续表

序号	项目名称	质量要求	满分	扣分标准	扣分原因	得分
1	存在的问题	存在问题分析准确、全面	40	问题分析不准确、全面扣 40 分		
2	违反规定	正确写出相关规定	60	内容错误扣 60 分		
合计			100			

Jc0001542010　营销业务应用系统——客户档案基本信息查询。（100 分）

考核知识点：系统操作

难易度：中

技能等级评价专业技能考核操作工作任务书

一、任务名称

营销业务应用系统——客户档案基本信息查询。

二、适用工种

抄表核算收费员初级工。

三、具体任务

（1）熟练操作营销业务应用系统。

（2）通过营销业务应用系统查询户号 1010351830 的户名、城乡类别、客户分类、行业分类、用电容量、用电类别、供电电压、立户日期、是否开通远程购电、预留电话等信息。

（3）将该客户基本信息保存在桌面文件“基本信息”，并将此文件另存为单位+客户姓名.xls（如中卫公司张三的文件名应为中卫张三.xls）。

（4）写出国家电网有限公司供电服务“十项承诺”中关于此类客户快速抢修及时复电的要求。

四、工作规范及要求

（1）电教室独立完成。

（2）电脑可以登录系统内网并可登录相应业务应用系统。

（3）时间到应立即停止答题，离开考试场地。

（4）考核中出现下列情况之一的，本次考核成绩为 0 分：

1）非独立完成；

2）在规定时限内，未提交答卷或未发起相应业务流程。

（5）考生不得询问与考试内容无关的问题，考评员不得提示与考试有关的内容。

五、考核及时间要求

本考核时间为 15 分钟，按照技能操作记录单的操作要求进行操作，正确记录查询结果。

技能等级评价专业技能考核操作评分标准

工种	抄表核算收费员					评价等级	初级工
项目模块	抄表管理—抄表作业流程及规范				编号	Jc0001542010	
单位			准考证号			姓名	
考试时限	15 分钟		题型	单项操作		题分	100 分
成绩		考评员		考评组长		日期	
试题正文	营销业务应用系统——客户档案基本信息查询						

续表

<table>
<tr><td>需要说明的问题和要求</td><td colspan="6">（1）独立完成，考试一人一桌一机。
（2）预装好相应 Office 软件、95598 业务支持系统、营销业务应用系统、用电信息采集系统。
（3）通过营销业务应用系统查询户号 1010351830 的户名、城乡类别、客户分类、行业分类、用电容量、用电类别、供电电压、立户日期、是否开通远程购电、预留电话等信息。
（4）将该客户基本信息保存在桌面文件“基本信息”，并将此文件另存为单位+客户姓名.xls（如中卫公司张三的文件名应为中卫张三.xls）。
（5）写出国家电网有限公司供电服务“十项承诺”中关于此类客户快速抢修及时复电的要求</td></tr>
<tr><td>序号</td><td>项目名称</td><td>质量要求</td><td>满分</td><td>扣分标准</td><td>扣分原因</td><td>得分</td></tr>
<tr><td>1</td><td>客户信息统一视图</td><td>正确查询相关数据明细</td><td>60</td><td>数据查询错误，每项扣 10 分，扣完为止</td><td></td><td></td></tr>
<tr><td>2</td><td>查询数据保存</td><td>按要求进行文件命名并按指定格式保存在指定路径</td><td>20</td><td>未按要求命名扣 10 分，保存格式或保存路径不正确扣 10 分，扣完为止</td><td></td><td></td></tr>
<tr><td>3</td><td>描述国家电网有限公司供电服务“十项承诺”中关于此类客户快速抢修及时复电的要求</td><td>正确描述国家电网有限公司供电服务“十项承诺”中关于此类客户快速抢修及时复电的要求</td><td>20</td><td>描述不清楚或不全面扣 10 分，扣完为止</td><td></td><td></td></tr>
<tr><td colspan="2">合计</td><td></td><td>100</td><td></td><td></td><td></td></tr>
</table>

Jc0001541011　营销业务应用系统——客户电源信息查询。（100 分）

考核知识点：系统操作

难易度：易

技能等级评价专业技能考核操作工作任务书

一、任务名称

营销业务应用系统——客户电源信息查询。

二、适用工种

抄表核算收费员初级工。

三、具体任务

（1）熟练操作 95598 业务支持系统、营销业务应用系统、用电信息采集系统。

（2）通过营销业务应用系统查询户号 1010351830 的电源编号、电源类别、供电电压、供电容量、电源相数、变电站、供电线路、供电台区、产权分界点等信息。

（3）将该客户基本信息保存在桌面文件“客户电源信息”，并将此文件另存为单位+客户姓名.xls（如中卫公司张三的文件名应为中卫张三.xls）。

四、工作规范及要求

（1）电教室独立完成。

（2）电脑可以登录系统内网并可登录相应业务应用系统。

（3）时间到应立即停止答题，离开考试场地。

（4）考核中出现下列情况之一的，本次考核成绩为 0 分：

1）非独立完成；

2）在规定时限内，未提交答卷或未发起相应业务流程。

（5）考生不得询问与考试内容无关的问题，考评员不得提示与考试有关的内容。

五、考核及时间要求

本考核时间为 15 分钟，按照技能操作记录单的操作要求进行操作，正确记录查询结果。

技能等级评价专业技能考核操作评分标准

<table>
<tr><td>工种</td><td colspan="5">抄表核算收费员</td><td>评价等级</td><td colspan="3">初级工</td></tr>
<tr><td>项目模块</td><td colspan="4">抄表管理—应收审核管理—电价管理</td><td>编号</td><td colspan="4">Jc0001541011</td></tr>
<tr><td>单位</td><td colspan="2"></td><td>准考证号</td><td colspan="2"></td><td>姓名</td><td colspan="3"></td></tr>
<tr><td>考试时限</td><td>15 分钟</td><td>题型</td><td colspan="3">单项操作</td><td>题分</td><td colspan="3">100 分</td></tr>
<tr><td>成绩</td><td>考评员</td><td></td><td>考评组长</td><td colspan="2"></td><td>日期</td><td colspan="3"></td></tr>
<tr><td>试题正文</td><td colspan="9">营销业务应用系统——客户电源信息查询</td></tr>
<tr><td>需要说明的问题和要求</td><td colspan="9">（1）独立完成，考试一人一桌一机。
（2）预装好相应 Office 软件，熟练操作 95598 业务支持系统、营销业务应用系统、用电信息采集系统。
（3）通过营销业务应用系统查询户号 1010351830 的电源编号、电源类别、供电电压、供电容量、电源相数、变电站、供电线路、供电台区、产权分界点等信息。
（4）将该客户基本信息保存在桌面文件“客户电源信息”，并将此文件另存为单位＋客户姓名.xls（如中卫公司张三的文件名应为中卫张三.xls）</td></tr>
</table>

序号	项目名称	质量要求	满分	扣分标准	扣分原因	得分
1	客户信息统一视图	正确查询相关数据明细	80	数据查询错误，每项扣 10 分，扣完为止		
2	查询数据保存	按要求进行文件命名并按指定格式保存在指定路径	20	未按要求命名扣 10 分，保存格式或保存路径不正确扣 10 分，扣完为止		
合计			100			

Jc0001541012　营销业务应用系统——客户组合信息查询。（100 分）

考核知识点：系统操作

难易度：易

技能等级评价专业技能考核操作工作任务书

一、任务名称

营销业务应用系统——客户组合信息查询。

二、适用工种

抄表核算收费员初级工。

三、具体任务

（1）熟练操作 95598 业务支持系统、营销业务应用系统、用电信息采集系统。

（2）通过营销业务应用系统查询某供电公司—某客户服务中心—某供电所行业分类为“食品、饮料及烟草制品专门零售”的正常用电客户明细。

（3）将查询出的客户明细截图保存在桌面文件“用电客户明显”，并将此文件另存为良田供电所客户明细.JPG。

四、工作规范及要求

（1）电教室独立完成。

（2）电脑可以登录系统内网并可登录相应业务应用系统。

（3）时间到应立即停止答题，离开考试场地。

（4）考核中出现下列情况之一的，本次考核成绩为 0 分：

1）非独立完成；

2）在规定时限内，未提交答卷或未发起相应业务流程。

（5）考生不得询问与考试内容无关的问题，考评员不得提示与考试有关的内容。

五、考核及时间要求

本考核时间为10分钟，按照技能操作记录单的操作要求进行操作，正确记录查询结果。

技能等级评价专业技能考核操作评分标准

工种	抄表核算收费员					评价等级	初级工
项目模块	抄表管理—应收审核管理—电价管理				编号	Jc0001541012	
单位			准考证号			姓名	
考试时限	10分钟		题型	单项操作		题分	100分
成绩		考评员		考评组长		日期	
试题正文	营销业务应用系统——客户组合信息查询						
需要说明的问题和要求	（1）独立完成，考试一人一桌一机。 （2）预装好相应Office软件、95598业务支持系统、营销业务应用系统、用电信息采集系统。 （3）通过营销业务应用系统查询某供电公司—某客户服务中心—某供电所行业分类为“食品、饮料及烟草制品专门零售”的正常用电客户明细。 （4）将查询出的客户明细截图保存在桌面文件夹“用电客户明细”，并将此文件另存为良田供电所客户明细.JPG						

序号	项目名称	质量要求	满分	扣分标准	扣分原因	得分
1	客户组合信息查询	正确查询相关数据明细	80	数据查询错误，每错一项扣10分，扣完为止		
2	查询数据保存	按要求进行文件命名并按指定格式保存在指定路径	20	未按要求命名扣10分，保存格式或保存路径不正确扣10分，扣完为止		
合计			100			

Jc0001541013　营销业务应用系统——抄表段管理。（100分）

考核知识点：系统操作

难易度：易

技能等级评价专业技能考核操作工作任务书

一、任务名称

营销业务应用系统——抄表段管理。

二、适用工种

抄表核算收费员初级工。

三、具体任务

（1）熟练操作95598业务支持系统、营销业务应用系统、用电信息采集系统。

（2）某供电公司新建台区“郝桥变电站512崇兴线韩渠六九队1号公用变压器”下批量新增200户居民客户，新装流程结束后抄表员在新户分配抄表段时发现没有匹配的抄表段，作为该台区的台区经理，请为该台区创建一个新的抄表段，并分配抄表员、核算员，其他抄表段信息按业务规则设置。

（3）将抄表段编号及流程申请编号写在答题纸上。

四、工作规范及要求

（1）电教室独立完成。

（2）电脑可以登录系统内网并可登录相应业务应用系统。

（3）时间到应立即停止答题，离开考试场地。

（4）考核中出现下列情况之一的，本次考核成绩为 0 分：

1）不能登录营销业务应用系统；

2）非独立完成；

3）在规定时限内，未提交答卷或未发起相应业务流程。

（5）考生不得询问与考试内容无关的问题，考评员不得提示与考试有关的内容。

五、考核及时间要求

本考核时间为 15 分钟，按照技能操作记录单的操作要求进行操作，正确记录查询结果。

技能等级评价专业技能考核操作评分标准

工种	抄表核算收费员					评价等级	初级工
项目模块	抄表管理—抄表作业流程及规范				编号	Jc0001541013	
单位			准考证号			姓名	
考试时限	15 分钟		题型	多项操作		题分	100 分
成绩		考评员		考评组长		日期	
试题正文	营销业务应用系统——抄表段管理						
需要说明的问题和要求	（1）独立完成，考试一人一桌一机。 （2）预装好相应 Office 软件、95598 业务支持系统、营销业务应用系统、用电信息采集系统。 （3）某供电公司新建台区“郝桥变电站 512 崇兴线韩渠六九队 1 号公用变压器”下批量新增 200 户居民客户，新装流程结束后抄表员在新户分配抄表段时发现没有匹配的抄表段，作为该台区的台区经理，请为该台区创建一个新的抄表段，并分配抄表员、核算员，其他抄表段信息按业务规则设置。 （4）将抄表段编号及流程申请编号写在答题纸上						

序号	项目名称	质量要求	满分	扣分标准	扣分原因	得分
1	系统登录	熟练登录营销业务应用系统	20	登录系统不熟练或无法登录系统扣 20 分		
2	抄表段维护新增	正确设置抄表段属性、抄表员、核算员等信息	60	抄表段相关信息填写错误扣 10 分，扣完为止		
3	写出新建的抄表段编号及流程申请编号	写出新建的抄表段编号及流程申请编号	20	流程未结束或未写出相关信息扣 10 分，扣完为止		
合计			100			

Jc0001541014－1　采集终端抄读与调试。（100 分）

考核知识点： 终端抄读及调试

难易度： 易

技能等级评价专业技能考核操作工作任务书

一、任务名称

采集终端抄读与调试。

二、适用工种

抄表核算收费员初级工。

三、具体任务

现场判断处理专用变压器终端下行采集异常情况，并通过终端抄读电能表数据，填写表 Jc0001541014－1。

表 Jc0001541014－1

电能表采集数据			
正向有功（总）		正向有功（谷）	
正向有功（峰）		正向无功（总）	
正向有功（平）		有功需量（总）	

四、工作规范及要求

（1）着装符合要求，穿全棉长袖工作服、绝缘鞋，戴安全帽、线手套。

（2）携带自备工具（钢笔或中性笔）进入现场，待考评老师宣布许可工作命令后开始工作并计时。

（3）打开计量柜（箱）门之前必须对柜（箱）体验电，现场操作严格执行《国家电网有限公司营销现场作业安全工作规程（试行）》。

（4）工作结束清理现场，并向监考老师报告。

五、考核及时间要求

本考核时间为 30 分钟，时间到停止考核。

技能等级评价专业技能考核操作评分标准

工种	抄表核算收费员				评价等级	初级工
项目模块	抄表管理—抄表异常处置			编号	Jc0001541014－1	
单位		准考证号			姓名	
考试时限	30 分钟	题型	单项操作		题分	100 分
成绩		考评员		考评组长		日期	
试题正文	采集终端抄读与调试					
需要说明的问题和要求	（1）单人操作。 （2）操作时应注意安全，按照标准化作业指导书的技术安全说明做好安全措施					

序号	项目名称	质量要求	满分	扣分标准	扣分原因	得分
1	安全文明生产	戴安全帽，穿全棉长袖工作服，穿绝缘鞋，操作时戴线手套，打开柜门前需先验电	20	有一项未按要求进行扣 5 分，扣完为止		
2	异常判断	正确判断采集异常原因	25	异常原因未找到扣 25 分		
3	异常处理	正确处理异常	20	异常未处理扣 20 分		
4	填写记录	正确、规范填写记录表	25	数据填写错误 1 处扣 5 分，单位使用错误 1 处扣 5 分，扣完为止		
5	现场恢复	操作结束后清理现场杂物，并将工器具归位摆放整齐	10	现场留有杂物或工器具未归位扣 10 分		
合计			100			

计量（采集）装置设置：

（1）考试使用电能表为仿真表，通过模拟装置进行参数设置。

（2）屏蔽电能表显示屏。

（3）通信速率设置错误，专用变压器终端电能表参数设置中通信速率错误设置为 1200，正确应改为 2400。

Jc0001541015－2　采集终端抄读与调试。(100 分)

考核知识点： 终端抄读及调试

难易度： 易

技能等级评价专业技能考核操作工作任务书

一、任务名称

采集终端抄读与调试。

二、适用工种

抄表核算收费员初级工。

三、具体任务

现场判断处理专用变压器终端下行采集异常情况，并通过终端抄读电能表数据，填写表 Jc0001541015－2。

表 Jc0001541015－2

电能表采集数据			
正向有功（总）		正向有功（谷）	
正向有功（峰）		正向无功（总）	
正向有功（平）		有功需量（总）	

四、工作规范及要求

（1）着装符合要求，穿全棉长袖工作服、绝缘鞋，戴安全帽、线手套。

（2）携带自备工具（钢笔或中性笔）进入现场，待考评老师宣布许可工作命令后开始工作并计时。

（3）打开计量柜（箱）门之前必须对柜（箱）体验电，现场操作严格执行《国家电网有限公司营销现场作业安全工作规程（试行）》。

（4）工作结束清理现场，并向监考老师报告。

五、考核及时间要求

本考核时间为 30 分钟，时间到停止考核。

技能等级评价专业技能考核操作评分标准

工种	抄表核算收费员					评价等级	初级工
项目模块	抄表管理—抄表作业流程及规范—抄表异常处置				编号	Jc0001541015－2	
单位			准考证号			姓名	
考试时限	30 分钟		题型	单项操作		题分	100 分
成绩		考评员		考评组长		日期	
试题正文	采集终端抄读与调试						
需要说明的问题和要求	（1）单人操作。 （2）操作时应注意安全，按照标准化作业指导书的技术安全说明做好安全措施						

序号	项目名称	质量要求	满分	扣分标准	扣分原因	得分
1	安全文明生产	戴安全帽，穿全棉长袖工作服，穿绝缘鞋，操作时戴线手套，打开柜门前需先验电	20	有一项未按要求进行扣 5 分，扣完为止		
2	异常判断	正确判断采集异常原因	25	异常原因未找到扣 25 分		
3	异常处理	正确处理异常	20	异常未处理扣 20 分		

续表

序号	项目名称	质量要求	满分	扣分标准	扣分原因	得分
4	填写记录	正确、规范填写记录表	25	数据填写错误1处扣5分，单位使用错误1处扣5分，扣完为止		
5	现场恢复	操作结束后清理现场杂物，并将工器具归位摆放整齐	10	现场留有杂物或工器具未归位扣10分		
合计			100			

计量（采集）装置设置：

（1）考试使用电能表为仿真表，通过模拟装置进行参数设置。

（2）屏蔽电能表显示屏。

（3）通信规约设置错误，专用变压器终端电能表参数设置中通信规约错误设置为T645－97，正确应改为T645－07。

Jc0001541016－3 采集终端抄读与调试。（100分）

考核知识点：终端抄读及调试

难易度：易

技能等级评价专业技能考核操作工作任务书

一、任务名称

采集终端抄读与调试。

二、适用工种

抄表核算收费员初级工。

三、具体任务

现场判断处理专用变压器终端下行采集异常情况，并通过终端抄读电能表数据，填写表Jc0001541016－3。

表 Jc0001541016－3

电能表采集数据			
正向有功（总）		正向有功（谷）	
正向有功（峰）		正向无功（总）	
正向有功（平）		有功需量（总）	

四、工作规范及要求

（1）着装符合要求，穿全棉长袖工作服、绝缘鞋，戴安全帽、线手套。

（2）携带自备工具（钢笔或中性笔）进入现场，待考评老师宣布许可工作命令后开始工作并计时。

（3）打开计量柜（箱）门之前必须对柜（箱）体验电，现场操作严格执行《国家电网有限公司营销现场作业安全工作规程（试行）》。

（4）工作结束清理现场，并向监考老师报告。

五、考核及时间要求

本考核时间为30分钟，时间到停止考核。

技能等级评价专业技能考核操作评分标准

工种	抄表核算收费员			评价等级	初级工	
项目模块	抄表管理—抄表作业流程及规范—抄表异常处置		编号	Jc0001541016－3		
单位		准考证号		姓名		
考试时限	30 分钟	题型	单项操作	题分	100 分	
成绩	考评员		考评组长		日期	
试题正文	采集终端抄读与调试					
需要说明的问题和要求	（1）单人操作。 （2）操作时应注意安全，按照标准化作业指导书的技术安全说明做好安全措施					
序号	项目名称	质量要求	满分	扣分标准	扣分原因	得分
1	安全文明生产	戴安全帽，穿全棉长袖工作服，穿绝缘鞋，操作时戴线手套，打开柜门前需先验电	20	有一项未按要求进行扣 5 分，扣完为止		
2	异常判断	正确判断采集异常原因	25	异常原因未找到扣 25 分		
3	异常处理	正确处理异常	20	异常未处理扣 20 分		
4	填写记录	正确、规范填写记录表	25	数据填写错误 1 处扣 5 分，单位使用错误 1 处扣 5 分，扣完为止		
5	现场恢复	操作结束后清理现场杂物，并将工器具归位摆放整齐	10	现场留有杂物或工器具未归位扣 10 分		
合计			100			

计量（采集）装置设置：

（1）考试使用电能表为仿真表，通过模拟装置进行参数设置。

（2）屏蔽电能表显示屏。

（3）电能表通信地址设置错误，专用变压器终端电能表参数设置中表地址错误设置为 000000000000，正确应改为电能表表号（后 12 位）。

Jc0001541017－4　采集终端抄读与调试。（100 分）

考核知识点： 终端抄读及调试

难易度： 易

技能等级评价专业技能考核操作工作任务书

一、任务名称

采集终端抄读与调试。

二、适用工种

抄表核算收费员初级工。

三、具体任务

现场判断处理专用变压器终端下行采集异常情况，并通过终端抄读电能表数据，填写表 Jc0001541017－4。

表 Jc0001541017－4

电能表采集数据			
正向有功（总）		正向有功（谷）	
正向有功（峰）		正向无功（总）	
正向有功（平）		有功需量（总）	

四、工作规范及要求

（1）着装符合要求，穿全棉长袖工作服、绝缘鞋，戴安全帽、线手套。

（2）携带自备工具（钢笔或中性笔）进入现场，待考评老师宣布许可工作命令后开始工作并计时。

（3）打开计量柜（箱）门之前必须对柜（箱）体验电，现场操作严格执行《国家电网有限公司营销现场作业安全工作规程（试行）》。

（4）工作结束清理现场，并向监考老师报告。

五、考核及时间要求

本考核时间为30分钟，时间到停止考核。

技能等级评价专业技能考核操作评分标准

工种	抄表核算收费员				评价等级	初级工
项目模块	抄表管理—抄表作业流程及规范—抄表异常处置			编号	Jc0001541017－4	
单位		准考证号			姓名	
考试时限	30分钟	题型	单项操作		题分	100分
成绩		考评员		考评组长		日期
试题正文	采集终端抄读与调试					
需要说明的问题和要求	（1）单人操作。 （2）操作时应注意安全，按照标准化作业指导书的技术安全说明做好安全措施					

序号	项目名称	质量要求	满分	扣分标准	扣分原因	得分
1	安全文明生产	戴安全帽，穿全棉长袖工作服，穿绝缘鞋，操作时戴线手套，打开柜门前需先验电	20	有一项未按要求进行扣5分，扣完为止		
2	异常判断	正确判断采集异常原因	25	异常原因未找到扣25分		
3	异常处理	正确处理异常	20	异常未处理扣20分		
4	填写记录	正确、规范填写记录表	25	数据填写错误1处扣5分，单位使用错误1处扣5分，扣完为止		
5	现场恢复	操作结束后清理现场杂物，并将工器具归位摆放整齐	10	现场留有杂物或工器具未归位扣10分		
合计			100			

计量（采集）装置设置：

（1）考试使用电能表为仿真表，通过模拟装置进行参数设置。

（2）屏蔽电能表显示屏。

（3）电能表辅助端子RS－485接线错误，错接至25、26端口，正确应改为24、25。

Jc0001541018－5 采集终端抄读与调试。（100分）

考核知识点：终端抄读及调试

难易度：易

技能等级评价专业技能考核操作工作任务书

一、任务名称

采集终端抄读与调试。

二、适用工种

抄表核算收费员初级工。

三、具体任务

现场判断处理专用变压器终端下行采集异常情况，并通过终端抄读电能表数据填写表 Jc0001541018－5。

表 Jc0001541018－5

电能表采集数据			
正向有功（总）		正向有功（谷）	
正向有功（峰）		正向无功（总）	
正向有功（平）		有功需量（总）	

四、工作规范及要求

（1）着装符合要求，穿全棉长袖工作服、绝缘鞋，戴安全帽、线手套。

（2）携带自备工具（钢笔或中性笔）进入现场，待考评老师宣布许可工作命令后开始工作并计时。

（3）打开计量柜（箱）门之前必须对柜（箱）体验电，现场操作严格执行《国家电网有限公司营销现场作业安全工作规程（试行）》。

（4）工作结束清理现场，并向监考老师报告。

五、考核及时间要求

本考核时间为 30 分钟，时间到停止考核。

技能等级评价专业技能考核操作评分标准

工种	抄表核算收费员				评价等级	初级工
项目模块	抄表管理—抄表作业流程及规范—抄表异常处置			编号	Jc0001541018－5	
单位		准考证号			姓名	
考试时限	30 分钟	题型	单项操作		题分	100 分
成绩		考评员		考评组长	日期	
试题正文	采集终端抄读与调试					
需要说明的问题和要求	（1）单人操作。 （2）操作时应注意安全，按照标准化作业指导书的技术安全说明做好安全措施					

序号	项目名称	质量要求	满分	扣分标准	扣分原因	得分
1	安全文明生产	戴安全帽，穿全棉长袖工作服，穿绝缘鞋，操作时戴线手套，打开柜门前需先验电	20	有一项未按要求进行扣 5 分，扣完为止		
2	异常判断	正确判断采集异常原因	25	异常原因未找到扣 25 分		
3	异常处理	正确处理异常	20	异常未处理扣 20 分		
4	填写记录	正确、规范填写记录表	25	数据填写错误 1 处扣 5 分，单位使用错误 1 处扣 5 分，扣完为止		
5	现场恢复	操作结束后清理现场杂物，并将工器具归位摆放整齐	10	现场留有杂物或工器具未归位扣 10 分		
合计			100			

计量（采集）装置设置：

（1）考试使用电能表为仿真表，通过模拟装置进行参数设置。

（2）屏蔽电能表显示屏。

（3）电能表辅助端子 RS－485 接线错误，A、B 线接反，正确应改为 A 线接 24 端口、B 线接 25 端口。

Jc0001541019－6　采集终端抄读与调试。（100 分）

考核知识点：终端抄读及调试

难易度：易

技能等级评价专业技能考核操作工作任务书

一、任务名称

采集终端抄读与调试。

二、适用工种

抄表核算收费员初级工。

三、具体任务

在指定工位完成专用变压器终端及指定电能表的相关数据抄读工作，填写表 Jc0001541019－6。

表 Jc0001541019－6

表地址	波特率	通信端口	通信规约	有功（总）	无功（总）

四、工作规范及要求

（1）着装符合要求，穿全棉长袖工作服、绝缘鞋，戴安全帽、线手套。

（2）携带自备工具（钢笔或中性笔）进入现场，待考评老师宣布许可工作命令后开始工作并计时。

（3）打开计量柜（箱）门之前必须对柜（箱）体验电，现场操作严格执行《国家电网有限公司营销现场作业安全工作规程（试行）》。

（4）工作结束清理现场，并向监考老师报告。

五、考核及时间要求

本考核时间为 30 分钟，时间到停止考核。

技能等级评价专业技能考核操作评分标准

<table>
<tr><td>工种</td><td colspan="5">抄表核算收费员</td><td>评价等级</td><td colspan="2">初级工</td></tr>
<tr><td>项目模块</td><td colspan="4">抄表管理—抄表作业流程及规范</td><td>编号</td><td colspan="3">Jc0001541019－6</td></tr>
<tr><td>单位</td><td colspan="2"></td><td>准考证号</td><td colspan="2"></td><td>姓名</td><td colspan="2"></td></tr>
<tr><td>考试时限</td><td>30 分钟</td><td>题型</td><td colspan="3">单项操作</td><td>题分</td><td colspan="2">100 分</td></tr>
<tr><td>成绩</td><td></td><td>考评员</td><td></td><td>考评组长</td><td></td><td>日期</td><td colspan="2"></td></tr>
<tr><td>试题正文</td><td colspan="8">采集终端抄读与调试</td></tr>
<tr><td>需要说明的问题和要求</td><td colspan="8">（1）单人操作。
（2）操作时应注意安全，按照标准化作业指导书的技术安全说明做好安全措施</td></tr>
<tr><td>序号</td><td>项目名称</td><td>质量要求</td><td>满分</td><td colspan="3">扣分标准</td><td>扣分原因</td><td>得分</td></tr>
<tr><td>1</td><td>安全文明生产</td><td>戴安全帽，穿全棉长袖工作服，穿绝缘鞋，操作时戴线手套，打开柜门前需先验电</td><td>20</td><td colspan="3">有一项未按要求进行扣 5 分，扣完为止</td><td></td><td></td></tr>
<tr><td>2</td><td>参数抄读</td><td>正确抄读终端各项参数</td><td>40</td><td colspan="3">错误一项扣 10 分，扣完为止</td><td></td><td></td></tr>
</table>

续表

序号	项目名称	质量要求	满分	扣分标准	扣分原因	得分
3	填写记录	正确、规范填写记录表	30	数据填写错误1处扣5分，单位使用错误1处扣5分，扣完为止		
4	现场恢复	操作结束后清理现场杂物，并将工器具归位摆放整齐	10	现场留有杂物或工器具未归位扣10分		
合计			100			

计量（采集）装置设置：

（1）考试使用电能表为仿真表，通过模拟装置进行参数设置。

（2）屏蔽电能表显示屏。

Jc0001541020－7　采集终端抄读与调试。(100分)

考核知识点： 终端抄读及调试

难易度： 易

技能等级评价专业技能考核操作工作任务书

一、任务名称

采集终端抄读与调试。

二、适用工种

抄表核算收费员初级工。

三、具体任务

在指定工位判断处理集中器下行采集异常情况，并通过终端抄读指定电能表数据填写表Jc0001541020－7。

表Jc0001541020－7

电能表采集数据	
正向有功（总）	
正向有功（峰）	
正向有功（平）	
正向有功（谷）	

四、工作规范及要求

（1）着装符合要求，穿全棉长袖工作服、绝缘鞋，戴安全帽、线手套。

（2）携带自备工具（钢笔或中性笔）进入现场，待考评老师宣布许可工作命令后开始工作并计时。

（3）打开计量柜（箱）门之前必须对柜（箱）体验电，现场操作严格执行《国家电网有限公司营销现场作业安全工作规程（试行）》。

（4）工作结束清理现场，并向监考老师报告。

五、考核及时间要求

本考核时间为30分钟，时间到停止考核。

技能等级评价专业技能考核操作评分标准

工种	抄表核算收费员					评价等级	初级工
项目模块	抄表管理—抄表作业流程及规范—抄表异常处置				编号	Jc0001541020－7	
单位			准考证号			姓名	
考试时限	30 分钟	题型	单项操作			题分	100 分
成绩		考评员		考评组长		日期	
试题正文	采集终端抄读与调试						
需要说明的问题和要求	（1）单人操作。 （2）操作时应注意安全，按照标准化作业指导书的技术安全说明做好安全措施						

序号	项目名称	质量要求	满分	扣分标准	扣分原因	得分
1	安全文明生产	戴安全帽，穿全棉长袖工作服，穿绝缘鞋，操作时戴线手套，打开柜门前需先验电	20	有一项未按要求进行扣 5 分，扣完为止		
2	异常判断	正确判断采集异常原因	25	异常原因未找到扣 25 分		
3	异常处理	正确处理异常	20	异常未处理扣 20 分		
4	填写记录	正确、规范填写记录表	25	数据填写错误 1 处扣 5 分，单位使用错误 1 处扣 5 分，扣完为止		
5	现场恢复	操作结束后清理现场杂物，并将工器具归位摆放整齐	10	现场留有杂物或工器具未归位扣 10 分		
合计			100			

计量（采集）装置设置：

（1）考试使用电能表为仿真表，通过模拟装置进行参数设置。

（2）屏蔽电能表显示屏。

（3）集中器电能表参数设置项中端口号错误设置为 2，正确应改为 31。

Jc0001542021　运用用电信息采集系统召测表码并计算电量。（100 分）

考核知识点：终端抄读及电量计算

难易度：中

技能等级评价专业技能考核操作工作任务书

一、任务名称

运用用电信息采集系统召测表码并计算电量。

二、适用工种

抄表核算收费员初级工。

三、具体任务

某专线客户，采集点编号为 0159384190。

（1）请查询出该采集点的终端号。

（2）请运用用电信息采集系统召测该户 2020 年 7 月 1 日冻结表码及 7 月 31 日冻结表码，并计算该户 7 月电量。

四、工作规范及要求

（1）在使用用电信息采集系统及营销业务应用系统功能时，不得进行其他无关操作。

（2）携带钢笔或中性笔进入现场，待考评老师宣布许可工作命令后开始工作并计时。

（3）提供该户 2020 年 7 月 1 日及 2020 年 7 月 31 日冻结表码截图。

（4）正确计算该户电量。

（5）书写工整。

五、考核及时间要求

本考核时间为 30 分钟，计时结束停止考核。

技能等级评价专业技能考核操作评分标准

工种	抄表核算收费员					评价等级	初级工
项目模块	抄表管理—抄表方式				编号	Jc0001542021	
单位			准考证号			姓名	
考试时限	30 分钟		题型	单项操作		题分	100 分
成绩		考评员		考评组长		日期	
试题正文	运用用电信息采集系统召测表码并计算电量						
需要说明的问题和要求	（1）要求单人操作。 （2）操作应注意安全，按照标准化作业书的技术安全说明做好安全措施						

序号	项目名称	质量要求	满分	扣分标准	扣分原因	得分
1	查询该户终端地址	正确利用该户采集点编号在营销业务应用系统查询到该户终端地址	10	查询不到扣 10 分		
2	登录用电信息采集系统查询表码	正确查询到该户 2020 年 7 月 1 日及 2020 年 7 月 31 日冻结表码并截图	45	表码错误扣 20 分，没有截图扣 25 分		
3	计算电量	正确计算电量，步骤清晰	45	计算综合倍率错误扣 15 分，电量计算错误扣 30 分		
合计			100			

Jc0002542022　低压居民阶梯电价电费计算。（100 分）

考核知识点： 居民阶梯电量及电价标准范围，执行月阶梯和执行年阶梯的电费计算

难易度： 中

技能等级评价专业技能考核操作工作任务书

一、任务名称

低压居民阶梯电价电费计算。

二、适用工种

抄表核算收费员初级工。

三、具体任务

某一户一表居民新装客户 2020 年 7 月 6 日接电，所装电能表为本地费控表，电能表的硬件版本为 2009 版，至 2020 年 12 月各月的电能表止码见表 Jc0002542022，请依据宁夏地区居民阶梯电价政策计算该客户 2020 年阶梯电价年清算退费金额（按递增法计算）。

表 Jc0002542022

月份	7	8	9	10	11	12
电能表示数	242	340	364	579	1407	1565

四、工作规范及要求

（1）自备钢笔或中性笔。

（2）计算公式、步骤正确。
（3）电价执行准确。

五、考核及时间要求

本考核为计算实操任务，严格按照规定步骤完成，考核时间为20分钟。

技能等级评价专业技能考核操作评分标准

工种	抄表核算收费员					评价等级	初级工
项目模块	应收审核管理—电费计算—低压客户电费				编号	Jc0002542022	
单位		准考证号				姓名	
考试时限	20分钟	题型	单项操作			题分	100分
成绩		考评员		考评组长		日期	
试题正文	低压居民阶梯电价电费计算						
需要说明的问题和要求	（1）要求单人完成。 （2）自备钢笔或中性笔						

序号	项目名称	质量要求	满分	扣分标准	扣分原因	得分
1	月阶梯电费	分档电量、电价准确	40	分档电量、电价结果不准确每一处扣2分，扣完为止		
2	年阶梯电费	年阶梯电量、电费准确	40	年阶梯电量计算错误扣20分，电费错误扣20分，扣完为止		
3	年清算退费金额	年清算退费金额计算	20	年清算退费金额错误扣20分		
合计			100			

Jc0002542023－1　低压居民阶梯电价客户电费计算。（100分）

考核知识点：居民阶梯电量及电价标准范围，执行月阶梯和执行年阶梯的电费计算

难易度：中

技能等级评价专业技能考核操作工作任务书

一、任务名称

低压居民阶梯电价客户电费计算。

二、适用工种

抄表核算收费员初级工。

三、具体任务

某电力公司根据居民阶梯电价政策，对一户一表的居民生活用电以年为周期执行阶梯电价。某居民客户装设一只硬件版本为2009版的本地费控电能表，表内按月执行阶梯电价，营销业务应用系统以年为周期执行阶梯电价结算电费，实行单月抄表制度。2020年1～12月抄见电量见表Jc0002542023－1，试计算该客户年清算退补电费。

表Jc0002542023－1

月份	1	2	3	4	5	6
电量	362	372	191	73	217	226
月份	7	8	9	10	11	12
电量	201	256	223	223	324	910

四、工作规范及要求

（1）自备钢笔或中性笔。

（2）计算公式、步骤正确。

（3）追补电量计算正确。

五、考核及时间要求

本考核为计算实操任务，严格按照规定步骤完成，考核时间为40分钟。

技能等级评价专业技能考核操作评分标准

<table>
<tr><td>工种</td><td colspan="5">抄表核算收费员</td><td>评价等级</td><td>初级工</td></tr>
<tr><td>项目模块</td><td colspan="4">应收审核管理—电费计算—低压客户电费</td><td>编号</td><td colspan="2">Jc0002542023－1</td></tr>
<tr><td>单位</td><td colspan="2"></td><td>准考证号</td><td colspan="2"></td><td>姓名</td><td></td></tr>
<tr><td>考试时限</td><td colspan="2">40分钟</td><td>题型</td><td colspan="2">单项操作</td><td>题分</td><td>100分</td></tr>
<tr><td>成绩</td><td></td><td>考评员</td><td></td><td>考评组长</td><td></td><td>日期</td><td></td></tr>
<tr><td>试题正文</td><td colspan="7">低压居民阶梯电价客户电费计算</td></tr>
<tr><td>需要说明的问题和要求</td><td colspan="7">（1）要求单人完成。
（2）自备钢笔或中性笔</td></tr>
</table>

序号	项目名称	质量要求	满分	扣分标准	扣分原因	得分
1	月阶梯电费	分档电量、电价、电费准确，步骤完整	40	步骤不完整、结果不准确每一处扣2分，扣完为止		
2	年阶梯电费	电量、电价、电费准确，步骤完整	40	年阶梯电量计算错误扣20分，电费错误扣20分，扣完为止		
3	年清算退费金额	年清算退费金额计算准确	20	年清算退费金额错误扣20分		
合计			100			

Jc0002541024－2　低压居民阶梯电价客户电费计算。（100分）

考核知识点： 居民阶梯电量及电价标准范围，执行月阶梯和执行年阶梯的电费计算

难易度： 易

技能等级评价专业技能考核操作工作任务书

一、任务名称

低压居民阶梯电价客户电费计算。

二、适用工种

抄表核算收费员初级工。

三、具体任务

客户徐先生2020年4月2日致电95598，反映今年以来电费太高，询问是不是算错了？经坐席员查询系统：3月客户用电量为151kWh，金额为113.04元，单价接近0.75元/kWh。坐席员认为客户当月未达到第三档电量，但实际收费是按第三档电价结算的，将该信息告知客户；并答复应该是供电公司收费不对，将派人员去现场核实，如果错收会做退费处理。表Jc0002541024－2是该客户2020年1～3月用电量、电费金额，图Jc0002541024－2为3月的电费账单截图。试分析徐先生电费计算是否有问题。

表 Jc0002541024－2

月份	用电量（kWh）	电费金额（元）
1	1782	799.41
2	1491	768.76
3	151	113.04
合计	3424	1681.21

电 费 账 单

供电单位×××× 抄表段：×××× 抄表日期：2020－03－09

客户编号	××××		客户名称	徐××			
用电地址	××××××××						
表号	示数类型	上次示数	本次示数	综合倍率	抄见电量	退补电量	变/线损
××××××	有功（总）	7240.27	7391.41	1	151kWh		0
电价名称	分档标准	结算电量	单价	退补电费	基本电费	力调电费	结算电费
第一档	0～170kWh	151kWh	0.448 60 元/kWh	0	0	0	67.74 元
第二档递增电量	171～260kWh	0kWh	0.050 00 元/kWh	0	0		0.00 元
第三档递增电量	260kWh	151kWh	0.300 00 元/kWh	0	0	0	45.30 元
合计（元）	壹佰壹拾叁元零肆分				￥	113.04	

图 Jc0002541024－2

四、工作规范及要求

（1）自备钢笔或中性笔。

（2）计算公式、步骤正确。

（3）电量电费计算正确。

五、考核及时间要求

本考核为计算实操任务，严格按照规定步骤完成，考核时间为 20 分钟。

技能等级评价专业技能考核操作评分标准

工种	抄表核算收费员				评价等级	初级工
项目模块	应收审核管理—电费计算—低压客户电费			编号	Jc0002541024－2	
单位		准考证号			姓名	
考试时限	20 分钟	题型	单项操作		题分	100 分
成绩		考评员		考评组长	日期	
试题正文	低压居民阶梯电价客户电费计算					
需要说明的问题和要求	（1）要求单人完成。 （2）自备钢笔或中性笔					

序号	项目名称	质量要求	满分	扣分标准	扣分原因	得分
1	年阶梯电量	分档电量正确、步骤完整	40	步骤不完整、结果不准确每一处扣 2 分，扣完为止		
2	年阶梯电价	分档电价正确、计算步骤完整	40	年阶梯电费计算步骤错误扣 20 分，电价错误扣 20 分，扣完为止		

续表

序号	项目名称	质量要求	满分	扣分标准	扣分原因	得分
3	电费金额	每月电费计算准确	20	电费金额计算错误扣 20 分		
合计			100			

Jc0002541025　居民阶梯电费计算。(100 分)

考核知识点：居民阶梯电量及电价标准范围，执行月阶梯和执行年阶梯的电费计算

难易度：易

技能等级评价专业技能考核操作工作任务书

一、任务名称

居民阶梯电费计算。

二、适用工种

抄表核算收费员初级工。

三、具体任务

某一户一表居民客户计费表为 2013 版本地费控表。7～12 月该居民客户共用电 1800kWh，试计算客户应缴纳的电费。

四、工作规范及要求

（1）自备计算器、钢笔或中性笔。

（2）计算公式、步骤正确。

（3）计算结果正确。

五、考核及时间要求

本考核为计算实操任务，严格按照规定步骤完成，考核时间为 20 分钟。

技能等级评价专业技能考核操作评分标准

工种	抄表核算收费员				评价等级	初级工
项目模块	应收审核管理—电费计算—低压客户电费			编号	Jc0002541025	
单位		准考证号			姓名	
考试时限	20 分钟	题型	单项操作		题分	100 分
成绩		考评员		考评组长	日期	
试题正文	居民阶梯电费计算					
需要说明的问题和要求	（1）要求单人完成。 （2）自备计算器、钢笔或中性笔					

序号	项目名称	质量要求	满分	扣分标准	扣分原因	得分
1	分档电量	各档电量计算正确	45	共三档，一档错误扣 15 分，扣完为止		
2	分档电费	各档电费计算正确	45	共三档，一档错误扣 15 分，扣完为止		
3	总电费	计算正确	10	错误扣 10 分		
合计			100			

Jc0002541026　居民合表客户电费计算。（100 分）

考核知识点： 居民阶梯电量及电价标准范围，执行月阶梯和执行年阶梯的电费计算

难易度： 易

技能等级评价专业技能考核操作工作任务书

一、任务名称

居民合表客户电费计算。

二、适用工种

抄表核算收费员初级工。

三、具体任务

某居民合表客户，2020 年 7 月抄见有功止码为 75.28，8 月抄见有功止码为 128.51，试计算当月电费。

四、工作规范及要求

（1）自备计算器、钢笔或中性笔。

（2）计算公式、步骤正确。

（3）计算结果正确。

五、考核及时间要求

本考核为计算实操任务，严格按照规定步骤完成，考核时间为 10 分钟。

技能等级评价专业技能考核操作评分标准

工种	抄表核算收费员					评价等级	初级工
项目模块	应收审核管理—电费计算—低压客户电费				编号	Jc0002541026	
单位			准考证号			姓名	
考试时限	10 分钟		题型	单项操作		题分	100 分
成绩		考评员		考评组长		日期	
试题正文	居民合表客户电费计算						
需要说明的问题和要求	（1）要求单人完成。 （2）自备计算器、钢笔或中性笔。 （3）列式计算						

序号	项目名称	质量要求	满分	扣分标准	扣分原因	得分
1	电价	电价执行正确	30	电价执行错误扣 30 分		
2	电量	电量计算正确	30	电量计算错误扣 30 分		
3	电费	计算数值正确	20	计算数值错误扣 20 分		
4	闭环管理	字迹清晰	20	未写答语扣 20 分		
合计			100			

Jc0002541027　居民多人口客户电费计算。（100 分）

考核知识点： 居民阶梯电量及电价标准范围，执行月阶梯和执行年阶梯的电费计算

难易度： 易

技能等级评价专业技能考核操作工作任务书

一、任务名称

居民多人口客户电费计算。

二、适用工种

抄表核算收费员初级工。

三、具体任务

某居民客户王某，家庭户籍人口基数为 5 人，合同容量为 8kW，每月 2 日抄表，2020 年 1～8 月抄见电量为 2750kWh，2020 年 9 月 2 日抄表上月示数为 21 372，本月抄表示数为 21 836，试计算该户 2020 年 9 月应缴电费多少元？

四、工作规范及要求

（1）自备计算器、钢笔或中性笔。

（2）计算公式、步骤正确。

（3）计算结果正确。

五、考核及时间要求

本考核为计算实操任务，严格按照规定步骤完成，考核时间为 20 分钟。

技能等级评价专业技能考核操作评分标准

<table>
<tr><td>工种</td><td colspan="8">抄表核算收费员</td><td>评价等级</td><td>初级工</td></tr>
<tr><td>项目模块</td><td colspan="7">抄表管理—电费计算—低压客户电费</td><td>编号</td><td colspan="2">Jc0002541027</td></tr>
<tr><td>单位</td><td colspan="3"></td><td colspan="2">准考证号</td><td colspan="3"></td><td>姓名</td><td></td></tr>
<tr><td>考试时限</td><td colspan="2">20 分钟</td><td colspan="2">题型</td><td colspan="4">单项操作</td><td>题分</td><td>100 分</td></tr>
<tr><td>成绩</td><td></td><td>考评员</td><td colspan="2"></td><td colspan="2">考评组长</td><td colspan="2"></td><td>日期</td><td></td></tr>
<tr><td>试题正文</td><td colspan="10">居民多人口客户电费计算</td></tr>
<tr><td>需要说明的问题和要求</td><td colspan="10">（1）要求单人完成。
（2）自备计算器、钢笔或中性笔。
（3）计算步骤、结果正确</td></tr>
</table>

序号	项目名称	质量要求	满分	扣分标准	扣分原因	得分
1	执行电价名称、政策内容	文字规范完整、要点明确	20	执行电价政策内容不准确、要点不明确一项扣 10 分，扣完为止		
2	阶梯电量	各档阶梯电量执行正确	30	每档阶梯电量执行错误扣 10 分，扣完为止		
3	电价	电价执行正确	10	电价执行错误扣 10 分		
4	电量	电量计算正确	10	电量计算错误扣 10 分		
5	电费	电费计算正确	10	电费计算错误扣 10 分		
6	闭环管理	字迹清晰	20	未写答语扣 20 分		
合计			100			

Jc0002541028　低保户、五保户客户电费计算。（100 分）

考核知识点： 居民阶梯电量及电价标准范围，执行月阶梯和执行年阶梯的电费计算

难易度： 易

技能等级评价专业技能考核操作工作任务书

一、任务名称

低保户五保户客户电费计算。

二、适用工种

抄表核算收费员初级工。

三、具体任务

某区民政局核定辖区内一季度共有农村低保户 500 户、城市低保户 200 户、五保户 100 户，请计算一季度电费补贴分别为多少？（电价为 0.448 6 元/kWh，代征费为 0.022 325 元/kWh）

四、工作规范及要求

（1）自备计算器、钢笔或中性笔。

（2）文字规范完整、要点明确。

（3）计算步骤、结果正确。

五、考核及时间要求

本考核为计算实操任务，严格按照规定步骤完成，考核时间为 20 分钟。

技能等级评价专业技能考核操作评分标准

工种	抄表核算收费员					评价等级	初级工
项目模块	抄表管理—电费计算—低压客户电费				编号	Jc0002541028	
单位			准考证号			姓名	
考试时限	20 分钟		题型	单项操作		题分	100 分
成绩		考评员		考评组长		日期	
试题正文	低保户、五保户客户电费计算						
需要说明的问题和要求	（1）要求单人完成。 （2）自备计算器、钢笔或中性笔。 （3）计算步骤、结果正确						

序号	项目名称	质量要求	满分	扣分标准	扣分原因	得分
1	执行政策文件内容	文字规范完整、要点明确	20	执行政策文件内容不准确、要点不明确一项扣 10 分，扣完为止		
2	补贴电价	补贴电价计算正确	30	城乡低保户和五保户每一项补贴电价计算错误扣 10 分，扣完为止		
3	补贴电费	补贴电费计算正确	30	城乡低保户和五保户每一项补贴电费计算错误扣 10 分，扣完为止		
4	闭环管理	字迹清晰	20	未写答语扣 20 分		
合计			100			

Jc0002541029 分布式发电客户电费计算。（100 分）

考核知识点：低压非居民客户电价执行标准和电费计算

难易度：易

技能等级评价专业技能考核操作工作任务书

一、任务名称

分布式发电客户电费计算。

二、适用工种

抄表核算收费员初级工。

三、具体任务

某一 220V 自发自用余电上网分布式发电客户，由某花园 1 号公用变压器供电。2020 年 9 月，发电侧计量表计（表号为 000352905）正向有功总起码为 8722.74、止码为 8946.47；上网侧计量表计（表号为 0003793480）正向有功总起码为 1147.01、止码为 1190.25，反向有功总起码为 7770.71、止码为 7973.34（计算倍率为 1）。试计算客户当月用电量及当月分布式发电结算费用。（上网标杆电价为 0.259 5 元/kWh，分布式光伏发电补贴标准为 0.32 元/kWh）

四、工作规范及要求

（1）自备计算器、钢笔或中性笔。

（2）计算公式、步骤正确。

（3）计算结果正确。

五、考核及时间要求

本考核为计算实操任务，严格按照规定步骤完成，考核时间为 20 分钟。

技能等级评价专业技能考核操作评分标准

工种	抄表核算收费员				评价等级	初级工
项目模块	应收审核管理—电费计算—低压客户电费			编号	Jc0002541029	
单位		准考证号			姓名	
考试时限	20 分钟	题型	单项操作		题分	100 分
成绩		考评员		考评组长		日期	
试题正文	分布式发电客户电费计算					
需要说明的问题和要求	（1）要求单人完成。 （2）自备计算器、钢笔或中性笔					

序号	项目名称	质量要求	满分	扣分标准	扣分原因	得分
1	发电量、上网电量、网购电量	发电量、上网电量、网购电量计算正确	30	电量计算错误一项扣 10 分，扣完为止		
2	用电量	用电量计算正确	20	结果计算错误扣 20 分		
3	分布式发电结算费用	上网结算电费、发电量补贴、分布式发电结算费用合计计算结果正确	30	结果计算错误一项扣 10 分，扣完为止		
4	闭环管理	字迹清晰	20	未写答语扣 20 分		
合计			100			

Jc0002541030　工商业客户电费计算。（100 分）

考核知识点：低压非居民客户电价执行标准和电费计算

难易度：易

技能等级评价专业技能考核操作工作任务书

一、任务名称

工商业客户电费计算。

二、适用工种

抄表核算收费员初级工。

三、具体任务

某一户低压修理部2020年8月用电量为1000kWh，其中峰段电量为600kWh，平段电量为300kWh，谷段电量为100kWh，已知峰段电价为0.709 1元/kWh、平段电价为0.518 3元/kWh、谷段电价为0.327 5元/kWh，试计算该户8月应缴电费。

四、工作规范及要求

（1）自备计算器、钢笔或中性笔。

（2）计算公式、步骤正确。

（3）计算结果正确。

五、考核及时间要求

本考核为计算实操任务，严格按照规定步骤完成，考核时间为10分钟。

技能等级评价专业技能考核操作评分标准

工种	抄表核算收费员					评价等级	初级工	
项目模块	应收审核管理—电费计算—低压客户电费				编号	Jc0002541030		
单位			准考证号			姓名		
考试时限	10分钟		题型	单项操作		题分	100分	
成绩		考评员		考评组长		日期		
试题正文	工商业客户电费计算							
需要说明的问题和要求	（1）要求单人完成。 （2）自备计算器、钢笔或中性笔							

序号	项目名称	质量要求	满分	扣分标准	扣分原因	得分
1	峰段电费	峰段电费计算正确	25	峰段电费计算错误扣25分		
2	平段电费	平段电费计算正确	25	平段电费计算错误扣25分		
3	谷段电费	谷段电费计算正确	25	谷段电费计算错误扣25分		
4	总电费	总电费计算正确	25	总电费计算错误扣25分		
合计			100			

Jc0002541031　农业生产客户电费计算。(100分)

考核知识点：低压非居民客户电价执行标准和电费计算

难易度：易

技能等级评价专业技能考核操作工作任务书

一、任务名称

农业生产客户电费计算。

二、适用工种

抄表核算收费员初级工。

三、具体任务

某客户采用低压380V供电，从事养殖业，合同容量10kW，安装5（60）A智能电能表一块，执行农村分时电价。有功总止码：1月7922.07，2月8240.63；有功峰止码：1月3131.94，2月3247.38；有功谷止码：1月1648.03，2月1723.83；有功平止码：1月3142.1，2月3269。试计算2月应付电费。（假设电度电价：平段0.473元/kWh、峰段0.653 75元/kWh、谷段0.292 25元/kWh）

四、工作规范及要求

（1）自备计算器、钢笔或中性笔。

（2）计算公式、步骤正确。

（3）计算结果正确。

五、考核及时间要求

本考核为计算实操任务，严格按照规定步骤完成，考核时间为 15 分钟。

技能等级评价专业技能考核操作评分标准

<table>
<tr><td>工种</td><td colspan="6">抄表核算收费员</td><td>评价等级</td><td colspan="2">初级工</td></tr>
<tr><td>项目模块</td><td colspan="5">应收审核管理—电费计算—低压客户电费</td><td>编号</td><td colspan="3">Jc0002541031</td></tr>
<tr><td>单位</td><td colspan="3"></td><td>准考证号</td><td colspan="2"></td><td>姓名</td><td colspan="2"></td></tr>
<tr><td>考试时限</td><td colspan="2">15 分钟</td><td>题型</td><td colspan="3">单项操作</td><td>题分</td><td colspan="2">100 分</td></tr>
<tr><td>成绩</td><td></td><td>考评员</td><td></td><td>考评组长</td><td colspan="2"></td><td>日期</td><td colspan="2"></td></tr>
<tr><td>试题正文</td><td colspan="9">农业生产客户电费计算</td></tr>
<tr><td>需要说明的问题和要求</td><td colspan="9">（1）要求单人完成。
（2）自备计算器、钢笔或中性笔</td></tr>
<tr><td>序号</td><td>项目名称</td><td colspan="2">质量要求</td><td>满分</td><td colspan="3">扣分标准</td><td>扣分原因</td><td>得分</td></tr>
<tr><td>1</td><td>峰段电费</td><td colspan="2">峰段电费计算正确</td><td>25</td><td colspan="3">峰段电费计算步骤错误扣 15 分，计算结果错误扣 10 分，扣完为止</td><td></td><td></td></tr>
<tr><td>2</td><td>平段电费</td><td colspan="2">平段电费计算正确</td><td>25</td><td colspan="3">平段电费计算步骤错误扣 15 分，计算结果错误扣 10 分，扣完为止</td><td></td><td></td></tr>
<tr><td>3</td><td>谷段电费</td><td colspan="2">谷段电费计算正确</td><td>25</td><td colspan="3">谷段电费计算步骤错误扣 15 分，计算结果错误扣 10 分，扣完为止</td><td></td><td></td></tr>
<tr><td>4</td><td>总电费</td><td colspan="2">总电费计算正确</td><td>25</td><td colspan="3">总电费计算错误扣 25 分</td><td></td><td></td></tr>
<tr><td colspan="2">合计</td><td colspan="2"></td><td>100</td><td colspan="3"></td><td></td><td></td></tr>
</table>

Jc0002541032　功率因数的计算。（100 分）

考核知识点： 低压非居民客户电价执行标准和电费计算

难易度： 易

技能等级评价专业技能考核操作工作任务书

一、任务名称

功率因数的计算。

二、适用工种

抄表核算收费员初级工。

三、具体任务

某低压客户 7 月抄见有功止码为 00075、无功止码为 00062，8 月抄见有功止码为 00128、无功止码为 00076，电流互感器变比为 50A/5A，试计算当月功率因数。（要求写出计算公式）

四、工作规范及要求

（1）自备计算器、钢笔或中性笔。

（2）计算公式、步骤正确。

（3）计算结果正确。

五、考核及时间要求

本考核为计算实操任务，严格按照规定步骤完成，考核时间为 10 分钟。

技能等级评价专业技能考核操作评分标准

<table>
<tr><td>工种</td><td colspan="4">抄表核算收费员</td><td>评价等级</td><td colspan="2">初级工</td></tr>
<tr><td>项目模块</td><td colspan="3">应收审核管理—电费计算—低压客户电费</td><td>编号</td><td colspan="3">Jc0002541032</td></tr>
<tr><td>单位</td><td colspan="2"></td><td>准考证号</td><td></td><td>姓名</td><td colspan="2"></td></tr>
<tr><td>考试时限</td><td>10 分钟</td><td>题型</td><td colspan="2">单项操作</td><td>题分</td><td colspan="2">100 分</td></tr>
<tr><td>成绩</td><td></td><td>考评员</td><td></td><td>考评组长</td><td></td><td>日期</td><td></td></tr>
<tr><td>试题正文</td><td colspan="7">功率因数的计算</td></tr>
<tr><td>需要说明的问题和要求</td><td colspan="7">（1）要求单人完成。
（2）自备计算器、钢笔或中性笔</td></tr>
<tr><td>序号</td><td>项目名称</td><td>质量要求</td><td>满分</td><td colspan="2">扣分标准</td><td>扣分原因</td><td>得分</td></tr>
<tr><td>1</td><td>倍率</td><td>倍率计算正确</td><td>20</td><td colspan="2">倍率错误扣 20 分</td><td></td><td></td></tr>
<tr><td>2</td><td>有功、无功电量</td><td>有功、无功电量计算正确</td><td>40</td><td colspan="2">每发现一处错误扣 20 分，扣完为止</td><td></td><td></td></tr>
<tr><td rowspan="2">3</td><td rowspan="2">功率因数</td><td>表达式规范完整</td><td>20</td><td colspan="2">表达式错误扣 20 分</td><td></td><td></td></tr>
<tr><td>计算数值正确</td><td>20</td><td colspan="2">计算数值错误扣 20 分</td><td></td><td></td></tr>
<tr><td colspan="2">合计</td><td></td><td>100</td><td colspan="2"></td><td></td><td></td></tr>
</table>

Jc0002541033－1　居民电费结算异常处理。（100 分）

考核知识点：电费异常分析及处理

难易度：易

技能等级评价专业技能考核操作工作任务书

一、任务名称

居民电费结算异常处理。

二、适用工种

抄表核算收费员初级工。

三、具体任务

某客户 1 月 1 日安装 2009 版智能电能表，安装时表内设置居民非阶梯电价，按月抄表算费，待 3 月 31 日抄表时发现应设置居民阶梯电价，并完成了电价变更。表 Jc0002541033－1 为该客户 1～3 月的电量统计表，请计算客户应补交的电费，此部分电费是否需要继续写卡？

表 Jc0002541033－1

月份	1	2	3
电量（kWh）	110	190	290

四、工作规范及要求

（1）自备计算器、钢笔或中性笔。

（2）计算公式、步骤正确。

（3）计算结果正确。

五、考核及时间要求

本考核为计算实操任务，严格按照规定步骤完成，考核时间为20分钟。

技能等级评价专业技能考核操作评分标准

工种	抄表核算收费员				评价等级	初级工
项目模块	应收审核管理—电费计算—电费异常分析及处理			编号	Jc0002541033－1	
单位		准考证号			姓名	
考试时限	20分钟	题型	单项操作		题分	100分
成绩		考评员	考评组长		日期	
试题正文	居民电费结算异常处理					
需要说明的问题和要求	（1）要求单人完成。 （2）自备计算器、钢笔或中性笔					

序号	项目名称	质量要求	满分	扣分标准	扣分原因	得分
1	实际电费	实际电费计算正确	20	发现一处错误扣20分		
2	应收电费	应收电费计算正确	40	每发现一处错误扣10分，扣完为止		
3	补收电费	应补交电费计算正确	20	发现一处错误扣20分		
4	写卡金额	正确判断需要写卡的金额	20	写卡金额回答错误扣20分		
合计			100			

Jc0002541034－2　居民电费结算异常处理。（100分）

考核知识点：电费异常分析及处理

难易度：易

技能等级评价专业技能考核操作工作任务书

一、任务名称

居民电费结算异常处理。

二、适用工种

抄表核算收费员初级工。

三、具体任务

某客户1月1日安装2009版智能电能表，现场参数正常。但3月31日因表计欠压需换表，客户累计购电400元，按月抄表算费，表Jc0002541034－2为该客户1～3月的电量统计表。请计算换表时表计余额是多少元？系统账户余额是多少元？请确定换表后，对客户补写多少元电费至新装电能表内？

表Jc0002541034－2

月份	1	2	3
电量（kWh）	116	193	288

四、工作规范及要求

（1）自备计算器、钢笔或中性笔。

（2）计算公式、步骤正确。

（3）计算结果正确。

五、考核及时间要求

本考核为计算实操任务，严格按照规定步骤完成，考核时间为30分钟。

技能等级评价专业技能考核操作评分标准

<table>
<tr><td>工种</td><td colspan="6">抄表核算收费员</td><td>评价等级</td><td colspan="2">初级工</td></tr>
<tr><td>项目模块</td><td colspan="5">应收审核管理—电费计算—电费异常分析及处理</td><td>编号</td><td colspan="3">Jc0002541034－2</td></tr>
<tr><td>单位</td><td colspan="3"></td><td>准考证号</td><td colspan="2"></td><td>姓名</td><td colspan="2"></td></tr>
<tr><td>考试时限</td><td colspan="2">30分钟</td><td>题型</td><td colspan="3">单项操作</td><td>题分</td><td colspan="2">100分</td></tr>
<tr><td>成绩</td><td></td><td>考评员</td><td></td><td>考评组长</td><td colspan="2"></td><td>日期</td><td colspan="2"></td></tr>
<tr><td>试题正文</td><td colspan="9">居民电费结算异常处理</td></tr>
<tr><td>需要说明的问题和要求</td><td colspan="9">（1）要求单人完成。
（2）自备计算器、钢笔或中性笔</td></tr>
</table>

序号	项目名称	质量要求	满分	扣分标准	扣分原因	得分
1	现场电能表余额	现场电能表每月扣费、应扣总电费、电能表余额计算正确	50	每发现一处错误扣10分，扣完为止		
2	系统账户余额	系统应收电费、账户余额计算正确	20	每发现一处错误扣10分，扣完为止		
3	写卡金额	正确判断需要写卡的金额	30	写卡金额回答错误扣30分		
合计			100			

Jc0002541035－3　居民电费结算异常处理。（100分）

考核知识点： 电费异常分析及处理

难易度： 易

技能等级评价专业技能考核操作工作任务书

一、任务名称

居民电费结算异常处理。

二、适用工种

抄表核算收费员初级工。

三、具体任务

某客户1月1日安装2009版智能电能表，表内正常设置阶梯电价，客户累计购电400元，按月抄表算费，3月31日客户办理销户手续，表Jc0002541035－3为该客户1～3月的电量统计表。请计算销户时表计余额是多少元？系统账户余额是多少元？销户后应退电费是多少元？

表Jc0002541035－3

月份	1	2	3
电量（kWh）	109	214	295

四、工作规范及要求

（1）自备计算器、钢笔或中性笔。

（2）计算公式、步骤正确。

（3）计算结果正确。

五、考核及时间要求

本考核为计算实操任务，严格按照规定步骤完成，考核时间为30分钟。

技能等级评价专业技能考核操作评分标准

<table>
<tr><td>工种</td><td colspan="5">抄表核算收费员</td><td>评价等级</td><td>初级工</td></tr>
<tr><td>项目模块</td><td colspan="4">应收审核管理—电费计算—电费异常分析及处理</td><td>编号</td><td colspan="2">Jc0002541035－3</td></tr>
<tr><td>单位</td><td colspan="2"></td><td>准考证号</td><td colspan="2"></td><td>姓名</td><td></td></tr>
<tr><td>考试时限</td><td>30分钟</td><td>题型</td><td colspan="3">单项操作</td><td>题分</td><td>100分</td></tr>
<tr><td>成绩</td><td></td><td>考评员</td><td></td><td>考评组长</td><td></td><td>日期</td><td></td></tr>
<tr><td>试题正文</td><td colspan="7">居民电费结算异常处理</td></tr>
<tr><td>需要说明的问题和要求</td><td colspan="7">（1）要求单人完成。
（2）自备计算器、钢笔或中性笔</td></tr>
</table>

序号	项目名称	质量要求	满分	扣分标准	扣分原因	得分
1	现场电能表余额	现场电能表每月扣费、应扣总电费、电能表余额计算正确	50	每发现一处错误扣10分，扣完为止		
2	系统账户余额	系统应收电费、账户余额计算正确	20	每发现一处错误扣10分，扣完为止		
3	退费金额	正确判断需要退费的金额	30	退费金额错误扣30分		
合计			100			

Jc0003552036　填制电费通知单。（100分）

考核知识点： 电费催收工作的内容及具体要求

难易度： 中

技能等级评价专业技能考核操作工作任务书

一、任务名称

填制电费通知单。

二、适用工种

抄表核算收费员初级工。

三、具体任务

根据应收电费账单（见表Jc0003552036－1）填制电费通知单（见表Jc0003552036－2）。

表Jc0003552036－1

客户编号	电价名称	电能表编号	示数类型	上次示数	度差	抄见电量（kWh）	容量（kW）	有功结算电量（kWh）	目录电度电价（元/kWh）	电费小计（元）	国家重大水利建设基金（元）	库区移民代征费（元）	可再生资源代征费（元）	总电费（元）
				本次示数	倍率			无功结算电量（kvarh）	目录电度电费（元）					
1013179530	工商业及其他用电/单一制/商业/不满1kV	0003963254	有功（总）	7506.37	120.650	1810	46	1810	0.466 97	845.22	2.04	2.17	34.39	883.82
				7627.02	15				845.22					

续表

客户编号	电价名称	电能表编号	示数类型	上次示数	度差	抄见电量（kWh）	容量（kW）	有功结算电量（kWh）	目录电度电价（元/kWh）	电费小计（元）	国家重大水利建设基金（元）	库区移民代征费（元）	可再生资源代征费（元）	总电费（元）
				本次示数	倍率			无功结算电量（kvarh）	目录电度电费（元）					
1013179530	宁夏本地防疫政策退补信息								−0.050 0	−90.50				−90.50
									−90.50					
	小计							1810	754.72	754.72	2.04	2.17	34.39	793.32

表 Jc0003552036－2

单位：某供电公司			抄表段：1012000100			抄表日期：2021－02－01	
客户编号			客户名称				
用电地址	××营业房						
出厂编号	示数类型	上次示数	本次示数	综合倍率	抄见电量	退补电量	变/线损
	有功（总）						
电价名称	时段	结算电量	单价	退补电费	基本电费	力调电费	结算电费
工商业及其他用电/单一制/商业/不满 1kV	平						
宁夏本地防疫政策退补信息	平						
电价名称	功率因数标准	实际功率因数	奖罚系数				
工商业及其他用电/单一制/商业/不满 1kV							
宁夏本地防疫政策退补信息							
合计金额							

四、工作规范及要求

按项目填写表中对应数值，数值保留两位小数。

五、考核及时间要求

本考核时间为 10 分钟，如填写错误，须用双横线划去，在被修改数据上面重新填写，不得直接涂改抹去。

技能等级评价专业技能考核操作评分标准

工种	抄表核算收费员					评价等级	初级工
项目模块	收费管理—电费回收及风险防控—催收工作				编号	Jc0003552036	
单位			准考证号			姓名	
考试时限	10 分钟	题型		多项操作		题分	100 分
成绩		考评员		考评组长		日期	
试题正文	填制电费通知单						

续表

需要说明的问题和要求	（1）要求单人完成。 （2）根据给定的数据，准确填写通知单中数据					
序号	项目名称	质量要求	满分	扣分标准	扣分原因	得分
1	客户基本信息	数据正确填写	15	每空填写错误扣 5 分，扣完为止		
2	上次及本次示数、综合倍率	数据正确填写	6	每空填写错误扣 2 分，扣完为止		
3	各类电量电费	数据正确填写	65	每空填写错误扣 5 分，扣完为止		
4	合计金额	数据正确填写	14	每空填写错误扣 7 分，扣完为止		
合计			100			

Jc0003562037 催缴电费的案例分析。（100 分）

考核知识点：电费催收工作的内容及具体要求

难易度：中

技能等级评价专业技能考核操作工作任务书

一、任务名称

催缴电费的案例分析。

二、适用工种

抄表核算收费员初级工。

三、具体任务

某商业客户称在没有接到停电催缴通知的情况下，于 2018 年 8 月 31 日上午 11 时被断电，使其无法正常营业，导致损失 6000 元，要求供电公司赔偿。供电公司向其提供了依法催费停电的证据；催费人员在 2018 年 8 月 2 日电话通知用电客户朱某（该商业客户的房东），明确提出电费金额为 42731.79 元，缴费的期限至 2018 年 8 月 23 日的电话录音；房东朱某签收的 2018 年 8 月 10 日、20 日下达的催缴电费通知书和限期缴费通知书副联，2018 年 8 月 23 日给朱某下达的将在 2018 年 8 月 31 日上午 11 时停电的通知副联；2018 年 8 月 31 日上午 10 时，通知朱某做好停电的相应准备。供电公司进行的催费、停电都是按法定程序进行的，该商业客户是与房东朱某之间发生的供用电关系，与供电公司无关。最终，经过供电公司耐心细致地解释，该客户收回原先的无理要求，缴清了所欠电费 42731.79 元，违约金 683.71 元。请对存在的问题进行原因分析并制定相应对策。

四、工作规范及要求

（1）自备钢笔或中性笔。

（2）文字描述条理清晰，简明扼要。

五、考核及时间要求

本考核为电费催缴停电实操任务，严格按照规定步骤完成，考核时间为 20 分钟。

技能等级评价专业技能考核操作评分标准

<table>
<tr><td>工种</td><td colspan="5">抄表核算收费员</td><td>评价等级</td><td>初级工</td></tr>
<tr><td>项目模块</td><td colspan="4">收费管理—电费回收及风险防控—催收工作</td><td>编号</td><td colspan="2">Jc0003562037</td></tr>
<tr><td>单位</td><td colspan="2"></td><td>准考证号</td><td colspan="2"></td><td>姓名</td><td></td></tr>
<tr><td>考试时限</td><td colspan="2">20 分钟</td><td>题型</td><td colspan="2">综合操作</td><td>题分</td><td>100 分</td></tr>
<tr><td>成绩</td><td></td><td>考评员</td><td></td><td>考评组长</td><td></td><td>日期</td><td></td></tr>
</table>

续表

试题正文	催缴电费的案例分析					
需要说明的问题和要求	（1）要求单人完成。 （2）自备钢笔或中性笔。 （3）答案要点明确，条理清晰，术语规范					
序号	项目名称	质量要求	满分	扣分标准	扣分原因	得分
1	原因分析	正确指出存在的问题	50	准确指出电费催收中存在的具体问题，缺少一项或描述不清的扣10～50分，扣完为止		
2	措施建议	明确列出应采取的措施	50	每空填写错误扣4分；对抄表人员应采取的措施进行明确指出，描述不清的扣10～50分；扣完为止		
合计			100			

Jc0003542038　电费违约金的计算。（100分）

考核知识点：电费违约金的收取标准及计算方法

难易度：中

技能等级评价专业技能考核操作工作任务书

一、任务名称

电费违约金的计算。

二、适用工种

抄表核算收费员初级工。

三、具体任务

某工业电力客户2019年12月的电费为2000元，2020年1月的电费为3000元。该客户2020年1月18日到供电企业交清以上电费，试求该客户2020年1月应交纳电费违约金多少元？（假设约定的交费日期为每月10日至15日）

四、工作规范及要求

（1）自备计算器、钢笔或中性笔。

（2）计算公式、步骤正确。

（3）计算结果正确。

五、考核及时间要求

本考核为实收审核实操任务，严格按照规定步骤完成，考核时间为20分钟。

技能等级评价专业技能考核操作评分标准

工种	抄表核算收费员					评价等级	初级工
项目模块	收费管理—电费收缴—电费违约金				编号	Jc0003542038	
单位			准考证号			姓名	
考试时限	20分钟	题型	单项操作			题分	100分
成绩		考评员		考评组长		日期	
试题正文	电费违约金的计算						
需要说明的问题和要求	（1）要求单人完成。 （2）自备计算器、钢笔或中性笔						

续表

序号	项目名称	质量要求	满分	扣分标准	扣分原因	得分
1	当年电费违约天数	计算正确	15	错误扣 15 分		
2	当年违约金比例	计算正确	15	错误扣 15 分		
3	当年违约金电费	计算正确	15	错误扣 15 分		
4	上年电费违约天数	计算正确	15	错误扣 15 分		
5	上年违约金比例	计算正确	15	错误扣 15 分		
6	上年违约金电费	计算正确	15	错误扣 15 分		
7	总电费	计算正确	10	错误扣 10 分		
合计			100			

Jc0003542039　写出开通微信购电的几种方式。（100 分）

考核知识点：常用缴费渠道、方式和资金结算方式的相关内容

难易度：中

技能等级评价专业技能考核操作工作任务书

一、任务名称

写出开通微信购电的几种方式。

二、适用工种

抄表核算收费员初级工。

三、具体任务

简要写出开通线上购电的几种方式。

四、工作规范及要求

（1）自备钢笔或中性笔。

（2）文字表述清楚，客户提供信息完整。

五、考核及时间要求

本考核时间为 20 分钟，要求至少写出三种方式。

技能等级评价专业技能考核操作评分标准

工种	抄表核算收费员				评价等级	初级工
项目模块	收费管理—电费收缴—缴费渠道			编号	Jc0003542039	
单位		准考证号			姓名	
考试时限	20 分钟	题型	单项操作		题分	100 分
成绩		考评员		考评组长		日期
试题正文	写出开通微信购电的几种方式					
需要说明的问题和要求	（1）要求单人完成。 （2）要求至少写出三种方式。 （3）文字表述清楚，客户提供信息完整					

序号	项目名称	质量要求	满分	扣分标准	扣分原因	得分
1	开通方式	填写正确三种方式	90	少一种扣 30 分，扣完为止		
2	客户确认开通方式	正确	10	错误扣 10 分		
合计			100			

Jc0003542040 微信购电的操作步骤。（100 分）

考核知识点： 常用缴费渠道、方式和资金结算方式的相关内容

难易度： 中

技能等级评价专业技能考核操作工作任务书

一、任务名称

微信购电的操作步骤。

二、适用工种

抄表核算收费员初级工。

三、具体任务

请简要写出微信购电的操作步骤。

四、工作规范及要求

（1）自备钢笔或中性笔。

（2）文字表述清楚，按顺序填写。

五、考核及时间要求

本考核时间为 10 分钟，要求文字描述清晰、规范，数据计算公式书写准确，答题完整。

技能等级评价专业技能考核操作评分标准

<table>
<tr><td>工种</td><td colspan="6">抄表核算收费员</td><td>评价等级</td><td colspan="2">初级工</td></tr>
<tr><td>项目模块</td><td colspan="5">收费管理—电费收缴—缴费渠道</td><td>编号</td><td colspan="3">Jc0003542040</td></tr>
<tr><td>单位</td><td colspan="3"></td><td>准考证号</td><td colspan="2"></td><td>姓名</td><td colspan="2"></td></tr>
<tr><td>考试时限</td><td colspan="2">10 分钟</td><td>题型</td><td colspan="3">单项操作</td><td>题分</td><td colspan="2">100 分</td></tr>
<tr><td>成绩</td><td></td><td>考评员</td><td></td><td>考评组长</td><td colspan="2"></td><td>日期</td><td colspan="2"></td></tr>
<tr><td>试题正文</td><td colspan="9">微信购电的操作步骤</td></tr>
<tr><td>需要说明的问题和要求</td><td colspan="9">（1）要求单人完成。
（2）自备计算器、钢笔或中性笔。
（3）文字表述清楚</td></tr>
<tr><td>序号</td><td>项目名称</td><td colspan="2">质量要求</td><td>满分</td><td colspan="3">扣分标准</td><td>扣分原因</td><td>得分</td></tr>
<tr><td>1</td><td>操作步骤</td><td colspan="2">8 个步骤完整</td><td>100</td><td colspan="3">缺一项步骤扣 12.5 分，扣完为止</td><td></td><td></td></tr>
<tr><td colspan="2">合计</td><td colspan="2"></td><td>100</td><td colspan="3"></td><td></td><td></td></tr>
</table>

Jc0003542041 收费员管家卡绑定/解绑流程。（100 分）

考核知识点： 电费、业务费收取的相关工作标准及规定

难易度： 中

技能等级评价专业技能考核操作工作任务书

一、任务名称

收费员管家卡绑定/解绑流程。

二、适用工种

抄表核算收费员初级工。

三、具体任务

请简要写出收费员管家卡绑定/解绑的操作步骤。

四、工作规范及要求

（1）自备钢笔或中性笔。

（2）文字表述清楚，按顺序填写。

五、考核及时间要求

本考核时间为20分钟，要求文字描述清晰、规范，步骤书写正确。

技能等级评价专业技能考核操作评分标准

工种	抄表核算收费员							评价等级	初级工	
项目模块	收费管理—电费收缴—缴费方式						编号	Jc0003542041		
单位				准考证号				姓名		
考试时限	20分钟		题型	单项操作				题分	100分	
成绩		考评员		考评组长				日期		
试题正文	收费员管家卡绑定/解绑流程									
需要说明的问题和要求	（1）要求单人完成。 （2）自备计算器、钢笔或中性笔。 （3）文字表述清楚									
序号	项目名称		质量要求		满分	扣分标准			扣分原因	得分
1	操作流程		填写完整、准确		100	不完整或不准确扣每条扣25分，扣完为止				
合计					100					

Jc0003542042　收费员管家卡绑定/解绑流程中的注意事项。（100分）

考核知识点：电费、业务费收取的相关工作标准及规定

难易度：中

技能等级评价专业技能考核操作工作任务书

一、任务名称

收费员管家卡绑定/解绑流程中的注意事项。

二、适用工种

抄表核算收费员初级工。

三、具体任务

请简要写出收费员管家卡绑定/解绑操作过程中的注意事项。

四、工作规范及要求

（1）自备钢笔或中性笔。

（2）文字表述清楚，按顺序填写。

五、考核及时间要求

本考核时间为20分钟，要求文字描述清晰、规范。

技能等级评价专业技能考核操作评分标准

工种	抄表核算收费员					评价等级	初级工
项目模块	收费管理—电费收缴—缴费方式				编号	Jc0003542042	
单位			准考证号			姓名	
考试时限	20分钟	题型	单项操作			题分	100分

续表

成绩		考评员		考评组长		日期	
试题正文	收费员管家卡绑定/解绑流程中的注意事项						
需要说明的问题和要求	（1）要求单人完成。 （2）自备计算器、钢笔或中性笔。 （3）文字表述清楚						
序号	项目名称	质量要求	满分	扣分标准	扣分原因	得分	
1	注意事项	填写完整、准确	100	填写不完整或不准确视情况扣分，扣完为止			
合计			100				

Jc0003543043 非卡表客户管家卡绑定/解绑流程。（100分）

考核知识点： 电费、业务费收取的相关工作标准及规定

难易度： 难

技能等级评价专业技能考核操作工作任务书

一、任务名称

非卡表客户管家卡绑定/解绑流程。

二、适用工种

抄表核算收费员初级工。

三、具体任务

请简要写出非卡表客户管家卡绑定/解绑的操作步骤。

四、工作规范及要求

（1）自备钢笔或中性笔。

（2）文字表述清楚，按顺序填写。

五、考核及时间要求

本考核时间为30分钟，要求文字描述清晰、规范，步骤书写正确。

技能等级评价专业技能考核操作评分标准

工种	抄表核算收费员					评价等级	初级工
项目模块	收费管理—电费收缴—缴费方式				编号	Jc0003543043	
单位			准考证号			姓名	
考试时限	30分钟		题型	单项操作		题分	100分
成绩		考评员		考评组长		日期	
试题正文	非卡表客户管家卡绑定/解绑流程						
需要说明的问题和要求	（1）要求单人完成。 （2）自备计算器、钢笔或中性笔。 （3）文字表述清楚						
序号	项目名称	质量要求	满分	扣分标准	扣分原因	得分	
1	操作流程	填写完整、准确	100	填写不完整或不准确视情况扣分，扣完为止			
合计			100				

Jc0003542044　非卡表客户管家卡绑定/解绑流程的注意事项。（100 分）

考核知识点：电费、业务费收取的相关工作标准及规定

难易度：中

技能等级评价专业技能考核操作工作任务书

一、任务名称

非卡表客户管家卡绑定/解绑流程的注意事项。

二、适用工种

抄表核算收费员初级工。

三、具体任务

请简要写出非卡表客户管家卡绑定/解绑的操作过程中的注意事项。

四、工作规范及要求

（1）自备钢笔或中性笔。

（2）文字表述清楚，按顺序填写。

五、考核及时间要求

本考核时间为 20 分钟，要求文字描述清晰、规范。

技能等级评价专业技能考核操作评分标准

工种	抄表核算收费员						评价等级	初级工
项目模块	收费管理—电费收缴—缴费方式					编号	Jc0003542044	
单位			准考证号				姓名	
考试时限	20 分钟		题型	单项操作			题分	100 分
成绩		考评员		考评组长			日期	
试题正文	非卡表客户管家卡绑定/解绑流程的注意事项							
需要说明的问题和要求	（1）要求单人完成。 （2）自备计算器、钢笔或中性笔。 （3）文字表述清楚							

序号	项目名称	质量要求	满分	扣分标准	扣分原因	得分
1	注意事项	填写正确	100	填写不完整或不准确视情况扣分，扣完为止		
合计			100			

Jc0003562045　商银通 App（新版）下载及安装的步骤。（100 分）

考核知识点：常用缴费渠道、方式和资金结算方式的相关内容

难易度：中

技能等级评价专业技能考核操作工作任务书

一、任务名称

商银通 App（新版）下载及安装的步骤。

二、适用工种

抄表核算收费员初级工。

三、具体任务

请写出商银通（新版）下载及安装的步骤。

四、工作规范及要求

按照实际步骤填写。

五、考核及时间要求

本考核时间为 20 分钟，要求操作步骤正确，文字描述清晰。

技能等级评价专业技能考核操作评分标准

工种	抄表核算收费员					评价等级	初级工
项目模块	收费管理—电费收缴—缴费方式				编号	Jc0003562045	
单位			准考证号			姓名	
考试时限	20 分钟	题型		综合操作		题分	100 分
成绩		考评员		考评组长		日期	
试题正文	商银通 App（新版）下载及安装的步骤						
需要说明的问题和要求	（1）要求单人完成。 （2）步骤规范、流程完整准确清晰						

序号	项目名称	质量要求	满分	扣分标准	扣分原因	得分
1	下载方式	填写 2 种正确方式	10	少一种扣 5 分，扣完为止		
2	下载及安装流程	填写正确	90	少一个步骤扣 15 分，扣完为止		
合计			100			

Jc0003542046　电子发票的开具。(100 分)

考核知识点：电费票据的工作标准及规定

难易度：中

技能等级评价专业技能考核操作工作任务书

一、任务名称

电子发票的开具。

二、适用工种

抄表核算收费员初级工。

三、具体任务

某非一般纳税人客户于 2020 年 1 月因用电申请低压报装业务，2020 年 1 月 6 日接火送电。2020 年 3 月 8 日，客户缴纳电费 79.76 元，收费员电费收取后，为客户开具电子发票，请问工作人员开具电子发票应如何操作？

四、工作规范及要求

（1）自备钢笔或中性笔。

（2）文字描述条理清晰，简明扼要。

（3）掌握电子发票开具的相关步骤。

五、考核及时间要求

本考核为电费票据开具的实操任务，严格按照规定步骤完成，考核时间为 20 分钟。

技能等级评价专业技能考核操作评分标准

工种	抄表核算收费员							评价等级	初级工
项目模块	收费管理—票据管理—电子发票					编号		Jc0003542046	
单位				准考证号				姓名	
考试时限	20 分钟		题型		单项操作			题分	100 分
成绩		考评员		考评组长				日期	
试题正文	电子发票的开具								
需要说明的问题和要求	（1）要求单人完成。 （2）自备钢笔或中性笔								

序号	项目名称	质量要求	满分	扣分标准	扣分原因	得分
1	电子发票的开具	正确列出发票打印步骤	100	共计 2 个步骤，不完整或不准确每条扣 10～50 分，扣完为止		
合计			100			

Jc0003541047　应收电费税金计提。（100 分）

考核知识点：增值税发票的相关工作标准及规定

难易度：易

技能等级评价专业技能考核操作工作任务书

一、任务名称

应收电费税金计提。

二、适用工种

抄表核算收费员初级工。

三、具体任务

本月某居民客户抄见电量为 800kWh，通过计算得出客户本期电费为 358.88 元，计算税额、不含税金额、商品服务单价。

四、工作规范及要求

（1）自备钢笔或中性笔。

（2）文字描述条理清晰，简明扼要。

（3）掌握电子发票开具的相关步骤。

五、考核及时间要求

本考核为电费票据开具的实操任务，严格按照规定步骤完成，考核时间为 20 分钟。

技能等级评价专业技能考核操作评分标准

工种	抄表核算收费员							评价等级	初级工
项目模块	收费管理—票据管理—电子发票					编号		Jc0003541047	
单位				准考证号				姓名	
考试时限	20 分钟		题型		单项操作			题分	100 分
成绩		考评员		考评组长				日期	
试题正文	应收电费税金计提								

续表

需要说明的问题和要求	（1）要求单人完成。 （2）自备钢笔或中性笔					
序号	项目名称	质量要求	满分	扣分标准	扣分原因	得分
1	不含税金额	正确计算不含税金额	33	算错扣 33 分		
2	税额	正确计算税额	33	算错扣 33 分		
3	商品服务单价	正确计算商品服务单价	34	算错扣 34 分		
合计			100			

Jc0003541048 填制分时电价执行情况表。（100 分）

考核知识点：抄核收统计报表的种类、内容及要求

难易度：易

技能等级评价专业技能考核操作工作任务书

一、任务名称

填制分时电价执行情况表。

二、适用工种

抄表核算收费员初级工。

三、具体任务

根据销售电价表（见表 Jc0003541048－1）中的电价信息，运用 Excel 表格，填制分时电价执行情况表（见表 Jc0003541048－2）。

表 Jc0003541048－1

用电类别	电价		
	峰电价（元/MWh）	平电价（元/MWh）	谷电价（元/MWh）
工商业及其他用电（两部制）（10kV）	600.87	441	281.13
工商业及其他用电（单一制）（10kV）	681.09	498.3	315.51
居民（1kV 以下）	498.6		248.6

表 Jc0003541048－2

用电分类	峰时段						平时段						谷时段					
	本期		同期		增减		本期		同期		增减		本期		同期		增减	
	电量（MWh）	电费（元）	电量（MWh）	电费（元）	电量（MWh）	电费（元）	电量（MWh）	电费（元）	电量（MWh）	电费（元）	电量（MWh）	电费（元）	电量（MWh）	电费（元）	电量（MWh）	电费（元）	电量（MWh）	电费（元）
大宗工业（10kV）	20 697		17 916				28 375		23 652				44 110		35 259			
非普工业（10kV）	1168		883				1321		1032				1661		1365			
居民（1kV 以下）	1305		1159										1027		914			
合计																		

四、工作规范及要求

根据给定的数据，填制相应的电量、电费数据，数值保留两位小数。

五、考核及时间要求

本考核时间为 20 分钟，要求答题完整、规范。

技能等级评价专业技能考核操作评分标准

工种	抄表核算收费员				评价等级	初级工
项目模块	收费管理—报表统计及分析—抄核收报表			编号	Jc0003541048	
单位		准考证号			姓名	
考试时限	20 分钟	题型	单项操作		题分	100 分
成绩		考评员		考评组长	日期	
试题正文	填制分时电价执行情况表					
需要说明的问题和要求	（1）要求单人完成。 （2）表格中的数据逐项填写，无客户电量电费填零，不填视为错误					

序号	项目名称	质量要求	满分	扣分标准	扣分原因	得分
1	电量	数据正确填写	28	每空填写错误扣 1.4 分，扣完为止		
2	电费	数据正确填写	72	每空填写错误扣 2 分，扣完为止		
合计			100			

Jc0003541049　填制《电量电费月快报》。（100 分）

考核知识点：抄核收统计报表的种类、内容及要求

难易度：易

技能等级评价专业技能考核操作工作任务书

一、任务名称

填制《电量电费月快报》。

二、适用工种

抄表核算收费员初级工。

三、具体任务

根据客户电量电费清单（见表 Jc0003541049－1）填制《电量电费月快报》（见表 Jc0003541049－2）。

表 Jc0003541049－1

2021 年 1 月客户电量电费清单									
填报单位：××供电公司									
户名	装见容量	售电量（kWh）	电费小计（元）	农网还贷基金（元）	城市附加费（元）	国家重大水利建设基金（元）	库区移民后期扶持基金（元）	可再生能源附加费（元）	电费合计（元）
某家庭照明	5kW	200	89.25	0	0	0.23	0.24	0	89.72
某超市	8kW	300	140.09	0	0	0.34	0.36	5.7	146.49
某办公楼	50kVA	2000	893.95	0	0	2.25	2.4	38	936.6
某奶牛场	20kW	500	230.94	0	0	0.56	0	0	231.5
某村抗旱机井	20kW	500	116.00	0	0	0	0	0	116.00

续表

户名	装见容量	售电量（kWh）	电费小计（元）	农网还贷基金（元）	城市附加费（元）	国家重大水利建设基金（元）	库区移民后期扶持基金（元）	可再生能源附加费（元）	电费合计（元）
某建筑工地	315kVA	6000	2681.85	0	0	6.75	7.2	114	2809.8
某加工厂	400kVA	30000	11207.25	0	0	33.75	36	570	11847
某加工厂	15kW	400	186.79	0	0	0.45	0.48	7.6	195.32
某修理厂	315kVA	8000	3575.8	0	0	9	9.6	152	3746.4
某保险公司	50kVA	3000	1340.93	0	0	3.38	3.6	57	1404.90
某公司直购电	1000kVA	200 000	71060	0	0	225	240	3800	75325

表 Jc0003541049－2

2021 年 1 月电量电费月快报		
营业区域：××供电公司		
项目名称	当月	累计
售电量		
售电收入		
平均单价		
售电收入（含农网还贷基金）		
平均单价（含农网还贷基金）		
国家重大水利建设基金		
城市附加费		
库区移民后期扶持基金		
可再生能源附加费		
差别电价		
代征费合计		
电费合计		

四、工作规范及要求

根据给定的数据，填制相应电费数据，数值保留两位小数。

五、考核及时间要求

本考核时间为 20 分钟，要求答题完整、规范。

技能等级评价专业技能考核操作评分标准

工种	抄表核算收费员					评价等级	初级工
项目模块	收费管理—报表统计及分析—抄核收报表				编号	Jc0003541049	
单位		准考证号				姓名	
考试时限	20 分钟	题型	单项操作			题分	100 分
成绩		考评员		考评组长		日期	
试题正文	填制《电量电费月快报》						

续表

需要说明的问题和要求	（1）要求单人完成。 （2）表格中的数据逐项填写，无客户电量电费填零，不填视为错误					
序号	项目名称	质量要求	满分	扣分标准	扣分原因	得分
1	售电量	数据正确填写	6	每空填写错误扣 3 分，扣完为止		
2	趸售电量	数据正确填写	6	每空填写错误扣 3 分，扣完为止		
3	售电收入	数据正确填写	6	每空填写错误扣 3 分，扣完为止		
4	电气化铁路还贷基金	数据正确填写	6	每空填写错误扣 3 分，扣完为止		
5	平均单价	数据正确填写	6	每空填写错误扣 3 分，扣完为止		
6	售电收入（含农网还贷基金）	数据正确填写	6	每空填写错误扣 3 分，扣完为止		
7	农网还贷基金	数据正确填写	6	每空填写错误扣 3 分，扣完为止		
8	平均单价（含农网还贷基金）	数据正确填写	6	每空填写错误扣 3 分，扣完为止		
9	国家重大水利建设基金	数据正确填写	6	每空填写错误扣 3 分，扣完为止		
10	城市附加费	数据正确填写	6	每空填写错误扣 3 分，扣完为止		
11	库区移民后期扶持基金	数据正确填写	6	每空填写错误扣 3 分，扣完为止		
12	可再生能源附加费	数据正确填写	6	每空填写错误扣 3 分，扣完为止		
13	差别电价	数据正确填写	6	每空填写错误扣 3 分，扣完为止		
14	代征费合计	数据正确填写	11	每空填写错误扣 5.5 分，扣完为止		
15	电费合计	数据正确填写	11	每空填写错误扣 5.5 分，扣完为止		
合计			100			

Jc0003541050　电费回收率计算。（100 分）

考核知识点：抄核收统计报表的种类、内容及要求

难易度：易

技能等级评价专业技能考核操作工作任务书

一、任务名称

电费回收率计算。

二、适用工种

抄表核算收费员初级工。

三、具体任务

某供电公司 10 月应收电费 3000 万元，截至 10 月底，共收取电费 2950 万元，其中预付电费 500 万元。请计算该公司 10 月的电费回收率。

四、工作规范及要求

列式计算电费回收率，数值保留两位小数。

五、考核及时间要求

本考核时间为 10 分钟，要求答题完整、规范。

技能等级评价专业技能考核操作评分标准

工种	抄表核算收费员					评价等级	初级工
项目模块	收费管理—报表统计及分析—抄核收报表				编号	Jc0003541050	
单位			准考证号			姓名	
考试时限	10 分钟		题型	单项操作		题分	100 分
成绩		考评员		考评组长		日期	
试题正文	电费回收率计算						
需要说明的问题和要求	（1）要求单人完成。 （2）列式计算						

序号	项目名称	质量要求	满分	扣分标准	扣分原因	得分
1	电费回收率	计算正确	100	公式错误扣 50 分，计算结果错误扣 50 分，扣完为止		
合计			100			

Jc0004541051　三相四线直通电能表电流、电压值的测量。（100 分）

考核知识点：正确使用仪器仪表测量相关参数

难易度：易

技能等级评价专业技能考核操作工作任务书

一、任务名称

三相四线直通电能表电流、电压值的测量。

二、适用工种

抄表核算收费员初级工。

三、具体任务

使用万用表、钳形电流表等仪器完成指定电能表电流、电压值测量并记录，填写表 Jc0004541051。

表 Jc0004541051

<table>
<tr><th colspan="2">电能表进线</th><th colspan="2">电能表出线</th></tr>
<tr><td>A 相电压</td><td></td><td rowspan="2">A 相电流</td><td rowspan="2"></td></tr>
<tr><td>B 相电压</td><td></td></tr>
<tr><td>C 相电压</td><td></td><td rowspan="2">B 相电流</td><td rowspan="2"></td></tr>
<tr><td>A 相电流</td><td></td></tr>
<tr><td>B 相电流</td><td></td><td rowspan="2">C 相电流</td><td rowspan="2"></td></tr>
<tr><td>C 相电流</td><td></td></tr>
</table>

四、工作规范及要求

（1）着装符合要求，穿全棉长袖工作服、绝缘鞋，戴安全帽、线手套。

（2）携带自备工具（钢笔或中性笔、计算器、三角尺）进入现场，待考评老师宣布许可工作命令后开始工作并计时。

（3）打开计量柜（箱）门之前必须对柜（箱）体进行验电，现场操作严格执行《国家电网有限公司营销现场作业安全工作规程（试行）》。

（4）工作结束清理现场，并向监考老师报告。

五、考核及时间要求

本考核时间为 20 分钟，时间到停止考核。

技能等级评价专业技能考核操作评分标准

工种	抄表核算收费员					评价等级	初级工
项目模块	电能计量—仪器仪表的使用				编号	Jc0004541051	
单位			准考证号			姓名	
考试时限	20 分钟		题型	单项操作		题分	100 分
成绩		考评员		考评组长		日期	
试题正文	三相四线直通电能表电流、电压值的测量						
需要说明的问题和要求	（1）要求单人操作。 （2）操作应注意安全，按照标准化作业书的技术安全说明做好安全措施						

序号	项目名称	质量要求	满分	扣分标准	扣分原因	得分
1	安全文明生产	戴安全帽，穿全棉长袖工作服，穿绝缘鞋，操作时戴线手套，打开柜门前需先验电	20	有一项未按要求进行扣 5 分，扣完为止		
2	正确使用仪器仪表	正确使用万用表、钳形电流表，数据测量正确	60	仪器仪表使用不当一次扣 10 分，数据测量错误一次扣 10 分，扣完为止		
3	正确记录	正确填写表格记录	10	填写错误一处扣 2 分，单位使用错误一处扣 2 分，扣完为止		
4	现场恢复	操作结束后清理现场杂物，并将工器具归位、摆放整齐	10	现场留有杂物或工器具未归位扣 10 分		
合计			100			

计量装置设置：

（1）考试使用电能表为仿真表，通过模拟装置进行参数设置。

（2）默认设置为集抄台体三相四线直通电能表，假定负荷三相平衡，相电压分别为 220、220、220V，相电流分别为 1、1、1A。

Jc0005541052　光伏客户档案及结算电量、电费信息查询。（100 分）

考核知识点：系统应用

难易度：易

技能等级评价专业技能考核操作工作任务书

一、任务名称

光伏客户档案及结算电量、电费信息查询。

二、适用工种

抄表核算收费员初级工。

三、具体任务

请使用自己的工号在营销系统查询某一光伏客户并网电压、发电量消纳方式、发电客户类型、发电关口表号，以及该客户某月结算发电量、补助金额，并填写在答题纸上。

四、工作规范及要求

填写查询客户编号、户名及对应的需要查询内容。

五、考核及时间要求

本考核时间为 20 分钟，时间到应立即停止操作。

技能等级评价专业技能考核操作评分标准

<table>
<tr><td>工种</td><td colspan="5">抄表核算收费员</td><td>评价等级</td><td colspan="2">初级工</td></tr>
<tr><td>项目模块</td><td colspan="4">新型业务—新型业务知识</td><td>编号</td><td colspan="3">Jc0005541052</td></tr>
<tr><td>单位</td><td colspan="3"></td><td>准考证号</td><td></td><td>姓名</td><td colspan="2"></td></tr>
<tr><td>考试时限</td><td colspan="2">20 分钟</td><td>题型</td><td colspan="2">综合操作</td><td>题分</td><td colspan="2">100 分</td></tr>
<tr><td>成绩</td><td></td><td>考评员</td><td></td><td>考评组长</td><td></td><td>日期</td><td colspan="2"></td></tr>
<tr><td>试题正文</td><td colspan="8">光伏客户档案及结算电量、电费信息查询</td></tr>
<tr><td>需要说明的问题和要求</td><td colspan="8">（1）要求单人完成。
（2）填写查询发电客户编号、户名及对应的需要查询内容</td></tr>
</table>

序号	项目名称	质量要求	满分	扣分标准	扣分原因	得分
1	户号、户名	填写正确	20	错误一项扣 10 分，扣完为止		
2	客户并网电压、发电方式、发电量消纳方式、发电客户类型、发电关口表号	填写正确	50	错误一项扣 10 分，扣完为止		
3	电费年月、结算发电量、补助金额	填写正确	30	错误一项扣 10 分，扣完为止		
合计			100			

Jc0005541053　光伏客户日发电量及月末冻结表码查询。（100 分）

考核知识点：系统应用

难易度：易

技能等级评价专业技能考核操作工作任务书

一、任务名称

光伏客户日发电量及月末冻结表码查询。

二、适用工种

抄表核算收费员初级工。

三、具体任务

在用电信息采集系统中查询某一低压发电客户某月 1～10 日每日发电量及当月月末冻结表码，将其填写在答题纸上。

四、工作规范及要求

填写查询客户编号、户名及对应的需要查询内容。

五、考核及时间要求

本考核时间为 20 分钟，时间到应立即停止操作。

技能等级评价专业技能考核操作评分标准

<table>
<tr><td>工种</td><td colspan="3">抄表核算收费员</td><td>评价等级</td><td>初级工</td></tr>
<tr><td>项目模块</td><td colspan="2">新型业务—新型业务知识</td><td>编号</td><td colspan="2">Jc0005541053</td></tr>
<tr><td>单位</td><td></td><td>准考证号</td><td></td><td>姓名</td><td></td></tr>
</table>

续表

考试时限	20 分钟		题型	综合操作		题分	100 分	
成绩		考评员		考评组长		日期		
试题正文	光伏客户日发电量及月末冻结表码查询							
需要说明的问题和要求	（1）要求单人完成。 （2）填写查询客户编号、户名及对应的需要查询内容							

序号	项目名称	质量要求	满分	扣分标准	扣分原因	得分
1	户号、户名	填写正确	10	错误一项扣 5 分，扣完为止		
2	1～10 日每日总发电量	填写正确	80	错误一日扣 8 分，扣完为止		
3	年月、月末冻结表码	填写正确	10	错误一项扣 5 分，扣完为止		
合计			100			

Jc0005541054　专线客户抄表例日表码及计算月用电量查询。（100 分）

考核知识点：系统应用

难易度：易

技能等级评价专业技能考核操作工作任务书

一、任务名称

专线客户抄表例日表码及计算月用电量查询。

二、适用工种

抄表核算收费员初级工。

三、具体任务

在用电信息采集系统中查询某专线客户抄表例日表码及计算月用电量，将其填写在答题纸上。

四、工作规范及要求

填写查询客户编号、户名及对应的需要查询内容。

五、考核及时间要求

本考核时间为 20 分钟，时间到应立即停止操作。

技能等级评价专业技能考核操作评分标准

工种	抄表核算收费员					评价等级	初级工	
项目模块	新型业务—新型业务知识				编号	Jc0005541054		
单位			准考证号			姓名		
考试时限	20 分钟		题型	综合操作		题分	100 分	
成绩		考评员		考评组长		日期		
试题正文	专线客户抄表例日表码及计算月用电量查询							
需要说明的问题和要求	（1）要求单人完成。 （2）填写查询客户编号、户名及对应的需要查询内容							

序号	项目名称	质量要求	满分	扣分标准	扣分原因	得分
1	户号、户名	填写正确	10	错误一项扣 5 分，扣完为止		
2	年月、月末冻结表码	填写正确	20	错误一扣 5 分，扣完为止		
3	年、月用电量	有功总、峰、平、谷，无功电量、需量，综合倍率计算正确	70	错误一项扣 8 分，扣完为止		
合计			100			

Jc0006541055　10kV 配合停电误操作。（100 分）

考核知识点：10kV 配合停电误操作

难易度：易

技能等级评价专业技能考核操作工作任务书

一、任务名称

10kV 配合停电误操作。

二、适用工种

抄表核算收费员初级工。

三、具体任务

2018 年 7 月 27 日上午，某供电公司叶××独自携带操作票、绝缘操作杆、安全带和安全帽到 10kV 磁窑堡线宝塔支线 1 号杆进行停电操作（无停电计划）。4 时 47 分，叶××在 10kV 磁窑堡线 002 号断路器（开关）还未断开情况下，带负荷拉开 10kV 磁窑堡线宝塔支线 1 号杆 FK017 隔离开关，拉开 A 相隔离开关时，产生弧光导致 A 相绝缘子（靠电源侧动触头处）击穿通过电杆单相接地，在杆上操作的叶××从约 2m 高处赶紧下杆，下地时触电死亡。请分析该起事件中违反《国家电网公司电力安全工作规程（配电部分）（试行）》的行为。

四、工作规范及要求

分析该起事件中违反《国家电网公司电力安全工作规程（配电部分）（试行）》的行为。

五、考核及时间要求

本考核时间为 20 分钟，要求答题完整，文字描述清晰、规范。

技能等级评价专业技能考核操作评分标准

工种	抄表核算收费员					评价等级	初级工
项目模块	安全管理—安全管理知识				编号	Jc0006541055	
单位			准考证号			姓名	
考试时限	20 分钟		题型	综合操作		题分	100 分
成绩		考评员		考评组长		日期	
试题正文	10kV 配合停电误操作						
需要说明的问题和要求	（1）要求单人完成。 （2）分析该起事件中违反配电安规的行为，并说明违反配电安规中的哪条规定						

序号	项目名称	质量要求	满分	扣分标准	扣分原因	得分
1	分析原因	表达意思明确，文字描述清楚	80	每错、漏写一条扣 40 分，扣完为止		
2	每条原因分析的依据	写出原因分析的依据	20	每错、漏写一条扣 10 分，扣完为止		
合计			100			

第二章　中　级　工

Jc0001441001　采集终端现场抄表。(100 分)

考核知识点：现场抄表的工作要求、注意事项等内容

难易度：易

技能等级评价专业技能考核操作工作任务书

一、任务名称

采集终端现场抄表。

二、适用工种

抄表核算收费员中级工。

三、具体任务

使用指定集中器完成以下操作。

（1）使用集中器抄取指定的电能表示数信息，完成表 Jc0001441001。

表 Jc0001441001

1. 测量点参数		2. 电能表示数		
所属测量点		示数类型	当月	上一月
通信速率		有功（总）		
端口号		有功（峰）		
通信规约		有功（平）		
电量位数		有功（谷）		
地址		无功（总）		

（2）将指定的电能表设置到集中器测量点序号 10，并实现采集。

四、工作规范及要求

（1）着装符合要求，穿全棉长袖工作服、绝缘鞋，戴安全帽、线手套。

（2）携带自备工具（钢笔或中性笔、线手套）进入现场，待考评老师宣布许可工作命令后开始工作并计时。

（3）打开计量柜（箱）门之前必须对柜（箱）体验电，现场操作严格执行《国家电网有限公司营销现场作业安全工作规程（试行）》。

（4）工作结束清理现场，并向监考老师报告。

五、考核及时间要求

本考核时间为 30 分钟，计时结束停止考核。

技能等级评价专业技能考核操作评分标准

<table>
<tr><td>工种</td><td colspan="5">抄表核算收费员</td><td>评价等级</td><td>中级工</td></tr>
<tr><td>项目模块</td><td colspan="4">抄表管理—抄表方式</td><td>编号</td><td colspan="2">Jc0001441001</td></tr>
<tr><td>单位</td><td colspan="2"></td><td>准考证号</td><td colspan="2"></td><td>姓名</td><td></td></tr>
<tr><td>考试时限</td><td>30 分钟</td><td>题型</td><td colspan="3">单项操作</td><td>题分</td><td>100 分</td></tr>
<tr><td>成绩</td><td></td><td>考评员</td><td></td><td>考评组长</td><td></td><td>日期</td><td></td></tr>
<tr><td>试题正文</td><td colspan="7">采集终端现场抄表</td></tr>
<tr><td>需要说明的问题和要求</td><td colspan="7">（1）要求单人操作。
（2）操作时应注意安全，按照标准化作业指导书的技术安全说明做好安全措施</td></tr>
</table>

序号	项目名称	质量要求	满分	扣分标准	扣分原因	得分
1	安全文明生产	戴安全帽，穿全棉长袖工作服，穿绝缘鞋，操作时戴线手套，打开柜门前需先验电	5	有一项未按要求进行扣 5 分，扣完为止		
2	指定电能表抄读	相关信息填写正确	48	数据未填写一项扣 3 分，扣完为止		
3	指定电能表调试	参数设置正确，实现抄表	40	参数设置错误每项扣 5 分，未实现抄表扣 20 分，扣完为止		
4	现场恢复	操作结束后清理现场杂物，并将工器具归位摆放整齐	7	现场留有杂物或工器具未归位扣 7 分		
合计			100			

Jc0001441002－1　使用掌机读取电价并判断正误。（100 分）

考核知识点：手持终端的使用说明

难易度：易

技能等级评价专业技能考核操作工作任务书

一、任务名称

使用掌机读取电价并判断正误。

二、适用工种

抄表核算收费员中级工。

三、具体任务

现场使用 2013 版抄表掌机读取居民客户电价，判断电价是否执行正确，记录并填写表 Jc0001441002－1。

表 Jc0001441002－1

电能表型号	
第一阶梯电价	
第二阶梯电价	
第三阶梯电价	

四、工作规范及要求

（1）着装符合要求，穿全棉长袖工作服、绝缘鞋，戴安全帽、线手套。

（2）携带自备工具（钢笔或中性笔）进入现场，待考评老师宣布许可工作命令后开始工作并计时。

（3）打开计量柜（箱）门之前必须对柜（箱）体验电，现场操作严格执行《国家电网有限公司营销现场作业安全工作规程（试行）》。

（4）工作结束清理现场，并向监考老师报告。

五、考核及时间要求

本考核时间为30分钟，时间到停止考核。

技能等级评价专业技能考核操作评分标准

工种	抄表核算收费员					评价等级	中级工
项目模块	抄表管理—抄表方式				编号	Jc0001441002－1	
单位			准考证号			姓名	
考试时限	30分钟		题型	单项操作		题分	100分
成绩		考评员		考评组长		日期	
试题正文	使用掌机读取电价并判断正误						
需要说明的问题和要求	（1）要求单人操作。 （2）操作时应注意安全，按照标准化作业指导书的技术安全说明做好安全措施						

序号	项目名称	质量要求	满分	扣分标准	扣分原因	得分
1	安全文明生产	戴安全帽，穿全棉长袖工作服，穿绝缘鞋，操作时戴线手套，打开柜门前需先验电	20	有一项未按要求进行扣5分，扣完为止		
2	仪器使用	正确使用抄表掌机	25	电价抄读错误扣25分		
3	结果判断	判断电价执行是否正确	25	判断错误扣25分		
4	填写记录	正确、规范填写记录表	20	数据填写错误1处扣5分，单位使用错误1处扣5分，扣完为止		
5	现场恢复	操作结束后清理现场杂物，并将工器具归位摆放整齐	10	现场留有杂物或工器具未归位扣10分		
合计			100			

计量装置设置：

（1）考试使用电能表为仿真表，通过模拟装置进行参数设置。

（2）屏蔽电能表显示屏。

Jc0001441003－2　使用掌机读取电价并判断正误。（100分）

考核知识点：手持终端的使用说明

难易度：易

技能等级评价专业技能考核操作工作任务书

一、任务名称

使用掌机读取电价并判断正误。

二、适用工种

抄表核算收费员中级工。

三、具体任务

现场使用2013版抄表掌机读取三相低压客户（加工作坊）电价，判断电价是否执行正确，记录并填写表Jc0001441003－2。

表 Jc0001441003－2

电能表型号	
峰段电价	
平段电价	
谷段电价	

四、工作规范及要求

（1）着装符合要求，穿全棉长袖工作服、绝缘鞋，戴安全帽、线手套。

（2）携带自备工具（钢笔或中性笔）进入现场，待考评老师宣布许可工作命令后开始工作并计时。

（3）打开计量柜（箱）门之前必须对柜（箱）体验电，现场操作严格执行《国家电网有限公司营销现场作业安全工作规程（试行）》。

（4）工作结束清理现场，并向监考老师报告。

五、考核及时间要求

本考核时间为 30 分钟，时间到停止考核。

技能等级评价专业技能考核操作评分标准

工种	抄表核算收费员				评价等级	中级工
项目模块	抄表管理—抄表方式			编号	Jc0001441003－2	
单位		准考证号			姓名	
考试时限	30 分钟	题型	单项操作		题分	100 分
成绩		考评员		考评组长		日期	
试题正文	使用掌机读取电价并判断正误					
需要说明的问题和要求	（1）要求单人操作。 （2）操作时应注意安全，按照标准化作业指导书的技术安全说明做好安全措施					

序号	项目名称	质量要求	满分	扣分标准	扣分原因	得分
1	安全文明生产	戴安全帽，穿全棉长袖工作服，穿绝缘鞋，操作时戴线手套，打开柜门前需先验电	20	有一项未按要求进行扣 5 分，扣完为止		
2	仪器使用	正确使用抄表掌机	25	电价抄读错误扣 25 分		
3	结果判断	判断电价执行是否正确	25	判断错误扣 25 分		
4	填写记录	正确、规范填写记录表	20	数据填写错误 1 处扣 5 分，单位使用错误 1 处扣 5 分，扣完为止		
5	现场恢复	操作结束后清理现场杂物，并将工器具归位摆放整齐	10	现场留有杂物或工器具未归位扣 10 分		
合计			100			

计量装置设置：

（1）考试使用电能表为仿真表，通过模拟装置进行参数设置。

（2）屏蔽电能表显示屏。

Jc0001443004－1 单相电能表抄读、异常处理、电费计算。（100 分）

考核知识点：抄表异常分析及处理

难易度：难

技能等级评价专业技能考核操作工作任务书

一、任务名称

单相电能表抄读、异常处理、电费计算。

二、适用工种

抄表核算收费员中级工。

三、具体任务

（1）抄读指定单相电能表，完成铭牌信息及表 Jc0001443004－1－1 内示数信息填写。

表 Jc0001443004－1－1

电能表铭牌参数		表内信息	
电能表出厂编号		当前总电量	
额定电压		剩余金额	
标定电流及最大电流		电压	
接线方式		电流	
准确度等级		功率	

（2）使用掌机读取当前表内阶梯电价执行套数及阶梯电价值、费率电价执行套数及费率电价值。

（3）已知该户为居民客户，判断表内电价执行是否正确，如不正确请改正（阶梯电价值分别为 0.448 6、0.498 6、0.748 6 元/kWh）。

（4）经用电信息采集系统检查，该户自首次购电后，每月用电量均小于 170kWh，表 Jc0001443004－1－2 为该户的购电记录，请计算应退补电费。

表 Jc0001443004－1－2

购电时间	购电类型	电卡购电次数（次）	本次写卡金额（元）	累计购电金额（元）
2020 年 4 月 12 日	日常购电	6	1000	5500
2019 年 10 月 12 日	日常购电	5	1000	4500
2018 年 9 月 12 日	银行联网	4	1000	3500
2017 年 8 月 12 日	银行联网	3	1000	2500
2016 年 7 月 12 日	日常购电	2	1000	1500
2016 年 1 月 12 日	首次购电	1	500	500

四、工作规范及要求

（1）着装符合要求，穿全棉长袖工作服、绝缘鞋，戴安全帽、线手套。

（2）携带自备工具（钢笔或中性笔、计算器、线手套）进入现场，待考评老师宣布许可工作命令后开始工作并计时。

（3）打开计量柜（箱）门之前必须对柜（箱）体验电，现场操作严格执行《国家电网有限公司营销现场作业安全工作规程（试行）》。

（4）工作结束清理现场，并向监考老师报告。

五、考核及时间要求

本考核时间为 30 分钟，计时结束停止考核。

技能等级评价专业技能考核操作评分标准

<table>
<tr><td>工种</td><td colspan="4">抄表核算收费员</td><td>评价等级</td><td colspan="2">中级工</td></tr>
<tr><td>项目模块</td><td colspan="3">抄表管理—抄表方式</td><td>编号</td><td colspan="3">Jc0001443004－1</td></tr>
<tr><td>单位</td><td colspan="2"></td><td>准考证号</td><td></td><td>姓名</td><td colspan="2"></td></tr>
<tr><td>考试时限</td><td>30 分钟</td><td>题型</td><td colspan="2">单项操作</td><td>题分</td><td colspan="2">100 分</td></tr>
<tr><td>成绩</td><td>考评员</td><td></td><td>考评组长</td><td></td><td>日期</td><td colspan="2"></td></tr>
<tr><td>试题正文</td><td colspan="7">单相电能表抄读、异常处理、电费计算</td></tr>
<tr><td>需要说明的问题和要求</td><td colspan="7">（1）要求单人操作。
（2）操作时应注意安全，按照标准化作业指导书的技术安全说明做好安全措施</td></tr>
</table>

序号	项目名称	质量要求	满分	扣分标准	扣分原因	得分
1	安全文明生产	戴安全帽，穿全棉长袖工作服，穿绝缘鞋，操作时戴线手套，打开柜门前需先验电	10	有一项未按要求进行扣 5 分，扣完为止		
2	电能表抄读	电能表铭牌信息填写正确、规范，表内示数信息填写正确、规范	20	表格内每项数据未填写或填写错误扣 2 分，扣完为止		
3	电价抄读	正确填写当前表内执行第几套阶梯电价，正确填写当前表内阶梯电价值，正确填写当前表内执行第几套费率电价，正确填写当前表内执行费率电价值	20	错答一项扣 5 分，扣完为止		
4	电价修改	电价修改正确	20	未正确修改电价扣 20 分		
5	电费计算	电费计算正确	20	电费计算方法错误扣 10 分，结果计算错误扣 10 分，扣完为止		
6	现场恢复	操作结束后清理现场杂物，并将工器具归位摆放整齐	10	现场留有杂物或工器具未归位扣 10 分		
合计			100			

Jc0001442005－2　单相电能表抄读、异常处理、电费计算。（100 分）

考核知识点：抄表异常分析及处理

难易度：中

技能等级评价专业技能考核操作工作任务书

一、任务名称

单相电能表抄读、异常处理、电费计算。

二、适用工种

抄表核算收费员中级工。

三、具体任务

（1）抄读指定单相电能表，完成铭牌信息及表 Jc0001442005－2－1 内示数信息填写。

表 Jc0001442005－2－1

电能表铭牌参数		表内信息	
电能表出厂编号		有功（总）（当前示数）	
额定电压		剩余金额	
标定电流及最大电流		有功（峰）（当前示数）	
接线方式		有功（平）（当前示数）	
准确度等级		有功（谷）（当前示数）	

（2）使用掌机读取当前表内阶梯电价执行套数和阶梯电价值、费率电价执行套数及费率电价值。

（3）已知该户为一般工商业客户，执行峰谷分时电价，判断表内电价执行是否正确，如不正确请改正（一般工商业电价峰：0.709 1 元/kWh；平：0.518 3 元/kWh；谷：0.327 5 元/kWh）。

（4）表 Jc0001442005－2－2 为该客户的购电记录，计算因电价错误产生的退补电费。

表 Jc0001442005－2－2

购电时间	购电类型	电卡购电次数（次）	本次写卡金额（元）	累计购电金额（元）
2020 年 5 月 12 日	日常购电	6	500	2700
2019 年 10 月 12 日	日常购电	5	500	2200
2018 年 9 月 12 日	银行联网	4	500	1700
2017 年 8 月 12 日	银行联网	3	500	1200
2016 年 7 月 12 日	日常购电	2	500	700
2016 年 1 月 12 日	首次购电	1	200	500

四、工作规范及要求

（1）着装符合要求，穿全棉长袖工作服、绝缘鞋，戴安全帽、线手套。

（2）携带自备工具（钢笔或中性笔、计算器、线手套）进入现场，待考评老师宣布许可工作命令后开始工作并计时。

（3）打开计量柜（箱）门之前必须对柜（箱）体验电，现场操作严格执行《国家电网有限公司营销现场作业安全工作规程（试行）》。

（4）工作结束清理现场，并向监考老师报告。

五、考核及时间要求

本考核时间为 30 分钟，计时结束停止考核。

技能等级评价专业技能考核操作评分标准

工种	抄表核算收费员				评价等级	中级工
项目模块	抄表管理—抄表方式			编号	Jc0001442005－2	
单位		准考证号			姓名	
考试时限	30 分钟	题型	单项操作		题分	100 分
成绩		考评员		考评组长		日期	
试题正文	单相电能表抄读、异常处理、电费计算					
需要说明的问题和要求	（1）要求单人操作。 （2）操作时应注意安全，按照标准化作业指导书的技术安全说明做好安全措施					

序号	项目名称	质量要求	满分	扣分标准	扣分原因	得分
1	安全文明生产	戴安全帽，穿全棉长袖工作服，穿绝缘鞋，操作时戴线手套，打开柜门前需先验电	10	有一项未按要求进行扣 5 分，扣完为止		
2	电能表抄读	电能表铭牌信息填写正确、规范，表内示数信息填写正确、规范	20	表格内每项数据未填写或填写错误扣 2 分，扣完为止		
3	电价抄读	正确填写当前表内执行第几套阶梯电价，正确填写当前表内阶梯电价值，正确填写当前表内执行第几套费率电价，正确填写当前表内执行费率电价值	20	错答一项扣 5 分，扣完为止		
4	电价修改	电价修改正确	20	未正确修改电价扣 20 分		

续表

序号	项目名称	质量要求	满分	扣分标准	扣分原因	得分
5	电费计算	电费计算正确	20	电费计算方法不正确扣10分，结果计算错误扣10分，扣完为止		
6	现场恢复	操作结束后清理现场杂物，并将工器具归位摆放整齐	10	现场留有杂物或工器具未归位扣10分		
合计			100			

Jc0006442006－3　单相电能表抄读、异常处理、电费计算。（100分）

考核知识点：单相电能表抄读、异常处理、电费计算

难易度：中

技能等级评价专业技能考核操作工作任务书

一、任务名称

单相电能表抄读、异常处理、电费计算。

二、适用工种

抄表核算收费员中级工。

三、具体任务

（1）抄读指定电能表相关信息，完成表Jc0006442006－3－1的填写。

表Jc0006442006－3－1

电能表参数		表内信息	
电能表出厂编号		当前总电量	
电压		剩余金额	
电流		电压	
接线方式		电流	
准确度等级		功率	
电能表厂家		当前电价	

（2）使用掌机读取当前表内执行第几套阶梯、第几套费率、当前阶梯电价值、费率电价值。如该户为居民客户，判断表内电价执行是否正确，如不正确请改正。（表内设置电价为叠加电价，需修改为阶梯电价）

（3）计算因电价错误导致的退补电费，表Jc0006442006－3－2为客户的购电记录。

表Jc0006442006－3－2

购电时间	购电类型	电卡购电次数（次）	本次写卡金额（元）	累计购电金额（元）
2016年4月12日	日常购电	6	1000	5500
2015年10月12日	日常购电	5	1000	4500
2014年9月12日	银行联网	4	1000	3500

续表

购电时间	购电类型	电卡购电次数（次）	本次写卡金额（元）	累计购电金额（元）
2013年8月12日	银行联网	3	1000	2500
2012年7月12日	日常购电	2	1000	1500
2012年1月12日	首次购电	1	500	500

四、工作规范及要求

（1）着装符合要求，穿全棉长袖工作服、绝缘鞋、戴安全帽、线手套。

（2）携带自备工具（钢笔或中性笔、计算器、线手套）进入现场，待考试老师宣布许可工作命令后开始工作并计时。

（3）打开计量柜（箱）门之前必须对柜（箱）体验电，现场操作严格执行《国家电网公司电力安全工作规范（配电部分）（试行）》。

（4）工作结束清理现场，并向监考老师报告。

五、考核及时间要求

本考核时间为30分钟，计时结束停止考核。

技能等级评价专业技能考核操作评分标准

工种	抄表核算收费员					评价等级	中级工
项目模块	新型业务—新型业务知识				编号	Jc0006442006－3	
单位			准考证号			姓名	
考试时限	30分钟		题型	单项操作		题分	30分
成绩		考评员		考评组长		日期	
试题正文	单相电能表抄读、异常处理、电费计算						
需要说明的问题和要求	（1）要求单人操作。 （2）操作应注意安全，按照标准化作业书的技术安全说明做好安全措施						

序号	项目名称	质量要求	满分	扣分标准	扣分原因	得分
1	安全文明生产	戴安全帽，穿工作服，穿绝缘鞋，操作时戴线手套	10	现场每一处着装不规范扣5分，扣完为止		
2	单相电能表抄读	电能表数据正确读取	15	电能表参数每错一处扣2.5分，扣完为止		
		表内信息正确读取	15	表内信息每错一项扣2.5分，扣完为止		
3	电价抄读	正确判断当前表内执行第几套阶梯	5	当前表内执行阶梯套数判断错误扣5分		
		正确判断当前表内阶梯电价值	5	当前表内阶梯电价值判断错误扣5分		
		正确判断当前表内执行第几套费率电价	5	当前表内执行阶梯套数判断错误扣5分		
		正确判断当前表内执行费率电价值	5	当前表内执行费率判断错误扣5分		
4	电价修改	电价修改正确	10	电价未修改或修改错误扣10分		
		电价修改后回读电价	5	修改电价后未回读电价信息扣5分		
5	电费计算	电费计算正确	20	电费计算方法不正确扣5分，结果计算错误扣5分，扣完为止		
6	现场恢复	结束后将工器具恢复摆放整齐，清理现场	5	现场未清理扣5分		
合计			100			

Jc0001442007－1 采集终端抄读与调试。（100 分）

考核知识点： 终端抄读及调试

难易度： 中

技能等级评价专业技能考核操作工作任务书

一、任务名称

采集终端抄读与调试。

二、适用工种

抄表核算收费员中级工。

三、具体任务

现场判断处理集中器下行采集异常情况，并通过终端抄读电能表数据，记录并填写表 Jc0001442007－1。

表 Jc0001442007－1

电能表采集数据	
正向有功（总）	
正向有功（峰）	
正向有功（平）	
正向有功（谷）	

四、工作规范及要求

（1）着装符合要求，穿全棉长袖工作服、绝缘鞋，戴安全帽、线手套。

（2）携带自备工具（钢笔或中性笔）进入现场，待考评老师宣布许可工作命令后开始工作并计时。

（3）打开计量柜（箱）门之前必须对柜（箱）体验电，现场操作严格执行《国家电网有限公司营销现场作业安全工作规程（试行）》。

（4）工作结束清理现场，并向监考老师报告。

五、考核及时间要求

本考核时间为 30 分钟，时间到停止考核。

技能等级评价专业技能考核操作评分标准

工种	抄表核算收费员					评价等级	中级工
项目模块	抄表管理—抄表异常处置				编号	Jc0001442007－1	
单位			准考证号			姓名	
考试时限	30 分钟		题型	单项操作		题分	100 分
成绩		考评员		考评组长		日期	
试题正文	采集终端抄读与调试						
需要说明的问题和要求	（1）单人操作。 （2）操作时应注意安全，按照标准化作业指导书的技术安全说明做好安全措施						

序号	项目名称	质量要求	满分	扣分标准	扣分原因	得分
1	安全文明生产	戴安全帽，穿全棉长袖工作服，穿绝缘鞋，操作时戴线手套，打开柜门前需先验电	20	有一项未按要求进行扣 5 分，扣完为止		
2	异常判断	正确判断采集异常原因	25	异常原因未找到扣 25 分		
3	异常处理	正确处理异常	20	异常未处理扣 20 分		

续表

序号	项目名称	质量要求	满分	扣分标准	扣分原因	得分
4	填写记录	正确、规范填写记录表	25	数据填写错误1处扣5分，单位使用错误1处扣5分，扣完为止		
5	现场恢复	操作结束后清理现场杂物，并将工器具归位摆放整齐	10	现场留有杂物或工器具未归位扣10分		
合计			100			

计量（采集）装置设置：

（1）考试使用电能表为仿真表，通过模拟装置进行参数设置。

（2）屏蔽电能表显示屏。

（3）电能表安装采集模块不匹配，集中器和电能表采集模块必须为同一厂家，集中器模块安装为东软、电能表安装为友迅达，应将电能表采集模块更换为东软。

Jc0001442008－2　采集终端抄读与调试。（100分）

考核知识点：终端抄读及调试

难易度：中

技能等级评价专业技能考核操作工作任务书

一、任务名称

采集终端抄读与调试。

二、适用工种

抄表核算收费员中级工。

三、具体任务

在指定工位（集中器）完成指定电能表的参数设置、采集数据抄读，记录并填写表Jc0001442008－2。

表Jc0001442008－2

电能表号		有功（总）	
波特率		有功（峰）	
通信端口		有功（平）	
通信规约		有功（谷）	

四、工作规范及要求

（1）着装符合要求，穿全棉长袖工作服、绝缘鞋，戴安全帽、线手套。

（2）携带自备工具（钢笔或中性笔）进入现场，待考评老师宣布许可工作命令后开始工作并计时。

（3）打开计量柜（箱）门之前必须对柜（箱）体验电，现场操作严格执行《国家电网有限公司营销现场作业安全工作规程（试行）》。

（4）工作结束清理现场，并向监考老师报告。

五、考核及时间要求

本考核时间为30分钟，时间到停止考核。

技能等级评价专业技能考核操作评分标准

工种	抄表核算收费员					评价等级	中级工
项目模块	抄表管理—抄表异常处置				编号	Jc0001442008－2	
单位			准考证号			姓名	
考试时限	30 分钟		题型	单项操作		题分	100 分
成绩		考评员		考评组长		日期	
试题正文	采集终端抄读与调试						
需要说明的问题和要求	（1）单人操作。 （2）操作时应注意安全，按照标准化作业指导书的技术安全说明做好安全措施						

序号	项目名称	质量要求	满分	扣分标准	扣分原因	得分
1	安全文明生产	戴安全帽，穿全棉长袖工作服，穿绝缘鞋，操作时戴线手套，打开柜门前需先验电	20	有一项未按要求进行扣 5 分，扣完为止		
2	参数设置	正确设置终端各项参数	40	错误一项扣 10 分，扣完为止		
3	填写记录	正确、规范填写记录表	30	数据填写错误 1 处扣 5 分，单位使用错误 1 处扣 5 分，扣完为止		
4	现场恢复	操作结束后清理现场杂物，并将工器具归位摆放整齐	10	现场留有杂物或工器具未归位扣 10 分		
合计			100			

计量（采集）装置设置：

（1）考试使用电能表为仿真表，通过模拟装置进行参数设置。

（2）屏蔽电能表显示屏。

Jc0001442009－3　采集终端抄读与调试。（100 分）

考核知识点：终端抄读及调试

难易度：中

技能等级评价专业技能考核操作工作任务书

一、任务名称

采集终端抄读与调试。

二、适用工种

抄表核算收费员中级工。

三、具体任务

在指定工位（专用变压器终端）完成指定电能表的参数设置、采集数据抄读，记录并填写表 Jc0001442009－3。

表 Jc0001442009－3

表地址	波特率	通信端口	通信规约	有功（总）	无功（总）

四、工作规范及要求

（1）着装符合要求，穿全棉长袖工作服、绝缘鞋，戴安全帽、线手套。

（2）携带自备工具（钢笔或中性笔）进入现场，待考评老师宣布许可工作命令后开始工作并计时。

（3）打开计量柜（箱）门之前必须对柜（箱）体验电，现场操作严格执行《国家电网有限公司营销现场作业安全工作规程（试行）》。

（4）工作结束清理现场，并向监考老师报告。

五、考核及时间要求

本考核时间为30分钟，时间到停止考核。

技能等级评价专业技能考核操作评分标准

<table>
<tr><td>工种</td><td colspan="6">抄表核算收费员</td><td>评价等级</td><td>中级工</td></tr>
<tr><td>项目模块</td><td colspan="5">抄表管理—抄表异常处置</td><td>编号</td><td colspan="2">Jc0001442009－3</td></tr>
<tr><td>单位</td><td colspan="3"></td><td>准考证号</td><td colspan="2"></td><td>姓名</td><td></td></tr>
<tr><td>考试时限</td><td colspan="2">30分钟</td><td>题型</td><td colspan="3">单项操作</td><td>题分</td><td>100分</td></tr>
<tr><td>成绩</td><td></td><td>考评员</td><td></td><td>考评组长</td><td colspan="2"></td><td>日期</td><td></td></tr>
<tr><td>试题正文</td><td colspan="8">采集终端抄读与调试</td></tr>
<tr><td>需要说明的问题和要求</td><td colspan="8">（1）单人操作。
（2）操作时应注意安全，按照标准化作业指导书的技术安全说明做好安全措施</td></tr>
</table>

序号	项目名称	质量要求	满分	扣分标准	扣分原因	得分
1	安全文明生产	戴安全帽，穿全棉长袖工作服，穿绝缘鞋，操作时戴线手套，打开柜门前需先验电	20	有一项未按要求进行扣5分，扣完为止		
2	参数设置	正确设置终端各项参数	40	错误一项扣10分，扣完为止		
3	填写记录	正确、规范填写记录表	30	数据填写错误1处扣5分，单位使用错误1处扣5分，扣完为止		
4	现场恢复	操作结束后清理现场杂物，并将工器具归位摆放整齐	10	现场留有杂物或工器具未归位扣10分		
合计			100			

计量（采集）装置设置：

（1）考试使用电能表为仿真表，通过模拟装置进行参数设置。

（2）屏蔽电能表显示屏。

Jc0001441010　集中器和电能表相关数据抄读。（100分）

考核知识点：终端抄读及调试

难易度：易

技能等级评价专业技能考核操作工作任务书

一、任务名称

集中器和电能表相关数据抄读。

二、适用工种

抄表核算收费员中级工。

三、具体任务

在指定工位完成集中器及指定电能表的相关数据抄读工作，并填写表Jc0001441010。

表Jc0001441010

1. 终端参数抄读	
终端地址	
主用IP地址	
心跳周期	

续表

2. 测量点参数抄读	
电能表表号	
通信速率	
端口号	
通信规约	
3. 电能表示数抄读	
正向有功示数（总、峰、平、谷）	
正向无功示数（总）	
电压（A、B、C）	
电流（A、B、C）	

四、工作规范及要求

（1）着装符合要求，穿全棉长袖工作服、绝缘鞋，戴安全帽、线手套。

（2）携带自备工具（钢笔或中性笔）进入现场，待考评老师宣布许可工作命令后开始工作并计时。

（3）打开计量柜（箱）门之前必须对柜（箱）体验电，现场操作严格执行《国家电网有限公司营销现场作业安全工作规程（试行）》。

（4）工作结束清理现场，并向监考老师报告。

五、考核及时间要求

本考核时间为30分钟，时间到停止考核。

技能等级评价专业技能考核操作评分标准

工种	抄表核算收费员					评价等级	中级工
项目模块	抄表管理—抄表异常处置				编号	Jc0001441010	
单位		准考证号				姓名	
考试时限	30分钟		题型	单项操作		题分	100分
成绩		考评员		考评组长		日期	
试题正文	集中器和电能表相关数据抄读						
需要说明的问题和要求	（1）单人操作。 （2）操作时应注意安全，按照标准化作业指导书的技术安全说明做好安全措施						

序号	项目名称	质量要求	满分	扣分标准	扣分原因	得分
1	安全文明生产	戴安全帽，穿全棉长袖工作服，穿绝缘鞋，操作时戴线手套，打开柜门前需先验电	20	有一项未按要求进行扣5分，扣完为止		
2	正确抄读	终端参数抄读正确	20	错误一处扣5分，扣完为止		
		测量点参数抄读正确	20	错误一处扣5分，扣完为止		
		电能表示数抄读正确	30	数据填写错误1处扣5分，单位使用错误1处扣5分，扣完为止		
3	现场恢复	操作结束后清理现场杂物，并将工器具归位摆放整齐	10	现场留有杂物或工器具未归位扣10分		
合计			100			

计量（采集）装置设置：

（1）考试使用电能表为仿真表，通过模拟装置进行参数设置。

（2）屏蔽电能表显示屏。

Jc0001443011　数据采集失败原因分析。（100 分）

考核知识点： 抄表异常处理

难易度： 难

技能等级评价专业技能考核操作工作任务书

一、任务名称

数据采集失败原因分析。

二、适用工种

抄表核算收费员中级工。

三、具体任务

某现场集中器台区总表采用 RS－485 通信方式，户表采用载波通信模式。主站系统采集后发现集中器只能采集总表数据，而所有户表数据采集不到，请说明造成此现象的原因，以及现场该如何处理。

四、工作规范及要求

（1）携带自备工具（钢笔或中性笔）进入现场，待考评老师宣布许可工作命令后开始工作并计时。

（2）至少分析出 4 条原因，至少写出 4 条解决措施。

（3）分析问题条理清晰。

（4）书写完整规范。

五、考核及时间要求

本考核时间为 30 分钟，时间到停止考核。

技能等级评价专业技能考核操作评分标准

工种	抄表核算收费员						评价等级	中级工	
项目模块	抄表管理—抄表异常处置				编号		Jc0001443011		
单位			准考证号				姓名		
考试时限	30 分钟		题型	单项操作			题分	100 分	
成绩		考评员		考评组长			日期		
试题正文	数据采集失败原因分析								
需要说明的问题和要求	无								
序号	项目名称	质量要求		满分	扣分标准			扣分原因	得分
1	分析数据采集失败的原因	至少写出 4 条，内容正确全面		40	分析不全面，少一项扣 10 分，扣完为止				
2	采取的措施	至少写出 4 条，内容正确全面		60	分析不全面，少一项扣 15 分，扣完为止				
合计				100					

Jc0001443012　表计异常判断分析。（100 分）

考核知识点： 抄表异常处理

难易度： 难

技能等级评价专业技能考核操作工作任务书

一、任务名称

表计异常判断分析。

二、适用工种

抄表核算收费员中级工。

三、具体任务

经用电信息采集系统分析，发现现场表号为××的三相电能表长期无电流，已知该户为台区考核总表，现场核查表计功能正常。请分析异常原因并写出异常处理办法。

四、工作规范及要求

（1）携带自备工具（钢笔或中性笔）进入现场，待考评老师宣布许可工作命令后开始工作并计时。

（2）分析问题条理清晰。

（3）书写完整规范。

五、考核及时间要求

本考核时间为20分钟，计时结束停止考核。

技能等级评价专业技能考核操作评分标准

工种	抄表核算收费员					评价等级	中级工
项目模块	抄表管理—抄表异常处置				编号	Jc0001443012	
单位			准考证号			姓名	
考试时限	20 分钟		题型	单项操作		题分	100 分
成绩		考评员		考评组长		日期	
试题正文	表计异常判断分析						
需要说明的问题和要求	无						

序号	项目名称	质量要求	满分	扣分标准	扣分原因	得分
1	分析异常原因	正确分析异常原因	20	异常原因分析不完整或不准确扣20分		
2	写出异常处理方法	正确写出处理异常的方法及步骤	80	处理异常方法错误不得分，步骤不详细扣20分，扣完为止		
合计			100			

Jc0001443013　表计异常判断处理。(100分)

考核知识点：抄表异常处理

难易度：难

技能等级评价专业技能考核操作工作任务书

一、任务名称

表计异常判断处理。

二、适用工种

抄表核算收费员中级工。

三、具体任务

经用电信息采集系统分析，发现某三相四线电能表 A 相无电压，已知该户为台区考核总表，现场核查表计功能正常。请分析异常原因并写出异常处理办法。

四、工作规范及要求

（1）携带自备工具（钢笔或中性笔）进入现场，待考评老师宣布许可工作命令后开始工作并计时。

（2）分析问题条理清晰。

（3）书写完整规范。

五、考核及时间要求

本考核时间为 20 分钟，计时结束停止考核。

技能等级评价专业技能考核操作评分标准

工种	抄表核算收费员					评价等级	中级工
项目模块	抄表管理—抄表异常处置			编号		Jc0001443013	
单位		准考证号				姓名	
考试时限	20 分钟	题型		单项操作		题分	100 分
成绩		考评员		考评组长		日期	
试题正文	表计异常判断处理						
需要说明的问题和要求							

序号	项目名称	质量要求	满分	扣分标准	扣分原因	得分
1	分析异常原因	正确分析异常原因	40	异常原因分析不完整或不准确扣 20 分，扣完为止		
2	写出异常处理方法及步骤	正确写出处理异常的方法及步骤	60	处理异常方法错误不得分，步骤不详细扣 20 分，扣完为止		
合计			100			

Jc0001441014　低压电能表故障分析及处理。（100 分）

考核知识点： 抄表异常分析及处理

难易度： 易

技能等级评价专业技能考核操作工作任务书

一、任务名称

低压电能表故障分析及处理。

二、适用工种

抄表核算收费员中级工。

三、具体任务

某低压动力客户，原使用 1 块三相四线有功电能表，其规格为 3×380/220V、1.5（6）A，3 台变比为 150A/5A 的电流互感器。因客户过负载，使其中一相电流互感器烧毁。客户自己更换了 1 台变比为 200A/5A 的电流互感器，极性接反。8 个月后被供电公司检查用电时发现，此时表计显示其用电量 8 万 kWh。求：

（1）更正率。

（2）客户应追补电量。

四、工作规范及要求

（1）问题回答全面，准确。

（2）自备钢笔或圆珠笔、计算器。

五、考核及时间要求

本考核时间为20分钟，时间到停止考核。

技能等级评价专业技能考核操作评分标准

工种	抄表核算收费员				评价等级	中级工
项目模块	抄表管理—抄表异常处理			编号	Jc0001441014	
单位		准考证号			姓名	
考试时限	20分钟	题型	单项操作		题分	100分
成绩		考评员		考评组长		日期	
试题正文	低压电能表故障分析及处理					
需要说明的问题和要求	（1）要求单人完成。 （2）自备计算器、钢笔或中性笔					

序号	项目名称	质量要求	满分	扣分标准	扣分原因	得分
1	计算结果	正确电量计算正确，错误电量计算正确	40	步骤计算错误一处扣10分，结果计算错误一处扣10分，扣完为止		
2	更正率	更正率计算正确	30	更正率计算步骤错误扣15分，计算结果错误扣15分，扣完为止		
3	追补电量	追补电量计算正确	30	追补电量计算步骤错误扣15分，计算结果错误扣15分，扣完为止		
合计			100			

Jc0001462015　台区线损率的计算。（100分）

考核知识点：线损的定义、组成等基本内容

难易度：中

技能等级评价专业技能考核操作工作任务书

一、任务名称

台区线损率的计算。

二、适用工种

抄表核算收费员中级工。

三、具体任务

某供电所2号台区变压器容量为100kVA，导线型号为LK-LYJ-50，所辖客户为48户，采集成功率为100%。2020年8月20日，日线损报表显示该台区供电量为750kWh，售电量为750kWh，分布式电源上网电量为50kWh，台区倒供电量为75kWh，损失电量为－25kWh，线损率为－3.13%。台区客户王某属光伏发电，余额上网客户。发电量为50kWh，用电量为75kWh。经现场与系统核查该台区总表及客户表情况见表Jc0001462015，根据核实情况判断该台区损失电量、线损率是否正确，若错误请计算正确的损失电量和当日台区线损率。

表 Jc0001462015

表类型	起码	止码	倍率
总表正向示数	963 300	963 325	30
总表反向示数	2355.23	2355.63	30
客户发电正向示数	1253	1303	1
客户发电反向示数	3.56	13.56	1
客户用电正向示数	1253	1306	1
客户用电反向示数	1258	1288	1
台区总售电量	750kWh		

四、工作规范及要求

（1）自备钢笔或中性笔。

（2）计算公式、步骤正确。

五、考核及时间要求

本考核为计算实操任务，严格按照规定步骤完成，考核时间 30 分钟。

技能等级评价专业技能考核操作评分标准

工种	抄表核算收费员					评价等级	中级工	
项目模块	抄表管理—线损管理				编号	Jc0001462015		
单位			准考证号			姓名		
考试时限	30 分钟		题型	综合操作		题分	100 分	
成绩		考评员		考评组长		日期		
试题正文	台区线损率的计算							
需要说明的问题和要求	（1）要求单人完成。 （2）自备钢笔或中性笔							

序号	项目名称	质量要求	满分	扣分标准	扣分原因	得分
1	损失电量、线损率	正确判断损失电量、线损率	20	结果判断错误扣 20 分		
2	供电量	实际供电量计算正确	20	计算步骤错误扣 10 分，结果错误扣 10 分，扣完为止		
3	售电量	实际售电量计算正确	20	计算步骤错误扣 10 分，结果错误扣 10 分，扣完为止		
4	损失电量	实际损失电量计算正确	20	计算步骤错误扣 10 分，结果错误扣 10 分，扣完为止		
5	线损率	实际线损率计算正确	20	计算步骤错误扣 10 分，结果错误扣 10 分，扣完为止		
合计			100			

Jc0001462016　线损率的计算。（100 分）

考核知识点：线损的定义、组成等基本内容

难易度：中

技能等级评价专业技能考核操作工作任务书

一、任务名称

线损率的计算。

二、适用工种

抄表核算收费员中级工。

三、具体任务

某供电所抄表员共管理 3 台变压器。某月甲变压器供电量为 3000kWh，售电量为 2800kWh；乙变压器供电量为 6700kWh，售电量为 6200kWh；丙变压器为专用变压器无损户，低压侧计量，当月抄表起码为 09958，止码为 10354，倍率为 10，假设该专用变压器当月对应变损消耗电量为 352kWh。试求该抄表员当月总线损率为多少？扣除专用变压器无损户后总线损率为多少？

四、工作规范及要求

（1）自备钢笔或中性笔。

（2）计算公式、步骤正确。

五、考核及时间要求

本考核为计算实操任务，严格按照规定步骤完成，考核时间为 30 分钟。

技能等级评价专业技能考核操作评分标准

工种	抄表核算收费员			评价等级	中级工
项目模块	抄表管理—线损管理		编号	Jc0001462016	
单位		准考证号		姓名	
考试时限	30 分钟	题型	综合操作	题分	100 分
成绩		考评员		考评组长		日期	
试题正文	线损率的计算				
需要说明的问题和要求	（1）要求单人完成。 （2）自备钢笔或中性笔				

序号	项目名称	质量要求	满分	扣分标准	扣分原因	得分
1	损失电量、线损率	正确判断损失电量、线损率	20	结果判断错误扣 20 分		
2	供电量	实际供电量计算正确	20	计算步骤错误扣 10 分，结果错误扣 10 分，扣完为止		
3	售电量	实际售电量计算正确	20	计算步骤错误扣 10 分，结果错误扣 10 分，扣完为止		
4	损失电量	实际损失电量计算正确	20	计算步骤错误扣 10 分，结果错误扣 10 分，扣完为止		
5	线损率	实际线损率计算正确	20	计算步骤错误扣 10 分，结果错误扣 10 分，扣完为止		
合计			100			

Jc0001542017　三相四线电能表故障分析并处理。（100 分）

考核知识点：抄表异常分析及处理

难易度：中

技能等级评价专业技能考核操作工作任务书

一、任务名称

三相四线电能表故障分析并处理。

二、适用工种

抄表核算收费员中级工。

三、具体任务

在指定工位完成 3×220/380V、3×5（60）A 直通三相四线电能表故障分析与处理，假定三相负荷平衡，写出有功功率表达式并计算更正系数。

四、工作规范及要求

（1）着装符合要求，穿全棉长袖工作服、绝缘鞋，戴安全帽、线手套。

（2）携带自备工具（钢笔或中性笔、计算器）进入现场，待考评老师宣布许可工作命令后开始工作并计时。

（3）打开计量柜（箱）门之前必须对柜（箱）体验电，现场操作严格执行《国家电网有限公司营销现场作业安全工作规程（试行）》的相关规定。

（4）工作结束清理现场，并向监考老师报告。

五、考核及时间要求

本考核时间为 30 分钟，时间到停止考核。

技能等级评价专业技能考核操作评分标准

工种	抄表核算收费员					评价等级	中级工
项目模块	抄表管理—抄表异常处置				编号	Jc0001542017	
单位			准考证号			姓名	
考试时限	30 分钟		题型	单项操作		题分	100 分
成绩		考评员		考评组长		日期	
试题正文	三相四线电能表故障分析并处理						
需要说明的问题和要求	（1）要求单人操作。 （2）操作时应注意安全，按照标准化作业指导书的技术安全说明做好安全措施						

序号	项目名称	质量要求	满分	扣分标准	扣分原因	得分
1	安全文明生产	戴安全帽，穿全棉长袖工作服，穿绝缘鞋，操作时戴线手套，打开柜门前需先验电	20	每一项未按要求进行扣 5 分，扣完为止		
2	仪器使用	正确使用万用表、钳形电流表	20	万用表、钳形电流表使用错误一次扣 5 分，扣完为止		
3	异常判断	正确判断异常原因	20	异常原因未找到扣 20 分		
4	异常处理	正确处理计量异常	20	异常未处理扣 20 分		
5	计算结果	正确计算更正系数	10	更正系数计算错误扣 10 分		
6	现场恢复	操作结束后清理现场杂物，并将工器具归位摆放整齐	10	现场留有杂物或工器具未归位扣 10 分		
合计			100			

计量装置设置：

（1）考试使用电能表为仿真表，通过模拟装置进行参数设置。

（2）考场在指定工位安装 3×380V/220V、3×5（60）A 直通三相电能表，设置表尾 A 相电压连片断开错误接线、电流设置为5A。

（3）屏蔽电能表显示屏。

Jc0001561018 独立电网线损率的计算。(100分)

考核知识点：统计线损、理论线损等线损的定义及确定方法

难易度：易

技能等级评价专业技能考核操作工作任务书

一、任务名称

独立电网线损率的计算。

二、适用工种

抄表核算收费员中级工。

三、具体任务

某独立电网，其火电厂某月发电量为10万kWh，厂用电电量为4%。独立电厂内另有一座上网水电站，购电关口表当月电量为1.5万kWh；另外，该电网按约定向另一供电区输出电量3.7万kWh。该电网当月售电量为6.9万kWh，请问独立电网当月线损率为多少？

四、工作规范及要求

（1）自备钢笔或中性笔。

（2）计算公式、步骤正确。

五、考核及时间要求

本考核为计算实操任务，严格按照规定步骤完成，考核时间20分钟。

技能等级评价专业技能考核操作评分标准

工种	抄表核算收费员				评价等级	中级工	
项目模块	抄表管理—线损管理			编号	Jc0001561018		
单位		准考证号			姓名		
考试时限	20分钟	题型		综合操作	题分	100分	
成绩		考评员		考评组长		日期	
试题正文	独立电网线损率的计算						
需要说明的问题和要求	（1）要求单人完成。 （2）自备钢笔或中性笔						
序号	项目名称	质量要求	满分	扣分标准		扣分原因	得分
1	供电量	供电量计算正确	60	计算步骤错误扣30分，结果错误扣30分，扣完为止			
2	线损率	线损率计算正确	40	计算步骤错误扣20分，结果错误扣20分，扣完为止			
合计			100				

Jc0002441019 高供低计平行表客户变损电量计算。(100分)

考核知识点：用电容量、计量方式、电价和电费结算方式等知识

难易度：易

技能等级评价专业技能考核操作工作任务书

一、任务名称

高供低计平行表客户变损电量计算。

二、适用工种

抄表核算收费员中级工。

三、具体任务

某商业客户，10kV 供电，安装一台 80kVA 的 S9 变压器，低压侧装设两只平行计费表分别是 A 表、B 表，某月有功抄见电量：表 A 为 11 812kWh，表 B 为 1278kWh。采用查表法计算该户每只表应分摊的变损电量。S9 系列变压器损耗加算表（6～10kV，80kVA）见表 Jc0002441019。

表 Jc0002441019

铁损：0.24kW	铜损：1.25kW	空载电流：1.80%	阻抗电压：4.00%
负荷率（%）	月用电量（kWh）	应加电量	
		有功（kWh）	无功（kvarh）
10	4608 以下	183	1062
20	4609～9216	212	1136
30	9 217～13 824	260	1261
40	13 825～18432	328	1435
50	18 433～23040	416	1659
60	23 041～27648	523	1933
70	27 649～32256	649	2256
80	32 257～36864	795	2629
90	36 865～41472	960	3052
100	41 473 以上	1145	3525

四、工作规范及要求

（1）自备计算器、钢笔或中性笔。

（2）计算公式、步骤正确。

（3）问题分析、处理方法准确。

五、考核及时间要求

本考核为计算实操任务，严格按照规定步骤完成，考核时间为 20 分钟。

技能等级评价专业技能考核操作评分标准

<table>
<tr><td>工种</td><td colspan="6">抄表核算收费员</td><td>评价等级</td><td>中级工</td></tr>
<tr><td>项目模块</td><td colspan="5">应收审核管理—电费计算</td><td>编号</td><td colspan="2">Jc0002441019</td></tr>
<tr><td>单位</td><td colspan="3"></td><td>准考证号</td><td colspan="2"></td><td>姓名</td><td></td></tr>
<tr><td>考试时限</td><td colspan="2">20 分钟</td><td>题型</td><td colspan="3">单项操作</td><td>题分</td><td>100 分</td></tr>
<tr><td>成绩</td><td></td><td>考评员</td><td></td><td>考评组长</td><td colspan="2"></td><td>日期</td><td></td></tr>
</table>

续表

试题正文	高供低计平行表客户变损电量计算					
需要说明的问题和要求	（1）要求单人完成。 （2）自备计算器、钢笔或中性笔					
序号	项目名称	质量要求	满分	扣分标准	扣分原因	得分
1	变损电量	正确查出变损电量	40	有功电量计算错误扣 15 分，变损电量计算错误扣 25 分，扣完为止		
2	表计分摊电量	步骤完整，结果正确	60	步骤错误一处扣 20 分，结果错误一处扣 10 分，扣完为止		
合计			100			

Jc0002442020　10kV 高供高计非工业客户电量电费计算。（100 分）

考核知识点：用电容量、计量方式、电价和电费结算方式等知识

难易度：中

技能等级评价专业技能考核操作工作任务书

一、任务名称

10kV 高供高计非工业客户电量电费计算。

二、适用工种

抄表核算收费员中级工。

三、具体任务

某医院，10kV 供电，变压器容量为 800kVA，装设高压计费表一只，2020 年 9 月电能表示数见表 Jc0002442020，请计算该户当月应缴纳电费。

表 Jc0002442020

示数类型	上次示数	本次示数	电流互感器变比（A/A）	电度电价（元/kWh）	代征费（元/kWh）
有功（总）	592.21	649.89	50/5		0.041 325
有功（峰）	269.22	288.82		0.681 09	
有功（平）				0.498 3	
有功（谷）	152.36	166.66		0.315 51	
无功（总）	90.74	96.54			

四、工作规范及要求

（1）自备计算器、钢笔或中性笔。

（2）计算公式正确、步骤清晰。

（3）电价执行正确。

五、考核及时间要求

本考核为计算实操任务，严格按照规定步骤完成，考核时间为 30 分钟。

技能等级评价专业技能考核操作评分标准

<table>
<tr><td>工种</td><td colspan="6">抄表核算收费员</td><td>评价等级</td><td colspan="2">中级工</td></tr>
<tr><td>项目模块</td><td colspan="5">应收审核管理—电费计算</td><td>编号</td><td colspan="3">Jc0002442020</td></tr>
<tr><td>单位</td><td colspan="3"></td><td>准考证号</td><td colspan="2"></td><td>姓名</td><td colspan="2"></td></tr>
<tr><td>考试时限</td><td colspan="2">30 分钟</td><td>题型</td><td colspan="3">单项操作</td><td>题分</td><td colspan="2">100 分</td></tr>
<tr><td>成绩</td><td></td><td>考评员</td><td></td><td>考评组长</td><td colspan="2"></td><td>日期</td><td colspan="2"></td></tr>
<tr><td>试题正文</td><td colspan="9">10kV 高供高计非工业客户电量电费计算</td></tr>
<tr><td>需要说明的问题和要求</td><td colspan="9">（1）要求单人完成。
（2）自备计算器、钢笔或中性笔</td></tr>
</table>

序号	项目名称	质量要求	满分	扣分标准	扣分原因	得分
1	综合倍率	正确计算综合倍率	10	未正确完成扣 10 分		
2	结算电量	步骤完整，结果正确	20	步骤错误一处扣 5 分，结果错误一处扣 5 分，扣完为止		
3	目录电度电费	步骤完整，结果正确	30	电价执行错误扣 20 分，步骤错误扣 7 分，结果错误扣 3 分，扣完为止		
4	力调电费	功率因数标准正确，力调电费计算准确，步骤完整	20	功率因数标准、实际功率因数、电费调整系数、力调电费错误一处各扣 5 分，扣完为止		
5	代征费	代征费标准正确，步骤完整，结果准确	10	步骤、结果错误各扣 5 分，扣完为止		
6	应收电费	步骤完整，结果准确	10	步骤、结果错误各扣 5 分，扣完为止		
合计			100			

Jc0002442021　功率因数的计算。(100 分)

考核知识点：电费计算

难易度：中

技能等级评价专业技能考核操作工作任务书

一、任务名称

功率因数的计算。

二、适用工种

抄表核算收费员中级工。

三、具体任务

某高压客户由 220kV 培训变电站 10kV 供电，高供高计，2019 年 10 月抄见有功止码为 00075、无功止码为 00062，11 月抄见有功止码为 00128、无功止码为 00076，电流互感器变比为 50A/5A，计算当月功率因数。(要求写出计算公式)

四、工作规范及要求

（1）自备计算器、钢笔或中性笔。

（2）计算公式、步骤正确。

（3）计算结果正确。

五、考核及时间要求

本考核为计算实操任务，严格按照规定步骤完成，考核时间为 30 分钟。

技能等级评价专业技能考核操作评分标准

工种	抄表核算收费员					评价等级	中级工
项目模块	应收审核管理—电费计算				编号	Jc0002442021	
单位			准考证号			姓名	
考试时限	30 分钟		题型	单项操作		题分	100 分
成绩		考评员		考评组长		日期	
试题正文	功率因数的计算						
需要说明的问题和要求	（1）要求单人完成。 （2）自备计算器、钢笔或中性笔						

序号	项目名称	质量要求	满分	扣分标准	扣分原因	得分
1	倍率	倍率计算正确	20	倍率错误扣 20 分		
2	有功、无功电量	有功、无功电量计算正确	40	每发现一处错误扣 20 分，扣完为止		
3	功率因数	表达式规范完整	20	表达式错误扣 20 分		
		计算数值正确	20	计算数值错误扣 20 分		
合计			100			

Jc0002442022－1　10kV 高供低计一般工商业客户电费计算。（100 分）

考核知识点：用电容量、计量方式、电价和电费结算方式等知识

难易度：中

技能等级评价专业技能考核操作工作任务书

一、任务名称

10kV 高供低计一般工商业客户电费计算。

二、适用工种

抄表核算收费员中级工。

三、具体任务

某宾馆 10kV 供电，受电变压器容量为 80kVA，用于宾馆及相邻清真寺用电。计量方式为高供低计，电流互感器变比为 100A/5A，上月有功总示数为 9750，本月有功总示数为 10 950，合同约定清真寺用电量占总电量的 3%。本月变损电量为：有功 523kWh，无功 1933kvarh。计算客户当月电费（一般工商业及其他电价：0.498 3 元/kWh；执行居民电价的非居民客户电价：0.498 6 元/kWh。代征费：非居民：0.041 325 元/kWh；居民：0.022 325 元/kWh）。

四、工作规范及要求

（1）自备计算器、钢笔或中性笔。

（2）计算公式、步骤正确。

（3）计算结果正确。

五、考核及时间要求

本考核为计算实操任务，严格按照规定步骤完成，考核时间为 30 分钟。

技能等级评价专业技能考核操作评分标准

<table>
<tr><td>工种</td><td colspan="5">抄表核算收费员</td><td>评价等级</td><td>中级工</td></tr>
<tr><td>项目模块</td><td colspan="4">应收审核管理—电费计算</td><td>编号</td><td colspan="2">Jc0002442022－1</td></tr>
<tr><td>单位</td><td colspan="2"></td><td>准考证号</td><td colspan="2"></td><td>姓名</td><td></td></tr>
<tr><td>考试时限</td><td>30 分钟</td><td>题型</td><td colspan="3">单项操作</td><td>题分</td><td>100 分</td></tr>
<tr><td>成绩</td><td></td><td>考评员</td><td></td><td>考评组长</td><td></td><td>日期</td><td></td></tr>
<tr><td>试题正文</td><td colspan="7">10kV 高供低计一般工商业客户电费计算</td></tr>
<tr><td>需要说明的问题和要求</td><td colspan="7">（1）要求单人完成。
（2）自备计算器、钢笔或中性笔</td></tr>
</table>

序号	项目名称	质量要求	满分	扣分标准	扣分原因	得分
1	综合倍率	正确计算综合倍率	10	倍率计算错误扣 10 分		
2	总表、宾馆和清真寺结算电量	总表抄见电量、宾馆和清真寺结算电量计算正确	30	每发现一处错误扣 10 分，扣完为止		
3	目录电度电费	宾馆和清真寺目录电度电费计算正确	20	每发现一处错误扣 10 分，扣完为止		
4	代征费	各项代征费计算正确	27	每发现一处错误扣 3 分，扣完为止		
5	电费小计和本月电费合计	电费小计和本月电费合计计算正确	13	电费小计错误各扣 5 分，电费合计错误扣 3 分，扣完为止		
合计			100			

Jc0002442023－2　10kV 高供低计一般工商业客户电费计算。（100 分）

考核知识点：用电容量、计量方式、电价和电费结算方式等知识

难易度：中

技能等级评价专业技能考核操作工作任务书

一、任务名称

10kV 高供低计一般工商业客户电费计算。

二、适用工种

抄表核算收费员中级工。

三、具体任务

某医院 10kV 供电，受电变压器型号为 S9，容量为 200kVA，计量方式为高供低计，电流互感器变比为 300A/5A，上月抄见有功止码为 9816，无功止码为 9893。本月抄见有功止码为 12 056，无功止码为 11 023。本月变损电量：有功为 2367kWh，无功为 8093kvarh。请计算该客户本月电费（电度电价为 0.498 3 元/kWh，代征费为 0.041 325 元/kWh）。

四、工作规范及要求

（1）自备计算器、钢笔或中性笔。

（2）计算公式、步骤正确。

（3）计算结果正确。

五、考核及时间要求

本考核为计算实操任务，严格按照规定步骤完成，考核时间为 30 分钟。

技能等级评价专业技能考核操作评分标准

工种	抄表核算收费员					评价等级	中级工
项目模块	应收审核管理—电费计算				编号	Jc0002442023－2	
单位			准考证号			姓名	
考试时限	30分钟		题型	单项操作		题分	100分
成绩		考评员		考评组长		日期	
试题正文	10kV高供低计一般工商业客户电费计算						
需要说明的问题和要求	（1）要求单人完成。 （2）自备计算器、钢笔或中性笔						

序号	项目名称	质量要求	满分	扣分标准	扣分原因	得分
1	综合倍率	综合倍率计算正确	10	倍率计算错误扣10分		
2	结算有功、无功电量	结算有功、无功电量计算正确	20	每发现一处错误扣10分，扣完为止		
3	目录电度电费	目录电度电费计算正确	10	目录电度电费计算错误扣10分		
4	功率因数	表达式规范完整，结果正确	10	公式错误扣5分，计算结果错扣5分，扣完为止		
		功率因数标准值正确	10	标准值错误扣10分		
		功率因数奖罚系数正确	10	奖罚系数错误扣10分		
		力调电费金额计算正确	10	计算结果错误扣10分		
5	代征费	代征费计算正确	10	计算结果错误扣10分		
6	电费合计	电费合计计算正确	10	电费合计错误扣10分		
合计			100			

Jc0002442024　10kV高供低计商业客户电费计算。（100分）

考核知识点：用电容量、计量方式、电价和电费结算方式等知识

难易度：中

技能等级评价专业技能考核操作工作任务书

一、任务名称

10kV高供低计商业客户电费计算。

二、适用工种

抄表核算收费员中级工。

三、具体任务

某10kV供电商业客户，高供低计计量方式，变压器为低损变压器，容量为160kVA，装设计费电能表一只，电流互感器变比为200A/5A，查表计有功变损电量为420kWh，无功变损电量为2734kvarh，试计算当月应收电费。（抄表示数信息见表Jc0002442024）

表Jc0002442024

表计类型	示数类型	起码	止码	电度电价（元/kWh）	代征费（元/kWh）
商业总表	有功（总）	3997.73	4240.24	—	0.041 325
商业总表	有功（峰）	1465.03	1550.53	0.681 09	

续表

表计类型	示数类型	起码	止码	电度电价（元/kWh）	代征费（元/kWh）
商业总表	有功（平）	1406.11	1488.10	0.498 3	0.041 325
商业总表	有功（谷）	1127.59	1201.61	0.315 51	
商业总表	无功（总）	2661.24	2831.95	—	

四、工作规范及要求

（1）自备计算器、钢笔或中性笔。

（2）计算公式、步骤正确。

（3）计算结果正确。

五、考核及时间要求

本考核为计算实操任务，严格按照规定步骤完成，考核时间为30分钟。

技能等级评价专业技能考核操作评分标准

工种	抄表核算收费员			评价等级	中级工
项目模块	应收审核管理—电费计算		编号	Jc0002442024	
单位		准考证号		姓名	
考试时限	30分钟	题型	单项操作	题分	100分
成绩		考评员		考评组长		日期	
试题正文	10kV高供低计商业客户电费计算				
需要说明的问题和要求	（1）要求单人完成。 （2）自备计算器、钢笔或中性笔				

序号	项目名称	质量要求	满分	扣分标准	扣分原因	得分
1	综合倍率	综合倍率计算正确	10	倍率计算错误扣10分		
2	有功、无功及峰谷平电量	有功、无功及峰谷平电量计算正确	20	每发现一处错误扣4分，扣完为止		
3	峰谷平目录电度电费	峰谷平目录电度电费计算正确	15	每发现一处错误扣5分，扣完为止		
4	功率因数	表达式规范完整，结果正确	10	公式错误扣5分，计算结果错扣5分，扣完为止		
		功率因数标准值正确	5	标准值错误扣5分		
		功率因数奖罚系数正确	5	奖罚系数错误扣5分		
		力调电费计算正确	5	计算结果错误扣5分		
5	代征费	代征费计算正确	20	每发现一处错误扣5分，扣完为止		
6	电费合计	电费合计计算正确	10	每发现一处错误扣10分		
合计			100			

Jc0002442025　10kV高供低计农业生产客户电费计算。（100分）

考核知识点：用电容量、计量方式、电价和电费结算方式等知识

难易度：中

技能等级评价专业技能考核操作工作任务书

一、任务名称

10kV 高供低计农业生产客户电费计算。

二、适用工种

抄表核算收费员中级工。

三、具体任务

某村办养鸡场，10kV 供电，变压器容量为 160kVA，某月有功总电量为 50 000kWh，峰段总电量为 20 000kWh，谷段总电量为 15 000kWh，无功总电量为 42 000kvarh，请计算该养鸡场当月电费。（变损电量忽略不计，平段电度电价为 0.463 0 元/kWh、代征费为 0.021 125 元/kWh），功率因数调整电费表见表 Jc0002442025。

表 Jc0002442025

标准	实际功率因数									
	0.86	0.85	0.84	0.83	0.82	0.81	0.80	0.79	0.78	0.77
0.90 时	2	2.5	3	3.5	4	4.5	5	5.5	6	6.5
0.85 时	−0.1	0	0.5	1	1.5	2	2.5	3	3.5	4
0.80 时	−0.6	−0.5	−0.4	−0.3	−0.2	−0.1	0	0.5	1	1.5

四、工作规范及要求

（1）自备计算器、钢笔或中性笔。

（2）计算公式、步骤正确。

（3）计算结果正确。

五、考核及时间要求

本考核为计算实操任务，严格按照规定步骤完成，考核时间为 30 分钟。

技能等级评价专业技能考核操作评分标准

工种	抄表核算收费员			评价等级	中级工
项目模块	应收审核管理—电费计算		编号	Jc0002442025	
单位		准考证号		姓名	
考试时限	30 分钟	题型	单项操作	题分	100 分
成绩		考评员		考评组长		日期	
试题正文	10kV 高供低计农业生产客户电费计算				
需要说明的问题和要求	（1）要求单人完成。 （2）自备计算器、钢笔或中性笔				

序号	项目名称	质量要求	满分	扣分标准	扣分原因	得分
1	电量	平段电量计算正确	10	平段电量计算错误扣 10 分		
2	目录电度电费	目录电度电费计算正确	40	每发现一处错误扣 10 分，扣完为止		

续表

序号	项目名称	质量要求	满分	扣分标准	扣分原因	得分
3	功率因数	表达式规范完整，结果正确	10	公式错误扣 5 分，计算结果错误扣 5 分，扣完为止		
		功率因数标准值正确	5	标准值错误扣 5 分		
		功率因数奖罚系数正确	5	奖罚系数错误扣 5 分		
		力调电费金额计算正确	5	计算结果错误扣 5 分		
4	各项代征费	代征费计算正确	15	代征费计收标准错误扣 10 分，计算结果错误扣 5 分，扣完为止		
5	电费合计	电费合计计算正确	10	每发现一处错误扣 10 分		
合计			100			

Jc0002442026　两部制电价客户基本电费计算。（100 分）

考核知识点：用电容量、计量方式、电价和电费结算方式等知识

难易度：中

技能等级评价专业技能考核操作工作任务书

一、任务名称

两部制电价客户基本电费计算。

二、适用工种

抄表核算收费员中级工。

三、具体任务

某一工业客户，2020 年 9 月 14 日投运一台 400kVA 的变压器，抄表例日是每月 25 日，合同约定按容量计收基本电费（基本单价 20 元/kVA·月），请按照自然月和抄表月两种方法计算 9 月的基本电费。

四、工作规范及要求

（1）自备计算器、钢笔或中性笔。

（2）计算公式、步骤正确。

（3）计算结果正确。

五、考核及时间要求

本考核为计算实操任务，严格按照规定步骤完成，考核时间为 30 分钟。

技能等级评价专业技能考核操作评分标准

<table>
<tr><td>工种</td><td colspan="6">抄表核算收费员</td><td>评价等级</td><td>中级工</td></tr>
<tr><td>项目模块</td><td colspan="5">应收审核管理—电费计算</td><td>编号</td><td colspan="2">Jc0002442026</td></tr>
<tr><td>单位</td><td colspan="3"></td><td>准考证号</td><td colspan="2"></td><td>姓名</td><td></td></tr>
<tr><td>考试时限</td><td colspan="2">30 分钟</td><td>题型</td><td colspan="3">单项操作</td><td>题分</td><td>100 分</td></tr>
<tr><td>成绩</td><td></td><td>考评员</td><td></td><td>考评组长</td><td colspan="2"></td><td>日期</td><td></td></tr>
<tr><td>试题正文</td><td colspan="8">两部制电价客户基本电费计算</td></tr>
<tr><td>需要说明的问题和要求</td><td colspan="8">（1）要求单人完成。
（2）自备计算器、钢笔或中性笔</td></tr>
</table>

续表

序号	项目名称	质量要求	满分	扣分标准	扣分原因	得分
1	基本电费计费天数	基本电费收取天数分别按照自然月和抄表月两种方法计算	50	基本电费收取天数分别按照自然月和抄表月两种方法计算，如计算错误各扣25分，扣完为止		
2	基本电费金额	基本电费分别按照自然月和抄表月两种方法计算正确	50	基本电费金额分别按照自然月和抄表月两种方法计算，如计算错误各扣25分，扣完为止		
合计			100			

Jc0002442027　高压双电源客户高可靠性费用收取。（100分）

考核知识点：高可靠性供电费用的收取政策

难易度：中

技能等级评价专业技能考核操作工作任务书

一、任务名称

高压双电源客户高可靠性费用收取。

二、适用工种

抄表核算收费员中级工。

三、具体任务

某房地产开发商小区配套设施（消防、水泵等）申请10kV供电，请说明高可靠性供电费用的收取标准。

四、工作规范及要求

（1）自备钢笔或中性笔。

（2）正确说明高可靠性供电费用收取的相关规定。

五、考核及时间要求

（1）考评员可对考生着答剩余时间进行提醒，对回答内容考评员不得提示。

（2）本考核时间为20分钟，时间到应立即停止考评。

技能等级评价专业技能考核操作评分标准

工种	抄表核算收费员					评价等级	中级工
项目模块	应收审核管理—电费计算—高可靠性费用				编号	Jc0002442027	
单位			准考证号			姓名	
考试时限	20分钟		题型	单项操作		题分	100分
成绩		考评员		考评组长		日期	
试题正文	高压双电源客户高可靠性费用收取						
需要说明的问题和要求	（1）自备钢笔或中性笔。 （2）正确说明高可靠性供电费用收取的相关规定						

序号	项目名称	质量要求	满分	扣分标准	扣分原因	得分
1	高可靠性供电费用收取规定	文字表达规范完整，要点明确	60	每一条知识点不明确扣20分，扣完为止		
2	高可靠性供电费用	收取金额正确	40	结果错误一条扣20分，扣完为止		
合计			100			

Jc0002441028　10kV 双回路供电高低压侧分列运行客户高可靠性供电费计算。（100 分）

考核知识点：高可靠性供电费用的收取政策

难易度：易

技能等级评价专业技能考核操作工作任务书

一、任务名称

10kV 双回路供电高低压侧分列运行客户高可靠性供电费计算。

二、适用工种

抄表核算收费员中级工。

三、具体任务

某一新建棚户改造小区申请 10kV 供电，供电方式为双回路供电，变压器以 2 台为一组由两条回路分别供电，且供电回路高低压侧均分列运行，由地下电缆接入，报装容量为 4×500kVA 变压器，施工建设 5 层居民楼房用电。请问该客户是否缴纳高可靠性费用，若收取应缴多少？依据是什么？（具体参数见表 Jc0002441028）

表 Jc0002441028

客户受电电压等级（kV）	高可靠性供电费标准（元/kVA）	自建本级电压外部供电工程收费标准（元/kVA）
0.38/0.22	260	200
10	210	150
35	160	70
110 及以上	80	50

注：地下电缆按照架空线路费用的 1.5 倍计收。

四、工作规范及要求

（1）自备计算器、钢笔或中性笔。

（2）计算公式、步骤正确。

五、考核及时间要求

本考核为计算实操任务，严格按照规定步骤完成，考核时间为 20 分钟。

技能等级评价专业技能考核操作评分标准

<table>
<tr><td>工种</td><td colspan="5">抄表核算收费员</td><td>评价等级</td><td colspan="2">中级工</td></tr>
<tr><td>项目模块</td><td colspan="4">应收审核管理—电费计算—高可靠性费用</td><td>编号</td><td colspan="3">Jc0002441028</td></tr>
<tr><td>单位</td><td colspan="2"></td><td>准考证号</td><td colspan="2"></td><td>姓名</td><td colspan="2"></td></tr>
<tr><td>考试时限</td><td>20 分钟</td><td>题型</td><td colspan="3">单项操作</td><td>题分</td><td colspan="2">100 分</td></tr>
<tr><td>成绩</td><td></td><td>考评员</td><td></td><td>考评组长</td><td></td><td>日期</td><td colspan="2"></td></tr>
<tr><td>试题正文</td><td colspan="8">10kV 双回路供电高低压侧分列运行客户高可靠性供电费计算</td></tr>
<tr><td>需要说明的问题和要求</td><td colspan="8">（1）要求单人完成。
（2）自备钢笔或中性笔。
（3）列式计算，步骤清晰，文字回答简单规范</td></tr>
<tr><td>序号</td><td>项目名称</td><td colspan="2">质量要求</td><td>满分</td><td colspan="2">扣分标准</td><td>扣分原因</td><td>得分</td></tr>
<tr><td>1</td><td>高可靠性供电费收取规定</td><td colspan="2">文字表达规范完整，要点明确</td><td>60</td><td colspan="2">知识点不明确一处扣 20 分，扣完为止</td><td></td><td></td></tr>
</table>

续表

序号	项目名称	质量要求	满分	扣分标准	扣分原因	得分
2	高可靠性费用	结果正确	40	结果错误扣 20 分，扣完为止		
合计			100			

Jc0002441029　高可靠性供电费计算。(100 分)

考核知识点：高可靠性供电费用的收取政策

难易度：易

技能等级评价专业技能考核操作工作任务书

一、任务名称

高可靠性供电费计算。

二、适用工种

抄表核算收费员中级工。

三、具体任务

某 10kV 供电的重要客户，受电设备容量为 3000kVA，由客户自建，接入方式为电缆接入。为确保供电可靠性，供电公司提供 1 条线路作为主供电源，2 条线路作为备用电源，其中 2 条备用线路的容量分别为 1000kVA 和 800kVA，试问客户应缴纳多少高可靠性供电费用？

四、工作规范及要求

（1）自备钢笔或中性笔。

（2）计算公式、步骤正确。

（3）电价执行准确。

五、考核及时间要求

本考核为计算实操任务，严格按照规定步骤完成，考核时间为 20 分钟。

技能等级评价专业技能考核操作评分标准

工种	抄表核算收费员				评价等级	中级工
项目模块	应收审核管理—电费计算—高可靠性费用			编号	Jc0002441029	
单位		准考证号			姓名	
考试时限	20 分钟	题型		单项操作	题分	100 分
成绩		考评员		考评组长		日期
试题正文	高可靠性供电费计算					
需要说明的问题和要求	（1）要求单人完成。 （2）自备钢笔或中性笔					

序号	项目名称	质量要求	满分	扣分标准	扣分原因	得分
1	备用容量	写清楚备用电源负荷容量	50	不准确每一处扣 25 分，扣完为止		
2	计算高可靠供电费	计算过程正确	50	计算错误扣 50 分		
合计			100			

Jc0002441030　窃电电量及违约电费计算。（100 分）

考核知识点： 窃电及违约用电的规定及处罚依据

难易度： 易

技能等级评价专业技能考核操作工作任务书

一、任务名称

窃电电量及违约电费计算。

二、适用工种

抄表核算收费员中级工。

三、具体任务

供电所在普查中发现某低压动力客户绕越电能表用电，容量为 2.0kW，且接用时间不清，按规定该客户应补交电费多少元，违约使用电费多少元？（电费保留两位小数，假设电价为 0.518 3 元/kWh）

四、工作规范及要求

（1）自备钢笔或中性笔。

（2）列式计算。

五、考核及时间要求

本考核时间为 20 分钟，计时结束停止考核。

技能等级评价专业技能考核操作评分标准

工种	抄表核算收费员				评价等级	中级工	
项目模块	应收审核管理—电费计算—窃电处理			编号	Jc0002441030		
单位		准考证号			姓名		
考试时限	20 分钟	题型	单项操作		题分	100 分	
成绩		考评员		考评组长		日期	
试题正文	窃电电量及违约电费计算						
需要说明的问题和要求	（1）要求单人完成。 （2）自备钢笔或中性笔。 （3）列式计算						
序号	项目名称	质量要求	满分	扣分标准	扣分原因	得分	
1	违规行为处理	违约使用电费计算依据清楚	25	违约使用电费计算依据错误扣 25 分			
2	追补电量	追补电量计算正确	25	追补电量计算错误扣 25 分			
3	追补电费	追补电费计算正确	25	追补电费计算错误扣 25 分			
4	违约使用电费	违约使用电费计算正确	25	违约使用电费计算错误扣 25 分			
合计			100				

Jc0002442031　客户窃电的检查与处理。（100 分）

考核知识点： 窃电及违约用电的规定及处罚依据

难易度： 中

技能等级评价专业技能考核操作工作任务书

一、任务名称

客户窃电的检查与处理。

二、适用工种

抄表核算收费员中级工。

三、具体任务

供电公司用电检查人员现场查实，某低压供电的服装厂采取短接 3 只单相电流互感器（变比为150A/5A）二次侧回路的方法进行窃电，窃电时间为 90 天。请计算该服装厂应补交电费和违约使用电费是多少？（设定一般工商业电价为 0.518 3 元/kWh，不考虑分时电价因素）

四、工作规范及要求

（1）自备钢笔或中性笔。

（2）列式计算。

五、考核及时间要求

本考核时间为 20 分钟，计时结束停止考核。

技能等级评价专业技能考核操作评分标准

<table>
<tr><td>工种</td><td colspan="6">抄表核算收费员</td><td>评价等级</td><td colspan="3">中级工</td></tr>
<tr><td>项目模块</td><td colspan="5">应收审核管理—电费计算—窃电处理</td><td>编号</td><td colspan="4">Jc0002442031</td></tr>
<tr><td>单位</td><td colspan="3"></td><td>准考证号</td><td colspan="2"></td><td>姓名</td><td colspan="3"></td></tr>
<tr><td>考试时限</td><td colspan="2">30 分钟</td><td>题型</td><td colspan="3">单项操作</td><td>题分</td><td colspan="3">100 分</td></tr>
<tr><td>成绩</td><td></td><td>考评员</td><td></td><td>考评组长</td><td colspan="2"></td><td>日期</td><td colspan="3"></td></tr>
<tr><td>试题正文</td><td colspan="10">客户窃电的检查与处理</td></tr>
<tr><td>需要说明的问题和要求</td><td colspan="10">（1）要求单人操作。
（2）自备钢笔或中性笔</td></tr>
<tr><td>序号</td><td>项目名称</td><td colspan="2">质量要求</td><td>满分</td><td colspan="4">扣分标准</td><td>扣分原因</td><td>得分</td></tr>
<tr><td>1</td><td>违规行为处理</td><td colspan="2">违约使用电费计算依据清楚</td><td>25</td><td colspan="4">违约使用电费计算依据错误扣 25 分</td><td></td><td></td></tr>
<tr><td>2</td><td>追补电量</td><td colspan="2">追补电量计算正确</td><td>25</td><td colspan="4">追补电量计算错误扣 25 分</td><td></td><td></td></tr>
<tr><td>3</td><td>追补电费</td><td colspan="2">追补电费计算正确</td><td>25</td><td colspan="4">追补电费计算错误扣 25 分</td><td></td><td></td></tr>
<tr><td>4</td><td>违约使用电费</td><td colspan="2">违约使用电费计算正确</td><td>25</td><td colspan="4">违约使用电费计算错误扣 25 分</td><td></td><td></td></tr>
<tr><td colspan="2">合计</td><td colspan="2"></td><td>100</td><td colspan="4"></td><td></td><td></td></tr>
</table>

Jc0002441032－1 违约用电处理。(100 分)

考核知识点： 窃电及违约用电的规定及处罚依据

难易度： 易

技能等级评价专业技能考核操作工作任务书

一、任务名称

违约用电处理。

二、适用工种

抄表核算收费员中级工。

三、具体任务

某一食品加工公司，10kV 供电，原报装变压器容量为 800kVA。2020 年 9 月供电公司用电检查人员到该户进行用电检查，发现变压器铭牌有明显变动的痕迹，即对变压器容量进行现场检测，经检测变压器容量实际为 1000kVA。至发现之日止，其 1000kVA 变压器已使用 9 个月，作为用电检查人员试分析该户的用电行为，应如何处理？［基本电费按 20 元/（kVA·月）计算］

四、工作规范及要求

问题回答全面、准确，条理清晰。

五、考核及时间要求

本考核时间为 30 分钟，文字描述应清晰，术语应规范。

技能等级评价专业技能考核操作评分标准

工种	抄表核算收费员						评价等级	中级工
项目模块	应收审核管理—电费计算—违约用电处理				编号		Jc0002441032－1	
单位			准考证号				姓名	
考试时限	30 分钟		题型	单项操作			题分	100 分
成绩		考评员		考评组长			日期	
试题正文	违约用电处理							
需要说明的问题和要求	（1）要求单人完成。 （2）问题回答全面，准确，条理清晰							

序号	项目名称	质量要求	满分	扣分标准	扣分原因	得分
1	用电行为	正确分析用电行为	20	用电行为分析错误一处扣 10 分，扣完为止		
2	规定条例	违反规定条例回答正确	40	回答错误一处扣 20 分，扣完为止		
3	电费计算	追补电费计算正确，违约使用电费计算正确	20	每项回答错误扣 10 分，扣完为止		
4	处理结果	处理结果正确	20	处理结果错误扣 20 分		
合计			100			

Jc0002441033－2　违约用电处理。（100 分）

考核知识点： 窃电及违约用电的规定及处罚依据

难易度： 易

技能等级评价专业技能考核操作工作任务书

一、任务名称

违约用电处理。

二、适用工种

抄表核算收费员中级工。

三、具体任务

请对以下在抄表过程中发现的违约用电行为进行分析并说明处理方法。

事件过程：8 月 16 日上午 10 点 20 分左右，某供电公司用电检查员会同台区抄表人员，在抄表过程中，发现一小区门房客户，在三相计费电能表的出线上，私自转供一基建工地临时用电，现场核定用电设备容量为 8.2kW，使用起讫时间难以确定，在用电检查工作单上双方当事人签字认可后，拆除了私自违约转供用电接线。（电价：居民用电中的非居民为 0.498 6 元/kWh，工商业及其他为 0.518 3 元/kWh）

四、工作规范及要求

问题回答全面、准确，条理清晰。

五、考核及时间要求

本考核时间为 20 分钟，文字描述应清晰，术语应规范。

技能等级评价专业技能考核操作评分标准

工种	抄表核算收费员					评价等级	中级工
项目模块	应收审核管理—电费计算—违约用电处理				编号	Jc0002441033－2	
单位			准考证号			姓名	
考试时限	20 分钟		题型	单项操作		题分	100 分
成绩		考评员		考评组长		日期	
试题正文	违约用电处理						
需要说明的问题和要求	（1）要求单人完成。 （2）问题回答全面、准确，条理清晰						

序号	项目名称	质量要求	满分	扣分标准	扣分原因	得分
1	规定条例	违反规定条例回答正确	60	回答错误一处扣 30 分，扣完为止		
2	电费计算	追补差额电费计算正确	20	追补差额电量计算错误扣 10 分，差额电费计算错误扣 10 分，扣完为止		
		违约使用电费计算正确	20	违约使用电费计算错扣 20 分		
合计			100			

Jc0002462034　客户电费异常分析及处理。（100 分）

考核知识点：电费异常分析及处理方法

难易度：中

技能等级评价专业技能考核操作工作任务书

一、任务名称

客户电费异常分析及处理。

二、适用工种

抄表核算收费员中级工。

三、具体任务

某企业客户，主要从事电线、电缆及电工器材制造；供电容量为 160kVA，供电电压为 10kV；定价策略类型为单一制电价，功率因数标准为 0.85，不执行分时电价。2020 年 9 月 18 日通过改类流程将该客户改为执行分时电价，功率因数标准随之调整为 0.90。根据给定条件审核相关信息并对上述业务进行分析。

四、工作规范及要求

问题回答全面、准确，条理清晰。

五、考核及时间要求

本考核时间为 20 分钟，文字描述应清晰，术语应规范。

技能等级评价专业技能考核操作评分标准

工种	抄表核算收费员			评价等级	中级工
项目模块	应收审核管理—电费计算—电费异常分析及处理		编号	Jc0002462034	
单位		准考证号		姓名	
考试时限	20 分钟	题型	综合操作	题分	100 分
成绩		考评员		考评组长	日期
试题正文	客户电费异常分析及处理				
需要说明的问题和要求	（1）要求单人完成。 （2）问题回答全面、准确，条理清晰				

序号	项目名称	质量要求	满分	扣分标准	扣分原因	得分
1	违规条款	文字规范完整、要点明确	40	执行政策文件内容不准确、要点不明确一项扣 20 分，扣完为止		
2	暴露问题	问题分析全面	15	暴露问题分析错误扣 15 分		
3	措施建议	正确写出处理措施及建议	45	结果每错一条扣 15 分，扣完为止		
合计			100			

Jc0002462035－1　电量电费审核。（100 分）

考核知识点：电费异常分析及处理方法

难易度：中

技能等级评价专业技能考核操作工作任务书

一、任务名称

电量电费审核。

二、适用工种

抄表核算收费员中级工。

三、具体任务

某建发集团股份有限公司，房屋工程建筑用电，10kV 公网供电，受电变压器容量为 630kVA，采用高供高计计量方式，2020 年 10 月电费计算信息见表 Jc0002462035－1。作为电费审核人员，请结合营销系统和采集系统，分析该户存在的问题，并阐述如何处理（不执行峰谷分时电价，当月电费计算不通过非政策退补流程处理）。

表 Jc0002462035－1

<table>
<tr><td rowspan="2">电能表编号</td><td rowspan="2">示数类型</td><td>上次示数</td><td>度差</td><td rowspan="2">抄见电量</td><td colspan="2" rowspan="2">容量（kVA）</td></tr>
<tr><td>本次示数</td><td>倍率</td></tr>
<tr><td rowspan="4">2211191</td><td rowspan="2">有功（总）</td><td>8941</td><td>6873.4</td><td rowspan="2">6 873 400kWh</td><td colspan="2" rowspan="4">630</td></tr>
<tr><td>15 814.4</td><td>1000</td></tr>
<tr><td rowspan="2">无功（总）</td><td>304.93</td><td>1805.07</td><td rowspan="2">1 805 070kvarh</td></tr>
<tr><td>2110</td><td>1000</td></tr>
<tr><td>有功结算电量（kWh）</td><td>目录电度电价（元/kWh）</td><td rowspan="2">功率因数标准</td><td>实际功率因数</td><td rowspan="2">调整电费（元）</td><td rowspan="2">代征费及附加费合计（元）</td><td rowspan="2">总电费（元）</td></tr>
<tr><td>6 873 400</td><td>0.456 975</td><td>0.97</td></tr>
<tr><td>无功结算电量（kvarh）</td><td>目录电度电费（元）</td><td rowspan="2">0.9</td><td>调整系数</td><td rowspan="2">－23 557.29</td><td rowspan="2">284 043.26</td><td rowspan="2">340 145 794</td></tr>
<tr><td>1 805 070</td><td>314 097 197</td><td>－0.75</td></tr>
</table>

四、工作规范及要求

（1）自备钢笔或中性笔。

（2）文字描述清晰，用词准确。

五、考核及时间要求

本考核为计算实操任务，严格按照规定步骤完成，考核时间为20分钟。

技能等级评价专业技能考核操作评分标准

工种	抄表核算收费员				评价等级	中级工	
项目模块	应收审核管理—电费计算—电费异常分析及处理			编号	Jc0002462035－1		
单位			准考证号		姓名		
考试时限	20分钟	题型	单项操作		题分	100分	
成绩		考评员		考评组长		日期	
试题正文	电量电费审核						
需要说明的问题和要求	（1）要求单人完成。 （2）自备钢笔或中性笔						
序号	项目名称	质量要求	满分	扣分标准		扣分原因	得分
1	功率因数	能够找出功率因数错误，描述出正确的营销系统处理方法	50	未找出功率因数错误扣10分，描述不准确、不完整扣1～20分，处理方法不正确、不完整扣1～30分，扣完为止			
2	结算电量异常	发现结算电量异常并正确找出异常原因，处理方法准确	50	未发现结算电量异常扣20分，异常原因不准确、不完整扣2～10分，处理方法不正确扣2～20分，扣完为止			
合计			100				

Jc0002462036－2　电量电费审核。（100分）

考核知识点：电费异常分析及处理方法

难易度：中

技能等级评价专业技能考核操作工作任务书

一、任务名称

电量电费审核。

二、适用工种

抄表核算收费员中级工。

三、具体任务

某城镇居民一户一表客户，2019年5月29日新装用电，装设一块2013版智能电能表，起码为0，2020年4月供电公司对该客户进行表计轮换，发现表计当前总用电量为1683.75kWh，表内电价设置为“一户一表阶梯电价”，表内剩余金额为45.22元，营销系统最后一次结算表码为963.03，自接电后无换表或清零记录，购电总金额为450元，预收余额为17.99元。采集系统月末冻结表码信息见表Jc0002462036－2，请分析该户电费结算情况，回答以下问题：

表 Jc0002462036－2

2019 年 12 月月末冻结表码	2020 年 1 月月末冻结表码	2020 年 2 月月末冻结表码	2020 年 3 月月末冻结表码
963.03	1221.02	1489.56	1623.06

（1）作为现场工作人员，除按计量装置和采集装置安装规范并安全文明施工外，考虑到电费结算问题，还应注意做好哪些事项？

（2）分析该客户购电是否正常，如不正常，分析原因并计算电费退补金额。

四、工作规范及要求

（1）自备钢笔或中性笔。

（2）计算公式、步骤正确。

（3）文字描述清晰，用词准确。

五、考核及时间要求

本考核为计算实操任务，严格按照规定步骤完成，考核时间为 40 分钟。

技能等级评价专业技能考核操作评分标准

工种	抄表核算收费员					评价等级	中级工
项目模块	应收审核管理—电费计算—电费异常分析及处理				编号	Jc0002462036－2	
单位			准考证号			姓名	
考试时限	40 分钟		题型	单项操作		题分	100 分
成绩		考评员		考评组长		日期	
试题正文	电量电费审核						
需要说明的问题和要求	（1）要求单人完成。 （2）自备钢笔或中性笔						

序号	项目名称	质量要求	满分	扣分标准	扣分原因	得分
1	电费结算方面应做好的事项	描述准确、齐全	50	描述不准确、不齐全一处扣 1～10 分，扣完为止		
2	客户购电异常	发现异常并正确计算退补电费	50	未发现异常扣 20 分，说明不准确、不完整扣 2～10 分，计算错误一处扣 5 分，扣完为止		
合计			100			

Jc0003452037　填制电费通知单。（100 分）

考核知识点：电费催收工作的内容及具体要求

难易度：中

技能等级评价专业技能考核操作工作任务书

一、任务名称

填制电费通知单。

二、适用工种

抄表核算收费员中级工。

三、具体任务

根据应收电费账单（见表 Jc0003452037－1）填制电费通知单（见表 Jc0003452037－2）。

表 Jc0003452037－1

客户名称	计里点编号	电价名称	电能表编号	示数类型	上次示数	度差	抄见电里（kWh）	容量（kW）	变损	有功结算电量（kWh）	目录电度电价（元/kWh）	电费小计（元）	国家重大水利建设基金（元）	库区移民代征费（元）	可再生资源代征费（元）	总电费（元）
					本次示数	倍率			线损	无功结算电量（kvarh）	目录电度电费（元）					
2010995169某水务集团供水有限公司	20002070623	工商业及其他用电/单一制/普通工业/1～10kV	0004669525	有功（总）	11 556.09	102.590 0	1539	50	129	1668	0.446 975	745.55	1.88	2.00	31.69	781.12
					11 658.68	15					745.55					
	小计								129	1668	745.55	745.55	1.88	2.00	31.69	781.12

表 Jc0003452037－2

单位：某供电公司			抄表段：1012000200			抄表日期：2021－02－01	
客户编号			客户名称				
用电地址	××路						
出厂编号	示数类型	上次示数	本次示数	综合倍率	抄见电量	退补电量	变/线损
	有功（总）						
电价名称	时段	结算电量	单价	退补电费	基本电费	力调电费	结算电费
工商业及其他用电/单一制/普通工业 1～10kV	平						
电价名称	功率因数标准	实际功率因数	奖罚系数				
工商业及其他用电/单一制/普通工业 1～10kV							
合计金额							

四、工作规范及要求

按项目填写表中对应数值，数值保留两位小数。

五、考核及时间要求

本考核时间为 20 分钟，如填写错误，须用双横线划去，在被修改数据上面重新填写，不得直接涂改抹去。

技能等级评价专业技能考核操作评分标准

工种	抄表核算收费员					评价等级	中级工
项目模块	收费管理—电费回收及风险防控—催收工作				编号	Jc0003452037	
单位			准考证号			姓名	
考试时限	20 分钟		题型	多项操作		题分	100 分
成绩		考评员		考评组长		日期	
试题正文	填制电费通知单						

续表

需要说明的问题和要求	（1）要求单人完成。 （2）根据给定的数据，准确填写通知单中数据					
序号	项目名称	质量要求	满分	扣分标准	扣分原因	得分
1	客户基本信息	数据正确填写	18	每空填写错误扣 6 分，扣完为止		
2	上次及本次示数、综合倍率	数据正确填写	12	每空填写错误扣 4 分，扣完为止		
3	各类电量电费	数据正确填写	56	每空填写错误扣 7 分，扣完为止		
4	合计金额	数据正确填写	14	每空填写错误扣 7 分，扣完为止		
合计			100			

Jc0003462038　催缴电费的案例分析。（100 分）

考核知识点：电费催收工作的内容及具体要求

难易度：中

技能等级评价专业技能考核操作工作任务书

一、任务名称

催缴电费的案例分析。

二、适用工种

抄表核算收费员中级工。

三、具体任务

某企业原先是采用一次性委托收款的方式来缴纳电费，供电公司电费出票一般在每月 23 日左右，因为该企业每次托收电费金额较大，银行有时会压票到次月 1 日才将该企业电费托出，这样就影响了供电公司当月电费的及时回收。针对这个情况，考虑到该企业用电情况一直比较稳定，供电公司建议该企业采取预托收方式分次划拨电费。通过协商，双方签订了预托收方式的电费结算协议，约定从签订新协议后的次月起，每月对其电费进行三次托收，前两次为预先托收，分别于当月的 5 日和 10 日预托收上月电费的 30%和 40%，最后一次等当月电费出来后，再去托收剩余电费。预托收方式实施后，该企业的电费总能及时到账，很好地保证了电费按期回收。请对存在的问题进行原因分析并制定相应对策。

四、工作规范及要求

（1）自备钢笔或中性笔。

（2）文字描述条理清晰，简明扼要。

五、考核及时间要求

本考核为电费催缴实操任务，严格按照规定步骤完成，考核时间为 20 分钟。

技能等级评价专业技能考核操作评分标准

<table>
<tr><td>工种</td><td colspan="5">抄表核算收费员</td><td>评价等级</td><td>中级工</td></tr>
<tr><td>项目模块</td><td colspan="4">电费管理—电费回收及风险防控—催收工作—催缴电费的案例分析</td><td>编号</td><td colspan="2">Jc0003462038</td></tr>
<tr><td>单位</td><td colspan="2"></td><td>准考证号</td><td colspan="2"></td><td>姓名</td><td></td></tr>
<tr><td>考试时限</td><td colspan="2">20 分钟</td><td>题型</td><td colspan="2">综合操作</td><td>题分</td><td>100 分</td></tr>
<tr><td>成绩</td><td></td><td>考评员</td><td></td><td>考评组长</td><td></td><td>日期</td><td></td></tr>
<tr><td>试题正文</td><td colspan="7">催缴电费的案例分析</td></tr>
</table>

续表

需要说明的问题和要求	（1）要求单人完成。 （2）自备钢笔或中性笔。 （3）答案要点明确，条理清晰，术语规范					
序号	项目名称	质量要求	满分	扣分标准	扣分原因	得分
1	原因分析	正确指出存在的问题	50	准确指出电费催收中存在的具体问题，缺少一项或描述不清的扣 10～50 分，扣完为止		
2	措施建议	明确列出应采取的措施	50	每空填写错误扣 4 分；对抄表人员应采取的措施进行明确指出，描述不清的扣 10～50 分；扣完为止		
合计			100			

Jc0003442039　卡表客户购电异常处理。（100 分）

考核知识点：电费、业务费收取的相关工作标准及规定

难易度：中

技能等级评价专业技能考核操作工作任务书

一、任务名称

卡表客户购电异常处理。

二、适用工种

抄表核算收费员中级工。

三、具体任务

2018 年 10 月 10 日，某客户前来营业厅购电，工作人员将客户电卡插入读卡器中准备给客户买电，但营销业务应用系统界面却显示“未插表”，工作人员告知客户回去插表后方可继续进行购电，但客户明确表示来买电前确已插表且插表时间持续了几分钟，请问此时工作人员应采取什么措施方可确保客户购电成功？若客户前来营业厅购电，工作人员对电卡进行回读准备为客户购电，但营销业务应用系统中却显示“卡表参数不一致”导致无法为该客户购电，请问此时工作人员应采取什么措施确保客户成功购电？（客户表计为 2013 版电能表）

四、工作规范及要求

（1）自备钢笔或中性笔。

（2）文字描述条理清晰，简明扼要。

（3）正确处理卡表客户购电异常。

五、考核及时间要求

本考核为电费账务实操任务，严格按照规定步骤完成，考核时间为 30 分钟。

技能等级评价专业技能考核操作评分标准

工种	抄表核算收费员					评价等级	中级工
项目模块	收费管理—电费收缴—缴费方式—卡表客户购电异常处理				编号	Jc0003442039	
单位		准考证号				姓名	
考试时限	30 分钟		题型	单项操作		题分	100 分
成绩		考评员		考评组长		日期	
试题正文	卡表客户购电异常处理						

续表

需要说明的问题和要求	（1）要求单人完成。 （2）自备钢笔或中性笔

序号	项目名称	质量要求	满分	扣分标准	扣分原因	得分
1	卡表客户购电异常处理	正确指出卡表购电异常的处理方法	80	正确描述4步骤，错误一步扣20分，扣完为止		
		正确指出卡表购电异常的处理方法	20	正确描述档案维护流程，并指出应对客户的电能表进行维护，要选择为具有“国网 CPU”标志的厂家，然后正常购电。以上错误一项扣10分，扣完为止		
合计			100			

Jc0003442040　违约金的计算。（100分）

考核知识点： 电费违约金的收取标准及计算方法

难易度： 中

技能等级评价专业技能考核操作工作任务书

一、任务名称

违约金的计算。

二、适用工种

抄表核算收费员中级工。

三、具体任务

某居民客户李某，2020年5月的电费为88.24元，6月的电费为145.54元，客户因出差未能按期缴纳电费，7月5日客户到供电企业缴纳上述电费，试求该客户应缴纳多少违约金？（假设合同约定当月内结清电费）

四、工作规范及要求

（1）自备计算器、钢笔或中性笔。

（2）计算公式、步骤正确。

（3）正确计算违约金。

五、考核及时间要求

本考核为计算实操任务，严格按照规定步骤完成，考核时间为30分钟。

技能等级评价专业技能考核操作评分标准

工种	抄表核算收费员					评价等级	中级工
项目模块	收费管理—电费收缴—电费违约金—违约金的计算				编号	Jc0003442040	
单位			准考证号			姓名	
考试时限	30分钟		题型	单项操作		题分	100分
成绩		考评员		考评组长		日期	
试题正文	违约金的计算						
需要说明的问题和要求	（1）要求单人完成。 （2）自备计算器、钢笔或中性笔						

续表

序号	项目名称	质量要求	满分	扣分标准	扣分原因	得分
1	违约金的计算	正确计算应缴纳违约金的金额	100	居民应缴纳违约金的比例为千分之一，错误扣 20 分；违约金金额不足一元按一元收取，错误扣 30 分；计算结果错误扣 50 分；扣完为止		
合计			100			

Jc0003442041 预收电费退费处理。（100 分）

考核知识点：退费及调账处理相关工作标准及规定

难易度：中

技能等级评价专业技能考核操作工作任务书

一、任务名称

预收电费退费处理。

二、适用工种

抄表核算收费员中级工。

三、具体任务

2018 年 7 月，某淀粉厂因经营不良破产，相关人员前来办理销户手续。经核实该淀粉厂有预收电费 2300 元，表余电量结算电费 785.6 元未发行。请问应退客户预收电费多少元？请画出预收退费的具体操作流程图。

四、工作规范及要求

（1）自备钢笔或中性笔。

（2）文字描述条理清晰，简明扼要。

五、考核及时间要求

本考核为电费账务实操任务，严格按照规定步骤完成，考核时间为 20 分钟。

技能等级评价专业技能考核操作评分标准

工种	抄表核算收费员					评价等级	中级工
项目模块	收费管理—电费收缴—退费及调整处理—预收电费退费处理				编号	Jc0003442041	
单位			准考证号			姓名	
考试时限	20 分钟		题型	单项操作		题分	100 分
成绩		考评员		考评组长		日期	
试题正文	预收电费退费处理						
需要说明的问题和要求	（1）要求单人完成。 （2）自备钢笔或中性笔						

序号	项目名称	质量要求	满分	扣分标准	扣分原因	得分
1	退预收电费金额计算	计算金额正确	40	计算错误扣 40 分		
2	退费流程	退费流程图绘制完整、无误	60	主要环节每缺少一步扣 6 分，扣完为止		
合计			100			

Jc0003442042　供电营业厅收费员现金收费的操作流程。(100 分)

考核知识点：电费、业务费收取的相关工作标准及规定

难易度：中

技能等级评价专业技能考核操作工作任务书

一、任务名称

供电营业厅收费员现金收费的操作流程。

二、适用工种

抄表核算收费员中级工。

三、具体任务

填写供电营业厅收费员坐收现金收费的操作流程及注意事项，从接待客户开始至完成当天的工作。

四、工作规范及要求

（1）自备钢笔或中性笔。

（2）文字描述条理清晰，简明扼要。

五、考核及时间要求

本考核时间为 20 分钟，按照现行营业厅收费管理办法执行。

技能等级评价专业技能考核操作评分标准

工种	抄表核算收费员					评价等级	中级工
项目模块	收费管理—电费收缴—电费收费—现金收费的操作流程				编号	Jc0003442042	
单位			准考证号			姓名	
考试时限	20 分钟	题型		单项操作		题分	100 分
成绩		考评员		考评组长		日期	
试题正文	供电营业厅收费员现金收费的操作流程						
需要说明的问题和要求	（1）要求单人完成。 （2）自备钢笔或中性笔。 （3）操作流程要闭环						

序号	项目名称	质量要求	满分	扣分标准	扣分原因	得分
1	操作流程	填写完整、准确	90	不完整或不准确每条扣 18 分，扣完为止		
2	注意事项	填写正确	10	不正确扣 10 分		
合计			100			

Jc0003462043　国网商城企业缴费注册及缴费操作流程。(100 分)

考核知识点：常用缴费渠道、方式和资金结算方式的相关内容

难易度：中

技能等级评价专业技能考核操作工作任务书

一、任务名称

国网商城企业缴费注册及缴费操作流程。

二、适用工种

抄表核算收费员中级工。

三、具体任务

请写出国网商城企业缴费操作流程。

四、工作规范及要求

按照实际操作步骤填写。

五、考核及时间要求

考核时间为 20 分钟，要求操作步骤正确，文字描述清晰。

技能等级评价专业技能考核操作评分标准

工种	抄表核算收费员				评价等级	中级工	
项目模块	收费管理—电费收缴—缴费渠道—国网商城企业缴费的操作流程			编号	Jc0003462043		
单位		准考证号			姓名		
考试时限	20 分钟	题型	综合操作		题分	100 分	
成绩		考评员		考评组长		日期	
试题正文	国网商城企业缴费注册及缴费操作流程						
需要说明的问题和要求	（1）要求单人完成。 （2）步骤规范、流程完整准确清晰						
序号	项目名称	质量要求	满分	扣分标准	扣分原因	得分	
1	注册流程	填写正确	28	共 3 项，错误填写网址扣 10 分，其他错误一项扣 9 分，扣完为止			
2	缴费流程	填写正确	72	共 9 项，错误一项扣 8 分，扣完为止			
合计			100				

Jc0003443044　省级直收后营业厅收费—坐收流程。（100 分）

考核知识点：电费、业务费收取的相关工作标准及规定

难易度：难

技能等级评价专业技能考核操作工作任务书

一、任务名称

省级直收后营业厅收费—坐收流程。

二、适用工种

抄表核算收费员中级工。

三、具体任务

简要写出省级直收后营业厅收费—坐收流程。

四、工作规范及要求

（1）自备钢笔或中性笔。

（2）文字表述清楚，按顺序填写。

五、考核及时间要求

本考核时间为 30 分钟，要求文字描述清晰规范，步骤书写正确。

技能等级评价专业技能考核操作评分标准

工种	抄表核算收费员						评价等级	中级工
项目模块	收费管理—电费收取—省级直收后营业厅收费—坐收流程					编号	Jc0003443044	
单位				准考证号			姓名	
考试时限	30 分钟		题型	单项操作			题分	100 分
成绩		考评员		考评组长			日期	
试题正文	省级直收后营业厅收费—坐收流程							
需要说明的问题和要求	（1）要求单人完成。 （2）自备计算器、钢笔或中性笔。 （3）文字表述清楚							

序号	项目名称	质量要求	满分	扣分标准	扣分原因	得分
1	操作流程	填写完整、准确	100	共计 5 条，不完整或不准确每条扣 20 分，扣完为止		
合计			100			

Jc0003442045　电子发票的冲红操作。（100 分）

考核知识点：电费票据管理的工作标准及规定

难易度：中

技能等级评价专业技能考核操作工作任务书

一、任务名称

电子发票的冲红操作。

二、适用工种

抄表核算收费员中级工。

三、具体任务

客户为某节水灌溉经销部，自 2020 年 5 月电费发行后，客户接到通知，于 2020 年 5 月 20 日前来缴纳发行电费 14 846.49 元，收费员电费收取后，为客户开具电子发票。电费发票开出以后，客户发现纳税人信息不对，要求将信息修改正确后，重新开具发票。对于此类情况，供电企业工作人员在营销业务应用系统中应如何操作？

四、工作规范及要求

（1）自备钢笔或中性笔。

（2）文字描述条理清晰，简明扼要。

（3）掌握电子发票开具的相关步骤。

五、考核及时间要求

本考核为电费票据开具的实操任务，严格按照规定步骤完成，考核时间为 20 分钟。

技能等级评价专业技能考核操作评分标准

工种	抄表核算收费员						评价等级	中级工
项目模块	收费管理票据管理—电子发票开具—电子发票的冲红操作					编号	Jc0003442045	
单位				准考证号			姓名	
考试时限	20 分钟		题型	单项操作			题分	100 分
成绩		考评员		考评组长			日期	

续表

试题正文	电子发票的冲红操作					
需要说明的问题和要求	（1）要求单人完成。 （2）自备计算器、钢笔或中性笔。 （3）文字表述清楚					
序号	项目名称	质量要求	满分	扣分标准	扣分原因	得分
1	电子发票的冲红	正确列出发票冲红步骤	60	按操作步骤描述，每缺少一步扣10分，扣完为止		
2	纳税人信息变更	正确描述纳税人信息变更的方法	20	正确描述纳税人信息变更的处理方法，未描述清楚扣10～20分，扣完为止		
3	电子发票的开具	正确列出发票开具的步骤	20	正确描述发票开具的处理步骤，每缺一项扣10分，扣完为止		
合计			100			

Jc0003462046　填制供用电合同签订情况统计表。（100分）

考核知识点：抄核收统计报表的种类、内容及要求

难易度：中

技能等级评价专业技能考核操作工作任务书

一、任务名称

填制供用电合同签订情况统计表。

二、适用工种

抄表核算收费员中级工。

三、具体任务

根据供用电合同签订情况统计表（见表Jc0003462046）中已知数据，填制表内空白项。

表Jc0003462046

分类	公司累计实签合同数（份）	公司累计签订率（%）	其中：本期内合同签订率								
			本期内应签户数（户）			本期内实签户数（户）			本期内签订率（%）		
			合计	新签	续签	合计	新签	续签	合计	新签	续签
合计	45 376	99.00	19 615	7295	12 320	19 542	7295	12 247			
高压供用电合同	1890	100.00	1010	230	780	1010	230	780			
低压供用电合同	6895	100.00	4461	1205	3256	4461	1205	3256			
临时供用电合同	123	100.00	51	15	36	51	15	36			
趸售供用电合同	8	100.00	5	3	2	5	3	2			
委托转供电合同	780	100.00	510	160	350	510	160	350			
居民供用电合同	35 680	99.00	13 578	5682	7896	13 505	5682	7823			

四、工作规范及要求

按项目填写表中对应数值，数值保留两位小数。

五、考核及时间要求

本考核时间为 30 分钟。如填写错误，须用双横线划去，在被修改数据上面重新填写，不得直接涂改抹去。

技能等级评价专业技能考核操作评分标准

<table>
<tr><td>工种</td><td colspan="5">抄表核算收费员</td><td>评价等级</td><td colspan="2">中级工</td></tr>
<tr><td>项目模块</td><td colspan="4">收费管理—报表统计及分析—报表统计</td><td>编号</td><td colspan="3">Jc0003462046</td></tr>
<tr><td>单位</td><td colspan="3"></td><td>准考证号</td><td></td><td>姓名</td><td colspan="2"></td></tr>
<tr><td>考试时限</td><td colspan="2">30 分钟</td><td>题型</td><td colspan="2">综合操作</td><td>题分</td><td colspan="2">100 分</td></tr>
<tr><td>成绩</td><td></td><td>考评员</td><td></td><td>考评组长</td><td></td><td>日期</td><td colspan="2"></td></tr>
<tr><td>试题正文</td><td colspan="8">填制供用电合同签订情况统计表</td></tr>
<tr><td>需要说明的问题和要求</td><td colspan="8">（1）要求单人完成。
（2）自备计算器、钢笔或中性笔。
（3）表中数据每空必填，数据清晰</td></tr>
</table>

序号	项目名称	质量要求	满分	扣分标准	扣分原因	得分
1	合计值	数据正确填写	10	合计值填写错误扣 4 分，其他值每空填写错误扣 3 分，扣完为止		
2	高压供用电合同	数据正确填写	15	每空填写错误扣 5 分，扣完为止		
3	低压供用电合同	数据正确填写	15	每空填写错误扣 5 分，扣完为止		
4	临时供用电合同	数据正确填写	15	每空填写错误扣 5 分，扣完为止		
5	趸售供用电合同	数据正确填写	15	每空填写错误扣 5 分，扣完为止		
6	委托转供用电合同	数据正确填写	15	每空填写错误扣 5 分，扣完为止		
7	居民供用电合同	数据正确填写	15	每空填写错误扣 5 分，扣完为止		
合计			100			

Jc0004463047　综合业务分析。（100 分）

考核知识点：电力法律法规

难易度：难

技能等级评价专业技能考核操作工作任务书

一、任务名称

综合业务分析。

二、适用工种

抄表核算收费员中级工。

三、具体任务

根据业务描述，对业务事件中不妥地方进行分析。

（1）2019 年 9 月，某供热企业到供电公司申请报装用电，报装容量为 2×630kVA，一台主用，一台热备。2019 年 10 月 5 日投入运行。每月基本电费容量按 630kVA 计算。2020 年 3 月 20 日和 21 日因线路故障停电两天。客户认为是供电企业原因造成停电事故，要求给予减免两天基本容量费，供电企业未予以办理，后客户投诉至 95598。

（2）工作任务：

1）本次事件违反了《供电营业规则》的哪些条款？

2）供电企业未扣减基本电费的依据是什么？

3）本次事件暴露出哪些问题？

四、工作规范及要求

（1）自备钢笔或中性笔。

（2）文字描述条理清晰，简明扼要。

（3）正确描述此案例相关规定。

（4）正确分析此案例中暴露的问题。

五、考核及时间要求

本考核为实操任务，严格按照规定步骤完成，考核时间为30分钟。

技能等级评价专业技能考核操作评分标准

工种	抄表核算收费员				评价等级	中级工
项目模块	供电服务—法律法规综合业务分析			编号	Jc0004463047	
单位		准考证号			姓名	
考试时限	30分钟	题型	单项操作		题分	100分
成绩		考评员		考评组长		日期	
试题正文	综合业务分析					
需要说明的问题和要求	（1）自备钢笔或中性笔。 （2）文字描述条理清晰，简明扼要。 （3）正确描述此案例违反《供电营业规则》的相关条款。 （4）正确分析此案例中暴露的问题					

序号	项目名称	质量要求	满分	扣分标准	扣分原因	得分
1	《供电营业规则》关于基本电费收取的相关规定	正确指出此案例中违反《供电营业规则》的相关条款	50	违反相关条款描述不清或描述不齐全酌情扣分，扣完为止		
2	综合分析	分析此案例暴露的问题	50	根据答案要点酌情扣分，扣完为止		
合计			100			

Jc0004441048　营销业务应用系统—维护客户查询密码。（100分）

考核知识点：系统应用

难易度：易

技能等级评价专业技能考核操作工作任务书

一、任务名称

营销业务应用系统—维护客户查询密码。

二、适用工种

抄表核算收费员中级工。

三、具体任务

（1）熟练操作95598业务支持系统、营销业务应用系统、用电信息采集系统。

（2）客户1010351830在绑定户号时显示查询密码错误，作为工作人员你会告诉客户通过哪些途径可以修改查询密码？如果客户要求你帮他修改查询密码，你应该怎样处理？

（3）写出营销系统内修改客户查询密码的路径并进行修改。

（4）将问题答案直接填写在答题纸上。

四、工作规范及要求

（1）电教室独立完成。

（2）电脑可以登录系统内网并可登录相应业务应用系统。

（3）时间到应立即停止答题，离开考试场地。

（4）考核中出现下列情况之一的，本次考核成绩为 0：

1）不能登录营销业务应用系统；

2）非独立完成；

3）在规定时限内，未提交答卷或未发起相应业务流程。

（5）考生不得询问与考试内容无关的问题，考评员不得提示与考试有关的内容。

五、考核及时间要求

本考核时间为 15 分钟，按照技能操作记录单的操作要求进行操作，正确记录查询结果。

技能等级评价专业技能考核操作评分标准

<table>
<tr><td>工种</td><td colspan="7">抄表核算收费员</td><td>评价等级</td><td colspan="2">中级工</td></tr>
<tr><td>项目模块</td><td colspan="5">供电服务—系统应用营销业务应用系统</td><td colspan="2">编号</td><td colspan="3">Jc0004441048</td></tr>
<tr><td>单位</td><td colspan="3"></td><td>准考证号</td><td colspan="3"></td><td>姓名</td><td colspan="2"></td></tr>
<tr><td>考试时限</td><td colspan="2">15 分钟</td><td colspan="2">题型</td><td colspan="3">多项操作</td><td>题分</td><td colspan="2">100 分</td></tr>
<tr><td>成绩</td><td></td><td>考评员</td><td colspan="2"></td><td>考评组长</td><td colspan="2"></td><td>日期</td><td colspan="2"></td></tr>
<tr><td>试题正文</td><td colspan="10">营销业务应用系统—维护客户查询密码</td></tr>
<tr><td>需要说明的问题和要求</td><td colspan="10">（1）独立完成，考试一人一桌一机。
（2）预装好相应 Office 软件、95598 业务支持系统、营销业务应用系统、用电信息采集系统。
（3）客户 1010351830 在绑定户号时显示查询密码错误，作为工作人员你怎么为客户处理？如果客户要求你帮他修改查询密码，你应该怎样处理？
（4）写出营销系统内修改客户查询密码的路径，并进行修改。
（5）将问题答案直接填写在答题纸上</td></tr>
<tr><td>序号</td><td>项目名称</td><td colspan="3">质量要求</td><td>满分</td><td colspan="3">扣分标准</td><td>扣分原因</td><td>得分</td></tr>
<tr><td>1</td><td>修改查询密码途径</td><td colspan="3">至少写出 2 种修改查询密码的方法</td><td>20</td><td colspan="3">方法错误一种扣 10 分，扣完为止</td><td></td><td></td></tr>
<tr><td>2</td><td>查询密码修改策略</td><td colspan="3">正确描述查询密码设置位数</td><td>20</td><td colspan="3">查询密码位数描述错误扣 20 分</td><td></td><td></td></tr>
<tr><td>3</td><td>写出修改客户查询密码的路径</td><td colspan="3">正确写出修改客户查询密码的路径</td><td>40</td><td colspan="3">路径描述错误扣 40 分</td><td></td><td></td></tr>
<tr><td>4</td><td>修改客户查询密码</td><td colspan="3">对客户查询密码进行修改</td><td>20</td><td colspan="3">未对查询密码重新设置扣 20 分</td><td></td><td></td></tr>
<tr><td colspan="2">合计</td><td colspan="3"></td><td>100</td><td colspan="3"></td><td></td><td></td></tr>
</table>

Jc0004452049－1　营销业务应用系统—抄表管理。（100 分）

考核知识点： 系统应用

难易度： 中

技能等级评价专业技能考核操作工作任务书

一、任务名称

营销业务应用系统—抄表管理。

二、适用工种

抄表核算收费员中级工。

三、具体任务

（1）熟练操作 95598 业务支持系统、营销业务应用系统、用电信息采集系统。

（2）给定客户编号，根据该客户相关信息新建抄表段，并将给定客户调整到新建的抄表段内。

（3）将抄表段编号及各流程申请编号写在答题纸上。

四、工作规范及要求

（1）电教室独立完成。

（2）电脑可以登录系统内网并可登录相应业务应用系统。

（3）时间到应立即停止答题，离开考试场地。

（4）考核中出现下列情况之一的，本次考核成绩为 0：

1）不能登录营销业务应用系统；

2）非独立完成；

3）在规定时限内，未提交答卷或未发起相应业务流程。

（5）考生不得询问与考试内容无关的问题，考评员不得提示与考试有关的内容。

五、考核及时间要求

本考核时间为 15 分钟，按照技能操作记录单的操作要求进行操作，正确记录查询结果。

技能等级评价专业技能考核操作评分标准

工种	抄表核算收费员					评价等级	中级工
项目模块	供电服务—系统应用				编号	Jc0004452049－1	
单位				准考证号		姓名	
考试时限	15 分钟		题型	多项操作		题分	100 分
成绩		考评员		考评组长		日期	
试题正文	营销业务应用系统—抄表管理						
需要说明的问题和要求	（1）独立完成，考试一人一桌一机。 （2）预装好相应 Office 软件、95598 业务支持系统、营销业务应用系统、用电信息采集系统。 （3）给定客户编号，根据该客户相关信息新建抄表段，并将给定客户调整到新建的抄表段内。 （4）将抄表段编号及各流程申请编号写在答题纸上						

序号	项目名称	质量要求	满分	扣分标准	扣分原因	得分
1	系统登录	熟练登录营销业务应用系统	20	登录系统不熟练或无法登录系统，扣 20 分		
2	抄表段维护新增	正确设置抄表段属性、抄表员、核算员等信息	30	抄表段相关信息填写错误扣 10 分，扣完为止		
3	调整客户抄表段	正确将给定客户调整至新增抄表段内，流程正确归档	30	调整客户抄表段错误或流程未结束扣 30 分		
4	写出新建的抄表段编号及各流程申请编号	写出新建的抄表段编号及各流程申请编号	20	流程未结束或未写出相关信息，扣 10 分，扣完为止		
合计			100			

Jc0004452050－2　营销业务应用系统—抄表管理。（100 分）

考核知识点：系统应用

难易度：中

技能等级评价专业技能考核操作工作任务书

一、任务名称

营销业务应用系统—抄表管理。

二、适用工种

抄表核算收费员中级工。

三、具体任务

（1）熟练操作95598业务支持系统、营销业务应用系统、用电信息采集系统。

（2）某10kV普通工业客户，变压器容量为50kVA，高供低计，合同约定按标准表计算变损，线损率为1%。请按该客户情况制订抄表计划并审核发行电费。

（3）将抄表段编号及各流程申请编号写在答题纸上。

四、工作规范及要求

（1）电教室独立完成。

（2）电脑可以登录系统内网并可登录相应业务应用系统。

（3）时间到应立即停止答题，离开考试场地。

（4）考核中出现下列情况之一的，本次考核成绩为0：

1）不能登录营销业务应用系统；

2）非独立完成；

3）在规定时限内，未提交答卷或未发起相应业务流程。

（5）考生不得询问与考试内容无关的问题，考评员不得提示与考试有关的内容。

五、考核及时间要求

本考核时间为15分钟，按照技能操作记录单的操作要求进行操作，正确记录查询结果。

技能等级评价专业技能考核操作评分标准

<table>
<tr><td>工种</td><td colspan="5">抄表核算收费员</td><td>评价等级</td><td>中级工</td></tr>
<tr><td>项目模块</td><td colspan="4">供电服务—系统应用</td><td>编号</td><td colspan="2">Jc0004452050－2</td></tr>
<tr><td>单位</td><td colspan="2"></td><td>准考证号</td><td colspan="2"></td><td>姓名</td><td></td></tr>
<tr><td>考试时限</td><td colspan="2">15分钟</td><td>题型</td><td colspan="2">多项操作</td><td>题分</td><td>100分</td></tr>
<tr><td>成绩</td><td></td><td>考评员</td><td></td><td>考评组长</td><td></td><td>日期</td><td></td></tr>
<tr><td>试题正文</td><td colspan="7">营销业务应用系统—抄表管理</td></tr>
<tr><td>需要说明的问题和要求</td><td colspan="7">（1）独立完成，考试一人一桌一机。
（2）预装好相应Office软件、95598业务支持系统、营销业务应用系统、用电信息采集系统。
（3）某10kV普通工业客户，变压器容量为50kVA，高供低计，合同约定按标准表计算变损，线损率为1%。请按该客户制订抄表计划并审核正确发行电费。
（4）将抄表段编号及各流程申请编号写在答题纸上</td></tr>
</table>

序号	项目名称	质量要求	满分	扣分标准	扣分原因	得分
1	系统登录	熟练登录营销业务应用系统	20	登录系统不熟练或无法登录系统，扣20分		
2	电费发行					
2.1	抄表计划制订	按户制订抄表计划，并启动相应的抄表流程	10	未制订抄表计划或计划制订错误扣10分		
2.2	抄表示数录入	正确提取或输入客户表计示数	10	客户发行表码不正确扣10分		
2.3	抄表数据复核	正确进行数据复核	10	操作错误扣10分		

续表

序号	项目名称	质量要求	满分	扣分标准	扣分原因	得分
2.4	电费计算	通过营销业务应用系统正确计算电费	5	操作错误扣 5 分		
2.5	电费审核	审核客户电费计算是否正确	40	未能审核出电费计算异常扣 40 分		
2.6	电费发行	正常发行电费	5	流程未结束扣 5 分		
合计			100			

Jc0004452051－1　业扩报装及变更用电业务。（100 分）

考核知识点：业务处理

难易度：中

技能等级评价专业技能考核操作工作任务书

一、任务名称

业扩报装及变更用电业务。

二、适用工种

抄表核算收费员中级工。

三、具体任务

某机械厂用电类别为普通工业，用电容量为 50kVA，迁新址后，将原址卖给一房产商作为办公用房，到供电企业来办理更名手续。

请问：① 客户能否办理更名业务？为什么？② 若不能，应办理什么业务？③ 办理业务过程中，对客户受理员的服务质量如何要求？

四、工作规范及要求

（1）考生独立完成答题。

（2）正确描述案例中相关法律法规条款。

（3）为客户提供合理建议。

（4）考生不得询问与考试内容无关的问题，考评员不得提示与考试有关的内容。

五、考核及时间要求

本考核时间为 20 分钟，时间到停止考核。

技能等级评价专业技能考核操作评分标准

工种	抄表核算收费员					评价等级	中级工
项目模块	供电服务—法律法规				编号	Jc0004452051－1	
单位			准考证号			姓名	
考试时限	20 分钟		题型	多项操作		题分	100 分
成绩		考评员		考评组长		日期	
试题正文	业扩报装及变更用电业务						
需要说明的问题和要求	（1）独立完成。 （2）正确描述案例中相关法律法规条款。 （3）为客户提供合理建议。 （4）考生不得询问与考试内容无关的问题，考评员不得提示与考试有关的内容						

续表

序号	项目名称	质量要求	满分	扣分标准	扣分原因	得分
1	业务受理	正确描述客户办理业务相关的法律法规条款	40	相应法律法规条款描述不清扣 10 分，描述错误扣 20 分，扣完为止		
2	告知客户办理的业务					
2.1	原客户	正确描述原客户应办理的业务类型	15	业务类型错误扣 15 分		
2.2	新客户	正确描述新客户应办理的业务类型	15	业务类型错误扣 15 分		
3	服务质量要求	符合公司相关优质服务的标准	30	根据服务质量内容每项不合格扣 6 分，扣完为止		
合计			100			

Jc0004452052－2　业扩报装及变更用电业务。（100 分）

考核知识点： 业务处理

难易度： 中

技能等级评价专业技能考核操作工作任务书

一、任务名称

业扩报装及变更用电业务。

二、适用工种

抄表核算收费员中级工。

三、具体任务

某物资大厦核定用电容量为 100kVA，计量电流互感器变比为 150A/5A，总表下装设了 5 只分表，分别用于 5 家企业用电量的计量。由于 5 家企业在用电量及电费缴纳方法上产生了一些矛盾，其中一家金属材料公司向供电公司提出分户用电（20kW）申请。请问供电公司应如何办理？办理业务过程中，对客户受理员的服务质量如何要求？

四、工作规范及要求

（1）考生独立完成答题。

（2）正确描述案例中相关法律法规条款。

（3）为客户提供合理建议。

（4）考生不得询问与考试内容无关的问题，考评员不得提示与考试有关的内容。

五、考核及时间要求

本考核时间为 20 分钟，时间到停止考核。

技能等级评价专业技能考核操作评分标准

<table>
<tr><td>工种</td><td colspan="5">抄表核算收费员</td><td>评价等级</td><td>中级工</td></tr>
<tr><td>项目模块</td><td colspan="4">供电服务—法律法规</td><td>编号</td><td colspan="2">Jc0004452052－2</td></tr>
<tr><td>单位</td><td colspan="2"></td><td>准考证号</td><td colspan="2"></td><td>姓名</td><td></td></tr>
<tr><td>考试时限</td><td colspan="2">20 分钟</td><td>题型</td><td colspan="2">多项操作</td><td>题分</td><td>100 分</td></tr>
<tr><td>成绩</td><td></td><td>考评员</td><td></td><td>考评组长</td><td></td><td>日期</td><td></td></tr>
</table>

续表

试题正文	业扩报装及变更用电业务					
需要说明的问题和要求	（1）独立完成。 （2）正确描述案例中相关法律法规条款。 （3）为客户提供合理建议。 （4）考生不得询问与考试内容无关的问题，考评员不得提示与考试有关的内容					
序号	项目名称	质量要求	满分	扣分标准	扣分原因	得分
1	业务受理	正确描述客户办理业务相关的法律法规条款	70	相应法律法规条款描述不清扣 20 分，描述错误扣 70 分，扣完为止		
2	服务质量要求	符合公司相关优质服务的标准	30	根据服务质量内容每项不合格扣 6 分，扣完为止		
合计			100			

Jc0005441053　三相四线制电能计量装置参数测量。（100 分）

考核知识点： 正确使用相位伏安表测量相关参数

难易度： 易

技能等级评价专业技能考核操作工作任务书

一、任务名称

三相四线制电能计量装置参数测量。

二、适用工种

抄表核算收费员中级工。

三、具体任务

使用相位伏安表完成指定三相四线制电能表相关参数的测量并填写表 Jc0005441053。

表 Jc0005441053

一、电能表基本信息（有功）					
型号		准确度等级		出厂编号	
规格	V；　A		制造厂家		
二、实测数据					
相电压	U_1=		U_2=		U_3=
电流	I_1=		I_2=		I_3=
相位	$\dot{U}_1 \wedge \dot{U}_2$=		基准相：		
	$\dot{U}_1 \wedge \dot{I}_1$=		$\dot{U}_1 \wedge \dot{I}_2$=		$\dot{U}_1 \wedge \dot{I}_3$=

四、工作规范及要求

（1）着装符合要求，穿全棉长袖工作服、绝缘鞋，戴安全帽、线手套。

（2）携带自备工具（钢笔或中性笔、计算器、三角尺）进入现场，待考评老师宣布许可工作命令后开始工作并计时。

（3）打开计量柜（箱）门之前必须对柜（箱）体验电，现场操作严格执行《国家电网有限公司营销现场作业安全工作规程（试行）》。

（4）工作结束清理现场，并向监考老师报告。

五、考核及时间要求

本考核时间为20分钟，时间到停止考核。

技能等级评价专业技能考核操作评分标准

工种	抄表核算收费员					评价等级	中级工
项目模块	电能计量—相位伏安表的使用				编号	Jc0005441053	
单位			准考证号			姓名	
考试时限	20分钟		题型	单项操作		题分	100分
成绩		考评员		考评组长		日期	
试题正文	三相四线制电能计量装置参数测量						
需要说明的问题和要求	（1）要求单人操作。 （2）操作应注意安全，按照标准化作业书的技术安全说明做好安全措施						

序号	项目名称	质量要求	满分	扣分标准	扣分原因	得分
1	安全文明生产	戴安全帽，穿全棉长袖工作服，穿绝缘鞋，操作时戴线手套，打开柜门前需先验电	20	有一项未按要求进行扣5分，扣完为止		
2	正确使用相位伏安表	正确使用相位伏安表，数据测量正确	60	相位伏安表使用不当一次扣10分，数据测量错误一次扣10分，扣完为止		
3	正确记录	正确填写表格记录	10	填写错误一处扣2分，单位使用错误一处扣2分，扣完为止		
4	现场恢复	操作结束后清理现场杂物，并将工器具归位，摆放整齐	10	现场留有杂物或工器具未归位扣10分		
合计			100			

计量装置设置：

（1）考试使用电能表为仿真表，通过模拟装置进行参数设置。

（2）默认设置为三相四线智能电能表，假定负荷三相平衡，相电压分别为220、220、220V，相电流分别为1、1、1A，功率因数角为30°。

Jc0005441054　三相三线制电能计量装置参数测量。（100分）

考核知识点： 正确使用相位伏安表测量相关参数

难易度： 易

技能等级评价专业技能考核操作工作任务书

一、任务名称

三相三线制电能计量装置参数测量。

二、适用工种

抄表核算收费员中级工。

三、具体任务

使用相位伏安表完成指定三相三线制电能表相关参数的测量并填写表Jc0005441054。

表 Jc0005441054

一、电能表基本信息（有功）					
型号		准确度等级		出厂编号	
规格	V； A		制造厂家		

二、实测数据			
线电压	U_{12}=	U_{32}=	U_{13}=
电流	I_1=	I_2=	B 相：
相位	$\dot{U}_{12}\,\hat{}\,\dot{U}_{32}$=	$\dot{U}_{12}\,\hat{}\,\dot{I}_1$ =	$\dot{U}_{12}\,\hat{}\,\dot{I}_2$ =

四、工作规范及要求

（1）着装符合要求，穿全棉长袖工作服、绝缘鞋，戴安全帽、线手套。

（2）携带自备工具（钢笔或中性笔、计算器、三角尺）进入现场，待考评老师宣布许可工作命令后开始工作并计时。

（3）打开计量柜（箱）门之前必须对柜（箱）体验电，现场操作严格执行《国家电网有限公司营销现场作业安全工作规程（试行）》。

（4）工作结束清理现场，并向监考老师报告。

五、考核及时间要求

本考核时间为 20 分钟，时间到停止考核。

技能等级评价专业技能考核操作评分标准

工种	抄表核算收费员				评价等级	中级工
项目模块	电能计量—相位伏安表的使用			编号	Jc0005441054	
单位		准考证号			姓名	
考试时限	20 分钟	题型	单项操作		题分	100 分
成绩		考评员		考评组长		日期	
试题正文	三相三线制电能计量装置参数测量					
需要说明的问题和要求	（1）要求单人操作。 （2）操作应注意安全，按照标准化作业书的技术安全说明做好安全措施					

序号	项目名称	质量要求	满分	扣分标准	扣分原因	得分
1	安全文明生产	戴安全帽，穿全棉长袖工作服，穿绝缘鞋，操作时戴线手套，打开柜门前需先验电	20	有一项未按要求进行扣 5 分，扣完为止		
2	正确使用相位伏安表	正确使用相位伏安表，数据测量正确	60	相位伏安表使用不当一次扣 10 分，数据测量错误一次扣 10 分，扣完为止		
3	正确记录	正确填写表格记录	10	填写错误一处扣 2 分，单位使用错误一处扣 2 分，扣完为止		
4	现场恢复	操作结束后清理现场杂物，并将工器具归位，摆放整齐	10	现场留有杂物或工器具未归位扣 10 分		
合计			100			

计量装置设置：

（1）考试使用电能表为仿真表，通过模拟装置进行参数设置。

（2）默认设置为三相三线智能电能表，假定负荷三相平衡，线电压分别为 100、100、100V，相电流分别为 1、1、1A，功率因数角为 15°。

Jc0005452055－1　直通式三相四线制电能计量装置接线分析。（100 分）

考核知识点：直通式三相四线制电能计量装置接线分析

难易度：中

技能等级评价专业技能考核操作工作任务书

一、任务名称

直通式三相四线制电能计量装置接线分析。

二、适用工种

抄表核算收费员中级工。

三、具体任务

使用相位伏安表完成指定直通式三相四线制电能计量装置相关参数的测量并分析接线形式，填写表 Jc0005452055－1。

表 Jc0005452055－1

一、电能表基本信息（有功）					
型号		准确度等级		出厂编号	
规格	V；　A		制造厂家		

二、实测数据				
线电压	U_{12}=	U_{32}=	U_{13}=	电压相序：
相电压	U_1=	U_2=	U_3=	三、错误接线形式（下标用 A、B、C 表示） 第一元件： 第二元件： 第三元件：
电流	I_1=	I_2=	I_3=	
相位	$\dot{U}_1\hat{\ }\dot{U}_2$ =	基准相：		
	$\dot{U}_1\hat{\ }\dot{I}_1$ =	$\dot{U}_1\hat{\ }\dot{I}_2$ =	$\dot{U}_1\hat{\ }\dot{I}_3$ =	

四、错误接线相量图	五、错误接线示意图
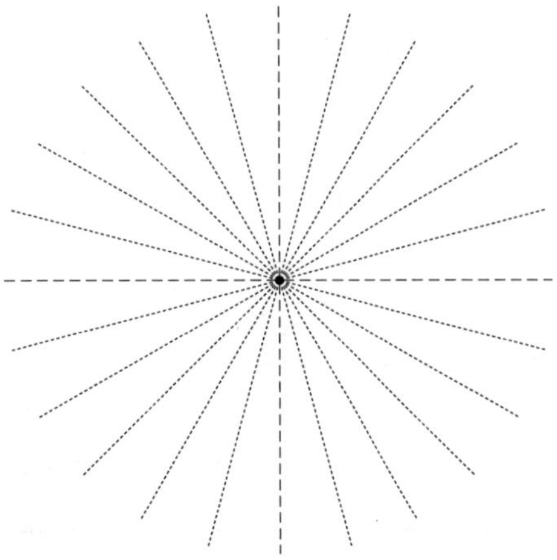	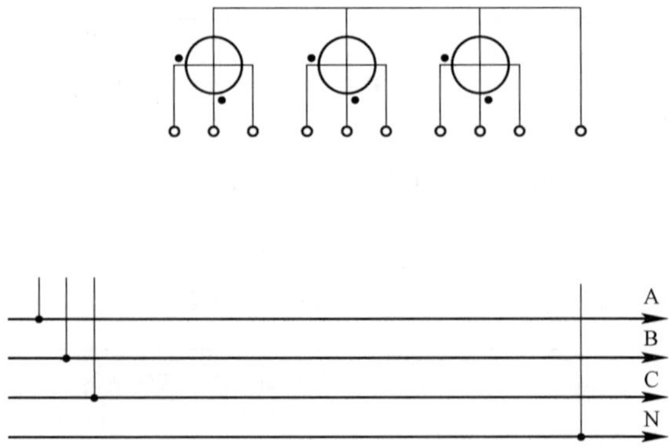

四、工作规范及要求

（1）着装符合要求，穿全棉长袖工作服、绝缘鞋，戴安全帽、线手套。

（2）携带自备工具（钢笔或中性笔、计算器、三角尺）进入现场，待考评老师宣布许可工作命令后开始工作并计时。

（3）打开计量柜（箱）门之前必须对柜（箱）体验电，现场操作严格执行《国家电网有限公司营销现场作业安全工作规程（试行）》。

（4）工作结束清理现场，并向监考老师报告。

五、考核及时间要求

本考核时间为30分钟，时间到停止考核。

技能等级评价专业技能考核操作评分标准

工种	抄表核算收费员				评价等级	中级工
项目模块	电能计量—电能计量装置—电能计量装置错误接线分析			编号	Jc0005452055－1	
单位		准考证号			姓名	
考试时限	30分钟	题型	单项操作		题分	100分
成绩		考评员		考评组长	日期	
试题正文	直通式三相四线制电能计量装置接线分析					
需要说明的问题和要求	（1）要求单人操作。 （2）操作应注意安全，按照标准化作业书的技术安全说明做好安全措施					

序号	项目名称	质量要求	满分	扣分标准	扣分原因	得分
1	工具使用及安全措施					
1.1	相关安全措施的准备	戴安全帽，穿全棉长袖工作服，穿绝缘鞋，操作时戴线手套，打开柜门前需先验电	5	准备不齐全或着装不规范每项扣1分，扣完为止		
1.2	各种工器具正确使用	正确使用验电笔，熟练正确使用相位伏安表	5	未验电扣2分，验电方法不当扣1分；工器具掉落每次扣1分；相位伏安表使用不当每次扣1分；测量过程摘手套扣2分；测量完毕后再次申请测量扣5分；扣完为止		
2	数据测量	正确填写电能表基本信息，正确记录实测数据并判断电压相序	25	电能表基本信息填写不正确，每处扣1分；测量数据不正确每项扣1分；无单位每处扣0.5分，最多扣2分；相序判断不正确扣4分；扣完为止		
3	绘制错误接线图及相量图					
3.1	错误接线相量图	正确绘制错误接线相量图	20	电压、电流相量标记错误每项扣2分，无相量符号扣1分；相量角度偏差超过15°每项扣2分；未标记功率因数角每项扣2分；扣完为止		
3.2	错误接线形式	正确判断错误接线形式	15	错误接线形式判断不正确每项扣2分，扣完为止		
3.3	错误接线示意图	正确绘制错误接线示意图	20	电压、电流回路接线不正确，每处扣2分；中性线接线不正确扣2分；未标注同名端扣2分；扣完为止		
4	现场恢复	恢复现场	10	未进行现场恢复扣10分		
合计			100			

计量装置设置：

（1）考试使用电能表为仿真表，通过模拟装置进行参数设置。

（2）默认设置为直通式三相四线智能电能表，假定负荷三相平衡，A 相表尾电流进出反接，功率因数角为 15°。

Jc0005452056－2　直通式三相四线制电能计量装置接线分析。（100 分）

考核知识点： 直通式三相四线制电能计量装置接线分析

难易度： 中

技能等级评价专业技能考核操作工作任务书

一、任务名称

直通式三相四线制电能计量装置接线分析。

二、适用工种

抄表核算收费员中级工。

三、具体任务

使用相位伏安表完成指定直通式三相四线制电能计量装置相关参数的测量并分析接线形式，填写表 Jc0005452056－2。

表 Jc0005452056－2

<table>
<tr><td colspan="6">一、电能表基本信息（有功）</td></tr>
<tr><td>型号</td><td></td><td>准确度等级</td><td></td><td>出厂编号</td><td></td></tr>
<tr><td>规格</td><td colspan="2">V；　A</td><td>制造厂家</td><td colspan="2"></td></tr>
<tr><td colspan="6">二、实测数据</td></tr>
<tr><td>线电压</td><td>U_{12}=</td><td>U_{32}=</td><td>U_{13}=</td><td colspan="2">电压相序：</td></tr>
<tr><td>相电压</td><td>U_1=</td><td>U_2=</td><td>U_3=</td><td colspan="2" rowspan="5">三、错误接线形式（下标用 A、B、C 表示）
第一元件：
第二元件：
第三元件：</td></tr>
<tr><td>电流</td><td>I_1=</td><td>I_2=</td><td>I_3=</td></tr>
<tr><td rowspan="2">相位</td><td>$\dot{U}_1 \hat{} \dot{U}_2$ =</td><td colspan="2">基准相：</td></tr>
<tr><td>$\dot{U}_1 \hat{} \dot{I}_1$ =</td><td>$\dot{U}_1 \hat{} \dot{I}_2$ =</td><td>$\dot{U}_1 \hat{} \dot{I}_3$ =</td></tr>
<tr><td colspan="3">四、错误接线相量图
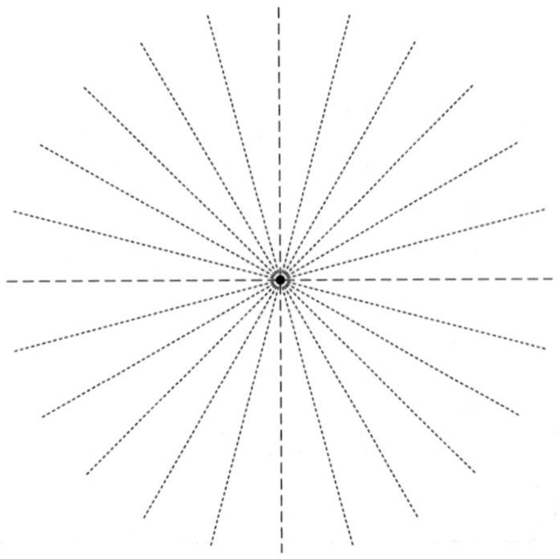</td><td colspan="3">五、错误接线示意图
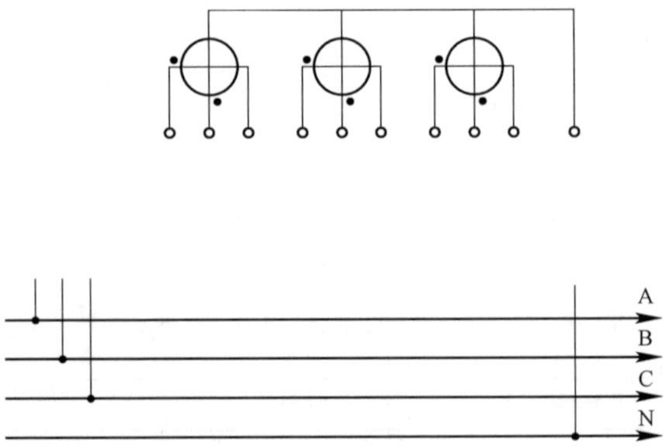</td></tr>
</table>

四、工作规范及要求

（1）着装符合要求，穿全棉长袖工作服、绝缘鞋，戴安全帽、线手套。

（2）携带自备工具（钢笔或中性笔、计算器、三角尺）进入现场，待考评老师宣布许可工作命令后开始工作并计时。

（3）打开计量柜（箱）门之前必须对柜（箱）体验电，现场操作严格执行《国家电网有限公司营销现场作业安全工作规程（试行）》。

（4）工作结束清理现场，并向监考老师报告。

五、考核及时间要求

本考核时间为30分钟，时间到停止考核。

技能等级评价专业技能考核操作评分标准

<table>
<tr><td>工种</td><td colspan="8">抄表核算收费员</td><td>评价等级</td><td>中级工</td></tr>
<tr><td>项目模块</td><td colspan="7">电能计量—电能计量装置—电能计量装置错误接线分析</td><td>编号</td><td colspan="2">Jc0005452056－2</td></tr>
<tr><td>单位</td><td colspan="3"></td><td colspan="2">准考证号</td><td colspan="3"></td><td>姓名</td><td></td></tr>
<tr><td>考试时限</td><td colspan="2">30分钟</td><td colspan="2">题型</td><td colspan="4">单项操作</td><td>题分</td><td>100分</td></tr>
<tr><td>成绩</td><td></td><td>考评员</td><td colspan="2"></td><td colspan="2">考评组长</td><td colspan="2"></td><td>日期</td><td></td></tr>
<tr><td>试题正文</td><td colspan="10">直通式三相四线制电能计量装置接线分析</td></tr>
<tr><td>需要说明的问题和要求</td><td colspan="10">（1）要求单人操作。
（2）操作应注意安全，按照标准化作业书的技术安全说明做好安全措施</td></tr>
</table>

序号	项目名称	质量要求	满分	扣分标准	扣分原因	得分
1	工具使用及安全措施					
1.1	相关安全措施的准备	戴安全帽，穿全棉长袖工作服，穿绝缘鞋，操作时戴线手套，打开柜门前需先验电	5	准备不齐全或着装不规范每项扣1分，扣完为止		
1.2	各种工器具正确使用	正确使用验电笔，熟练正确使用相位伏安表	5	未验电扣2分，验电方法不当扣1分；工器具掉落每次扣1分；相位伏安表使用不当每次扣1分；测量过程摘手套扣2分；测量完毕后再次申请测量扣5分；扣完为止		
2	数据测量	正确填写电能表基本信息，正确记录实测数据并判断电压相序	25	电能表基本信息，填写不正确，每处扣1分；测量数据不正确每项扣1分；无单位每处扣0.5分，最多扣2分；相序判断不正确扣4分；扣完为止		
3	绘制错误接线图及相量图					
3.1	错误接线相量图	正确绘制错误接线相量图	20	电压、电流相量标记错误每项扣2分，无相量符号扣1分；相量角度偏差超过15°每项扣2分；未标记功率因数角每项扣2分；扣完为止		
3.2	错误接线形式	正确判断错误接线形式	15	错误接线形式判断不正确每项扣2分，扣完为止		
3.3	错误接线示意图	正确绘制错误接线示意图	20	电压、电流回路接线不正确，每处扣2分；中性线接线不正确扣2分；未标注同名端扣2分；扣完为止		
4	现场恢复	恢复现场	10	未进行现场恢复扣10分		
合计			100			

计量装置设置：

（1）考试使用电能表为仿真表，通过模拟装置进行参数设置。

（2）默认设置为直通式三相四线智能电能表，假定负荷三相平衡，B 相与 C 相表尾电流进出反接，功率因数角为 30°。

Jc0005452057－1　经电流互感器低压三相四线制电能计量装置接线分析。（100 分）

考核知识点：经电流互感器低压三相四线制电能计量装置接线分析

难易度：中

技能等级评价专业技能考核操作工作任务书

一、任务名称

经电流互感器低压三相四线制电能计量装置接线分析。

二、适用工种

抄表核算收费员中级工。

三、具体任务

使用相位伏安表完成指定经电流互感器低压三相四线制电能计量装置相关参数的测量并分析接线形式，填写表 Jc0005452057－1。

表 Jc0005452057－1

<table>
<tr><td colspan="6">一、电能表基本信息（有功）</td></tr>
<tr><td>型号</td><td></td><td>准确度等级</td><td></td><td>出厂编号</td><td></td></tr>
<tr><td>规格</td><td colspan="2">V；　A</td><td>制造厂家</td><td colspan="2"></td></tr>
</table>

<table>
<tr><td colspan="5">二、实测数据</td></tr>
<tr><td>线电压</td><td>U_{12}=</td><td>U_{32}=</td><td>U_{13}=</td><td>电压相序：</td></tr>
<tr><td>相电压</td><td>U_1=</td><td>U_2=</td><td>U_3=</td><td rowspan="4">三、错误接线形式（下标用 A、B、C 表示）
第一元件：
第二元件：
第三元件：</td></tr>
<tr><td>电流</td><td>I_1=</td><td>I_2=</td><td>I_3=</td></tr>
<tr><td rowspan="2">相位</td><td>$\dot{U}_1\hat{\ }\dot{U}_2$ =</td><td colspan="2">基准相：</td></tr>
<tr><td>$\dot{U}_1\hat{\ }\dot{I}_1$ =</td><td>$\dot{U}_1\hat{\ }\dot{I}_2$ =</td><td>$\dot{U}_1\hat{\ }\dot{I}_3$ =</td></tr>
</table>

四、错误接线相量图

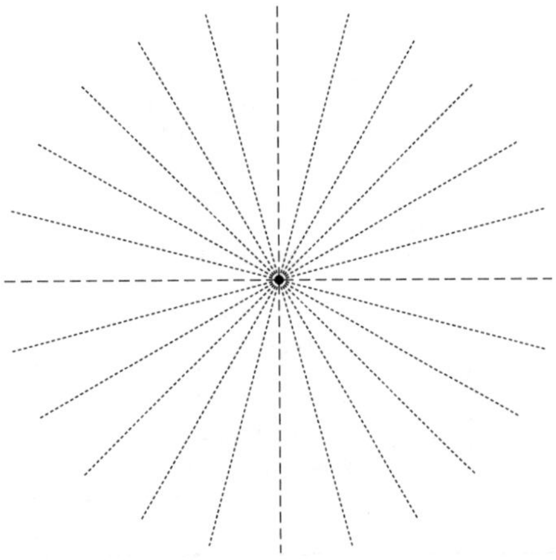

五、错误接线示意图

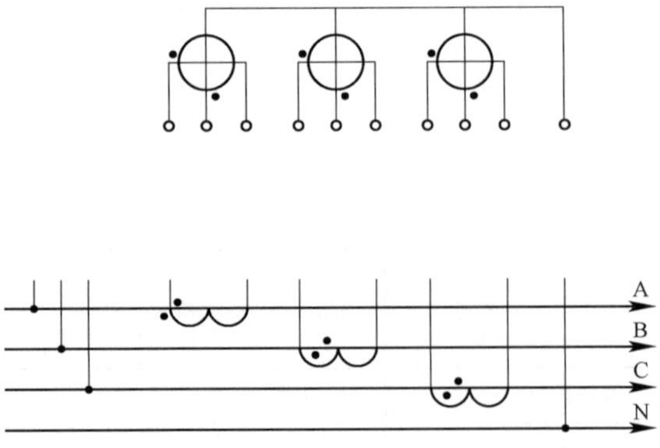

四、工作规范及要求

（1）着装符合要求，穿全棉长袖工作服、绝缘鞋，戴安全帽、线手套。

（2）携带自备工具（钢笔或中性笔、计算器、三角尺）进入现场，待考评老师宣布许可工作命令后开始工作并计时。

（3）打开计量柜（箱）门之前必须对柜（箱）体验电，现场操作严格执行《国家电网有限公司营销现场作业安全工作规程（试行）》。

（4）工作结束清理现场，并向监考老师报告。

五、考核及时间要求

本考核时间为30分钟，时间到停止考核。

技能等级评价专业技能考核操作评分标准

工种	抄表核算收费员					评价等级	中级工
项目模块	电能计量—电能计量装置—电能计量装置错误接线分析				编号	Jc0005452057－1	
单位			准考证号			姓名	
考试时限	30分钟		题型	单项操作		题分	100分
成绩		考评员		考评组长		日期	
试题正文	经电流互感器低压三相四线制电能计量装置接线分析						
需要说明的问题和要求	（1）要求单人操作。 （2）操作应注意安全，按照标准化作业书的技术安全说明做好安全措施						

序号	项目名称	质量要求	满分	扣分标准	扣分原因	得分
1	工具使用及安全措施					
1.1	相关安全措施的准备	戴安全帽，穿全棉长袖工作服，穿绝缘鞋，操作时戴线手套，打开柜门前需先验电	5	准备不齐全或着装不规范每项扣1分，扣完为止		
1.2	各种工器具正确使用	正确使用验电笔，熟练正确使用相位伏安表	5	未验电扣2分，验电方法不当扣1分；工器具掉落每次扣1分；相位伏安表使用不当每次扣1分；测量过程摘手套扣2分；测量完毕后再次申请测量扣5分；扣完为止		
2	数据测量	正确填写电能表基本信息，正确记录实测数据并判断电压相序	25	电能表基本信息填写不正确每处扣1分；测量数据不正确每项扣1分；无单位每处扣0.5分，最多扣2分；相序判断不正确扣4分；扣完为止		
3	绘制错误接线图及相量图					
3.1	错误接线相量图	正确绘制错误接线相量图	20	电压、电流相量标记错误每项扣2分，无相量符号扣1分；相量角度偏差超过15°每项扣2分；未标记功率因数角每项扣2分；扣完为止		
3.2	错误接线形式	正确判断错误接线形式	15	错误接线形式判断不正确每项扣2分，扣完为止		
3.3	错误接线示意图	正确绘制错误接线示意图	20	电压、电流回路接线不正确，每处扣2分；中性线接线不正确扣2分；未标注同名端扣2分		
4	现场恢复	恢复现场	10	未进行现场恢复扣10分		
合计			100			

计量装置设置：

（1）考试使用电能表为仿真表，通过模拟装置进行参数设置，相电压分别为 220、220、220V，相电流分别为 1、1、1A。

（2）默认设置为经电流互感器低压三相四线制电能表，假定负荷三相平衡，表尾电压接线为 abc，电流接线为 bca，功率因数角为 30°。

Jc0005452058－2　经电流互感器低压三相四线制电能计量装置接线分析。（100 分）

考核知识点：经电流互感器低压三相四线制电能计量装置接线分析

难易度：中

技能等级评价专业技能考核操作工作任务书

一、任务名称

经电流互感器低压三相四线制电能计量装置接线分析。

二、适用工种

抄表核算收费员中级工。

三、具体任务

使用相位伏安表完成指定经电流互感器低压三相四线制电能计量装置相关参数的测量并分析接线形式，填写表 Jc0005452058－2。

表 Jc0005452058－2

<table>
<tr><td colspan="6">一、电能表基本信息（有功）</td></tr>
<tr><td>型号</td><td></td><td>准确度等级</td><td></td><td>出厂编号</td><td></td></tr>
<tr><td>规格</td><td colspan="2">V；　A</td><td>制造厂家</td><td colspan="2"></td></tr>
<tr><td colspan="6">二、实测数据</td></tr>
<tr><td>线电压</td><td>U_{12}=</td><td>U_{32}=</td><td>U_{13}=</td><td colspan="2">电压相序：</td></tr>
<tr><td>相电压</td><td>U_1=</td><td>U_2=</td><td>U_3=</td><td colspan="2" rowspan="5">三、错误接线形式（下标用 A、B、C 表示）
第一元件：
第二元件：
第三元件：</td></tr>
<tr><td>电流</td><td>I_1=</td><td>I_2=</td><td>I_3=</td></tr>
<tr><td rowspan="2">相位</td><td>$\dot{U}_1 \hat{} \dot{U}_2$ =</td><td colspan="2">基准相：</td></tr>
<tr><td>$\dot{U}_1 \hat{} \dot{I}_1$ =</td><td>$\dot{U}_1 \hat{} \dot{I}_2$ =</td><td>$\dot{U}_1 \hat{} \dot{I}_3$ =</td></tr>
<tr><td colspan="3">四、错误接线相量图
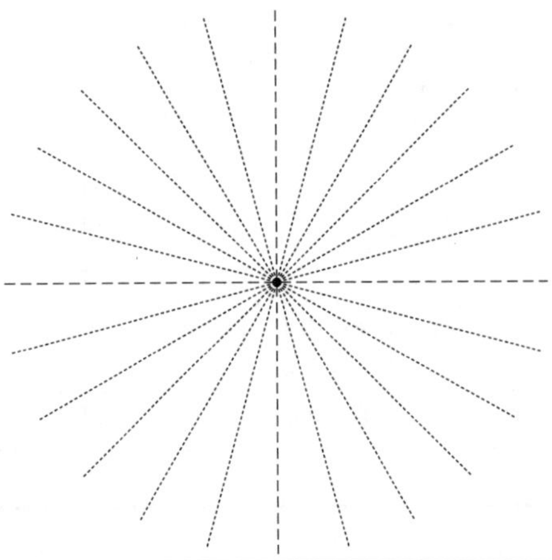</td><td colspan="3">五、错误接线示意图
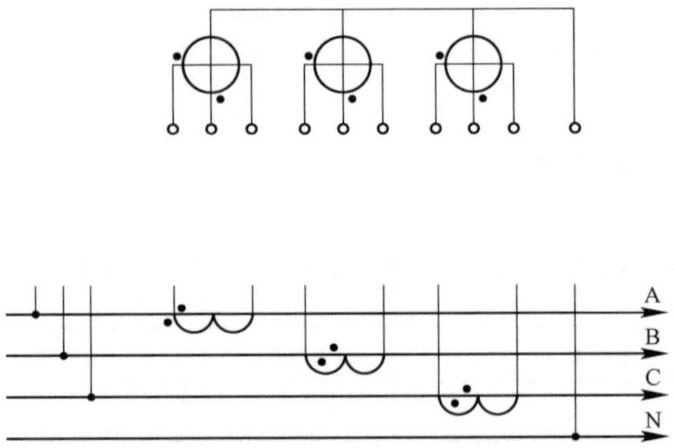</td></tr>
</table>

四、工作规范及要求

（1）着装符合要求，穿全棉长袖工作服、绝缘鞋，戴安全帽、线手套。

（2）携带自备工具（钢笔或中性笔、计算器、三角尺）进入现场，待考评老师宣布许可工作命令后开始工作并计时。

（3）打开计量柜（箱）门之前必须对柜（箱）体验电，现场操作严格执行《国家电网有限公司营销现场作业安全工作规程（试行）》。

（4）工作结束清理现场，并向监考老师报告。

五、考核及时间要求

本考核时间为30分钟，时间到停止考核。

技能等级评价专业技能考核操作评分标准

工种	抄表核算收费员					评价等级	中级工
项目模块	电能计量—电能计量装置—电能计量装置错误接线分析				编号	Jc0005452058－2	
单位			准考证号			姓名	
考试时限	30分钟		题型	单项操作		题分	100分
成绩		考评员		考评组长		日期	
试题正文	经电流互感器低压三相四线制电能计量装置接线分析						
需要说明的问题和要求	（1）要求单人操作。 （2）操作应注意安全，按照标准化作业书的技术安全说明做好安全措施						

序号	项目名称	质量要求	满分	扣分标准	扣分原因	得分
1	工具使用及安全措施					
1.1	相关安全措施的准备	戴安全帽，穿全棉长袖工作服，穿绝缘鞋，操作时戴线手套，打开柜门前需先验电	5	准备不齐全或着装不规范每项扣1分，扣完为止		
1.2	各种工器具正确使用	正确使用验电笔，熟练正确使用相位伏安表	5	未验电扣2分，验电方法不当扣1分；工器具掉落每次扣1分；相位伏安表使用不当每次扣1分；测量过程摘手套扣2分；测量完毕后再次申请测量扣5分；扣完为止		
2	数据测量	正确填写电能表基本信息，正确记录实测数据并判断电压相序	25	电能表基本信息填写不正确每处扣1分；测量数据不正确每项扣1分；无单位每处扣0.5分，最多扣2分；相序判断不正确扣4分；扣完为止		
3	绘制错误接线图及相量图					
3.1	错误接线相量图	正确绘制错误接线相量图	20	电压、电流相量标记错误每项扣2分，无相量符号扣1分；相量角度偏差超过15°每项扣2分；未标记功率因数角每项扣2分；扣完为止		
3.2	错误接线形式	正确判断错误接线形式	15	错误接线形式判断不正确每项扣2分，扣完为止		
3.3	错误接线示意图	正确绘制错误接线示意图	20	电压、电流回路接线不正确，每处扣2分；中性线接线不正确扣2分；未标注同名端扣2分；扣完为止		
4	现场恢复	恢复现场	10	未进行现场恢复扣10分		
合计			100			

计量装置设置：

（1）考试使用电能表为仿真表，通过模拟装置进行参数设置，相电压分别为 220、220、220V，相电流分别为 1、1、1A。

（2）默认设置为经电流互感器低压三相四线制电能表，假定负荷三相平衡，表尾电压接线为 abc，电流接线为 cab，功率因数角为 30°。

Jc0005452059－3　经电流互感器低压三相四线制电能计量装置接线分析。（100 分）

考核知识点：经电流互感器低压三相四线制电能计量装置接线分析

难易度：中

技能等级评价专业技能考核操作工作任务书

一、任务名称

经电流互感器低压三相四线制电能计量装置接线分析。

二、适用工种

抄表核算收费员中级工。

三、具体任务

使用相位伏安表完成指定经电流互感器低压三相四线制电能计量装置相关参数的测量并分析接线形式，填写表 Jc0005452059－3。

表 Jc0005452059－3

<table>
<tr><td colspan="6">一、电能表基本信息（有功）</td></tr>
<tr><td>型号</td><td></td><td>准确度等级</td><td></td><td>出厂编号</td><td></td></tr>
<tr><td>规格</td><td colspan="2">V；　A</td><td>制造厂家</td><td colspan="2"></td></tr>
</table>

<table>
<tr><td colspan="5">二、实测数据</td></tr>
<tr><td>线电压</td><td>U_{12}=</td><td>U_{32}=</td><td>U_{13}=</td><td>电压相序：</td></tr>
<tr><td>相电压</td><td>U_1=</td><td>U_2=</td><td>U_3=</td><td rowspan="5">三、错误接线形式（下标用 A、B、C 表示）
第一元件：
第二元件：
第三元件：</td></tr>
<tr><td>电流</td><td>I_1=</td><td>I_2=</td><td>I_3=</td></tr>
<tr><td rowspan="2">相位</td><td>$\dot{U}_1 \hat{} \dot{U}_2$ =</td><td colspan="2">基准相：</td></tr>
<tr><td>$\dot{U}_1 \hat{} \dot{I}_1$ =</td><td>$\dot{U}_1 \hat{} \dot{I}_2$ =</td><td>$\dot{U}_1 \hat{} \dot{I}_3$ =</td></tr>
</table>

<table>
<tr><td>四、错误接线相量图
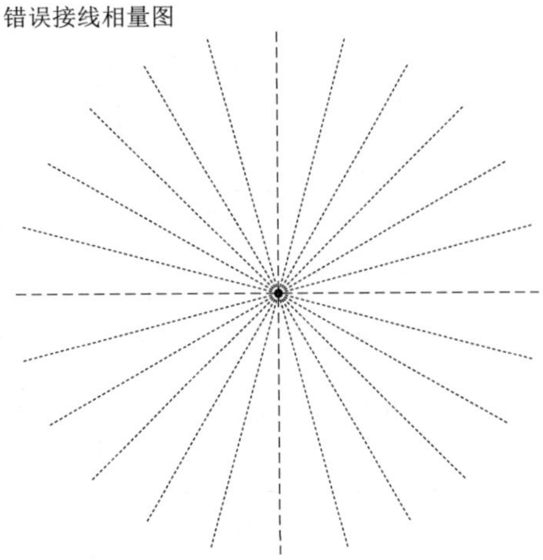</td><td>五、错误接线示意图
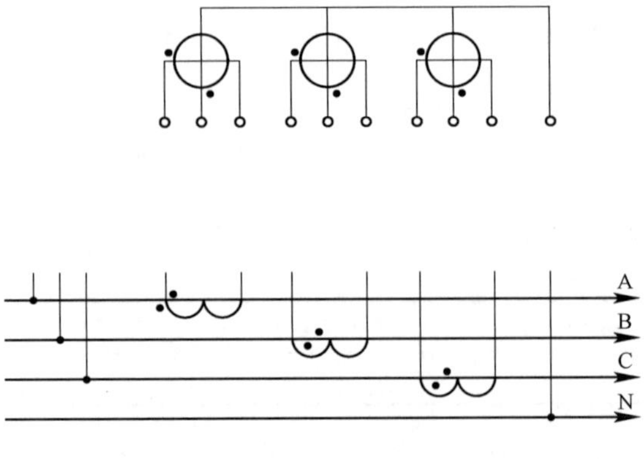</td></tr>
</table>

四、工作规范及要求

（1）着装符合要求，穿全棉长袖工作服、绝缘鞋，戴安全帽、线手套。

（2）携带自备工具（钢笔或中性笔、计算器、三角尺）进入现场，待考评老师宣布许可工作命令后开始工作并计时。

（3）打开计量柜（箱）门之前必须对柜（箱）体验电，现场操作严格执行《国家电网有限公司营销现场作业安全工作规程（试行）》。

（4）工作结束清理现场，并向监考老师报告。

五、考核及时间要求

本考核时间为30分钟，时间到停止考核。

技能等级评价专业技能考核操作评分标准

工种	抄表核算收费员					评价等级	中级工
项目模块	电能计量—电能计量装置—电能计量装置错误接线分析				编号	Jc0005452059－3	
单位			准考证号			姓名	
考试时限	30分钟		题型	单项操作		题分	100分
成绩		考评员		考评组长		日期	
试题正文	经电流互感器低压三相四线制电能计量装置接线分析						
需要说明的问题和要求	（1）要求单人操作。 （2）操作应注意安全，按照标准化作业书的技术安全说明做好安全措施						

序号	项目名称	质量要求	满分	扣分标准	扣分原因	得分
1	工具使用及安全措施					
1.1	相关安全措施的准备	戴安全帽，穿全棉长袖工作服，穿绝缘鞋，操作时戴线手套，打开柜门前需先验电	5	准备不齐全或着装不规范每项扣1分，扣完为止		
1.2	各种工器具正确使用	正确使用验电笔，熟练正确使用相位伏安表	5	未验电扣2分，验电方法不当扣1分；工器具掉落每次扣1分；相位伏安表使用不当每次扣1分；测量过程摘手套扣2分；测量完毕后再次申请测量扣5分；扣完为止		
2	数据测量	正确填写电能表基本信息，正确记录实测数据并判断电压相序	25	电能表基本信息填写不正确每处扣1分；测量数据不正确每项扣1分；无单位每处扣0.5分，最多扣2分；相序判断不正确扣4分；扣完为止		
3	绘制错误接线图及相量图					
3.1	错误接线相量图	正确绘制错误接线相量图	20	电压、电流相量标记错误每项扣2分，无相量符号扣1分；相量角度偏差超过15°每项扣2分；未标记功率因数角每项扣2分；扣完为止		
3.2	错误接线形式	正确判断错误接线形式	15	错误接线形式判断不正确每项扣2分，扣完为止		
3.3	错误接线示意图	正确绘制错误接线示意图	20	电压、电流回路接线不正确，每处扣2分；中性线接线不正确扣2分；未标注同名端扣2分；扣完为止		
4	现场恢复	恢复现场	10	未进行现场恢复扣10分		
合计			100			

计量装置设置：

（1）考试使用电能表为仿真表，通过模拟装置进行参数设置，相电压分别为 220、220、220V，相电流分别为 1、1、1A。

（2）默认设置为经电流互感器低压三相四线制电能表，假定负荷三相平衡，表尾电压接线为 bca，电流接线为 cab，功率因数角为 30°。

Jc0005452060－4　经电流互感器低压三相四线制电能计量装置接线分析。（100 分）

考核知识点：经电流互感器低压三相四线制电能计量装置接线分析

难易度：中

技能等级评价专业技能考核操作工作任务书

一、任务名称

经电流互感器低压三相四线制电能计量装置接线分析。

二、适用工种

抄表核算收费员中级工。

三、具体任务

使用相位伏安表完成指定经电流互感器低压三相四线制电能计量装置相关参数的测量并分析接线形式，填写表 Jc0005452060－4。

表 Jc0005452060－4

<table>
<tr><td colspan="6">一、电能表基本信息（有功）</td></tr>
<tr><td>型号</td><td></td><td>准确度等级</td><td></td><td>出厂编号</td><td></td></tr>
<tr><td>规格</td><td colspan="2">V；　A</td><td>制造厂家</td><td colspan="2"></td></tr>
<tr><td colspan="6">二、实测数据</td></tr>
<tr><td>线电压</td><td>U_{12}=</td><td>U_{32}=</td><td>U_{13}=</td><td colspan="2">电压相序：</td></tr>
<tr><td>相电压</td><td>U_1=</td><td>U_2=</td><td>U_3=</td><td colspan="2" rowspan="4">三、错误接线形式（下标用 A、B、C 表示）
第一元件：
第二元件：
第三元件：</td></tr>
<tr><td>电流</td><td>I_1=</td><td>I_2=</td><td>I_3=</td></tr>
<tr><td rowspan="2">相位</td><td>$\dot{U}_1\hat{\ }\dot{U}_2$ =</td><td colspan="2">基准相：</td></tr>
<tr><td>$\dot{U}_1\hat{\ }\dot{I}_1$ =</td><td>$\dot{U}_1\hat{\ }\dot{I}_2$ =</td><td>$\dot{U}_1\hat{\ }\dot{I}_3$ =</td></tr>
<tr><td colspan="3">四、错误接线相量图
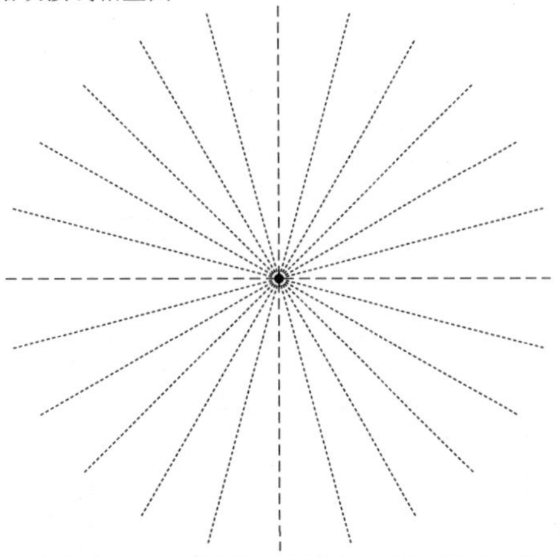</td><td colspan="3">五、错误接线示意图
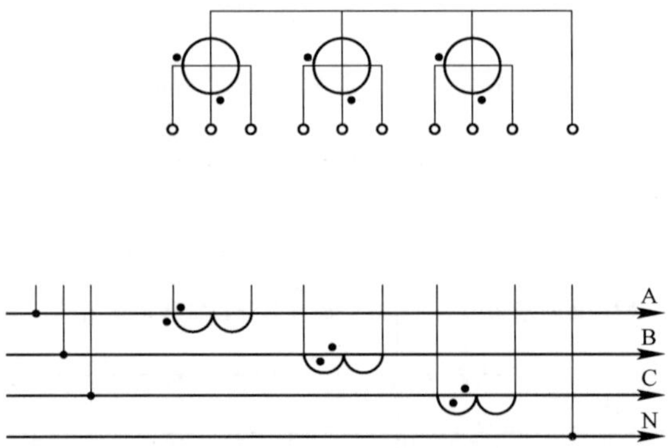
</td></tr>
</table>

四、工作规范及要求

（1）着装符合要求，穿全棉长袖工作服、绝缘鞋，戴安全帽、线手套。

（2）携带自备工具（钢笔或中性笔、计算器、三角尺）进入现场，待考评老师宣布许可工作命令后开始工作并计时。

（3）打开计量柜（箱）门之前必须对柜（箱）体验电，现场操作严格执行《国家电网有限公司营销现场作业安全工作规程（试行）》。

（4）工作结束清理现场，并向监考老师报告。

五、考核及时间要求

本考核时间为30分钟，时间到停止考核。

技能等级评价专业技能考核操作评分标准

工种	抄表核算收费员					评价等级	中级工
项目模块	电能计量—电能计量装置—电能计量装置错误接线分析				编号	Jc0005452060－4	
单位			准考证号			姓名	
考试时限	30分钟		题型	单项操作		题分	100分
成绩		考评员		考评组长		日期	
试题正文	经电流互感器低压三相四线制电能计量装置接线分析						
需要说明的问题和要求	（1）要求单人操作。 （2）操作应注意安全，按照标准化作业书的技术安全说明做好安全措施						

序号	项目名称	质量要求	满分	扣分标准	扣分原因	得分
1	工具使用及安全措施					
1.1	相关安全措施的准备	戴安全帽，穿全棉长袖工作服，穿绝缘鞋，操作时戴线手套，打开柜门前需先验电	5	准备不齐全或着装不规范每项扣1分，扣完为止		
1.2	各种工器具正确使用	正确使用验电笔，熟练正确使用相位伏安表	5	未验电扣2分，验电方法不当扣1分；工器具掉落每次扣1分；相位伏安表使用不当每次扣1分；测量过程摘手套扣2分；测量完毕后再次申请测量扣5分；扣完为止		
2	数据测量	正确填写电能表基本信息，正确记录实测数据并判断电压相序	25	电能表基本信息填写不正确每处扣1分；测量数据不正确每项扣1分；无单位每处扣0.5分，最多扣2分；相序判断不正确扣4分；扣完为止		
3	绘制错误接线图及相量图					
3.1	错误接线相量图	正确绘制错误接线相量图	20	电压、电流相量标记错误每项扣2分，无相量符号扣1分；相量角度偏差超过15°每项扣2分；未标记功率因数角每项扣2分；扣完为止		
3.2	错误接线形式	正确判断错误接线形式	15	错误接线形式判断不正确每项扣2分，扣完为止		
3.3	错误接线示意图	正确绘制错误接线示意图	20	电压、电流回路接线不正确，每处扣2分；中性线接线不正确扣2分；未标注同名端扣2分；扣完为止		
4	现场恢复	恢复现场	10	未进行现场恢复扣10分		
合计			100			

计量装置设置：

（1）考试使用电能表为仿真表，通过模拟装置进行参数设置，相电压分别为 220、220、220V，相电流分别为 1、1、1A。

（2）默认设置为经电流互感器低压三相四线制电能表，假定负荷三相平衡，表尾电压接线为 cab，电流接线为 bca，功率因数角为 30°。

Jc0005452061－5　经电流互感器低压三相四线制电能计量装置接线分析。（100 分）

考核知识点：经电流互感器低压三相四线制电能计量装置接线分析

难易度：中

技能等级评价专业技能考核操作工作任务书

一、任务名称

经电流互感器低压三相四线制电能计量装置接线分析。

二、适用工种

抄表核算收费员中级工。

三、具体任务

使用相位伏安表完成指定经电流互感器低压三相四线制电能计量装置相关参数的测量并分析接线形式，填写表 Jc0005452061－5。

表 Jc0005452061－5

一、电能表基本信息（有功）					
型号		准确度等级		出厂编号	
规格	V；　A		制造厂家		

二、实测数据				
线电压	U_{12}=	U_{32}=	U_{13}=	电压相序：
相电压	U_1=	U_2=	U_3=	三、错误接线形式（下标用 A、B、C 表示） 第一元件： 第二元件： 第三元件：
电流	I_1=	I_2=	I_3=	
相位	$\dot{U}_1 \hat{} \dot{U}_2$ =	基准相：		
	$\dot{U}_1 \hat{} \dot{I}_1$ =	$\dot{U}_1 \hat{} \dot{I}_2$ =	$\dot{U}_1 \hat{} \dot{I}_3$ =	

四、错误接线相量图	五、错误接线示意图
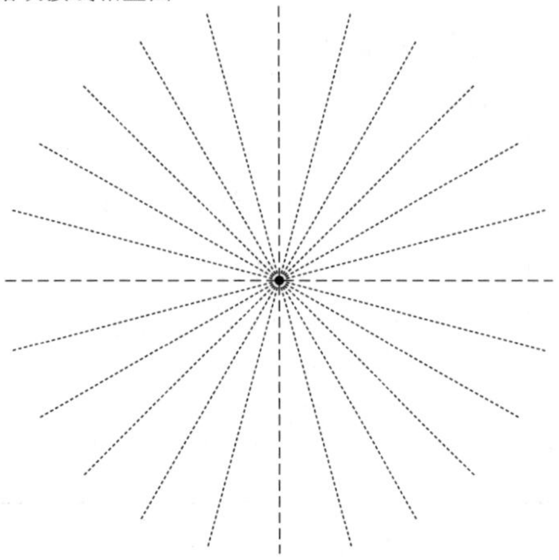	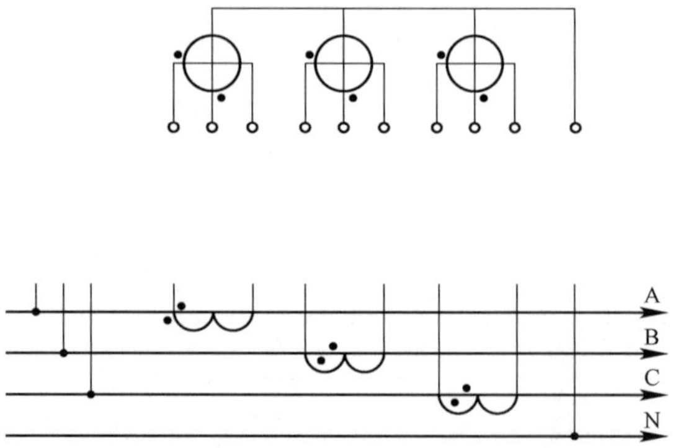

四、工作规范及要求

（1）着装符合要求，穿全棉长袖工作服、绝缘鞋，戴安全帽、线手套。

（2）携带自备工具（钢笔或中性笔、计算器、三角尺）进入现场，待考评老师宣布许可工作命令后开始工作并计时。

（3）打开计量柜（箱）门之前必须对柜（箱）体验电，现场操作严格执行《国家电网有限公司营销现场作业安全工作规程（试行）》。

（4）工作结束清理现场，并向监考老师报告。

五、考核及时间要求

本考核时间为30分钟，时间到停止考核。

技能等级评价专业技能考核操作评分标准

工种	抄表核算收费员					评价等级	中级工
项目模块	电能计量—电能计量装置—电能计量装置错误接线分析				编号	Jc0005452061－5	
单位			准考证号			姓名	
考试时限	30分钟		题型	单项操作		题分	100分
成绩		考评员		考评组长		日期	
试题正文	经电流互感器低压三相四线制电能计量装置接线分析						
需要说明的问题和要求	（1）要求单人操作。 （2）操作应注意安全，按照标准化作业书的技术安全说明做好安全措施						

序号	项目名称	质量要求	满分	扣分标准	扣分原因	得分
1	工具使用及安全措施					
1.1	相关安全措施的准备	戴安全帽，穿全棉长袖工作服，穿绝缘鞋，操作时戴线手套，打开柜门前需先验电	5	准备不齐全或着装不规范每项扣1分，扣完为止		
1.2	各种工器具正确使用	正确使用验电笔，熟练正确使用相位伏安表	5	未验电扣2分，验电方法不当扣1分；工器具掉落每次扣1分；相位伏安表使用不当每次扣1分；测量过程摘手套扣2分；测量完毕后再次申请测量扣5分；扣完为止		
2	数据测量	正确填写电能表基本信息，正确记录实测数据并判断电压相序	25	电能表基本信息填写不正确每处扣1分；测量数据不正确每项扣1分；无单位每处扣0.5分，最多扣2分；相序判断不正确扣4分；扣完为止		
3	绘制错误接线图及相量图					
3.1	错误接线相量图	正确绘制错误接线相量图	20	电压、电流相量标记错误每项扣2分，无相量符号扣1分；相量角度偏差超过15°每项扣2分；未标记功率因数角每项扣2分；扣完为止		
3.2	错误接线形式	正确判断错误接线形式	15	错误接线形式判断不正确每项扣2分，扣完为止		
3.3	错误接线示意图	正确绘制错误接线示意图	20	电压、电流回路接线不正确每处扣2分；中性线接线不正确扣2分；未标注同名端扣2分；扣完为止		
4	现场恢复	恢复现场	10	未进行现场恢复扣10分		
合计			100			

计量装置设置：

（1）考试使用电能表为仿真表，通过模拟装置进行参数设置，相电压分别为 220、220、220V，相电流分别为 1、1、1A。

（2）默认设置为经电流互感器低压三相四线制电能表，假定负荷三相平衡，表尾电压接线为 bac，电流接线为 acb，功率因数角为 30°。

Jc0006442062　220V 分布式电源客户电费及发电结算费用的计算。（100 分）

考核知识点：220V 分布式电源客户电费及发电结算费用的计算

难易度：中

技能等级评价专业技能考核操作工作任务书

一、任务名称

220V 分布式电源客户电费及发电结算费用的计算。

二、适用工种

抄表核算收费员中级工。

三、具体任务

有一低压居民客户，装设单相 5（60）A 电能表一只（表号：0003355315），用于生活用电计量。2015 年客户装设 5kW 光伏发电设备一套，选择自发自用、余量上网的发电模式，逆变器出口侧装设 5（60）A 电能表一只（表号：0002448648）。请回答以下问题：（抄表示数见表 Jc0006442062，设定当地燃煤机组标杆上网电网为 0.259 5 元/kWh，分布式光伏发电补贴标准为 0.42 元/kWh）

（1）如何选择分布式电源的并网电压？

（2）根据以下示数信息计算该客户网购电费及当月分布式电源发电结算费用。

表 Jc0006442062

电能表编号	表计类型	示数类型	上次示数	本次示数	目录电度电价（元/kWh）
0003355315	居民总表	有功（总）	2553	2670	0.448 6
0003355315	居民总表	反向有功（总）	5314	5607	—
0002448648	总表	有功（总）	6393	6803	—

四、工作规范及要求

（1）自备计算器、钢笔或中性笔。

（2）简答思路清晰、知识点明确。

（3）计算公式、步骤正确。

五、考核及时间要求

本考核为计算实操任务，严格按照规定步骤完成，考核时间为 20 分钟。

技能等级评价专业技能考核操作评分标准

<table>
<tr><td>工种</td><td colspan="5">抄表核算收费员</td><td>评价等级</td><td>中级工</td></tr>
<tr><td>项目模块</td><td colspan="4">新型业务—新型业务知识</td><td>编号</td><td colspan="2">Jc0006442062</td></tr>
<tr><td>单位</td><td colspan="2"></td><td>准考证号</td><td colspan="2"></td><td>姓名</td><td></td></tr>
<tr><td>考试时限</td><td>20 分钟</td><td>题型</td><td colspan="3">综合操作</td><td>题分</td><td>100 分</td></tr>
</table>

续表

成绩		考评员		考评组长		日期	
试题正文	220V 分布式电源客户电费及发电结算费用的计算						
需要说明的问题和要求	（1）要求单人完成。 （2）需列式计算的要写出计算公式、步骤，需文字描述的要规范						

序号	项目名称	质量要求	满分	扣分标准	扣分原因	得分
1	简述分布式电源相关知识	文字表达规范完整，要点明确	30	要点少答一项扣 10 分，扣完为止		
2	本月应交电费	网购电量、应交电费计算正确	20	计算错误一项扣 10 分，扣完为止		
3	发点结算费用	发电量、上网电量计算正确	20	电量计算错误一项扣 10 分，扣完为止		
		发电量补贴、上网结算费用和当月发电结算费用计算正确	30	计算错误一项扣 10 分，扣完为止		
合计			100			

Jc0006442063　充电桩客户电量电费计算。（100 分）

考核知识点：电费计算

难易度：中

技能等级评价专业技能考核操作工作任务书

一、任务名称

充电桩客户电量电费计算。

二、适用工种

抄表核算收费员中级工。

三、具体任务

某小区客户在地下停车库申请报装充电桩，用于自家电动汽车充电，具体信息如下：

客户编号：7012388544；客户名：纳春婷充电桩；地址：某市家园小时代 167 号车位充电桩；行业分类：充换电服务；合同容量：7kW。请问该户当月应交纳电费多少元？（具体示数见表 Jc0006442063，并分别计算代征费金额）

表 Jc0006442063

电能表编号	表计类型	示数类型	上次示数	本次示数	目录电度电价（元/kWh）
0004456088	居民总表	有功（总）	161.61	527.42	—
0004456088	居民总表	有功（峰）	53.69	90.65	—
0004456088	居民总表	有功（谷）	97.12	422.79	—

四、工作规范及要求

（1）自备钢笔或中性笔。

（2）计算公式、步骤正确。

（3）电价执行正确。

五、考核及时间要求

本考核为计算实操任务，严格按照规定步骤完成，考核时间为 20 分钟。

技能等级评价专业技能考核操作评分标准

<table>
<tr><td>工种</td><td colspan="5">抄表核算收费员</td><td>评价等级</td><td>中级工</td></tr>
<tr><td>项目模块</td><td colspan="4">新型业务—新型业务知识</td><td>编号</td><td colspan="2">Jc0006442063</td></tr>
<tr><td>单位</td><td colspan="3"></td><td>准考证号</td><td></td><td>姓名</td><td></td></tr>
<tr><td>考试时限</td><td>20 分钟</td><td>题型</td><td colspan="3">综合操作</td><td>题分</td><td>100 分</td></tr>
<tr><td>成绩</td><td></td><td>考评员</td><td></td><td>考评组长</td><td></td><td>日期</td><td></td></tr>
<tr><td>试题正文</td><td colspan="7">充电桩客户电量电费计算</td></tr>
<tr><td>需要说明的问题和要求</td><td colspan="7">（1）要求单人完成。
（2）列式计算，步骤清晰，单位正确</td></tr>
</table>

序号	项目名称	质量要求	满分	扣分标准	扣分原因	得分
1	抄见电量	抄见电量正确	20	计算结果错误扣 20 分		
2	目录电费	目录电费计算正确	20	计算结果错误扣 20 分		
3	基金及附加费	各项基金及附加费分别计算正确	40	每项计算结果错误扣 20 分，扣完为止		
4	合计电费	合计电费计算正确	20	计算结果错误扣 20 分		
合计			100			

第三章　高　级　工

Jc0001341001　集中器和电能表相关数据抄读。（100分）
考核知识点：现场、远程抄表的工作要求、电量抄读和抄表注意事项
难易度：易

技能等级评价专业技能考核操作工作任务书

一、任务名称
集中器和电能表相关数据抄读。
二、适用工种
抄表核算收费员高级工。
三、具体任务
在指定工位完成集中器及指定电能表的相关数据抄读工作，填写表Jc0001341001。

表 Jc0001341001

1. 终端参数抄读	
终端地址	
主用IP地址	
心跳周期	
2. 测量点参数抄读	
电能表表号	
通信速率	
端口号	
通信规约	
3. 电能表示数抄读	
正向有功示数（总、峰、平、谷）	
正向示数无功（总）	
电压（A、B、C）	
电流（A、B、C）	

四、工作规范及要求
（1）着装符合要求，穿全棉长袖工作服、绝缘鞋，戴安全帽、线手套。
（2）携带自备工具（钢笔或中性笔）进入现场，待考评老师宣布许可工作命令后开始工作并计时。
（3）打开计量柜（箱）门之前必须对柜（箱）体验电，现场操作严格执行《国家电网有限公司营销现场作业安全工作规程（试行）》。
（4）工作结束清理现场，并向监考老师报告。

五、考核及时间要求

本考核时间为 30 分钟，时间到停止考核。

技能等级评价专业技能考核操作评分标准

工种	抄表核算收费员			评价等级	高级工
项目模块	抄表管理—抄表方式		编号	Jc0001341001	
单位		准考证号		姓名	
考试时限	30 分钟	题型	单项操作	题分	100 分
成绩		考评员		考评组长		日期	
试题正文	集中器和电能表相关数据抄读				
需要说明的问题和要求	（1）要求单人操作。 （2）操作时应注意安全，按照标准化作业指导书的技术安全说明做好安全措施				

序号	项目名称	质量要求	满分	扣分标准	扣分原因	得分
1	安全文明生产	戴安全帽，穿全棉长袖工作服，穿绝缘鞋，操作时戴线手套，打开柜门前需先验电	20	有一项未按要求进行扣 5 分，扣完为止		
2	正确抄读	终端参数抄读正确	20	错误一处扣 5 分，扣完为止		
		测量点参数抄读正确	20	错误一处扣 5 分，扣完为止		
		电能表示数抄读正确	30	数据填写错误 1 处扣 5 分，单位使用错误 1 处扣 5 分，扣完为止		
3	现场恢复	操作结束后清理现场杂物，并将工器具归位摆放整齐	10	现场留有杂物或工器具未归位扣 10 分		
合计			100			

计量（采集）装置设置：

（1）考试使用电能表为仿真表，通过模拟装置进行参数设置。

（2）屏蔽电能表显示屏。

Jc0001341002　采集终端抄读与调试。(100 分)

考核知识点： 现场、远程抄表的工作要求、电量抄读和抄表注意事项

难易度： 易

技能等级评价专业技能考核操作工作任务书

一、任务名称

采集终端抄读与调试。

二、适用工种

抄表核算收费员高级工。

三、具体任务

在指定工位（集中器）完成指定电能表的参数设置、采集数据抄读，记录并填写表 Jc0001341002。

表 Jc0001341002

电能表号		有功（总）	
波特率		有功（峰）	
通信端口		有功（平）	
通信规约		有功（谷）	

四、工作规范及要求

（1）着装符合要求，穿全棉长袖工作服、绝缘鞋，戴安全帽、线手套。

（2）携带自备工具（钢笔或中性笔）进入现场，待考评老师宣布许可工作命令后开始工作并计时。

（3）打开计量柜（箱）门之前必须对柜（箱）体验电，现场操作严格执行《国家电网有限公司营销现场作业安全工作规程（试行）》。

（4）工作结束清理现场，并向监考老师报告。

五、考核及时间要求

本考核时间为 30 分钟，时间到停止考核。

技能等级评价专业技能考核操作评分标准

工种	抄表核算收费员				评价等级	高级工	
项目模块	抄表管理—抄表方式			编号	Jc0001341002		
单位		准考证号			姓名		
考试时限	30 分钟	题型	单项操作		题分	100 分	
成绩		考评员		考评组长		日期	
试题正文	采集终端抄读与调试						
需要说明的问题和要求	（1）要求单人操作。 （2）操作时应注意安全，按照标准化作业指导书的技术安全说明做好安全措施						

序号	项目名称	质量要求	满分	扣分标准	扣分原因	得分
1	安全文明生产	戴安全帽，穿全棉长袖工作服，穿绝缘鞋，操作时戴线手套，打开柜门前需先验电	20	有一项未按要求进行扣 5 分，扣完为止		
2	参数设置	正确设置终端各项参数	40	错误一项扣 10 分，扣完为止		
3	填写记录	正确、规范填写记录表	30	数据填写错误 1 处扣 5 分，单位使用错误 1 处扣 5 分，扣完为止		
4	现场恢复	操作结束后清理现场杂物，并将工器具归位摆放整齐	10	现场留有杂物或工器具未归位扣 10 分		
合计			100			

计量（采集）装置设置：

（1）考试使用电能表为仿真表，通过模拟装置进行参数设置。

（2）屏蔽电能表显示屏。

Jc0001342003　直接接入式三相电能表抄读、异常处理、电费计算。（100 分）

考核知识点：现场、系统单一抄表异常的分析和处理

难易度：中

技能等级评价专业技能考核操作工作任务书

一、任务名称

直接接入式三相电能表抄读、异常处理、电费计算。

二、适用工种

抄表核算收费员高级工。

三、具体任务

（1）抄读指定三相四线电能表，完成铭牌信息及表内示数信息填写，见表 Jc0001342003－1。

表 Jc0001342003－1

电能表铭牌参数		表内信息	
电能表出厂编号		正向有功（总）	
额定电压		反向有功（总）	
标定电流及最大电流		组合无功Ⅰ	
接线方式		组合无功Ⅱ	
准确度等级		剩余金额	

（2）使用掌机读取当前电能表内阶梯电价执行套数及阶梯电价值、费率电价执行套数及费率电价值。

（3）已知该户执行一般工商业平段电价，请将电能表内电价修改正确（一般工商业平段电价执行 0.518 3 元/kWh）。

（4）表 Jc0001342003－2 为该户的购电记录，计算因电价错误产生的退补电费。

Jc0001342003－2

购电时间	购电类型	电卡购电次数（次）	本次写卡金额（元）	累计购电金额（元）
2020 年 11 月 12 日	日常购电	2	170	270
2020 年 10 月 12 日	首次购电	1	100	100

四、工作规范及要求

（1）着装符合要求，穿全棉长袖工作服、绝缘鞋，戴安全帽、线手套。

（2）携带自备工具（钢笔或中性笔、计算器、线手套）进入现场，待考评老师宣布许可工作命令后开始工作并计时。

（3）打开计量柜（箱）门之前必须对柜（箱）体验电，现场操作严格执行《国家电网有限公司营销现场作业安全工作规程（试行）》。

（4）工作结束清理现场，并向监考老师报告。

五、考核及时间要求

本考核时间为 30 分钟，计时结束停止考核。

技能等级评价专业技能考核操作评分标准

<table>
<tr><td>工种</td><td colspan="5">抄表核算收费员</td><td>评价等级</td><td colspan="2">高级工</td></tr>
<tr><td>项目模块</td><td colspan="4">抄表管理—抄表异常处置—抄表过程中的异常分析和处理方法</td><td>编号</td><td colspan="3">Jc0001342003</td></tr>
<tr><td>单位</td><td colspan="3"></td><td>准考证号</td><td></td><td>姓名</td><td colspan="2"></td></tr>
<tr><td>考试时限</td><td>30 分钟</td><td>题型</td><td colspan="3">单项操作</td><td>题分</td><td colspan="2">100 分</td></tr>
<tr><td>成绩</td><td></td><td>考评员</td><td></td><td>考评组长</td><td></td><td>日期</td><td colspan="2"></td></tr>
<tr><td>试题正文</td><td colspan="8">直接接入式三相电能表抄读、异常处理、电费计算</td></tr>
<tr><td>需要说明的问题和要求</td><td colspan="8">（1）要求单人操作。
（2）操作时应注意安全，按照标准化作业指导书的技术安全说明做好安全措施</td></tr>
</table>

序号	项目名称	质量要求	满分	扣分标准	扣分原因	得分
1	安全文明生产	戴安全帽，穿全棉长袖工作服，穿绝缘鞋，操作时戴线手套，打开柜门前需先验电	20	有一项未按要求进行扣 5 分，扣完为止		
2	电能表抄读	电能表铭牌信息填写正确规范，表内示数信息填写正确规范	20	表格内每项数据未填写或填写错误扣 2 分，扣完为止		
3	电价抄读	正确判断当前表内执行第几套阶梯电价，正确判断当前表内阶梯电价值，正确判断当前表内执行第几套费率电价，正确判断当前表内执行费率电价值	20	错答一项扣 5 分，扣完为止		
4	电价修改	电价修改正确	10	未正确修改电价扣 10 分		
5	电费计算	电费计算正确	20	电费计算方法不正确扣 10 分，结果计算错误扣 10 分，扣完为止		
6	现场恢复	操作结束后清理现场杂物，并将工器具归位摆放整齐	10	现场留有杂物或工器具未归位扣 10 分		
合计			100			

Jc0001362004　电能表异常判断处理。（100 分）

考核知识点：现场、系统单一抄表异常的分析和处理

难易度：中

技能等级评价专业技能考核操作工作任务书

一、任务名称

电能表异常判断处理。

二、适用工种

抄表核算收费员高级工。

三、具体任务

2020 年 6 月，营销稽查人员发现某县公司 38 户高压客户送电后超过 2 个月无算费记录，高压客户首次抄表及时情况指标异常。查询 SG186 营销业务应用系统，这 38 户均注明为光伏客户，10kV 高压供电、变压器容量为 100～400kVA，采用高供低计计量方式，无算费记录最短 69 天、最长 92 天。经督促，某县公司核查后回复：此 38 户均为光伏扶贫项目客户，因装表人员不熟悉新业务，按照普通客户装表，造成上网电量与自用电量表计示数类型不一致，系统无法正常抄表算费。经过集中整改，目前已经解决此类问题，在 7 月对 38 户进行了补抄。请对该异常原因进行分析并提出改进建议。

四、工作规范及要求

问题回答全面，准确，条理清晰。

五、考核及时间要求

本考核时间为 30 分钟，文字描述应清晰，术语应规范。

技能等级评价专业技能考核操作评分标准

工种	抄表核算收费员					评价等级	高级工	
项目模块	抄表管理—抄表异常处置—抄表过程中的异常分析和处理方法				编号	Jc0001362004		
单位			准考证号			姓名		
考试时限	30 分钟	题型		综合操作		题分	100 分	
成绩		考评员		考评组长		日期		
试题正文	电能表异常判断处理							
需要说明的问题和要求	（1）要求单人完成。 （2）问题回答全面，准确，条理清晰							

序号	项目名称	质量要求	满分	扣分标准	扣分原因	得分
1	异常原因	写出 3 条，内容正确全面	60	每错、漏一条扣 20 分，扣完为止		
2	整改建议	写出 2 条，内容合理可用	40	每错、漏一条扣 20 分，扣完为止		
合计			100			

Jc0001363005　稽查异常判断处理。(100 分)

考核知识点：现场、系统单一抄表异常的分析和处理

难易度：难

技能等级评价专业技能考核操作工作任务书

一、任务名称

稽查异常判断处理。

二、适用工种

抄表核算收费员高级工。

三、具体任务

某供电公司稽查人员发现某箱包公司基本电费计收存在异常，该户为按最大需量计收基本电费的两部制大工业客户，但表计类型中一直无最大需量表码示数类型，造成一直未抄录最大需量表码值，基本电费一直按核定值计收，超出部分未计收。稽查人员通过在 SG186 系统中调取该户档案信息发现，该户合同容量为 1600kVA，执行两部制大工业用电，最大需量核定值为 840kVA。查往月核算明细中仅有“峰”“谷”“平”“有功总”“无功总”的示数类型，无“最大需量”示数类型。经核查业扩报装资料，该户报装时以容量计收基本电费，于 2020 年 11 月改为以最大需量计收基本电费。在进行客户档案维护时，业务人员未新增“最大需量”示数类型，造成营销业务系统每月以核定值 840kVA 来计收基本电费，超出核定值部分的基本电费并未计收。请对以上工作中存在的问题进行分析，归纳出案例中的问题原因，并提出整改意见和防范措施。

四、工作规范及要求

问题回答全面，准确，条理清晰。

五、考核及时间要求

本考核时间为 30 分钟，文字描述应清晰，术语应规范。

技能等级评价专业技能考核操作评分标准

工种	抄表核算收费员					评价等级	高级工
项目模块	抄表管理—抄表异常处置—抄表过程中的异常分析和处理方法				编号	Jc0001363005	
单位			准考证号			姓名	
考试时限	30 分钟		题型	综合操作		题分	100 分
成绩		考评员		考评组长		日期	
试题正文	稽查异常判断处理						
需要说明的问题和要求	（1）要求单人完成。 （2）问题回答全面，准确，条理清晰						

序号	项目名称	质量要求	满分	扣分标准	扣分原因	得分
1	违规条例	违反规定条例回答正确	20	回答错误扣 20 分		
2	问题原因	暴露问题回答正确、全面	30	每错、漏一条扣 10 分，扣完为止		
3	整改建议措施	整改意见和防范措施内容合理、可用	50	每错、漏一条扣 10 分，扣完为止		
合计			100			

Jc0001361006　违约用电客户分析及处理。（100 分）

考核知识点：窃电及违约用电相关规定

难易度：易

技能等级评价专业技能考核操作工作任务书

一、任务名称

违约用电客户分析及处理。

二、适用工种

抄表核算收费员高级工。

三、具体任务

有一加工厂（高供低计）自行迁移新址，但新址用电容量（10kV 配电变压器容量为 315kVA）及供电点未变，两月后经用电检查员检查发现，对该客户应如何处理？

四、工作规范及要求

问题回答全面，准确，条理清晰。

五、考核及时间要求

本考核时间为 20 分钟，文字描述应清晰，术语应规范。

技能等级评价专业技能考核操作评分标准

工种	抄表核算收费员					评价等级	高级工
项目模块	抄表管理—抄表异常处置—窃电及违约用电的判断及处理方法				编号	Jc0001361006	
单位			准考证号			姓名	
考试时限	20 分钟		题型	综合操作		题分	100 分
成绩		考评员		考评组长		日期	
试题正文	违约用电客户分析及处理						
需要说明的问题和要求	（1）要求单人完成。 （2）问题回答全面，准确，条理清晰						

序号	项目名称	质量要求	满分	扣分标准	扣分原因	得分
1	处理规定	内容正确全面	100	每错、漏一条扣 30 分，扣完为止		
合计			100			

Jc0001361007－1　窃电客户分析及处理。（100 分）

考核知识点： 窃电及违约用电相关规定

难易度： 易

技能等级评价专业技能考核操作工作任务书

一、任务名称

窃电客户分析及处理。

二、适用工种

抄表核算收费员高级工。

三、具体任务

某供电所在用电巡查中发现王女士家铺设了一条电线，绕越计量装置从电能表箱经过门面房正门，进入了空调外机下面的一个洞，屋内连着空调插座。用电检查人员确认为窃电行为，根据王女士家所有电器容量，计算出电费损失共有 1080.58 元，加上三倍的违约使用电费，计算出应缴纳费用共计 4323 元，当场开具了违约用电、窃电通知单。上述案例中窃电量的计算是否合理，为什么？

四、工作规范及要求

问题回答全面，准确，条理清晰。

五、考核及时间要求

本考核时间为 30 分钟，文字描述应清晰，术语应规范。

技能等级评价专业技能考核操作评分标准

工种	抄表核算收费员					评价等级	高级工
项目模块	抄表管理—抄表异常处置—窃电及违约用电的判断及处理方法				编号	Jc0001361007－1	
单位			准考证号			姓名	
考试时限	30 分钟		题型	综合操作		题分	100 分
成绩		考评员		考评组长		日期	
试题正文	窃电客户分析及处理						
需要说明的问题和要求	（1）要求单人完成。 （2）问题回答全面，准确，条理清晰						

序号	项目名称	质量要求	满分	扣分标准	扣分原因	得分
1	窃电量	窃电量计算正确	40	回答不全面扣 20 分，窃电量的计算判断错误扣 40 分，扣完为止		
2	处理规定	写出 2 条，内容正确全面	60	每错、漏一条扣 30 分，扣完为止		
合计			100			

Jc0001362008－2　窃电客户分析及处理。（100 分）

考核知识点： 窃电及违约用电相关规定

难易度： 中

技能等级评价专业技能考核操作工作任务书

一、任务名称

窃电客户分析及处理。

二、适用工种

抄表核算收费员高级工。

三、具体任务

营销稽查人员利用营销稽查监控系统发现，该户 6 月用电量达 8750kWh，平均月用电量为 2187.5kWh，超过居民电量异常近 4 月累计值 4200kWh 的监控阈值。稽查人员通过对比 SG186 系统和客户档案，该户执行城镇居民生活用电电价，通过现场稽查发现该户将居民生活电价部分用于商业照明（孕婴店），电价执行错误。经现场核实确认，客户承认擅自将居民生活的电源供给孕婴店使用。通过问询抄表人员，抄表人员对该户现场情况了解后，未对客户行为进行告知。请对以上工作中存在的问题进行分析，归纳出案例中的问题原因，并提出整改建议和防范措施。

四、工作规范及要求

问题回答全面，准确，条理清晰。

五、考核及时间要求

本考核时间为 30 分钟，文字描述应清晰，术语应规范。

技能等级评价专业技能考核操作评分标准

<table>
<tr><td>工种</td><td colspan="6">抄表核算收费员</td><td>评价等级</td><td colspan="2">高级工</td></tr>
<tr><td>项目模块</td><td colspan="5">抄表管理—抄表异常处置—窃电及违约用电的判断及处理方法</td><td>编号</td><td colspan="3">Jc0001362008－2</td></tr>
<tr><td>单位</td><td colspan="3"></td><td>准考证号</td><td colspan="2"></td><td>姓名</td><td colspan="2"></td></tr>
<tr><td>考试时限</td><td colspan="2">30 分钟</td><td>题型</td><td colspan="3">综合操作</td><td>题分</td><td colspan="2">100 分</td></tr>
<tr><td>成绩</td><td></td><td>考评员</td><td></td><td>考评组长</td><td colspan="2"></td><td>日期</td><td colspan="2"></td></tr>
<tr><td>试题正文</td><td colspan="9">窃电客户分析及处理</td></tr>
<tr><td>需要说明的问题和要求</td><td colspan="9">（1）要求单人完成。
（2）问题回答全面，准确，条理清晰</td></tr>
</table>

序号	项目名称	质量要求	满分	扣分标准	扣分原因	得分
1	违规条款	违规条款回答全面准确	20	每错、漏一条扣 10 分，扣完为止		
2	暴露问题	暴露问题回答准确	40	每错、漏一条扣 10 分，扣完为止		
3	防范措施	防范措施回答全面正确	40	每错、漏一条扣 8 分，扣完为止		
合计			100			

Jc0001362009　供电所月度线损率计算。（100 分）

考核知识点：统计线损、理论线损等线损的定义及确定方法

难易度：中

技能等级评价专业技能考核操作工作任务书

一、任务名称

供电所月度线损率计算。

二、适用工种

抄表核算收费员高级工。

三、具体任务描述

某供电所有两条 10kV 线路，一条为 10kV 专线，另一条为 10kV 公网线路。其中专线计量点设在变电站出线侧，月末抄见电量为 60 000kWh；公网线路关口计量点月末抄见电量为 50 000kWh。公网

线路所带负荷包括三户专用变压器和一台公用变压器，专用变压器客户月末抄见电量分别为21 000、16 000、3000kWh，公用变压器台区关口表月末抄见电量为6000kWh，所带客户抄见电量为5700kWh。请计算当月公用变压器台区线损率、公网线路线损率及供电所综合线损率。

四、工作规范及要求

列式计算，写出当月公用变压器台区线损率、公网线路线损率及供电所综合线损率数值，数值保留两位小数。

五、考核及时间要求

本考核时间为20分钟，列式应清晰，不能直接填写答案。

技能等级评价专业技能考核操作评分标准

工种	抄表核算收费员						评价等级	高级工	
项目模块	抄表管理—线损管理					编号	Jc0001362009		
单位				准考证号			姓名		
考试时限	20分钟		题型		综合操作		题分	100分	
成绩		考评员		考评组长			日期		
试题正文	供电所月度线损率计算								
需要说明的问题和要求	（1）要求单人完成。 （2）列式计算，写出计算步骤，数据清晰								

序号	项目名称	质量要求	满分	扣分标准	扣分原因	得分
1	台区线损率	台区线损率计算正确	20	公式不正确扣 10 分，计算结果不正确扣10分，扣完为止		
2	公网线路线损率					
2.1	供电量	供电量计算正确	15	计算不正确扣15分		
2.2	售电量	售电量计算正确	15	计算不正确扣15分		
2.3	线损率	线损率计算正确	10	公式不正确扣10分		
3	综合线损率					
3.1	供电量	供电量计算正确	15	计算不正确扣15分		
3.2	售电量	售电量计算正确	15	计算不正确扣15分		
3.3	线损率	线损率计算正确	10	公式不正确扣10分		
合计			100			

Jc0001342010　主站侧检查面向对象协议终端任务是否正确下发。（100分）

考核知识点：系统应用

难易度：中

技能等级评价专业技能考核操作工作任务书

一、任务名称

主站侧检查面向对象协议终端任务是否正确下发。

二、适用工种

抄表核算收费员高级工。

三、具体任务

现场抄录电能表及终端的正确参数信息并记录表 Jc0001342010，登录用电信息采集系统，在主站侧检查面向对象协议终端任务是否正确下发。

表 Jc0001342010

终端地址	表地址	波特率	通信端口	通信规约

四、工作规范及要求

（1）着装符合要求，穿全棉长袖工作服、绝缘鞋，戴安全帽、线手套。

（2）携带自备工具（钢笔或中性笔）进入现场，待考评老师宣布许可工作命令后开始工作并计时。

（3）打开计量柜（箱）门之前必须对柜（箱）体验电，现场操作严格执行《国家电网有限公司营销现场作业安全工作规程（试行）》。

（4）在使用用电信息采集系统时，不得进行其他无关操作。

（5）工作结束清理现场，并向监考老师报告。

五、考核及时间要求

本考核时间为 30 分钟，时间到停止考核。

技能等级评价专业技能考核操作评分标准

工种	抄表核算收费员					评价等级	高级工
项目模块	抄表管理—抄表异常处置—抄表过程中的异常分析和处理方法				编号	Jc0001342010	
单位			准考证号			姓名	
考试时限	30 分钟	题型		单项操作		题分	100 分
成绩		考评员		考评组长		日期	
试题正文	主站侧检查面向对象协议终端任务是否正确下发						
需要说明的问题和要求	（1）单人操作。 （2）操作时应注意安全，按照标准化作业指导书的技术安全说明做好安全措施						

序号	项目名称	质量要求	满分	扣分标准	扣分原因	得分
1	安全文明生产	戴安全帽，穿全棉长袖工作服，穿绝缘鞋，操作时戴线手套，打开柜门前需先验电	20	有一项未按要求进行扣 5 分，扣完为止		
2	参数抄录	正确抄录现场终端地址及电能表的参数信息	30	错误一项扣 5 分，扣完为止		
3	描述主站侧下发任务步骤	正确描述下发面向对象协议终端任务步骤	40	下发错误扣 40 分		
4	现场恢复	操作结束后清理现场杂物，并将工器具归位摆放整齐	10	现场留有杂物或工器具未归位扣 10 分		
合计			100			

计量（采集）装置设置：

（1）考试使用电能表为仿真表，通过模拟装置进行参数设置。

（2）屏蔽电能表显示屏。

Jc0001342011　采集终端抄读与调试。（100 分）

考核知识点：采集终端抄读与调试

难易度：中

技能等级评价专业技能考核操作工作任务书

一、任务名称

采集终端抄读与调试。

二、适用工种

抄表核算收费员高级工。

三、具体任务

现场判断处理专用变压器终端上行通信异常情况，并通过用电信息采集系统召测电能表数据，填写表 Jc0001342011。

表 Jc0001342011

电能表采集数据			
正向有功（总）		正向有功（谷）	
正向有功（峰）		正向无功（总）	
正向有功（平）		功率因数（总）	

四、工作规范及要求

（1）着装符合要求，穿全棉长袖工作服、绝缘鞋，戴安全帽、线手套。

（2）携带自备工具（钢笔或中性笔）进入现场，待考评老师宣布许可工作命令后开始工作并计时。

（3）打开计量柜（箱）门之前必须对柜（箱）体验电，现场操作严格执行《国家电网有限公司营销现场作业安全工作规程（试行）》。

（4）工作结束清理现场，并向监考老师报告。

五、考核及时间要求

本考核时间为 30 分钟，时间到停止考核。

技能等级评价专业技能考核操作评分标准

工种	抄表核算收费员					评价等级	高级工
项目模块	抄表管理—抄表异常处置—抄表过程中的异常分析和处理方法				编号	Jc0001342011	
单位			准考证号			姓名	
考试时限	30 分钟		题型	单项操作		题分	100 分
成绩		考评员		考评组长		日期	
试题正文	采集终端抄读与调试						
需要说明的问题和要求	（1）单人操作。 （2）操作时应注意安全，按照标准化作业指导书的技术安全说明做好安全措施						

序号	项目名称	质量要求	满分	扣分标准	扣分原因	得分
1	安全文明生产	戴安全帽，穿全棉长袖工作服，穿绝缘鞋，操作时戴线手套，打开柜门前需先验电	20	有一项未按要求进行扣 5 分，扣完为止		
2	异常判断	正确判断专用变压器采集终端下行通信异常原因	25	异常原因未找到扣 25 分		

续表

序号	项目名称	质量要求	满分	扣分标准	扣分原因	得分
3	异常处理	正确处理异常	20	异常未处理扣20分		
4	填写记录	正确、规范填写记录表	25	数据填写错误1处扣5分，单位使用错误1处扣5分，扣完为止		
5	现场恢复	操作结束后清理现场杂物，并将工器具归位摆放整齐	10	现场留有杂物或工器具未归位扣10分		
合计			100			

计量（采集）装置设置：

（1）考试使用电能表为仿真表，通过模拟装置进行参数设置。

（2）屏蔽电能表显示屏。

（3）专用变压器采集终端内电能表测量点序号设置为2，用电信息采集系统中的电能表测量点序号设置为1，测量点序号设置不一致。

Jc0001342012－1 使用掌机读取电价并判断正误。（100分）

考核知识点：使用掌机读取电价并判断正误

难易度：中

技能等级评价专业技能考核操作工作任务书

一、任务名称

使用掌机读取电价并判断正误。

二、适用工种

抄表核算收费员高级工。

三、具体任务

现场使用2009版抄表掌机读取居民客户电价，判断电价是否执行正确，记录并填写表Jc0001342012－1。

表 Jc0001342012－1

电能表型号	
第一阶梯电价	
第二阶梯电价	
第三阶梯电价	

四、工作规范及要求

（1）着装符合要求，穿全棉长袖工作服、绝缘鞋，戴安全帽、线手套。

（2）携带自备工具（钢笔或中性笔）进入现场，待考评老师宣布许可工作命令后开始工作并计时。

（3）打开计量柜（箱）门之前必须对柜（箱）体验电，现场操作严格执行《国家电网有限公司营销现场作业安全工作规程（试行）》。

（4）工作结束清理现场，并向监考老师报告。

五、考核及时间要求

本考核时间为 30 分钟，时间到停止考核。

技能等级评价专业技能考核操作评分标准

工种	抄表核算收费员					评价等级	高级工
项目模块	抄表管理—抄表方式			编号	Jc0001342012－1		
单位		准考证号				姓名	
考试时限	30 分钟	题型	单项操作			题分	100 分
成绩		考评员		考评组长		日期	
试题正文	使用掌机读取电价并判断正误						
需要说明的问题和要求	（1）单人操作。 （2）操作时应注意安全，按照标准化作业指导书的技术安全说明做好安全措施						

序号	项目名称	质量要求	满分	扣分标准	扣分原因	得分
1	安全文明生产	戴安全帽，穿全棉长袖工作服，穿绝缘鞋，操作时戴线手套，打开柜门前需先验电	20	有一项未按要求进行扣 5 分，扣完为止		
2	仪器使用	正确使用抄表掌机	25	电价抄读错误扣 25 分		
3	结果判断	判断电价执行是否正确	25	判断错误扣 25 分		
4	填写记录	正确、规范填写记录表	20	数据填写错误 1 处扣 5 分，单位使用错误 1 处扣 5 分，扣完为止		
5	现场恢复	操作结束后清理现场杂物，并将工器具归位摆放整齐	10	现场留有杂物或工器具未归位扣 10 分		
合计			100			

计量装置设置：

（1）考试使用电能表为仿真表，通过模拟装置进行参数设置。

（2）屏蔽电能表显示屏。

Jc0001342013－2　使用掌机读取电价并判断正误。（100 分）

考核知识点：使用掌机读取电价并判断正误

难易度：中

技能等级评价专业技能考核操作工作任务书

一、任务名称

使用掌机读取电价并判断正误。

二、适用工种

抄表核算收费员高级工。

三、具体任务

现场使用 2009 版抄表掌机读取三相低压客户（加工作坊）电价，判断电价是否执行正确，记录并填写表 Jc0001342013－2。

表 Jc0001342013－2

电能表型号	
峰段电价	
平段电价	
谷段电价	

四、工作规范及要求

（1）着装符合要求，穿全棉长袖工作服、绝缘鞋，戴安全帽、线手套。

（2）携带自备工具（钢笔或中性笔）进入现场，待考评老师宣布许可工作命令后开始工作并计时。

（3）打开计量柜（箱）门之前必须对柜（箱）体验电，现场操作严格执行《国家电网有限公司营销现场作业安全工作规程（试行）》。

（4）工作结束清理现场，并向监考老师报告。

五、考核及时间要求

本考核时间为 30 分钟，时间到停止考核。

技能等级评价专业技能考核操作评分标准

工种	抄表核算收费员					评价等级	高级工
项目模块	抄表管理—抄表方式				编号	Jc0001342013－2	
单位			准考证号			姓名	
考试时限	30 分钟		题型	单项操作		题分	100 分
成绩		考评员		考评组长		日期	
试题正文	使用掌机读取电价并判断正误						
需要说明的问题和要求	（1）单人操作。 （2）操作时应注意安全，按照标准化作业指导书的技术安全说明做好安全措施						

序号	项目名称	质量要求	满分	扣分标准	扣分原因	得分
1	安全文明生产	戴安全帽，穿全棉长袖工作服，穿绝缘鞋，操作时戴线手套，打开柜门前需先验电	20	有一项未按要求进行扣 5 分，扣完为止		
2	仪器使用	正确使用抄表掌机	25	电价抄读错误扣 25 分		
3	结果判断	判断电价执行是否正确	25	判断错误扣 25 分		
4	填写记录	正确、规范填写记录表	20	数据填写错误 1 处扣 5 分，单位使用错误 1 处扣 5 分，扣完为止		
5	现场恢复	操作结束后清理现场杂物，并将工器具归位摆放整齐	10	现场留有杂物或工器具未归位扣 10 分		
合计			100			

计量装置设置：

（1）考试使用电能表为仿真表，通过模拟装置进行参数设置。

（2）屏蔽电能表显示屏。

Jc0001342014－1　采集终端现场抄表。（100 分）

考核知识点：终端抄读及调试

难易度：中

技能等级评价专业技能考核操作工作任务书

一、任务名称

采集终端现场抄表。

二、适用工种

抄表核算收费员高级工。

三、具体任务

请使用指定专用变压器终端抄取指定电能表信息，完成表 Jc0001342014－1 中相关数据的填写。

表 Jc0001342014－1

1. 终端参数	
终端地址	
主用 IP 地址	
主用端口	
心跳周期	

2. 测量点参数	
所属测量点	
通信速率	
端口号	
通信规约	
电量位数	
电能表地址	

3. 电能表铭牌参数	
表号	
参比电压	
标定电流及最大电流	
电能表常数	
准确度等级	

4. 电能表示数		
示数类型	当月	上一月
有功（总）		
有功（峰）		
有功（平）		
有功（谷）		
无功		
需量		

四、工作规范及要求

（1）着装符合要求，穿全棉长袖工作服、绝缘鞋，戴安全帽、线手套。

（2）携带自备工具（钢笔或中性笔、线手套）进入现场，待考评老师宣布许可工作命令后开始工作并计时。

（3）打开计量柜（箱）门之前必须对柜（箱）体验电，现场操作严格执行《国家电网有限公司营销现场作业安全工作规程（试行）》。

（4）工作结束清理现场，并向监考老师报告。

五、考核及时间要求

本考核时间为 30 分钟，计时结束停止考核。

技能等级评价专业技能考核操作评分标准

工种	抄表核算收费员					评价等级	高级工
项目模块	抄表管理—抄表方式—采集系统召测客户表码等信息				编号	Jc0001342014－1	
单位			准考证号			姓名	
考试时限	30 分钟		题型	单项操作		题分	100 分
成绩		考评员		考评组长		日期	

续表

试题正文	采集终端现场抄表					
需要说明的问题和要求	（1）要求单人操作。 （2）操作应注意安全，按照标准化作业书的技术安全说明做好安全措施					
序号	项目名称	质量要求	满分	扣分标准	扣分原因	得分
1	安全文明生产	戴安全帽，穿全棉长袖工作服，穿绝缘鞋，操作时戴线手套，打开柜门前需先验电	10	有一项未按要求进行扣 5 分，扣完为止		
2	电能表抄读	电能表铭牌信息填写正确、规范	80	表格内每项数据未填写或填写错误扣 5 分，扣完为止		
3	现场恢复	操作结束后清理现场杂物，并将工器具归位摆放整齐	10	现场留有杂物或工器具未归位扣 10 分		
合计			100			

Jc0001342015－2　采集终端现场抄表。（100 分）

考核知识点：终端抄表及调试

难易度：中

技能等级评价专业技能考核操作工作任务书

一、任务名称

采集终端现场抄表。

二、适用工种

抄表核算收费员高级工。

三、具体任务

使用指定集中器进行完成以下操作。

（1）使用集中器抄取指定 1 号电能表示数信息，完成表 Jc0001342015－2。

表 Jc0001342015－2

1. 测量点参数		2. 电能表示数		
所属测量点		示数类型	当月	上一月
通信速率		有功（总）		
端口号		有功（峰）		
通信规约		有功（平）		
电量位数		有功（谷）		
地址		无功		

（2）将指定的 2 号电能表设置到集中器测量点序号 10，并实现采集。

四、工作规范及要求

（1）着装符合要求，穿全棉长袖工作服、绝缘鞋，戴安全帽、线手套。

（2）携带自备工具（钢笔或中性笔、线手套）进入现场，待考评老师宣布许可工作命令后开始工作并计时。

（3）打开计量柜（箱）门之前必须对柜（箱）体验电，现场操作严格执行《国家电网有限公司营销现场作业安全工作规程（试行）》。

（4）工作结束清理现场，并向监考老师报告。

五、考核及时间要求

本考核时间为30分钟，计时结束停止考核。

技能等级评价专业技能考核操作评分标准

<table>
<tr><td>工种</td><td colspan="5">抄表核算收费员</td><td>评价等级</td><td>高级工</td></tr>
<tr><td>项目模块</td><td colspan="4">抄表管理—抄表方式—采集系统召测客户表码等信息</td><td>编号</td><td colspan="2">Jc0001342015－2</td></tr>
<tr><td>单位</td><td colspan="3"></td><td>准考证号</td><td></td><td>姓名</td><td></td></tr>
<tr><td>考试时限</td><td>30分钟</td><td>题型</td><td colspan="3">单项操作</td><td>题分</td><td>100分</td></tr>
<tr><td>成绩</td><td></td><td>考评员</td><td></td><td>考评组长</td><td></td><td>日期</td><td></td></tr>
<tr><td>试题正文</td><td colspan="7">采集终端现场抄表</td></tr>
<tr><td>需要说明的问题和要求</td><td colspan="7">（1）要求单人操作。
（2）操作应注意安全，按照标准化作业书的技术安全说明做好安全措施</td></tr>
</table>

序号	项目名称	质量要求	满分	扣分标准	扣分原因	得分
1	安全文明生产	戴安全帽，穿全棉长袖工作服，穿绝缘鞋，操作时戴线手套，打开柜门前需先验电	10	有一项未按要求进行扣5分，扣完为止		
2	1号电能表抄读	相关信息填写正确	40	每项数据未填写扣5分，扣完为止		
3	2号电能表调试	参数设置正确，实现抄表	40	参数设置错误每项扣5分，未实现抄表扣20分，扣完为止		
4	现场恢复	操作结束后清理现场杂物，并将工器具归位摆放整齐	10	现场留有杂物或工器具未归位扣10分		
合计			100			

Jc0001342016－3　采集终端现场抄表。（100分）

考核知识点： 终端抄表及调试

难易度： 中

技能等级评价专业技能考核操作工作任务书

一、任务名称

采集终端现场抄表。

二、适用工种

抄表核算收费员高级工。

三、具体任务

请使用指定厂站终端抄取终端内部地址为10的电能表信息，完成相关数据填表Jc0001342016－3。

表 Jc0001342016－3

1. 终端参数		2. 测量点参数	
终端地址		所属测量点	
网卡1IP地址		通信速率	
主站端口		端口号	
上行协议		通信规约	
心跳间隔		电量位数	
十进制地址		电能表地址	

续表

3. 电能表铭牌参数		4. 电能表示数		
		示数类型	当月	上一月
表号		有功（总）		
参比电压		有功（峰）		
标定电流及最大电流		有功（平）		
电能表常数		有功（谷）		
准确度等级		无功		
		需量		

四、工作规范及要求

（1）着装符合要求，穿全棉长袖工作服、绝缘鞋，戴安全帽、线手套。

（2）携带自备工具（钢笔或中性笔、线手套）进入现场，待考评老师宣布许可工作命令后开始工作并计时。

（3）打开计量柜（箱）门之前必须对柜（箱）体验电，现场操作严格执行《国家电网有限公司营销现场作业安全工作规程（试行）》。

（4）工作结束清理现场，并向监考老师报告。

五、考核及时间要求

本考核时间为 30 分钟，计时结束停止考核。

技能等级评价专业技能考核操作评分标准

工种	抄表核算收费员					评价等级	高级工
项目模块	抄表管理—抄表方式—采集系统召测客户表码等信息				编号	Jc0001342016－3	
单位			准考证号			姓名	
考试时限	30 分钟		题型	单项操作		题分	100 分
成绩		考评员		考评组长		日期	
试题正文	采集终端现场抄表						
需要说明的问题和要求	（1）要求单人操作。 （2）操作应注意安全，按照标准化作业书的技术安全说明做好安全措施						

序号	项目名称	质量要求	满分	扣分标准	扣分原因	得分
1	安全文明生产	戴安全帽，穿全棉长袖工作服，穿绝缘鞋，操作时戴线手套，打开柜门前需先验电	10	有一项未按要求进行扣 5 分，扣完为止		
2	电能表抄读	电能表铭牌信息填写正确规范	80	表格内每项数据未填写或填写错误扣 5 分，扣完为止		
3	现场恢复	操作结束后清理现场杂物，并将工器具归位摆放整齐	10	现场留有杂物或工器具未归位扣 10 分		
合计			100			

Jc0001342017 表计异常判断处理。（100 分）

考核知识点：窃电及违约用电处理

难易度：中

技能等级评价专业技能考核操作工作任务书

一、任务名称

表计异常判断处理。

二、适用工种

抄表核算收费员高级工。

三、具体任务

（1）工作人员于2020年7月30日12:00经用电信息采集系统分析，发现表号为0001128485的居民客户单相表自2020年6月1日12:00开始至今不走字，请现场检查原因。

（2）请简述针对此种情况的主要处理步骤。

（3）如该客户家中主要负荷有照明1.5kW、空调2kW、电热水器2kW。请根据客户用电容量计算该户应追补电费、违约使用电费（追补电费不考虑阶梯电价因素）。

四、工作规范及要求

（1）着装符合要求，穿全棉长袖工作服、绝缘鞋，戴安全帽、线手套。

（2）携带自备工具（钢笔或中性笔、计算器线手套）进入现场，待考评老师宣布许可工作命令后开始工作并计时。

（3）打开计量柜（箱）门之前必须对柜（箱）体验电，现场操作严格执行《国家电网有限公司营销现场作业安全工作规程（试行）》。

（4）工作结束清理现场，并向监考师报告。

五、考核及时间要求

本考核时间为30分钟，计时结束停止考核。

技能等级评价专业技能考核操作评分标准

工种	抄表核算收费员					评价等级	高级工
项目模块	抄表管理—抄表异常处置—窃电及违约用电的判断及处理方法				编号	Jc0001342017	
单位			准考证号			姓名	
考试时限	30分钟	题型	单项操作			题分	100分
成绩		考评员		考评组长		日期	
试题正文	表计异常判断处理						
需要说明的问题和要求	（1）要求单人操作。 （2）操作应注意安全，按照标准化作业书的技术安全说明做好安全措施						

序号	项目名称	质量要求	满分	扣分标准	扣分原因	得分
1	安全文明生产	戴安全帽，穿全棉长袖工作服，穿绝缘鞋，操作时戴线手套，打开柜门前需先验电	10	有一项未按要求进行扣5分，扣完为止		
2	异常检查	正确检查出异常	10	异常判断错误扣10分		
3	窃电处理的步骤	窃电处理的步骤回答正确	30	每回答错误一个步骤扣6分，扣完为止		
4	电费计算	窃电时间计算正确，追补电量计算正确，追补电费计算正确，违约使用电费计算正确	50	每项回答错误扣12.5分，扣完为止		
合计			100			

Jc0001342018　用电信息采集系统应用及电费计算。（100分）

考核知识点：系统应用

难易度：中

技能等级评价专业技能考核操作工作任务书

一、任务名称

用电信息采集系统应用及电费计算。

二、适用工种

抄表核算收费员高级工。

三、具体任务

已知某供电公司客户的表号为0003475684，请使用营销业务应用系统和用电信息采集系统完成以下任务。

（1）在营销业务应用系统中查询出该客户户号及终端地址。

（2）召测该电能表上二月月末冻结表码、上一月月末冻结表码、当前表码。

（3）请在营销系统中查询上二月、上一月发行的电量电费，并核实发行抄见电量与采集系统是否一致。

（4）将上述题答案直接写在答题纸上。

四、工作规范及要求

（1）在使用用电信息采集系统及营销业务应用系统功能时，不得进行其他无关操作。

（2）自备钢笔或圆珠笔、计算器。

（3）要求上二月月末冻结表码、上一月月末冻结表码、当前表码值等结果提供截图；需导出电费明细。

五、考核及时间要求

本考核时间为30分钟，计时结束停止考核。

技能等级评价专业技能考核操作评分标准

<table>
<tr><td>工种</td><td colspan="4">抄表核算收费员</td><td>评价等级</td><td colspan="2">高级工</td></tr>
<tr><td>项目模块</td><td colspan="3">抄表管理—抄表方式</td><td>编号</td><td colspan="3">Jc0001342018</td></tr>
<tr><td>单位</td><td colspan="2"></td><td>准考证号</td><td></td><td>姓名</td><td colspan="2"></td></tr>
<tr><td>考试时限</td><td>30分钟</td><td>题型</td><td colspan="2">单项操作</td><td>题分</td><td colspan="2">100分</td></tr>
<tr><td>成绩</td><td></td><td>考评员</td><td></td><td>考评组长</td><td></td><td>日期</td><td></td></tr>
<tr><td>试题正文</td><td colspan="7">用电信息采集系统应用及电费计算</td></tr>
<tr><td>需要说明的问题和要求</td><td colspan="7">无</td></tr>
<tr><td>序号</td><td>项目名称</td><td>质量要求</td><td>满分</td><td colspan="2">扣分标准</td><td>扣分原因</td><td>得分</td></tr>
<tr><td>1</td><td>用电信息采集系统操作</td><td>通过终端地址进行实时数据召测，通过户号查询该表上一月、上二月冻结表码，提供上一月、上二月冻结表码截图</td><td>40</td><td colspan="2">每个数据项错误扣10分，无截图每项扣5分，扣完为止</td><td></td><td></td></tr>
<tr><td>2</td><td>营销系统操作</td><td>通过表号正确查询户号，在客户档案中查询终端地址，通过户号查询上二月、上一月电费明细，导出上二月、上一月电费明细，正确判断营销系统发行抄见电量与采集系统是否一致</td><td>60</td><td colspan="2">每一项错误扣分12分，扣完为止</td><td></td><td></td></tr>
<tr><td colspan="2">合计</td><td></td><td>100</td><td colspan="2"></td><td></td><td></td></tr>
</table>

Jc0001342019　采集数据分析计算。（100分）

考核知识点： 功率因数计算

难易度： 中

技能等级评价专业技能考核操作工作任务书

一、任务名称

采集数据分析计算。

二、适用工种

抄表核算收费员高级工。

三、具体任务

通过用电信息采集数据分析，某用电单位月用电量有功为500 000kWh，无功为400 000kvarh，月利用小时为500h，请问月平均功率因数为多大？

四、工作规范及要求

（1）携带自备工具（钢笔或中性笔）进入现场，待考评老师宣布许可工作命令后开始工作并计时。

（2）分析问题条理清晰。

（3）书写完整规范。

（4）计算准确、步骤完整。

五、考核及时间要求

本考核时间为30分钟，时间到停止考核。

技能等级评价专业技能考核操作评分标准

工种	抄表核算收费员				评价等级	高级工
项目模块	抄表管理—抄表方式			编号	Jc0001342019	
单位		准考证号			姓名	
考试时限	30分钟	题型	单项操作		题分	100分
成绩		考评员		考评组长		日期	
试题正文	采集数据分析计算					
需要说明的问题和要求	无					

序号	项目名称	质量要求	满分	扣分标准	扣分原因	得分
1	平均有功功率计算	计算过程完整、正确	25	没有过程扣10分，计算错误扣25分，扣完为止		
2	平均无功功率计算	计算过程完整、正确	25	没有过程扣10分，计算错误扣25分，扣完为止		
3	平均视在功率计算	计算过程完整、正确	25	没有过程扣10分，计算错误扣25分，扣完为止		
4	月平均功率因数计算	计算过程完整、正确	25	没有过程扣10分，计算错误扣25分，扣完为止		
合计			100			

Jc0002362020－1　低压光伏发电客户电费及发电结算费用的计算。（100分）

考核知识点：分布式电源抄录示数、电价执行标准、电费计算及异常处理

难易度：中

技能等级评价专业技能考核操作工作任务书

一、任务名称

低压光伏发电客户电费及发电结算费用的计算。

二、适用工种

抄表核算收费员高级工。

三、具体任务

某婚纱影楼380V供电，装设三相四线、3×5（60）A、表号为0002818015的计费电能表一只。后装设5kW光伏发电设备一套，选择自发自用、余量上网的发电方式并入电网，在逆变器出口侧加装表号为0002836586的电能表一只。请根据表Jc0002362020－1示数信息，计算该客户当月网购电费及分布式发电结算费用（设定当地燃煤机组标杆上网电网为0.259 5元/kWh，分布式光伏发电补贴标准为0.32元/kWh）。

表 Jc0002362020－1

电能表编号	表计类型	示数类型	上次示数	本次示数	电度电价单价（元/kWh）	代征费（元/kWh）
0002818515	商业总表	有功（总）	14 040.82	14 926.35	—	
0002818515	商业总表	有功（峰）	6 157.91	6 532.37	0.709 1	0.041 325
0002818515	商业总表	有功（平）	6 220.12	6 575.51	0.518 3	
0002818515	商业总表	有功（谷）	1 662.79	1 818.47	0.327 5	
0002818515	商业总表	反向有功（总）	2 635.87	2 714.24	—	
0002836536	总表	有功（总）	8 389.04	8 640.08	—	

四、工作规范及要求

（1）自备计算器、钢笔或中性笔。

（2）简答思路清晰、知识点明确。

（3）计算公式、步骤正确。

五、考核及时间要求

本考核为计算实操任务，严格按照规定步骤完成，考核时间为20分钟。

技能等级评价专业技能考核操作评分标准

工种	抄表核算收费员				评价等级	高级工	
项目模块	应收审核管理—电费计算—准确计算客户电费			编号	Jc0002362020－1		
单位		准考证号			姓名		
考试时限	20分钟	题型	综合操作		题分	100分	
成绩	考评员		考评组长		日期		
试题正文	低压光伏发电客户电费及发电结算费用的计算						
需要说明的问题和要求	（1）要求单人完成。 （2）需列式计算的写出计算公式、步骤，需文字描述的要规范						
1	网购电量计算	峰、平、谷电量计算正确	30	峰、平、谷电量错误各扣10分，扣完为止			
2	网购电费计算	峰、平、谷电费，合计网购电费计算正确	20	峰、平、谷电费，合计网购电费错误各扣5分，扣完为止			
3	发电量、上网电量	发电量和上网电量计算正确	20	每项电量错误一项扣10分，扣完为止			
4	分布式发电结算费用	上网结算电费、发电量补贴、分布式发电结算费用合计计算结果正确	30	结果错误一项扣10分，扣完为止			
合计			100				

Jc0006341021－2　低压光伏发电客户电费及发电结算费用的计算。（100 分）
考核知识点：电费计算
难易度：易

技能等级评价专业技能考核操作工作任务书

一、任务名称

低压光伏发电客户电费及发电结算费用的计算。

二、适用工种

抄表核算收费员高级工。

三、具体任务

某婚纱影楼 380V 供电，装设三相四线、3×10（60）A、表号为 0002818515 的计费电能表一只。后装设 5kW 光伏发电设备一套，选择自发自用、余量上网的发电方式并入电网，在逆变器出口侧加装表号为 0002836586 的电能表一只。请根据以下示数信息，计算该客户当月网购电费及分布式发电结算费用（抄表示数见表 Jc0006341021－2，设定当地燃煤机组标杆上网电网为 0.259 5 元/kWh，分布式光伏发电补贴标准为 0.42 元/kWh）。

表 Jc0006341021－2

电能表编号	表计类型	示数类型	上次示数	本次示数	电度电价单价［元/（kWh）］	代征费［元/（kWh）］
0002818515	商业总表	有功（总）	14 040.82	14 926.35	—	
0002818515	商业总表	有功（峰）	6157.91	6532.37	0.675 1	0.021 325
0002818515	商业总表	有功（平）	6220.12	6575.51	0.488 3	
0002818515	商业总表	有功（谷）	1662.79	1818.47	0.301 5	
0002818515	商业总表	反相有功（总）	2635.87	2714.24	—	
0002836536	总表	有功（总）	8389.04	8640.08	—	

四、工作规范及要求

（1）自备计算器、钢笔或中性笔。
（2）简答思路清晰、知识点明确。
（3）计算公式、步骤正确。

五、考核及时间要求

本考核为计算实操任务，严格按照规定步骤完成，考核时间为 30 分钟。

技能等级评价专业技能考核操作评分标准

工种	抄表核算收费员					评价等级	高级工
项目模块	新型业务—业务开展				编号	Jc0006341021－2	
单位		准考证号				姓名	
考试时限	30 分钟	题型	综合操作题			题分	100 分
成绩		考评员		考评组长		日期	
试题正文	低压光伏发电客户电费及发电结算费用的计算						
需要说明的问题和要求	（1）要求单人完成。 （2）需列式计算的写出计算公式、步骤，需文字描述的要规范						

续表

序号	项目名称	质量要求	满分	扣分标准	扣分原因	得分
1	网购电量、电费计算	峰、平、谷电量、电费计算正确	30	峰、平、谷电量、电费错误各扣5分，扣完为止		
2	网购电量代征费计算	各项代征费计算正确	10	每项代征费错误扣2分，扣完为止		
3	网购电费合计	电费计算正确	10	计算错误扣10分		
4	发电量、上网电量	发电量和上网电量计算正确	20	每项电量错误一项扣10分，扣完为止		
5	分布式发电结算费用	发电量、上网电量和上网结算费用、发电量补贴、分布式发电结算费用合计计算结果正确	30	结果错误一项扣6分，扣完为止		
合计			100			

Jc0002362022 自发自用剩余电量上网电费计算。（100分）

考核知识点：分布式电源抄录示数、电价执行标准、电费计算及异常处理

难易度：中

技能等级评价专业技能考核操作工作任务书

一、任务名称

自发自用剩余电量上网电费计算。

二、适用工种

抄表核算收费员高级工。

三、具体任务

某公司2019年10月19日立户，并网电压为380V，合同容量为55kVA。发电量消纳方式：自发自用、余量上网，并网点执行分布式电源中央补助电价不满1kV（0.32元/kWh），电流互感器变比为100A/5A，公共连接点执行分布式电源上网电价不满1kV（0.259 5元/kWh），综合倍率为30，均不执行分时电价，功率因数考核电费不计算。2020年2月1日抄见并网点电能表正向有功（总）为2128.36，抄见公共连接点电能表反向有功（总）为3629.71；2月28日抄见并网点电能表正向有功（总）为2406.37，抄见公共连接点电能表反向有功（总）为3740.47。请计算该户2月上网电费和中央补助电费。

四、工作规范及要求

（1）自备计算器、钢笔或中性笔。

（2）简答思路清晰、知识点明确。

（3）计算公式、步骤正确。

五、考核及时间要求

本考核为计算实操任务，严格按照规定步骤完成，考核时间为20分钟。

技能等级评价专业技能考核操作评分标准

<table>
<tr><td>工种</td><td colspan="5">抄表核算收费员</td><td>评价等级</td><td>高级工</td></tr>
<tr><td>项目模块</td><td colspan="4">应收审核管理—电费计算—准确计算客户电费</td><td colspan="2">编号</td><td>Jc0002362022</td></tr>
<tr><td>单位</td><td colspan="3"></td><td>准考证号</td><td></td><td>姓名</td><td></td></tr>
<tr><td>考试时限</td><td colspan="2">20分钟</td><td>题型</td><td colspan="2">综合操作</td><td>题分</td><td>100分</td></tr>
<tr><td>成绩</td><td></td><td>考评员</td><td></td><td>考评组长</td><td></td><td>日期</td><td></td></tr>
<tr><td>试题正文</td><td colspan="7">自发自用剩余电量上网电费计算</td></tr>
<tr><td>需要说明的问题和要求</td><td colspan="7">（1）要求单人完成。
（2）需列式计算的写出计算公式、步骤，需文字描述的要规范</td></tr>
</table>

续表

序号	项目名称	质量要求	满分	扣分标准	扣分原因	得分
1	综合倍率	各端口综合倍率计算正确	20	每个端口综合倍率计算错误扣 10 分，扣完为止		
2	发电量、上网电量	发电量和上网电量计算正确	20	每项电量计算错误扣 10 分，扣完为止		
3	上网电费	上网电费计算正确	20	上网电费计算步骤错误扣 10 分，计算结果错误扣 10 分，扣完为止		
4	中央补助电费	中央补助电费计算结果正确	20	中央补助电费计算步骤错误扣 10 分，计算结果错误扣 10 分，扣完为止		
5	闭环管理	字迹清晰	20	未写答语扣 20 分		
合计			100			

Jc0002362023　分布式光伏全额上网电费计算。（100 分）

考核知识点：分布式电源抄录示数、电价执行标准、电费计算及异常处理

难易度：中

技能等级评价专业技能考核操作工作任务书

一、任务名称

分布式光伏全额上网电费计算。

二、适用工种

抄表核算收费员高级工。

三、具体任务

某公司 2016 年 8 月 2 日立户，并网电压为 10kV，合同容量为 5000kVA。发电量消纳方式：全额上网，并网点执行分布式光伏全额上网电价（0.540 5 元/kWh），公共连接点执行分布式电源 1～10kV 上网电价（0.259 5 元/kWh），电流互感器变比为 600A/5A，电压互感器变比为 10 000V/100V，均不执行分时电价，不计算功率因数考核电费。2020 年 2 月 1 日抄见并网点电能表反向有功（总）为 553.17，2 月 28 日抄见并网点电能表反向有功（总）为 574.53。请计算 2 月该户上网电费和中央补助电费。

四、工作规范及要求

（1）自备计算器、钢笔或中性笔。

（2）简答思路清晰、知识点明确。

（3）计算公式、步骤正确。

五、考核及时间要求

本考核为计算实操任务，严格按照规定步骤完成，考核时间为 20 分钟。

技能等级评价专业技能考核操作评分标准

<table>
<tr><td>工种</td><td colspan="5">抄表核算收费员</td><td>评价等级</td><td>高级工</td></tr>
<tr><td>项目模块</td><td colspan="4">应收审核管理—电费计算—准确计算客户电费</td><td>编号</td><td colspan="2">Jc0002362023</td></tr>
<tr><td>单位</td><td colspan="2"></td><td>准考证号</td><td colspan="2"></td><td>姓名</td><td></td></tr>
<tr><td>考试时限</td><td>20 分钟</td><td>题型</td><td colspan="3">综合操作</td><td>题分</td><td>100 分</td></tr>
<tr><td>成绩</td><td></td><td>考评员</td><td></td><td>考评组长</td><td></td><td>日期</td><td></td></tr>
<tr><td>试题正文</td><td colspan="7">分布式光伏全额上网电费计算</td></tr>
<tr><td>需要说明的问题和要求</td><td colspan="7">（1）要求单人完成。
（2）需列式计算的写出计算公式、步骤，需文字描述的要规范</td></tr>
</table>

续表

序号	项目名称	质量要求	满分	扣分标准	扣分原因	得分
1	综合倍率	综合倍率计算正确	20	综合倍率计算错误扣 20 分		
2	发电量、上网电量	发电量和上网电量计算正确	20	每项电量计算错误扣 10 分，扣完为止		
3	上网电费	上网电费计算正确	20	上网电费计算步骤错误扣 10 分，计算结果错误扣 10 分，扣完为止		
4	中央补助电费	中央补助电费计算结果正确	20	中央补助电费计算步骤错误扣 10 分，计算结果错误扣 10 分，扣完为止		
5	闭环管理	字迹清晰	20	未写答语扣 20 分		
合计			100			

Jc0002343024　10kV 高供高计客户电量电费审核。(100 分)

考核知识点：电费异常分析及处理

难易度：难

技能等级评价专业技能考核操作工作任务书

一、任务名称

10kV 高供高计客户电量电费审核。

二、适用工种

抄表核算收费员高级工。

三、具体任务

某防水建筑材料制造厂装设 2 台 250kVA 变压器，10kV 供电，高供高计，高压总表电流互感器变比为 30A/5A，非居表子表电流互感器变比为 50A/5A，2020 年该户电量电费信息见表 Jc0002343024。请分析该户电费错误原因并给出正确的处理方法。[已知大工业平段目录电度电价为 0.399 675 元/kWh，一般工商业平段目录电度电价为 0.456 975 元/kWh，基本电价为 20 元/（kVA・月)]

四、工作规范及要求

（1）自备计算器、钢笔或中性笔。

（2）文字描述清晰，用词准确。

五、考核及时间要求

本考核为计算实操任务，严格按照规定步骤完成，考核时间为 20 分钟。

表 Jc0002343024

客户名称	电价名称	示数类型	上次示数 / 本次示数	度差 / 倍率	抄见电量	套扣电量（kWh）	有功结算电量（kWh）/ 无功结算电量（kvarh）	目录电度电价（元/kWh）/ 目录电度电费（元）	计费容量（kVA）/ 计费需量（kW）	基本电价[元/（kVA・月）]/ 基本电费（元）	功率因数标准	实际功率因数 / 调整系数	调整电费（元）
某防水建筑材料制造厂	大工业	有功（总）	0.00	134	80 400 kWh								
			134.00	600									
		有功（峰）	0.00	56	33 600 kWh								
			56.00	600									
		有功（平）				550	79 850	0.399 675	250	20	0.90	0.91	−55.37
				600			36 000	31 914.05		5000		−0.15	

续表

客户名称	电价名称	示数类型	上次示数 本次示数	度差 倍率	抄见电量	套扣电量（kWh）	有功结算电量（kWh） 无功结算电量（kvarh）	目录电度电价（元/kWh） 目录电度电费（元）	计费容量（kVA） 计费需量（kW）	基本电价［元/（kVA·月）］ 基本电费（元）	功率因数标准	实际功率因数 调整系数	调整电费（元）
某防水建筑材料制造厂	大工业	有功（谷）	0.00	42	25 200 kWh								
			42.00	600									
		无功（总）	0.00	60	36 000 kWh								
			60.00	600									
		有功（总反向）	0.00	11	6600 kWh								
			11.00	600									
	非居民照明	有功（总）	0.00	55	550 kWh								
			55.00	10									
		有功（峰）	0	26	260 kWh		260	0.639 765					
			26.00	10				166.34					
		有功（平）	0				170	0.456 975			0.90	0.91	−0.42
			0	10				77.69				−0.15	
		有功（谷）	0	12	120 kWh		120	0.274 185					
			12	10				32.90					

技能等级评价专业技能考核操作评分标准

工种	抄表核算收费员				评价等级	高级工
项目模块	应收审核管理—电费计算—客户电费异常分析及处理			编号	Jc0002343024	
单位		准考证号			姓名	
考试时限	20 分钟	题型	单项操作		题分	100 分
成绩		考评员		考评组长	日期	
试题正文	10kV 高供高计客户电量电费审核					
需要说明的问题和要求	（1）要求单人完成。 （2）自备计算器、钢笔或中性笔					

序号	项目名称	质量要求	满分	扣分标准	扣分原因	得分
1	分析错误并指出处理方法	问题分析正确，处理方法正确	100	问题分析错误一处扣 10 分，处理方法错误一处扣 5～15 分，扣完为止		
合计			100			

Jc0002343025　电量电费审核。（100 分）

考核知识点：电费异常分析及处理

难易度：难

技能等级评价专业技能考核操作工作任务书

一、任务名称

电量电费审核。

二、适用工种

抄表核算收费员高级工。

三、具体任务

某制药厂锅炉用电，10kV 供电，装设 315kVA 变压器 2 台，采用高供高计计量方式，其中高压侧安装的总表电流互感器变比为 50A/5A，电压互感器变比为 10kV/0.1kV。根据合同约定，基本电费按容量收取，非居民照明每月定量收取 300kWh，分时比例按 6:2:2 计算。该户于 2020 年 10 月 18 日送电，11 月电费计算见表 Jc0002343025，请分析该户电费计算是否正确［不考虑政府性基金及附加费，基本电费按容量收取、按自然月计算，基本电费的单价为 20 元/（kVA・月）］，如不正确，请将错误的数据在表 Jc0002343025 中用双横线划去并将修改后的数据填上。

表 Jc0002343025

客户名称	计量点编号	电价名称	电量计算方式	父计量点编号	示数类型	上次示数	度差	抄见电量（kWh）	套扣电量（kWh）	有功结算电量（kWh）	目录电度电价（元/kWh）	计费容量（kVA）	基本电价［元/（kVA・月）］	功率因数标准	实际功率因数	调整电费（元）
						本次示数	倍率			无功结算电量（kvarh）	目录电度电费（元）	计费需量（kW）	基本电费（元）		调整系数	
某制药股份有限公司	1008512868	一般工商业，非居民	定量	1008512834	有功（峰）					99	0.639 765					
											63.34					
					有功（平）					89	0.456 975					
											40.67					
					有功（谷）					112	0.274 185					
											30.71					
	1008512834	大宗工业	实抄（装表计量）		有功（峰）	0	11.450 0	11 450	99	11 351	0.559 545					
						11.45	1000				6351.40					
					有功（平）	0	34.660 0	34 660	89	10 141	0.399 675	903	20	0.90	0.94	−189.30
						34.66	1000			12 340	4053.10		18 060		−0.60	
					有功（谷）		12.980 0	12 980	112	12 868	0.239 805					
						12.98	1000				3085.81					
					无功（总）		12.340 0	12 340								
						12.34	1000									

四、工作规范及要求

（1）自备钢笔或中性笔。

（2）文字描述清晰，用词准确。

五、考核及时间要求

本考核为电量电费审核实操任务，严格按照规定步骤完成，考核时间为 20 分钟。

技能等级评价专业技能考核操作评分标准

工种	抄表核算收费员			评价等级	高级工
项目模块	应收审核管理—电费计算—客户电费异常分析及处理		编号	Jc0002343025	
单位		准考证号		姓名	
考试时限	20 分钟	题型	单项操作	题分	100 分
成绩		考评员		考评组长		日期	
试题正文	电量电费审核				
需要说明的问题和要求	（1）要求单人完成。 （2）自备计算器、钢笔或中性笔				

续表

序号	项目名称	质量要求	满分	扣分标准	扣分原因	得分
1	目录电度电费	能够找出错误，描述出正确的营销系统处理方法	50	未找出错误扣20分，描述不准确、不完整扣1～10分，处理方法不正确、不完整扣1～10分，计算错误一处扣5分，扣完为止		
2	基本电费计算异常	发现异常并做正确说明	50	未发现异常扣20分，说明不准确、不完整扣2～10分，计算错误一处扣5分，扣完为止		
合计			100			

Jc0002363026　10kV 高供高计带子表商业客户电费计算。（100分）

考核知识点：有子表、固定提取等情况客户电费计算方法

难易度：难

技能等级评价专业技能考核操作工作任务书

一、任务名称

10kV 高供高计带子表商业客户电费计算。

二、适用工种

抄表核算收费员高级工。

三、具体任务

某商场用电，10kV 双电源供电，互为备用，受电变压器为2台1250kVA。各装设计量装置一套，因变压器下带家属院负荷，故《供用电合同》约定每月固定提取 2000kWh 居民生活照明电量，请根据以下信息计算该客户当月应缴纳电费多少？（抄表示数见表 Jc0002363026）

表 Jc0002363026

电能表编号	表计关系	示数类型	上次示数	本次示数	电流互感器变比（A/A）	电度电价单价（元/kWh）	代征费（元/kWh）
000300613	总表1	有功（总）	2265.28	2311.48	200/5	—	0.041 325
000300613	总表1	有功（峰）	945.14	964.81		0.681 09	
000300613	总表1	有功（平）	771.6	786.8		0.498 3	
000300613	总表1	有功（谷）	548.54	559.87		0.315 51	
000300613	总表1	无功（总）	423.45	431.99		—	
000300614	总表2	有功（总）	566.32	566.32	200/5	—	
000300614	总表2	有功（峰）	236.29	236.29		0.681 09	
000300614	总表2	有功（平）	192.90	192.90		0.498 3	
000300614	总表2	有功（谷）	137.14	137.14		0.315 51	
000300614	总表2	无功（总）	105.86	105.86		—	
000300613	居民生活提取	2000kWh	—	—	—	0.498 6	0.022 325

四、工作规范及要求

（1）自备计算器、钢笔或中性笔。

（2）计算公式、步骤正确。

五、考核及时间要求

本考核为计算实操任务，严格按照规定步骤完成，考核时间为 60 分钟。

技能等级评价专业技能考核操作评分标准

工种	抄表核算收费员				评价等级	高级工
项目模块	应收审核管理—电费计算—准确计算客户电费			编号	Jc0002363026	
单位		准考证号			姓名	
考试时限	60 分钟	题型	综合操作		题分	100 分
成绩		考评员		考评组长		日期
试题正文	10kV 高供高计带子表商业客户电费计算					
需要说明的问题和要求	（1）要求单人完成。 （2）列式计算，步骤清晰，单位正确，答案完整					
序号	项目名称	质量要求	满分	扣分标准	扣分原因	得分
1	综合倍率	综合倍率计算正确	5	综合倍率计算错误扣 5 分		
2	固定提取电费	固定提取电费计算正确	10	固定提取电费计算错误扣 10 分		
3	有功、无功电量电费	峰、平、谷、总有功、无功抄见电量计算正确	20	抄见电量计算错误一处扣 4 分，扣完为止		
		峰、平、谷、总有功、无功结算电量计算正确	20	结算电量计算错误一处扣 5 分，扣完为止		
		峰、平、谷、总有功目录电度电费计算正确	20	目录电度电费计算错误一处扣 5 分，扣完为止		
4	力调电费	表达式规范完整、计算数值正确	5	表达式错误、计算错误扣 5 分		
		调整系数和调整金额计算正确	10	调整系数和调整金额计算错误各扣 5 分，扣完为止		
5	代征费	代征费计算正确	5	代征费计算错误扣 5 分		
6	合计电费	合计电费计算正确	5	合计电费计算错误扣 5 分		
合计			100			

Jc0002363027　10kV 高供低计非居民客户父子表电费计算。（100 分）

考核知识点：有子表、固定提取等情况客户电费计算方法

难易度：难

技能等级评价专业技能考核操作工作任务书

一、任务名称

10kV 高供低计非居民客户父子表电费计算。

二、适用工种

抄表核算收费员高级工。

三、具体任务

某政府机构办公楼 10kV 公网供电，受电变压器为 S9－500，高供低计，电流互感器变比为 800A/5A 的电流互感器三只。院内靠街有一栋三层小楼由兄弟单位暂借办公使用，申请装设子表一套，电流互感器变比为 400A/5A 的电流互感器三只，双方约定变损按电量分摊，客户名称不变更但电费独立核算。请计算该客户 2020 年 10 月应缴纳电费。（S9 系列变压器损耗加算表

见表 Jc0002363027－1，计费表数据见表 Jc0002363027－2）。

表 Jc0002363027－1

铁损：0.96kW	铜损：5.10kW	空载电流：1.00%	阻抗电压：4.00%
负荷率（%）	月用电量（kWh）	应加电量	
		有功（kWh）	无功（kvarh）
10	28 800 以下	731	3756
20	28 801～57 600	850	4222
30	57 601～86 400	1048	5000
40	86 401～115 200	1326	6088
50	115 201～144 000	1683	7488
60	144 001～172 800	2119	9199
70	172 801～201 600	2634	11 220
80	201 601～230 400	3229	13 553
90	230 401～259 200	3903	16 197
100	259 201	4657	19 152

表 Jc0002363027－2

电能表编号	表计关系	示数类型	上次示数	本次示数	电流互感器变比（A/A）	电度电价（元/kWh）	代征费（元/kWh）
0000000190	总表	有功（总）	65 470.145	65 821.568	800/5	—	0.041 325
0000000190	总表	有功（峰）	33 548.65	33 701.501		0.681 09	
0000000190	总表	有功（平）	19 566.915	19 751.527		0.498 3	
0000000190	总表	有功（谷）	12 354.58	12 368.54		0.315 51	
0000000190	总表	无功（总）	30 204.62	30 339.25		—	
0001340783	照明子表	有功（总）	234.59	240.21	400/5	—	
0001340783	照明子表	有功（峰）	184.54	186.87		0.681 09	
0001340783	照明子表	有功（平）	25.37	27.36		0.498 3	
0001340783	照明子表	有功（谷）	24.68	25.98		0.315 51	
0001340783	照明子表	无功（总）	437.69	451.06		—	

四、工作规范及要求

（1）自备计算器、钢笔或中性笔。

（2）计算公式、步骤正确。

五、考核及时间要求

本考核为计算实操任务，严格按照规定步骤完成，考核时间为 40 分钟。

技能等级评价专业技能考核操作评分标准

<table>
<tr><td>工种</td><td colspan="5">抄表核算收费员</td><td>评价等级</td><td>高级工</td></tr>
<tr><td>项目模块</td><td colspan="4">应收审核管理—电费计算—准确计算客户电费</td><td>编号</td><td colspan="2">Jc0002363027</td></tr>
<tr><td>单位</td><td colspan="3"></td><td>准考证号</td><td></td><td>姓名</td><td></td></tr>
<tr><td>考试时限</td><td colspan="2">40 分钟</td><td>题型</td><td colspan="2">综合操作</td><td>题分</td><td>100 分</td></tr>
<tr><td>成绩</td><td></td><td>考评员</td><td></td><td>考评组长</td><td></td><td>日期</td><td></td></tr>
<tr><td>试题正文</td><td colspan="7">10kV 高供低计非居民客户父子表电费计算</td></tr>
<tr><td>需要说明的问题和要求</td><td colspan="7">（1）要求单人完成。
（2）列式计算，步骤清晰，单位正确，答案完整</td></tr>
</table>

<table>
<tr><th>序号</th><th>项目名称</th><th>质量要求</th><th>满分</th><th>扣分标准</th><th>扣分原因</th><th>得分</th></tr>
<tr><td>1</td><td>子表有功、无功电量</td><td>子表有功、无功电量计算正确</td><td>10</td><td>子表有功、无功电量计算错误各扣 5 分，扣完为止</td><td></td><td></td></tr>
<tr><td>2</td><td>子表峰谷电费</td><td>子表峰谷电费计算正确</td><td>10</td><td>子表峰谷电费计算错误扣 10 分</td><td></td><td></td></tr>
<tr><td>3</td><td>子表代征费</td><td>子表代征费计算正确</td><td>10</td><td>子表代征费计算错误各扣 2 分，扣完为止</td><td></td><td></td></tr>
<tr><td>4</td><td>总表有功、无功电量</td><td>总表有功、无功电量计算正确</td><td>10</td><td>总表有功、无功电量计算错误扣 5 分，扣完为止</td><td></td><td></td></tr>
<tr><td>5</td><td>分摊变损</td><td>分摊变损计算正确</td><td>20</td><td>分摊变损计算错误各扣 10 分，扣完为止</td><td></td><td></td></tr>
<tr><td>6</td><td>总表峰谷电费</td><td>总表峰谷电费计算正确</td><td>10</td><td>总表峰谷电费计算错误扣 10 分</td><td></td><td></td></tr>
<tr><td rowspan="2">7</td><td rowspan="2">功率因数</td><td>表达式规范完整、计算数值正确</td><td>10</td><td>表达式错误、计算错误各 5 分，扣完为止</td><td></td><td></td></tr>
<tr><td>调整系数和调整金额计算正确</td><td>10</td><td>调整系数和调整金额计算错误各扣 5 分，扣完为止</td><td></td><td></td></tr>
<tr><td>8</td><td>总表代征费</td><td>总表代征费计算正确</td><td>10</td><td>总表代征费计算错误各扣 2 分，扣完为止</td><td></td><td></td></tr>
<tr><td colspan="2">合计</td><td></td><td>100</td><td></td><td></td><td></td></tr>
</table>

Jc0002363028　10kV 高供低计农网非工业客户电费计算。（100 分）

考核知识点：有子表、固定提取等情况客户电费计算方法

难易度：难

技能等级评价专业技能考核操作工作任务书

一、任务名称

10kV 高供低计农网非工业客户电费计算。

二、适用工种

抄表核算收费员高级工。

三、具体任务

某村供水工作站，10kV 供电，供电变压器为 S9－100/10kVA，主要用于泵站抽水用电，列入自治区饮水安全工程用电名录。工作站有一间房出租给理发店使用，合同约定每月固定提取 100kWh 商业用电量。工作站装设三相四线电能表一只，电流互感器变比为 150A/5A。请根据计费表数据（见表 Jc0002363028－1）计算该客户本月电费。（S9 系列变压器损耗加算表见表 Jc0002363028－2）。

表 Jc0002363028－1

电能表编号	示数类型	上次示数	本次示数	电流互感器变比（A/A）	电度电价（元/kWh）	代征费（元/kWh）
000131228	有功（总）	2469.49	2508.85	150/5	—	
000131228	有功（峰）	1025.65	1035.21		—	
000131228	有功（平）	568.19	595.99	150/5	0.292 0	
000131228	有功（谷）	875.65	877.65		—	
000131228	无功（总）	1652.54	1673.07		—	
000131228	固定提取电量	100	—	—	峰 0.681 09、平 0.498 3、谷 0.315 51	0.041 325

表 Jc0002363028－2

铁损：0.29kW	铜损：1.50kW	空载电流：1.60%	阻抗电压：4.00%
负荷率（%）	月用电量（kWh）	应加电量	
		有功（kWh）	无功（kvarh）
10	5760 以下	220	1183
20	5761～11 520	255	1276
30	11 521～17 280	314	1432
40	17 281～23 040	395	1650
50	23 041～28 800	500	1930
60	28 801～34 560	629	2272
70	34 561～40 320	780	2676
80	40 321～46 080	955	3143
90	46 081～51 840	1154	3671
100	51 841 以上	1375	4262

四、工作规范及要求

（1）自备计算器、钢笔或中性笔。

（2）计算公式、步骤正确。

五、考核及时间要求

本考核为计算实操任务，严格按照规定步骤完成，考核时间为 40 分钟。

技能等级评价专业技能考核操作评分标准

工种	抄表核算收费员					评价等级	高级工
项目模块	应收审核管理—电费计算—准确计算客户电费				编号	Jc0002363028	
单位			准考证号			姓名	
考试时限	40 分钟		题型	综合操作		题分	100 分
成绩		考评员		考评组长		日期	
试题正文	10kV 高供低计农网非工业客户电费计算						
需要说明的问题和要求	（1）要求单人完成。 （2）列式计算，步骤清晰，单位正确，答案完整						

续表

序号	项目名称	质量要求	满分	扣分标准	扣分原因	得分
1	综合倍率	计算正确	5	倍率计算错误扣 5 分		
2	总有功或总无功电量	计算正确	10	总有功或总无功电量计算错误各扣 5 分，扣完为止		
3	变损	用查表法得出正确的有功、无功变损	10	变损值错误一项扣 5 分，扣完为止		
4	功率因数值	表达式规范完整、计算数值正确	5	表达式错误、计算错误各扣 2.5 分，扣完为止		
5	照明子表	峰谷电量、电费计算正确	20	照明子表未按照 6:2:2 比例计算扣 5 分，峰谷电费计算错误各扣 5 分，扣完为止		
		力调电费调整金额计算正确	5	子表力调电费调整金额计算错误扣 5 分		
		代征费及电费合计计算正确	19	代征费计算每错一项扣 4 分，电费合计错误扣 3 分，扣完为止		
6	总表	电量、电费计算正确	10	电量、电费计算错误各扣 5 分，扣完为止		
		力调电费计算正确	5	子表力调电费计算错误扣 5 分		
		代征费及电费合计计算正确	8	代征费计算错误扣 5 分，电费合计错误扣 3 分，扣完为止		
7	应收电费合计	应收电费合计计算正确	3	应收电费合计错误扣 3 分		
合计			100			

Jc0002362029－1 10kV 高供低计变压器损耗计算。（100 分）

考核知识点：变损电量的计算方法

难易度：中

技能等级评价专业技能考核操作工作任务书

一、任务名称

10kV 高供低计变压器损耗计算。

二、适用工种

抄表核算收费员高级工。

三、具体任务

某 10kV 高压客户的配电变压器容量为 400kVA。该变压器的铁损为 1.8kW，铜损为 6.1kW，空载电流为 6%，阻抗电压为 4%。已知该客户 6 月有功电量为 200 000kWh，功率因数为 0.9，求该配电变压器 6 月的有功损耗电量和无功损耗电量。

四、工作规范及要求

（1）自备计算器、钢笔或中性笔。

（2）计算公式、步骤正确。

五、考核及时间要求

本考核为计算实操任务，严格按照规定步骤完成，考核时间为 30 分钟。

技能等级评价专业技能考核操作评分标准

工种	抄表核算收费员					评价等级	高级工
项目模块	应收审核管理—电费计算—准确计算客户电费				编号	Jc0002362029－1	
单位		准考证号				姓名	
考试时限	30 分钟	题型		综合操作		题分	100 分
成绩		考评员		考评组长		日期	
试题正文	10kV 高供低计变压器损耗计算						
需要说明的问题和要求	（1）要求单人完成。 （2）列式计算，步骤清晰，单位正确						

序号	项目名称	质量要求	满分	扣分标准	扣分原因	得分
1	变压器利用率	数值正确	10	计算结果错误扣 10 分		
2	有功变损	公式正确	10	公式不正确或未写出扣 10 分		
		有功固定变损表达式规范，计算正确	15	有功固定变损计算错误扣 15 分		
		有功可变变损表达式规范，计算正确	20	有功可变变损计算错误扣 20 分		
3	无功变损	公式正确	10	公式不正确或未写出扣 10 分		
		无功固定变损表达式规范，计算正确	15	无功固定变损计算错误扣 15 分		
		无功可变变损表达式规范，计算正确	20	无功可变变损计算错误扣 20 分		
合计			100			

Jc0002363030－2　10kV 高供低计变压器损耗计算。（100 分）

考核知识点：变损电量的计算方法

难易度：难

技能等级评价专业技能考核操作工作任务书

一、任务名称

10kV 高供低计变压器损耗计算。

二、适用工种

抄表核算收费员高级工。

三、具体任务

某洗煤厂一班次生产，变压器容量为 315kVA，计量方式为高供低计，抄表例日为每月 15 日，2020 年 10 月应收电费发行后，2020 年 11 月 3 日该客户申请对变压器暂停并加封，总表抄见有功电量为 111 140kWh，抄见无功电量为 38 880kvarh，试计算该客户 11 月的变压器损耗电量是多少？（按抄表日计算变损，变压器参数：有功空载损耗为 0.57、有功负载损耗为 3.65、空载电流百分比为 0.33%、短路电压百分比为 4%）

四、工作规范及要求

（1）自备计算器、钢笔或中性笔。

（2）计算公式、步骤正确。

五、考核及时间要求

本考核为计算实操任务，严格按照规定步骤完成，考核时间为 30 分钟。

技能等级评价专业技能考核操作评分标准

<table>
<tr><td>工种</td><td colspan="5">抄表核算收费员</td><td>评价等级</td><td colspan="2">高级工</td></tr>
<tr><td>项目模块</td><td colspan="4">应收审核管理—电费计算—准确计算客户电费</td><td>编号</td><td colspan="3">Jc0002363030－2</td></tr>
<tr><td>单位</td><td colspan="3"></td><td>准考证号</td><td></td><td>姓名</td><td colspan="2"></td></tr>
<tr><td>考试时限</td><td colspan="2">30 分钟</td><td>题型</td><td colspan="2">综合操作</td><td>题分</td><td colspan="2">100 分</td></tr>
<tr><td>成绩</td><td></td><td>考评员</td><td></td><td>考评组长</td><td></td><td>日期</td><td colspan="2"></td></tr>
<tr><td>试题正文</td><td colspan="8">10kV 高供低计变压器损耗计算</td></tr>
<tr><td>需要说明的问题和要求</td><td colspan="8">（1）要求单人完成。
（2）需列式计算，写出计算公式、步骤</td></tr>
</table>

序号	项目名称	质量要求	满分	扣分标准	扣分原因	得分
1	有功变损	表达式规范完整	10	表达式错误或未写出扣 10 分		
		正确计算有功固定变损	20	有功固定变损错误扣 20 分		
		正确计算有功可变变损	20	有功可变变损错误扣 20 分		
2	无功变损	表达式规范完整	10	表达式错误或未写出扣 10 分		
		正确计算无功固定变损	20	无功固定变损错误扣 20 分		
		正确计算无功可变变损	20	无功可变变损错误扣 20 分		
合计			100			

Jc0002362031　写出非政策退补操作流程及审批金额。（100 分）

考核知识点：变损电量的计算方法

难易度：中

技能等级评价专业技能考核操作工作任务书

一、任务名称

写出非政策退补操作流程及审批金额。

二、适用工种

抄表核算收费员高级工。

三、具体任务

请写出非政策性退补不同金额审批所对应的操作流程。

四、工作规范及要求

按照营销业务应用系统规范流程填写。

五、考核及时间要求

本考核时间为 20 分钟，要求操作步骤正确，文字描述清晰。

技能等级评价专业技能考核操作评分标准

<table>
<tr><td>工种</td><td colspan="5">抄表核算收费员</td><td>评价等级</td><td>高级工</td></tr>
<tr><td>项目模块</td><td colspan="4">应收审核管理—电费计算—在营销业务应用系统中完成电费退补流程</td><td>编号</td><td colspan="2">Jc0002362031</td></tr>
<tr><td>单位</td><td colspan="3"></td><td>准考证号</td><td></td><td>姓名</td><td></td></tr>
<tr><td>考试时限</td><td colspan="2">20 分钟</td><td>题型</td><td colspan="2">综合操作</td><td>题分</td><td>100 分</td></tr>
<tr><td>成绩</td><td></td><td>考评员</td><td></td><td>考评组长</td><td></td><td>日期</td><td></td></tr>
<tr><td>试题正文</td><td colspan="7">写出非政策性退补操作流程及审批金额</td></tr>
<tr><td>需要说明的问题和要求</td><td colspan="7">（1）要求单人完成。
（2）步骤规范、流程完整准确清晰</td></tr>
</table>

续表

序号	项目名称	质量要求	满分	扣分标准	扣分原因	得分
1	退补金额	退补金额填写正确	30	退补金额错误一项扣 10 分，扣完为止		
2	退补流程	退补流程填写正确	60	退补流程错误一项扣 20 分，扣完为止		
3	电量、电费退补流程的区别	退补电量、电费填写正确	10	退补电量、电费错误一项扣 5 分，扣完为止		
合计			100			

Jc0002361032－1　客户电费异常分析及处理。（100 分）

考核知识点：退补电费的处理方法

难易度：易

技能等级评价专业技能考核操作工作任务书

一、任务名称

客户电费异常分析及处理。

二、适用工种

抄表核算收费员高级工。

三、具体任务

某新装客户，2020 年 4 月 17 日送电，供电容量为 630kVA，行业分类为“水污染治理”，执行电价为工商业及其他用电单一制电价，不执行分时电价，功率因数标准为 0.85。抄表日期为每月的 20 日。2020 年 5 月 20 日完成了第一次抄表，部分电量电费信息见表 Jc0002361032－1。根据给定条件审核相关信息，若有错，请分析可能的原因并说明处理情况。

表 Jc0002361032－1

电费年月	结算有功电量（kWh）	结算无功电量（kvarh）	计算容量（kVA）	基本电费（元）
2020 年 4 月	0	0	0	0
2020 年 5 月	16 100	11 900	0	0

四、工作规范及要求

问题回答全面，准确，条理清晰。

五、考核及时间要求

本考核时间为 20 分钟，文字描述清晰，术语规范。

技能等级评价专业技能考核操作评分标准

<table>
<tr><td>工种</td><td colspan="8">抄表核算收费员</td><td>评价等级</td><td>高级工</td></tr>
<tr><td>项目模块</td><td colspan="7">应收审核管理—电费计算—客户电费异常分析及处理</td><td>编号</td><td colspan="2">Jc0002361032－1</td></tr>
<tr><td>单位</td><td colspan="3"></td><td colspan="2">准考证号</td><td colspan="3"></td><td>姓名</td><td></td></tr>
<tr><td>考试时限</td><td colspan="2">20 分钟</td><td colspan="2">题型</td><td colspan="4">综合操作</td><td>题分</td><td>100 分</td></tr>
<tr><td>成绩</td><td></td><td>考评员</td><td colspan="2"></td><td colspan="2">考评组长</td><td colspan="2"></td><td>日期</td><td></td></tr>
<tr><td>试题正文</td><td colspan="10">客户电费异常分析及处理</td></tr>
<tr><td>需要说明的问题和要求</td><td colspan="10">（1）要求单人完成。
（2）问题回答全面，准确，条理清晰</td></tr>
</table>

续表

序号	项目名称	质量要求	满分	扣分标准	扣分原因	得分
1	分析原因	问题分析全面	40	问题分析不全面扣20分，问题分析错误扣40分，扣完为止		
2	处理情况	正确写出处理结果	60	处理结果每错误一条扣20分，扣完为止		
合计			100			

Jc0002361033－2 客户电费异常分析及处理。（100分）

考核知识点：退补电费的处理方法

难易度：易

技能等级评价专业技能考核操作工作任务书

一、任务名称

客户电费异常分析及处理。

二、适用工种

抄表核算收费员高级工。

三、具体任务

某工业客户，用电容量为1000kVA，某月有功电量为40 000kWh，无功电量为30 000kvarh，电费（不含政府性基金及附加费）总金额为12 600元，后普查发现抄表员少抄该户无功电量9670kvarh，试问该户应补电费多少元？

四、工作规范及要求

（1）自备计算器、钢笔或中性笔。

（2）计算公式、步骤正确。

（3）计算结果正确。

五、考核及时间要求

本考核为计算实操任务，严格按照规定步骤完成，考核时间为20分钟。

技能等级评价专业技能考核操作评分标准

工种	抄表核算收费员					评价等级	高级工
项目模块	应收审核管理—电费计算—电费异常分析及退补处理				编号	Jc0002361033－2	
单位			准考证号			姓名	
考试时限	20分钟	题型	综合操作			题分	100分
成绩		考评员		考评组长		日期	
试题正文	客户电费异常分析及处理						
需要说明的问题和要求	（1）自备计算器、钢笔或中性笔。 （2）计算公式、步骤正确。 （3）计算结果正确						

序号	项目名称	质量要求	满分	扣分标准	扣分原因	得分
1	功率因数	表达式规范完整、计算数值正确	30	表达式错误、计算错误各扣15分，扣完为止		
2	实际功率因数	表达式规范完整、计算数值正确	30	表达式错误、计算错误各扣15分，扣完为止		

续表

序号	项目名称	质量要求	满分	扣分标准	扣分原因	得分
3	实际电费	计算数值正确	20	计算错误扣 20 分		
4	追补电费	计算数值正确	20	计算错误扣 20 分		
合计			100			

Jc0003352034　填制电费通知单。（100 分）

考核知识点： 电费催收工作的内容及具体要求

难易度： 中

技能等级评价专业技能考核操作工作任务书

一、任务名称

填制电费通知单。

二、适用工种

抄表核算收费员高级工。

三、具体任务

根据应收电费账单（见表 Jc0003352034－1）填制电费通知单（见表 Jc0003352034－2）。

表 Jc0003352034－1

客户名称	电价名称	电能表编号	示数类型	上次示数/本次示数	度差/倍率	抄见电量（kWh）	容量（kW）	变损/线损	有功结算电量（kWh）/无功结算电量（kvarh）	目录电度电价（元/kWh）/目录电度电费（元）	功率因数标准	实际功率因数/调整系数/优惠折扣	（调整/优惠）电费（元）	电费小计（元）	国家重大水利建设基金（元）	库区移民代征费（元）	可再生资源代征费（元）	总电费（元）
1015513602 银川瑞明太阳能有限公司	工商业及其他用电/单一制/普通工业/1～10 kV	0000014414	有功（总）	6836.5	114.40	9152	250				0.90		−6.58					
				6950.9	80													
			有功（峰）	2641.06	45.840	3667			3667	0.625 775				2294.72	4.13	4.40	69.67	2372.92
				2686.9	80					2294.72								
			有功（平）	2176.82	30.030	2402		427kWh	2830	0.446 975		0.91		1258.36	3.18	3.40	53.77	1318.71
				2206.85	80				4454	1264.94		−0.15						
			有功（谷）	2018.62	38.530	3082			3082	0.268 175				826.51	3.47	3.70	58.56	892.24
				2057.15	80					826.51								
			无功（总）	1586.17	27.690	2216		2238kvarh										
				1613.86	80													
	小计								9579	4386.17			−6.58	4379.59	10.78	11.50	182.00	4583.87
									4454									

表 Jc0003352034－2

单位：某供电公司			抄表段：1012000900			抄表日期：2021－02－01	
客户编号			客户名称				
用电地址							
出厂编号	示数类型	上次示数	本次示数	综合倍率	抄见电量	退补电量	变/线损
0000014414	有功（总）						
0000014414	有功（平）						
0000014414	有功（谷）						
0000014414	有功（峰）						
0000014414	无功（总）						
电价名称	时段	结算电量	单价	退补电费	基本电费	力调电费	结算电费
工商业及其他用电/单一制/普通工业/1～10kV	峰						
工商业及其他用电/单一制/普通工业/1～10kV	平						
工商业及其他用电/单一制/普通工业/1～10kV	谷						
电价名称	功率因数标准	实际功率因数	奖罚系数				
工商业及其他用电/单一制/普通工业/1～10kV							
工商业及其他用电/单一制/普通工业/1～10kV							
工商业及其他用电/单一制/普通工业/1～10kV							
合计金额							

四、工作规范及要求

按项目填写表中对应数值，数值保留两位小数。

五、考核及时间要求

本考核时间为 30 分钟，如填写错误，须用双横线划去，在被修改数据上面重新填写，不得直接涂改抹去。

技能等级评价专业技能考核操作评分标准

工种	抄表核算收费员					评价等级	高级工
项目模块	收费管理—电费回收及风险防控—掌握欠费明细表及汇总表的统计方法、结构及要素内容				编号	Jc0003352034	
单位			准考证号			姓名	
考试时限	30 分钟		题型	多项操作		题分	100 分
成绩		考评员		考评组长		日期	
试题正文	填制电费通知单						
需要说明的问题和要求	（1）要求单人完成。 （2）根据给定的数据，准确填写通知单中数据						

续表

序号	项目名称	质量要求	满分	扣分标准	扣分原因	得分
1	客户基本信息	数据正确填写	3	每空填写错误扣 1.5 分，扣完为止		
2	上次及本次示数、综合倍率	数据正确填写	30	每空填写错误扣 2 分，扣完为止		
3	各类电量电费	数据正确填写	44	每空填写错误扣 2 分，扣完为止		
4	功率因数标准、实际利率、奖罚系数	数据正确填写	18	每空填写错误扣 2 分，扣完为止		
5	合计金额	数据正确填写	5	每空填写错误扣 2.5 分，扣完为止		
合计			100			

Jc0003362035　催缴电费的案例分析。（100 分）

考核知识点：电费催收工作的内容及具体要求

难易度：中

技能等级评价专业技能考核操作工作任务书

一、任务名称

催缴电费的案例分析。

二、适用工种

抄表核算收费员高级工。

三、具体任务

因连日大雪，抄表员潘某考虑天气情况、出行安全问题，没有严格按抄表例日现场抄表。潘某考虑其中一个客户王某是承包大户，家庭经济条件好，采暖用电量可能较大，就对王某的电能表进行了估抄，并通知客户及时交费。客户王某在缴费时发现本次交费金额较以往多出很多，于是找到抄表员潘某要求解释原因。潘某只是一味敷衍，王某一气之下离开。电费回收结零日前，潘某打电话给王某要求赶快缴纳电费，王某拒交。潘某于当日实施了停电。请分析本事件并提出处理和整改措施。

四、工作规范及要求

（1）自备钢笔或中性笔。

（2）文字描述条理清晰，简明扼要。

五、考核及时间要求

本考核为电费催缴停电实操任务，严格按照规定步骤完成，考核时间为 30 分钟。

技能等级评价专业技能考核操作评分标准

工种	抄表核算收费员					评价等级	高级工
项目模块	收费管理—电费回收及风险防控				编号	Jc0003362035	
单位			准考证号			姓名	
考试时限	30 分钟	题型	综合操作			题分	100 分
成绩		考评员		考评组长		日期	
试题正文	催缴电费的案例分析						
需要说明的问题和要求	（1）要求单人完成。 （2）自备钢笔或中性笔。 （3）答案要点明确，条理清晰，术语规范						

续表

序号	项目名称	质量要求	满分	扣分标准	扣分原因	得分
1	违反规定	写出4条，内容正确全面	42	未正确全面写出抄表、催费、停电条款每条扣1～11分，扣完为止		
2	暴露问题	写出3条，内容正确全面	18	每条错、漏扣6分，扣完为止		
3	措施建议	写出4条，内容正确全面	40	每条错、漏扣10分，扣完为止		
合计			100			

Jc0003362036　填制欠费明细表。（100分）

考核知识点：电费催收工作的内容及具体要求

难易度：中

技能等级评价专业技能考核操作工作任务书

一、任务名称

填制欠费明细表。

二、适用工种

抄表核算收费员高级工。

三、具体任务

根据客户欠费清单（见表Jc0003362036－1）填制欠费明细表（见表Jc0003362036－2）。

表Jc0003362036－1　　单位：元

序号	单位名称	欠费情况			电费回收情况			欠费原因
		欠电费总额	其中		上年末累计欠费	收回陈欠	其中核销坏账	
			本年新欠	陈欠电费				
1	某鱼苗良种场	17 147.12	2578.56	14 568.56	20 025.60	5457.04		客户繁鱼育苗池被冲毁，资金困难
2	某苗圃	55 895.61	5115.40	50 780.21	75 000.80	24 220.59		树苗销路不好，占资金
3	某铝厂	485 789.76	121 235.67	364 554.09	578 620.56	214 066.47		产品销路差，价格低
4	某啤酒厂	87 741.54	17 652.00	70 089.54	107 800.67	37 711.13		面临转产、停产
5	某建筑公司	757 257.56	1200.78	756 056.78	806 000.87	49 944.09		企业不景气，无资金
6	某粮库	127 762.26	953.4	126 808.86	260 000.23	133 191.37		拨付资金未到位
7	某快递	7594.17	1515.67	6078.5	9050.06	2971.56		企业不景气，无资金
8	某网络公司	177 281.34	1600.67	175 680.67	228 650.45	52 969.78		企业经营困难，负担严重
9	某信息工程公司	99 171.47	1585.8	97 585.67	178 966.04	81 380.37		企业亏损，三角债严重，但有偿还能力
10	某宾馆	62 683.56	4660.56	58 023	68 504.67	10 481.67		经营困难，停业
11	某证券	10 001.72	3200.6	6801.12	7800.80	999.68		证券市场不景气，资金困难
12	某保险	8058.21	1257.76	6800.45	11 850.13	5049.68		已度过困难期，还款较大
13	某物业管理公司	46 106.97	10 532.47	35 574.5	51 083.00	15 508.5		资金困难，已多次欠费停电
14	某律师事务所	1621.31	745.86	875.45	1475.45	600		资金困难，但有还款能力
15	某摩托车修理部	4893.40	2134.5	2758.9	3961.90	1203		资金困难，已多次欠费停电
16	某村民委员会	1602.70	568.2	1034.5	1714.50	680		拨付资金未到位
合计		1 950 608.70	176 537.90	1 774 070.80	2 410 505.73	636 434.93		

表 Jc0003362036－2　　　　单位：元

行业	单位名称	欠费情况			电费回收情况			欠费原因
		欠电费总额	其中		上年末累计欠费	收回陈欠	其中核销坏账	
			本年新欠	陈欠电费				
总计								
A 全行业合计								
一、农、林、牧、渔业	农、林、牧、渔业小计							
	1.							
	2.							
二、工业	工业小计							
	1.							
	2.							
三、建筑业	建筑业小计							
	1.							
	2.							
四、交通运输、仓储和邮政业	交通运输、仓储和邮政业小计							
	1.							
	2.							
五、信息传输、软件和信息技术服务业	信息传输、软件和信息技术服务业小计							
	1.							
	2.							
六、批发和零售业	批发和零售业小计							
	1.							
	2.							
七、住宿和餐饮业	住宿和餐饮业小计							
	1.							
	2.							
八、金融业	金融业小计							
	1.							
	2.							
九、房地产业	房地产业小计							
	1.							
	2.							
十、租赁和商务服务业	租赁和商务服务业小计							
	1.							
	2.							
十一、公共服务及管理组织	公共服务及管理组织小计							
	1.							
	2.							
B 城乡居民合计								
城镇居民	城镇居民小计							
乡村居民	乡村居民小计							

四、工作规范及要求

按欠费明细表填写表中欠电费总额、本年新欠、陈欠电费、上年末累计欠费、收回陈欠、欠费原因。

五、考核及时间要求

本考核时间为 45 分钟，如填写错误，须用双横线划去，在被修改数据上面重新填写，不得直接涂改抹去。表中数据每空必填，若哪一类无数据，则填零，不填视为错误。

技能等级评价专业技能考核操作评分标准

工种	抄表核算收费员						评价等级	高级工	
项目模块	收费管理—电费回收及风险防控					编号	Jc0003362036		
单位				准考证号			姓名		
考试时限	45 分钟		题型		综合操作		题分	100 分	
成绩		考评员		考评组长			日期		
试题正文	填制欠费明细表								
需要说明的问题和要求	（1）要求单人完成。 （2）自备钢笔或中性笔。 （3）根据给定的数据，准确填写欠费明细表中数据								

序号	项目名称	质量要求	满分	扣分标准	扣分原因	得分
1	欠电费总额	数据正确填写	17	每空填写错误扣 1 分，扣完为止		
2	本年新欠	数据正确填写	16	每空填写错误扣 1 分，扣完为止		
3	陈欠电费	数据正确填写	16	每空填写错误扣 1 分，扣完为止		
4	上年年末累计欠费	数据正确填写	17	每空填写错误扣 1 分，扣完为止		
5	收回陈欠	数据正确填写	17	每空填写错误扣 1 分，扣完为止		
6	欠费原因	数据正确填写	17	每空填写错误扣 1 分，扣完为止		
合计			100			

Jc0003342037　集团客户缴费处理。（100 分）

考核知识点：电费、业务费收取的相关工作标准及规定

难易度：中

技能等级评价专业技能考核操作工作任务书

一、任务名称

集团客户缴费处理。

二、适用工种

抄表核算收费员高级工。

三、具体任务

2018 年 11 月，某供电公司集团主关联缴费户期初预收余额为 1200 元，11 月交纳预收电费 50 000 元，应收电费发行 31 827.88 元。11 月新增两个子户，系统未关联，应收电费共计 3487.51 元。

（1）关联缴费户收费方式有几种？描述收费过程及结果，以及哪种收费方式便于后续账务查询对账？

（2）关联新增的两个子客户需提供什么手续？

（3）该集团客户期末预收电费余额为多少？

四、工作规范及要求

（1）自备钢笔或中性笔。

（2）文字描述条理清晰，简明扼要，计算步骤正确。

（3）正确处理关联缴费户业务。

五、考核及时间要求

本考核为电费账务实操任务，严格按照规定步骤完成，考核时间为20分钟。

技能等级评价专业技能考核操作评分标准

工种	抄表核算收费员					评价等级	高级工
项目模块	收费管理—电费收缴				编号		Jc0003342037
单位			准考证号			姓名	
考试时限	20分钟		题型	单项操作		题分	100分
成绩		考评员		考评组长		日期	
试题正文	集团客户缴费处理						
需要说明的问题和要求	（1）要求单人完成。 （2）自备钢笔或中性笔						

序号	项目名称	质量要求	满分	扣分标准	扣分原因	得分
1	关联户操作	关联户收费方式描述正确	60	两种收费方式共计40分，每种方式描述错误或描述不清的扣5～20分；后续账务查询对账的影响描述共计20分，每种方式描述错误或描述不清的扣5～10分；扣完为止		
		正确描述申请关联户需提供的手续	20	描述错误或描述不清的扣5～20分，扣完为止		
		正确计算账户余额	20	不能正确计算扣20分		
合计			100			

Jc0003342038　违约金的计算。（100分）

考核知识点：电费违约金的收取标准及计算方法

难易度：中

技能等级评价专业技能考核操作工作任务书

一、任务名称

违约金的计算。

二、适用工种

抄表核算收费员高级工。

三、具体任务

某普通工业客户2018年12月的电费为5650元，2019年1月的电费为9450元。该客户2019年1月25日才到供电企业缴纳以上电费，试求该客户2019年1月应缴纳电费违约金多少元？（假设约定的缴费日期为每月15～20日）

四、工作规范及要求

（1）自备计算器、钢笔或中性笔。

（2）计算公式、步骤正确。

（3）正确计算违约金。

五、考核及时间要求

本考核为计算实操任务，严格按照规定步骤完成，考核时间为30分钟。

技能等级评价专业技能考核操作评分标准

工种	抄表核算收费员			评价等级	高级工
项目模块	收费管理—电费收缴		编号	Jc0003342038	
单位		准考证号		姓名	
考试时限	30分钟	题型	单项操作	题分	100分
成绩		考评员		考评组长		日期	
试题正文	违约金的计算				
需要说明的问题和要求	（1）要求单人完成。 （2）自备计算器、钢笔或中性笔				

序号	项目名称	质量要求	满分	扣分标准	扣分原因	得分
1	违约金的计算	正确计算应缴纳违约金的金额	100	分年度计算应缴纳违约金，当年千分之二，跨年千分之三，公式每错误一项扣20分，结果每错误一项扣20分，扣完为止		
合计			100			

Jc0003342039　电费资金安全管理。（100分）

考核知识点：资金安全管理的相关规定

难易度：中

技能等级评价专业技能考核操作工作任务书

一、任务名称

电费资金安全管理。

二、适用工种

抄表核算收费员高级工。

三、具体任务

某供电公司A营业网点2021年1月25日仅收费员张某一人在岗，16时张某对自助缴费终端进行解款，共解得款项1600元。当日张某未在营业厅智能缴费终端将现金存款，下班后张某将自助缴费终端解款现金带回家，次日上午才将现金存款。该营业网点管理存在哪些问题？张某的行为违反了什么规定？

四、工作规范及要求

（1）自备钢笔或中性笔。

（2）文字描述条理清晰，简明扼要。

五、考核及时间要求

本考核为电费账务实操任务，严格按照规定步骤完成，考核时间为20分钟。

技能等级评价专业技能考核操作评分标准

工种	抄表核算收费员						评价等级	高级工
项目模块	收费管理—电费回收及风险防控					编号	Jc0003342039	
单位				准考证号			姓名	
考试时限	20 分钟		题型		单项操作		题分	100 分
成绩		考评员		考评组长			日期	
试题正文	电费资金安全管理							
需要说明的问题和要求	（1）要求单人完成。 （2）自备钢笔或中性笔							

序号	项目名称	质量要求	满分	扣分标准	扣分原因	得分
1	电费资金安全管理	正确指出管理存在的问题	60	准确指出资金管理存在的具体问题，缺少一项或描述不清的扣 5～20 分，扣完为止		
		明确指出收费员的违规	40	对收费员的违规行为进行明确指出，描述不清的扣 10～40 分，扣完为止		
合计			100			

Jc0003362040　写出网上国网下载的几种方式，注册并进行购电的操作步骤。（100 分）

考核知识点：常用缴费渠道、方式和资金结算方式的相关内容

难易度：中

技能等级评价专业技能考核操作工作任务书

一、任务名称

写出网上国网下载的几种方式，注册并进行购电的操作步骤。

二、适用工种

抄表核算收费员高级工。

三、具体任务

请写出网上国网下载的几种方式，注册并进行购电的操作步骤。

四、工作规范及要求

按照实际操作步骤填写。

五、考核及时间要求

本考核时间为 20 分钟，要求操作步骤正确，文字描述清晰。

技能等级评价专业技能考核操作评分标准

工种	抄表核算收费员						评价等级	高级工
项目模块	收费管理—电费收缴—常用缴费渠道					编号	Jc0003362040	
单位				准考证号			姓名	
考试时限	20 分钟		题型		综合操作		题分	100 分
成绩		考评员		考评组长			日期	
试题正文	写出网上国网下载的几种方式，注册并进行购电的操作步骤							
需要说明的问题和要求	（1）要求单人完成。 （2）步骤规范、流程完整准确清晰							

续表

序号	项目名称	质量要求	满分	扣分标准	扣分原因	得分
1	下载方式	填写 2 种正确方式	25	少一种扣 12.5 分，扣完为止		
2	注册流程	填写正确	20	少一个步骤扣 5 分，扣完为止		
3	缴费流程	填写正确	55	少一个步骤扣 5 分，扣完为止		
合计			100			

Jc0003342041　省级直收后绑定管家卡客户交费流程。（100 分）

考核知识点：电费、业务费收取的相关工作标准及规定

难易度：中

技能等级评价专业技能考核操作工作任务书

一、任务名称

省级直收后绑定管家卡客户交费流程。

二、适用工种

抄表核算收费员高级工。

三、具体任务

请简要写出省级直收后绑定管家卡客户交费流程及注意事项。

四、工作规范及要求

（1）自备钢笔或中性笔。

（2）文字表述清楚，按顺序填写。

五、考核及时间要求

本考核时间为 30 分钟，要求操作步骤正确，文字描述清晰。

技能等级评价专业技能考核操作评分标准

<table>
<tr><td>工种</td><td colspan="5">抄表核算收费员</td><td>评价等级</td><td colspan="2">高级工</td></tr>
<tr><td>项目模块</td><td colspan="4">收费管理—电费收缴—常用缴费渠道、方式和资金结算方式</td><td>编号</td><td colspan="3">Jc0003342041</td></tr>
<tr><td>单位</td><td colspan="3"></td><td>准考证号</td><td></td><td>姓名</td><td colspan="2"></td></tr>
<tr><td>考试时限</td><td colspan="2">30 分钟</td><td>题型</td><td colspan="2">单项操作</td><td>题分</td><td colspan="2">100 分</td></tr>
<tr><td>成绩</td><td></td><td>考评员</td><td></td><td>考评组长</td><td></td><td>日期</td><td colspan="2"></td></tr>
<tr><td>试题正文</td><td colspan="8">省级直收后绑定管家卡客户交费流程</td></tr>
<tr><td>需要说明的问题和要求</td><td colspan="8">（1）要求单人完成。
（2）自备计算器、钢笔或中性笔。
（3）文字表述清楚</td></tr>
</table>

序号	项目名称	质量要求	满分	扣分标准	扣分原因	得分
1	操作流程	填写完整、准确	60	共计 3 条，不完整或不准确每条扣 20 分，扣完为止		
2	注意事项	填写正确	40	共计 2 条，不完整或不准确每条扣 20 分，扣完为止		
合计			100			

Jc0003342042　省级直收后营业厅现金交费冲正业务流程。(100 分)

考核知识点：电费、业务费收取的相关工作标准及规定

难易度：中

技能等级评价专业技能考核操作工作任务书

一、任务名称

省级直收后营业厅现金交费冲正业务流程。

二、适用工种

抄表核算收费员高级工。

三、具体任务

请简要写出省级直收后营业厅现金交费冲正业务流程及注意事项。

四、工作规范及要求

（1）自备钢笔或中性笔。

（2）文字表述清楚，按顺序填写。

五、考核及时间要求

本考核时间为 30 分钟，要求操作步骤正确，文字描述清晰。

技能等级评价专业技能考核操作评分标准

工种	抄表核算收费员						评价等级	高级工
项目模块	收费管理—电费收缴					编号	Jc0003342042	
单位			准考证号				姓名	
考试时限	30 分钟		题型	单项操作			题分	100 分
成绩		考评员		考评组长			日期	
试题正文	省级直收后营业厅现金交费冲正业务流程							
需要说明的问题和要求	（1）要求单人完成。 （2）自备计算器、钢笔或中性笔。 （3）文字表述清楚							

序号	项目名称	质量要求	满分	扣分标准	扣分原因	得分
1	操作流程	填写完整、准确	90	不完整或不准确，每条扣 15 分，扣完为止		
2	注意事项	填写正确	10	不完整或不准确，每条扣 10 分		
合计			100			

Jc0003342043　预收退费的错误发现及资料审核。(100 分)

考核知识点：退费及调账处理的相关工作标准及规定

难易度：中

技能等级评价专业技能考核操作工作任务书

一、任务名称

预收退费的错误发现及资料审核。

二、适用工种

抄表核算收费员高级工。

三、具体任务

某日，账务审核人员收到某分中心退费审批资料一份。2018 年 11 月 13 日的现场工作单反映该居民客户电能表上的电价执行错误，为 1.128 6 元/kWh，工作单上的止码为 4547.24。业务接洽计算客户自 2018 年 5 月 18 日换表后总购电金额为 4131.95 元，实际用电量为 4547kWh，应给客户退补金额为 2042.06 元。客户要求退出预收金额，业务受理员与客户协商后，清零补金额 42.06 元，退费 2000 元。经审核员在营销业务应用系统中查询，该户抄表例日为每月 6 日，上月结算止码为 4494.90，每月均能按时发行电费，月用电量较稳定，营销业务应用系统预收余额为 2036.20 元。此案例的退费中存在哪些问题？计算正确的退补金额。此类客户退费时，应提供哪些资料？

四、工作规范及要求

（1）自备钢笔或中性笔。

（2）文字描述条理清晰，简明扼要。

（3）正确审核预收退费。

五、考核及时间要求

本考核为电费账务实操任务，严格按照规定步骤完成，考核时间为 30 分钟。

技能等级评价专业技能考核操作评分标准

工种	抄表核算收费员					评价等级	高级工
项目模块	收费管理—电费收缴—预收工作的相关内容、日常操作及异常处理				编号	Jc0003342043	
单位			准考证号			姓名	
考试时限	30 分钟		题型	单项操作		题分	100 分
成绩		考评员		考评组长		日期	
试题正文	预收退费的错误发现及资料审核						
需要说明的问题和要求	（1）要求单人完成。 （2）自备钢笔或中性笔						

序号	项目名称	质量要求	满分	扣分标准	扣分原因	得分
1	退预收费审核	正确指出退费中存在的问题，并说明应退费的金额	60	通过推理，不能正确得出退费金额，扣 40 分；推理过程描述有误，扣 20 分；扣完为止		
2	退预收费资料审核	正确指出退预收费需提供的资料	40	共 8 项资料，缺少一个扣 5 分，扣完为止		
合计			100			

Jc0003342044　省级直收后线上缴费业务流程。（100 分）

考核知识点：电费、业务费收取的相关工作标准及规定

难易度：中

技能等级评价专业技能考核操作工作任务书

一、任务名称

省级直收后线上缴费业务流程。

二、适用工种

抄表核算收费员高级工。

三、具体任务

写出省级直收后线上缴费的业务流程。

四、工作规范及要求

（1）自备钢笔或中性笔。

（2）文字描述条理清晰，简明扼要。

五、考核及时间要求

本考核时间为 20 分钟，要求文字描述清晰、规范。

技能等级评价专业技能考核操作评分标准

工种	抄表核算收费员						评价等级	高级工
项目模块	收费管理—电费收缴					编号	Jc0003342044	
单位			准考证号				姓名	
考试时限	20 分钟		题型	单项操作			题分	100 分
成绩		考评员		考评组长			日期	
试题正文	省级直收后线上缴费业务流程							
需要说明的问题和要求	（1）要求单人完成。 （2）自备钢笔或中性笔							

序号	项目名称	质量要求	满分	扣分标准	扣分原因	得分
1	操作流程	填写完整、准确	100	共分为 3 个步骤，每写错一项扣 40 分，扣完为止		
合计			100			

Jc0003363045　营业厅现金智能收款终端存款业务的操作。(100 分)

考核知识点：电费、业务费收取的相关工作标准及规定

难易度：难

技能等级评价专业技能考核操作工作任务书

一、任务名称

营业厅现金智能收款终端存款业务的操作。

二、适用工种

抄表核算收费员高级工。

三、具体任务

请写出营业厅现金智能收款终端存款业务的操作步骤、商银通 App 使用的操作步骤及注意事项。

四、工作规范及要求

按照实际步骤填写。

五、考核及时间要求

本考核时间为 30 分钟，要求操作步骤正确，文字描述清晰。

技能等级评价专业技能考核操作评分标准

<table>
<tr><td>工种</td><td colspan="5">抄表核算收费员</td><td>评价等级</td><td colspan="2">高级工</td></tr>
<tr><td>项目模块</td><td colspan="4">收费管理—电费收缴—常用缴费渠道、方式和资金结算方式</td><td>编号</td><td colspan="3">Jc0003363045</td></tr>
<tr><td>单位</td><td colspan="3"></td><td>准考证号</td><td></td><td>姓名</td><td colspan="2"></td></tr>
<tr><td>考试时限</td><td>30 分钟</td><td>题型</td><td colspan="3">综合操作</td><td>题分</td><td colspan="2">100 分</td></tr>
<tr><td>成绩</td><td></td><td>考评员</td><td></td><td>考评组长</td><td></td><td>日期</td><td colspan="2"></td></tr>
<tr><td>试题正文</td><td colspan="8">营业厅现金智能收款终端存款业务的操作</td></tr>
<tr><td>需要说明的问题和要求</td><td colspan="8">（1）要求单人完成。
（2）步骤规范、流程完整准确清晰</td></tr>
<tr><td>序号</td><td>项目名称</td><td colspan="2">质量要求</td><td>满分</td><td colspan="2">扣分标准</td><td>扣分原因</td><td>得分</td></tr>
<tr><td>1</td><td>现场营业厅现金智能收款终端操作步骤</td><td colspan="2">填写完整、正确</td><td>70</td><td colspan="2">少一个步骤扣 10 分，扣完为止</td><td></td><td></td></tr>
<tr><td>2</td><td>商银通 App 使用的操作步骤</td><td colspan="2">填写完整、正确</td><td>20</td><td colspan="2">少一个步骤扣 5 分，扣完为止</td><td></td><td></td></tr>
<tr><td>3</td><td>注意事项</td><td colspan="2">填写完整、正确</td><td>10</td><td colspan="2">少一个项扣 5 分，扣完为止</td><td></td><td></td></tr>
<tr><td colspan="2">合计</td><td colspan="2"></td><td>100</td><td colspan="2"></td><td></td><td></td></tr>
</table>

Jc0003342046　电子发票冲红的操作。（100 分）

考核知识点：电费票据管理的工作标准及规定

难易度：中

技能等级评价专业技能考核操作工作任务书

一、任务名称

电子发票冲红的操作。

二、适用工种

抄表核算收费员高级工。

三、具体任务

客户为某公司，自 2020 年 5 月电费发行后，客户接到通知，于 2020 年 5 月 20 日前来缴纳发行电费，15 户合计金额为 254 846.49 元。收费员电费收取后，客户要求 15 户电费开成一张电费发票即可。对于此类情况，供电企业工作人员在 186 系统中应如何操作？

四、工作规范及要求

（1）自备钢笔或中性笔。

（2）文字描述条理清晰，简明扼要。

（3）掌握电子发票开具的相关步骤。

五、考核及时间要求

本考核为电费票据开具的实操任务，严格按照规定步骤完成，考核时间为 20 分钟。

技能等级评价专业技能考核操作评分标准

<table>
<tr><td>工种</td><td colspan="5">抄表核算收费员</td><td>评价等级</td><td>高级工</td></tr>
<tr><td>项目模块</td><td colspan="4">收费管理—票据管理—正确开具电子发票</td><td>编号</td><td colspan="2">Jc0003342046</td></tr>
<tr><td>单位</td><td colspan="2"></td><td>准考证号</td><td colspan="2"></td><td>姓名</td><td></td></tr>
<tr><td>考试时限</td><td colspan="2">20 分钟</td><td>题型</td><td colspan="2">单项操作</td><td>题分</td><td>100 分</td></tr>
<tr><td>成绩</td><td></td><td>考评员</td><td></td><td>考评组长</td><td></td><td>日期</td><td></td></tr>
<tr><td>试题正文</td><td colspan="7">电子发票冲红的操作</td></tr>
<tr><td>需要说明的问题和要求</td><td colspan="7">（1）要求单人完成。
（2）自备计算器、钢笔或中性笔。
（3）文字表述清楚</td></tr>
</table>

序号	项目名称	质量要求	满分	扣分标准	扣分原因	得分
1	电子发票的合并	正确列出的发票合并步骤	80	按操作步骤描述，每缺少一步扣 10 分，扣完为止		
2	电子发票的开具	正确描述纳税人信息变更的方法	10	不完整或不准确，每条扣 5～10 分，扣完为止		
3	注意事项	填写正确	10	不完整或不准确，每条扣 5～10 分，扣完为止		
合计			100			

Jc0003363047　填制营业财务对账单。（100 分）

考核知识点：抄核收统计报表的种类、内容及报表对应数据的分析方法

难易度：难

技能等级评价专业技能考核操作工作任务书

一、任务名称

填制营业财务对账单。

二、适用工种

抄表核算收费员高级工。

三、具体任务

根据应收电费账单（见表 Jc0003363047－1）、日实收交接报表（1）（2）（3）（分别见表 Jc0003363047－2～表 Jc0003363047－4）填制营业财务对账单（见表 Jc0003363047－5）。

表 Jc0003363047－1　　单位：元

电费分类	目录电费	农网还贷基金	国家重大水利建设基金	库区移民后期扶持基金	可再生能源附加费	总电费
2017 年欠费	8027.26	238.14	47.62	19.06	23.08	8355.16
2018 年 11 月止欠费	2061.5	63.98	12.81	5.12	5.48	2148.89
2018 年 12 月应收	32 637.92	935.92	187.18	74.86	93.59	33 929.47

注：填报日期为 2018 年 12 月 20 日。

表 Jc0003363047－2 单位：元

电费日期	目录电费	农网还贷	重大水利	库区移民	再生能源	实收小计	违约金	预收	合计
2017 年 12 月	1132.1	33.18	6.64	2.65	3.32	1177.89	14.8		1192.69
2018 年 3 月	103.73	3.04	0.61	0.24	0.3	107.92	3.25		111.17
2018 年 12 月	492.01	14.42	2.89	1.15	1.44	511.91	5.68		517.59
合计	1727.84	50.64	10.14	4.04	5.06	1797.72	23.73		1821.45

注：填报日期为 2018 年 12 月 20 日。

表 Jc0003363047－3 单位：元

电费日期	目录电费	农网还贷	重大水利	库区移民	再生能源	实收小计	违约金	预收	合计
2017 年 11 月	2367.62	112.62	22.51	9.04	0.3	2512.09	6.35		2518.44
2018 年 2 月	921.24	27	5.4	2.16	2.7	958.5	5.32		963.82
2018 年 12 月	7878.14	496.52	99.27	39.75	49.65	8563.33	11.67	300	8875
合计	11 167	636.14	127.18	50.95	52.65	12 033.92	23.34	300	12 357.26

注：填报日期为 2018 年 12 月 29 日。

表 Jc0003363047－4 单位：元

电费日期	目录电费	农网还贷	重大水利	库区移民	再生能源	实收小计	违约金	预收	合计
2018 年 12 月	22 246.45	65.84	13.17	5.27	6.59	22 337.32			22 337.32
合计	22 246.45	65.84	13.17	5.27	6.59	22 337.32			22 337.32

注：填报日期为 2018 年 12 月 29 日。

表 Jc0003363047－5 单位：元

项目	目录电费	农网还贷	重大水利	库区移民	再生能源	总计
一、月初欠费						
其中：1. 以前年度欠费						
2. 本年累计外欠						
二、本月应收						
三、本月实收						
其中：1. 以前年度外欠						
2. 当年本月以前						
3. 本月						
四、月末欠费						
其中：1. 以前年度外欠						
2. 本年累计外欠						
五、月末预收电费						
六、违约金						

四、工作规范及要求

按项目填写表中对应数值，数值保留两位小数。

五、考核及时间要求

本考核时间为 45 分钟，如填写错误，须用双横线划去，在被修改数据上面重新填写，不得直接涂改抹去。

技能等级评价专业技能考核操作评分标准

工种	抄表核算收费员				评价等级	高级工
项目模块	收费管理—电费回收及风险防控			编号	Jc0003363047	
单位		准考证号			姓名	
考试时限	45 分钟	题型	综合操作		题分	100 分
成绩		考评员		考评组长		日期	
试题正文	填制营业财务对账单					
需要说明的问题和要求	（1）要求单人完成。 （2）根据给定的数据，准确填写对账单中数据					

序号	项目名称	质量要求	满分	扣分标准	扣分原因	得分
1	月初欠费	数据正确填写	9	每空填写错误扣 1.5 分，扣完为止		
	其中：以前年度欠费	数据正确填写	9	每空填写错误扣 1.5 分，扣完为止		
	本年累计外欠	数据正确填写	9	每空填写错误扣 1.5 分，扣完为止		
2	本月应收	数据正确填写	9	每空填写错误扣 1.5 分，扣完为止		
3	本月实收	数据正确填写	9	每空填写错误扣 1.5 分，扣完为止		
	其中：以前年度外欠	数据正确填写	9	每空填写错误扣 1.5 分，扣完为止		
	当年本月以前	数据正确填写	9	每空填写错误扣 1.5 分，扣完为止		
	本月	数据正确填写	9	每空填写错误扣 1.5 分，扣完为止		
4	月末欠费	数据正确填写	9	每空填写错误扣 1.5 分，扣完为止		
	其中：以前年度外欠	数据正确填写	9	每空填写错误扣 1 分，扣完为止		
	本年累计外欠	数据正确填写	9	每空填写错误扣 1.5 分，扣完为止		
5	月末预收电费	数据正确填写	0.5	每空填写错误扣 0.5 分，扣完为止		
6	违约金	数据正确填写	0.5	每空填写错误扣 0.5 分，扣完为止		
合计			100			

Jc0004363048－1　综合业务分析。（100 分）

考核知识点：综合业务分析

难易度：难

技能等级评价专业技能考核操作工作任务书

一、任务名称

综合业务分析。

二、适用工种

抄表核算收费员高级工。

三、具体任务

根据业务描述，对业务事件中不妥的地方进行分析。

（1）2019 年 9 月，某供热企业到供电公司申请报装用电，该企业报装容量为 2×630kVA，一台主用，一台热备，于 2019 年 10 月 5 日投入运行。每月基本电费容量按 630kVA 计算。2020 年 3 月 20 日和 21 日因线路故障停电两天。客户认为是供电企业原因造成停电事故，要求给予减免两天基本容量费，供电企业未予以办理，后客户投诉至 95598。

（2）工作任务：

1）本次事件违反了《供电营业规则》的哪些条款？

2）供电企业未扣减基本电费的依据是什么？

3）本次事件暴露出哪些问题？并提出整改措施。

四、工作规范及要求

（1）自备钢笔或中性笔。

（2）文字描述条理清晰，简明扼要。

（3）正确描述此案例相关规定。

（4）正确分析此案例中暴露的问题并提出整改措施。

五、考核及时间要求

本考核为实操任务，严格按照规定步骤完成，考核时间为 30 分钟。

技能等级评价专业技能考核操作评分标准

工种	抄表核算收费员					评价等级	高级工
项目模块	供电服务—法律法规—供电营业规则的基本知识				编号	Jc0004363048－1	
单位			准考证号			姓名	
考试时限	30 分钟	题型		单项操作		题分	100 分
成绩		考评员		考评组长		日期	
试题正文	综合业务分析						
需要说明的问题和要求	（1）自备钢笔或中性笔。 （2）文字描述条理清晰，简明扼要。 （3）正确描述此案例违反《供电营业规则》的相关条款。 （4）正确分析此案例中暴露的问题						

序号	项目名称	质量要求	满分	扣分标准	扣分原因	得分
1	《供电营业规则》关于基本电费收取的相关规定	正确指出此案例中违反《供电营业规则》的相关条款	50	违反相关条款描述不清或描述不齐全酌情扣分，扣完为止		
2	综合分析	分析此案例暴露的问题	50	根据答案要点酌情扣分，扣完为止		
合计			100			

Jc0004363049－2　综合业务分析。（100 分）

考核知识点：综合业务分析

难易度：难

技能等级评价专业技能考核操作工作任务书

一、任务名称

综合业务分析。

二、适用工种

抄表核算收费员高级工。

三、具体任务

某用电客户属居民生活用电，后将房屋卖给个体户，于 2019 年 3 月按居民生活用电办理了过户手续。2019 年 5 月台区经理发现该个体户实际从事饭店经营，并发现主装表位置已经改变，电能表下容量已超过原户主容量，同时向外转供意见修车铺用电，并发现空调表外接线。工作任务：

（1）分析该案例暴露出的问题。

（2）供电企业应如何处理。

四、工作规范及要求

（1）自备钢笔或中性笔。

（2）文字描述条理清晰，简明扼要。

（3）正确描述此案暴露出的问题。

（4）正确描述此案处理的依据内容。

五、考核及时间要求

本考核为实操任务，严格按照规定步骤完成，考核时间为 30 分钟。

技能等级评价专业技能考核操作评分标准

工种	抄表核算收费员				评价等级	高级工
项目模块	供电服务—法律法规—供电营业规则的基本知识			编号	Jc0004363049－2	
单位		准考证号			姓名	
考试时限	30 分钟	题型	单项操作		题分	100 分
成绩		考评员		考评组长	日期	
试题正文	综合业务分析					
需要说明的问题和要求	（1）自备钢笔或中性笔。 （2）文字描述条理清晰，简明扼要。 （3）确描述此案暴露出的问题。 （4）正确描述此案处理的依据内容					

序号	项目名称	质量要求	满分	扣分标准	扣分原因	得分
1	《供电营业规则》关于基本电费收取的相关规定	正确指出此案例中违反《供电营业规则》的相关条款	50	违反相关条款描述不清或描述不齐全酌情扣分，扣完为止		
2	综合分析	分析此案例暴露的问题	50	根据答案要点酌情扣分，扣完为止		
合计			100			

Jc0004363050 居民客户家用电器损坏赔偿计算。(100 分)

考核知识点：法律法规

难易度：难

技能等级评价专业技能考核操作工作任务书

一、任务名称

居民客户家用电器损坏赔偿计算。

二、适用工种

抄表核算收费员高级工。

三、具体任务

由供电公司以 380V/220V 供电的居民张、王、李三客户，5 月 20 日因公用变压器中性线断线导致三家家电损坏。26 日供电公司在收到张、王两家投诉后，分别进行了调查，发现在该起事故中，张、王、李分别损坏电视机、电冰箱、电热水器各一台，且均不可修复。客户出具的购货发票表明：张家电视机原价 3000 元，已使用了 5 年；王家电冰箱购价 2500 元，已使用 6 年；李家电热水器购价 2000 元，已使用 2 年。供电公司是否应向客户赔偿？如赔偿，应怎样赔偿？

四、工作规范及要求

(1) 自备钢笔或中性笔。

(2) 文字描述条理清晰，简明扼要。

(3) 正确描述有关赔偿依据及计算赔偿金额。

五、考核及时间要求

本考核为实操任务，严格按照规定步骤完成，考核时间为 30 分钟。

技能等级评价专业技能考核操作评分标准

工种	抄表核算收费员				评价等级	高级工
项目模块	供电服务—法律法规—居民家用电器损坏处理办法的条法			编号	Jc0004363050	
单位		准考证号			姓名	
考试时限	30 分钟	题型	单项操作		题分	100 分
成绩		考评员		考评组长	日期	
试题正文	居民客户家用电器损坏赔偿计算					
需要说明的问题和要求	(1) 自备钢笔或中性笔。 (2) 文字描述条理清晰，简明扼要。 (3) 正确描述有关赔偿依据及计算赔偿金额					

序号	项目名称	质量要求	满分	扣分标准	扣分原因	得分
1	是否应向客户赔偿	正确描述《居民用户家用电器损坏处理办法》中属于电力运行事故的事件类型	40	每漏一项扣 10 分，语句表达不清或有错别字酌情扣分，扣完为止		
2	赔偿金额计算	实时解答客户的问题，使用文明用语，正确描述案例中涉及的法律法规条文	60	未能正确描述法律法规的条款内容的，每漏一项扣 10 分；与客户沟通过程未使用文明服务用语或回答不规范，每次扣 5 分；扣完为止		
合计			100			

Jc0005352051－1 经电流互感器低压三相四线制电能计量装置接线分析。(100 分)

考核知识点：经电流互感器低压三相四线制电能计量装置接线分析

难易度：中

技能等级评价专业技能考核操作工作任务书

一、任务名称

经电流互感器低压三相四线制电能计量装置接线分析。

二、适用工种

抄表核算收费员高级工。

三、具体任务

使用相位伏安表完成指定经电流互感器低压三相四线制电能计量装置相关参数的测量并分析接线形式。

四、工作规范及要求

（1）着装符合要求，穿全棉长袖工作服、绝缘鞋，戴安全帽、线手套。

（2）携带自备工具（钢笔或中性笔、计算器、三角尺）进入现场，待考评老师宣布许可工作命令后开始工作并计时。

（3）打开计量柜（箱）门之前必须对柜（箱）体验电，现场操作严格执行《国家电网有限公司营销现场作业安全工作规程（试行）》。

（4）工作结束清理现场，并向监考老师报告。

五、考核及时间要求

本考核时间为 30 分钟，时间到停止考核。

三相四线制电能计量装置检查项目见表 Jc0005352051－1。

表 Jc0005352051－1

<table>
<tr><td>编号</td><td></td><td>姓名</td><td></td><td>工位号</td><td></td></tr>
<tr><td colspan="6">一、电能表基本信息（有功）</td></tr>
<tr><td>型号</td><td></td><td>准确度等级</td><td></td><td>出厂编号</td><td></td></tr>
<tr><td>规格</td><td colspan="2">V；　　A</td><td>制造厂家</td><td colspan="2"></td></tr>
<tr><td colspan="6">二、实测数据</td></tr>
<tr><td>线电压</td><td>$U_{12}=$</td><td>$U_{32}=$</td><td>$U_{13}=$</td><td colspan="2">电压相序：</td></tr>
<tr><td>相电压</td><td>$U_1=$</td><td>$U_2=$</td><td>$U_3=$</td><td colspan="2" rowspan="4">三、错误接线形式（下标用 A、B、C 表示）
第一元件：
第二元件：
第三元件：</td></tr>
<tr><td>电流</td><td>$I_1=$</td><td>$I_2=$</td><td>$I_3=$</td></tr>
<tr><td rowspan="2">相位</td><td>$\dot{U}_1\hat{}\dot{U}_2=$</td><td colspan="2">基准相：</td></tr>
<tr><td>$\dot{U}_1\hat{}\dot{I}_1=$</td><td>$\dot{U}_1\hat{}\dot{I}_2=$</td><td>$\dot{U}_1\hat{}\dot{I}_3=$</td></tr>
<tr><td colspan="3">四、错误接线相量图
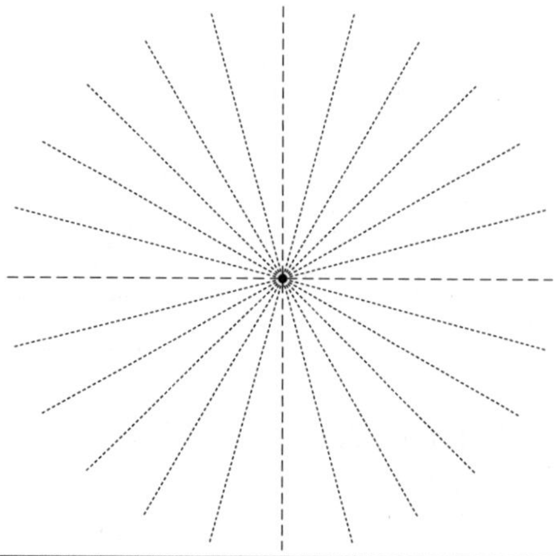</td><td colspan="3">五、错误接线示意图</td></tr>
</table>

技能等级评价专业技能考核操作评分标准

<table>
<tr><td>工种</td><td colspan="5">抄表核算收费员</td><td>评价等级</td><td>高级工</td></tr>
<tr><td>项目模块</td><td colspan="4">电能计量—三相四线制经互感器电能表的错误接线</td><td>编号</td><td colspan="2">Jc0005352051－1</td></tr>
<tr><td>单位</td><td colspan="2"></td><td>准考证号</td><td colspan="2"></td><td>姓名</td><td></td></tr>
<tr><td>考试时限</td><td colspan="2">30 分钟</td><td>题型</td><td colspan="2">单项操作</td><td>题分</td><td>100 分</td></tr>
<tr><td>成绩</td><td></td><td>考评员</td><td></td><td>考评组长</td><td></td><td>日期</td><td></td></tr>
<tr><td>试题正文</td><td colspan="7">经电流互感器低压三相四线制电能计量装置接线分析</td></tr>
<tr><td>需要说明的问题和要求</td><td colspan="7">（1）要求单人操作。
（2）操作应注意安全，按照标准化作业书的技术安全说明做好安全措施</td></tr>
</table>

序号	项目名称	质量要求	满分	扣分标准	扣分原因	得分
1	工具使用及安全措施					
1.1	相关安全措施的准备	戴安全帽，穿全棉长袖工作服，穿绝缘鞋，操作时戴线手套，打开柜门前需先验电	5	准备不齐全或着装不规范每项扣 1 分，扣完为止		
1.2	各种工器具正确使用	正确使用验电笔，熟练正确使用相位伏安表	5	未验电扣 2 分，验电方法不当扣 1 分；工器具掉落每次扣 1 分；相位伏安表使用不当每次扣 1 分；测量过程摘手套扣 2 分；测量完毕后再次申请测量扣 5 分；扣完为止		
2	数据测量	正确填写电能表基本信息，正确记录实测数据并判断电压相序	25	电能表基本信息填写不正确，每处扣 1 分；测量数据不正确每项扣 1 分；无单位每处扣 0.5 分，最多扣 2 分；相序判断不正确扣 4 分；扣完为止		
3	绘制错误接线图及相量图					
3.1	错误接线相量图	正确绘制错误接线相量图	20	电压、电流相量标记错误每项扣 2 分，无相量符号扣 1 分；相量角度偏差超过 15°每项扣 2 分；未标记功率因数角每项扣 2 分；扣完为止		
3.2	错误接线形式	正确判断错误接线形式	15	错误接线形式判断不正确每项扣 2 分，扣完为止		
3.3	错误接线示意图	正确绘制错误接线示意图	20	电压、电流回路接线不正确，每处扣 2 分；中性线接线不正确扣 2 分；未标注同名端扣 2 分；扣完为止		
4	现场恢复	恢复现场	10	未进行现场恢复扣 10 分		
合计			100			

计量装置设置：

（1）考试使用电能表为仿真表，通过模拟装置进行参数设置，相电压分别为 220、220、220V，相电流分别为 1、1、1A。

（2）默认设置为经电流互感器低压三相四线制电能表，假定负荷三相平衡，表尾电压接线为 abc，电流接线为 acb，第三元件反接，功率因数角为 30°。

Jc0005352052－2　经电流互感器低压三相四线制电能计量装置接线分析。（100 分）

考核知识点：经电流互感器低压三相四线制电能计量装置接线分析

难易度：中

技能等级评价专业技能考核操作工作任务书

一、任务名称

经电流互感器低压三相四线制电能计量装置接线分析。

二、适用工种

抄表核算收费员高级工。

三、具体任务

使用相位伏安表完成指定经电流互感器低压三相四线制电能计量装置相关参数的测量并分析接线形式。

四、工作规范及要求

（1）着装符合要求，穿全棉长袖工作服、绝缘鞋，戴安全帽、线手套。

（2）携带自备工具（钢笔或中性笔、计算器、三角尺）进入现场，待考评老师宣布许可工作命令后开始工作并计时。

（3）打开计量柜（箱）门之前必须对柜（箱）体验电，现场操作严格执行《国家电网有限公司营销现场作业安全工作规程（试行）》。

（4）工作结束清理现场，并向监考老师报告。

五、考核及时间要求

本考核时间为 30 分钟，时间到停止考核。

三相四线制电能计量装置检查项目见表 Jc0005352052－2。

表 Jc0005352052－2

<table>
<tr><td>编号</td><td>Jc0005352052</td><td>姓名</td><td></td><td>工位号</td><td></td></tr>
<tr><td colspan="6">一、电能表基本信息（有功）</td></tr>
<tr><td>型号</td><td></td><td>准确度等级</td><td></td><td>出厂编号</td><td></td></tr>
<tr><td>规格</td><td colspan="2">V；　　A</td><td>制造厂家</td><td colspan="2"></td></tr>
<tr><td colspan="6">二、实测数据</td></tr>
<tr><td>线电压</td><td>$U_{12}=$</td><td>$U_{32}=$</td><td>$U_{13}=$</td><td colspan="2">电压相序：</td></tr>
<tr><td>相电压</td><td>$U_1=$</td><td>$U_2=$</td><td>$U_3=$</td><td colspan="2" rowspan="4">三、错误接线形式（下标用 A、B、C 表示）
第一元件：
第二元件：
第三元件：</td></tr>
<tr><td>电流</td><td>$I_1=$</td><td>$I_2=$</td><td>$I_3=$</td></tr>
<tr><td rowspan="2">相位</td><td>$\dot{U}_1\hat{}\dot{U}_2=$</td><td colspan="2">基准相：</td></tr>
<tr><td>$\dot{U}_1\hat{}\dot{I}_1=$</td><td>$\dot{U}_1\hat{}\dot{I}_2=$</td><td>$\dot{U}_1\hat{}\dot{I}_3=$</td></tr>
<tr><td colspan="3">四、错误接线相量图
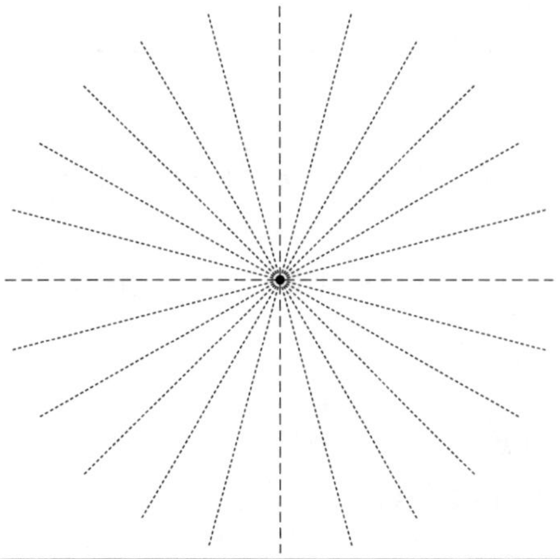</td><td colspan="3">五、错误接线示意图</td></tr>
</table>

技能等级评价专业技能考核操作评分标准

工种	抄表核算收费员				评价等级	高级工
项目模块	电能计量—三相四线制经互感器电能表的错误接线			编号	Jc0005352052－2	
单位		准考证号			姓名	
考试时限	30 分钟	题型	单项操作		题分	100 分
成绩		考评员		考评组长	日期	
试题正文	经电流互感器低压三相四线制电能计量装置接线分析					
需要说明的问题和要求	（1）要求单人操作。 （2）操作应注意安全，按照标准化作业书的技术安全说明做好安全措施					

序号	项目名称	质量要求	满分	扣分标准	扣分原因	得分
1	工具使用及安全措施					
1.1	相关安全措施的准备	戴安全帽，穿全棉长袖工作服，穿绝缘鞋，操作时戴线手套，打开柜门前需先验电	5	准备不齐全或着装不规范每项扣 1 分，扣完为止		
1.2	各种工器具正确使用	正确使用验电笔，熟练正确使用相位伏安表	5	未验电扣 2 分，验电方法不当扣 1 分；工器具掉落每次扣 1 分；相位伏安表使用不当每次扣 1 分；测量过程摘手套扣 2 分；测量完毕后再次申请测量扣 5 分；扣完为止		
2	数据测量	正确填写电能表基本信息，正确记录实测数据并判断电压相序	25	电能表基本信息填写不正确，每处扣 1 分；测量数据不正确每项扣 1 分；无单位每处扣 0.5 分，最多扣 2 分；相序判断不正确扣 4 分；扣完为止		
3	绘制错误接线图及相量图					
3.1	错误接线相量图	正确绘制错误接线相量图	20	电压、电流相量标记错误每项扣 2 分，无相量符号扣 1 分；相量角度偏差超过 15°每项扣 2 分；未标记功率因数角每项扣 2 分；扣完为止		
3.2	错误接线形式	正确判断错误接线形式	15	错误接线形式判断不正确每项扣 2 分，扣完为止		
3.3	错误接线示意图	正确绘制错误接线示意图	20	电压、电流回路接线不正确，每处扣 2 分；中性线接线不正确扣 2 分；未标注同名端扣 2 分；扣完为止		
4	现场恢复	恢复现场	10	未进行现场恢复扣 10 分		
合计			100			

计量装置设置：

（1）考试使用电能表为仿真表，通过模拟装置进行参数设置，相电压分别为 220、220、220V，相电流分别为 1、1、1A。

（2）默认设置为经电流互感器低压三相四线制电能表，假定负荷三相平衡，表尾电压接线为 cab，电流接线为 acb，B 相电流互感器二次极性接反，功率因数角为 30°。

Jc0005352053－3　经电流互感器低压三相四线制电能计量装置接线分析。（100 分）

考核知识点：经电流互感器低压三相四线制电能计量装置接线分析

难易度：中

技能等级评价专业技能考核操作工作任务书

一、任务名称

经电流互感器低压三相四线制电能计量装置接线分析。

二、适用工种

抄表核算收费员高级工。

三、具体任务

使用相位伏安表完成指定经电流互感器低压三相四线制电能计量装置相关参数的测量并分析接线形式。

四、工作规范及要求

（1）着装符合要求，穿全棉长袖工作服、绝缘鞋，戴安全帽、线手套。

（2）携带自备工具（钢笔或中性笔、计算器、三角尺）进入现场，待考评老师宣布许可工作命令后开始工作并计时。

（3）打开计量柜（箱）门之前必须对柜（箱）体验电，现场操作严格执行《国家电网有限公司营销现场作业安全工作规程（试行）》。

（4）工作结束清理现场，并向监考老师报告。

五、考核及时间要求

本考核时间为30分钟，时间到停止考核。

三相四线制电能计量装置检查项目见表Jc0005352053－3。

表Jc0005352053－3

<table>
<tr><td>编号</td><td></td><td>姓名</td><td></td><td>工位号</td><td></td></tr>
<tr><td colspan="6">一、电能表基本信息（有功）</td></tr>
<tr><td>型号</td><td></td><td>准确度等级</td><td></td><td>出厂编号</td><td></td></tr>
<tr><td>规格</td><td colspan="2">V；　　A</td><td>制造厂家</td><td colspan="2"></td></tr>
<tr><td colspan="6">二、实测数据</td></tr>
<tr><td>线电压</td><td>U_{12}=</td><td>U_{32}=</td><td>U_{13}=</td><td colspan="2">电压相序：</td></tr>
<tr><td>相电压</td><td>U_1=</td><td>U_2=</td><td>U_3=</td><td colspan="2" rowspan="4">三、错误接线形式（下标用A、B、C表示）
第一元件：
第二元件：
第三元件：</td></tr>
<tr><td>电流</td><td>I_1=</td><td>I_2=</td><td>I_3=</td></tr>
<tr><td rowspan="2">相位</td><td>$\dot{U}_1 \hat{} \dot{U}_2$ =</td><td colspan="2">基准相：</td></tr>
<tr><td>$\dot{U}_1 \hat{} \dot{I}_1$ =</td><td>$\dot{U}_1 \hat{} \dot{I}_2$ =</td><td>$\dot{U}_1 \hat{} \dot{I}_3$ =</td></tr>
<tr><td colspan="3">四、错误接线相量图
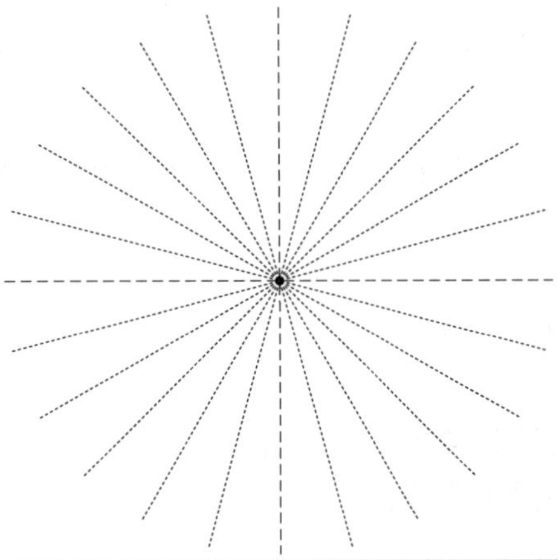</td><td colspan="3">五、错误接线示意图</td></tr>
</table>

技能等级评价专业技能考核操作评分标准

工种	抄表核算收费员					评价等级	高级工
项目模块	电能计量—三相四线制经互感器电能表的错误接线				编号	Jc0005352053－3	
单位			准考证号			姓名	
考试时限	30 分钟		题型	单项操作		题分	100 分
成绩		考评员		考评组长		日期	
试题正文	经电流互感器低压三相四线制电能计量装置接线分析						
需要说明的问题和要求	（1）要求单人操作。 （2）操作应注意安全，按照标准化作业书的技术安全说明做好安全措施						

序号	项目名称	质量要求	满分	扣分标准	扣分原因	得分
1	工具使用及安全措施					
1.1	相关安全措施的准备	戴安全帽，穿全棉长袖工作服，穿绝缘鞋，操作时戴线手套，打开柜门前需先验电	5	准备不齐全或着装不规范每项扣 1 分，扣完为止		
1.2	各种工器具正确使用	正确使用验电笔，熟练正确使用相位伏安表	5	未验电扣 2 分，验电方法不当扣 1 分；工器具掉落每次扣 1 分；相位伏安表使用不当每次扣 1 分；测量过程摘手套扣 2 分；测量完毕后再次申请测量扣 5 分；扣完为止		
2	数据测量	正确填写电能表基本信息，正确记录实测数据并判断电压相序	25	电能表基本信息填写不正确，每处扣 1 分；测量数据不正确每项扣 1 分；无单位每处扣 0.5 分，最多扣 2 分；相序判断不正确扣 4 分；扣完为止		
3	绘制错误接线图及相量图					
3.1	错误接线相量图	正确绘制错误接线相量图	20	电压、电流相量标记错误每项扣 2 分，无相量符号扣 1 分；相量角度偏差超过 15° 每项扣 2 分；未标记功率因数角每项扣 2 分；扣完为止		
3.2	错误接线形式	正确判断错误接线形式	15	错误接线形式判断不正确每项扣 2 分，扣完为止		
3.3	错误接线示意图	正确绘制错误接线示意图	20	电压、电流回路接线不正确，每处扣 2 分；中性线接线不正确扣 2 分；未标注同名端扣 2 分；扣完为止		
4	现场恢复	恢复现场	10	未进行现场恢复扣 10 分		
合计			100			

计量装置设置：

（1）考试使用电能表为仿真表，通过模拟装置进行参数设置，相电压分别为 220、220、220V，相电流分别为 1、1、1A。

（2）默认设置为经电流互感器低压三相四线制电能表，假定负荷三相平衡，表尾电压接线为 bca，电流接线为 cba，表尾电流进出反接元件为一元件，功率因数角为 20°。

Jc0005352054－4　经电流互感器低压三相四线制电能计量装置接线分析。（100 分）

考核知识点：经电流互感器低压三相四线制电能计量装置接线分析

难易度：中

技能等级评价专业技能考核操作工作任务书

一、任务名称

经电流互感器低压三相四线制电能计量装置接线分析。

二、适用工种

抄表核算收费员高级工。

三、具体任务

使用相位伏安表完成指定经电流互感器低压三相四线制电能计量装置相关参数的测量并分析接线形式。

四、工作规范及要求

（1）着装符合要求，穿全棉长袖工作服、绝缘鞋，戴安全帽、线手套。

（2）携带自备工具（钢笔或中性笔、计算器、三角尺）进入现场，待考评老师宣布许可工作命令后开始工作并计时。

（3）打开计量柜（箱）门之前必须对柜（箱）体验电，现场操作严格执行《国家电网有限公司营销现场作业安全工作规程（试行）》。

（4）工作结束清理现场，并向监考老师报告。

五、考核及时间要求

本考核时间为 30 分钟，时间到停止考核。

三相四线制电能计量装置检查项目见表 Jc0005352054－4。

表 Jc0005352054－4

<table>
<tr><td>编号</td><td></td><td>姓名</td><td></td><td>工位号</td><td></td></tr>
<tr><td colspan="6">一、电能表基本信息（有功）</td></tr>
<tr><td>型号</td><td></td><td>准确度等级</td><td></td><td>出厂编号</td><td></td></tr>
<tr><td>规格</td><td colspan="2">V；　　A</td><td>制造厂家</td><td colspan="2"></td></tr>
<tr><td colspan="6">二、实测数据</td></tr>
<tr><td>线电压</td><td>$U_{12}=$</td><td>$U_{32}=$</td><td>$U_{13}=$</td><td colspan="2">电压相序：</td></tr>
<tr><td>相电压</td><td>$U_1=$</td><td>$U_2=$</td><td>$U_3=$</td><td colspan="2" rowspan="4">三、错误接线形式（下标用 A、B、C 表示）
第一元件：
第二元件：
第三元件：</td></tr>
<tr><td>电流</td><td>$I_1=$</td><td>$I_2=$</td><td>$I_3=$</td></tr>
<tr><td rowspan="2">相位</td><td>$\dot{U}_1\,\hat{}\,\dot{U}_2=$</td><td colspan="2">基准相：</td></tr>
<tr><td>$\dot{U}_1\,\hat{}\,\dot{I}_1=$</td><td>$\dot{U}_1\,\hat{}\,\dot{I}_2=$</td><td>$\dot{U}_1\,\hat{}\,\dot{I}_3=$</td></tr>
<tr><td colspan="3">四、错误接线相量图
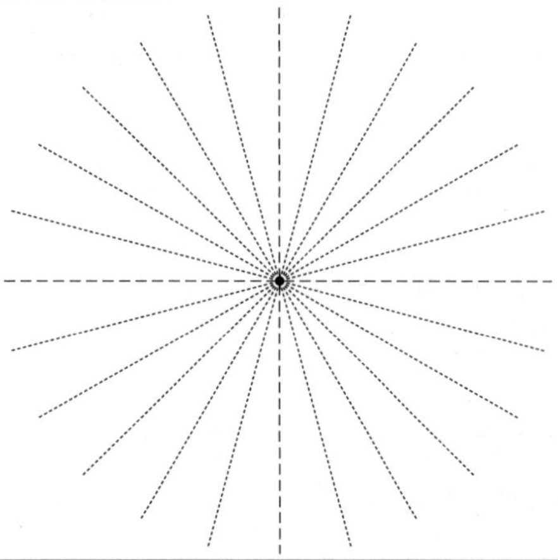</td><td colspan="3">五、错误接线示意图</td></tr>
</table>

技能等级评价专业技能考核操作评分标准

工种	抄表核算收费员				评价等级	高级工
项目模块	电能计量—三相四线制经互感器电能表的错误接线			编号	Jc0005352054－4	
单位		准考证号			姓名	
考试时限	30 分钟	题型	单项操作		题分	100 分
成绩		考评员		考评组长	日期	
试题正文	经电流互感器低压三相四线制电能计量装置接线分析					
需要说明的问题和要求	（1）要求单人操作。 （2）操作应注意安全，按照标准化作业书的技术安全说明做好安全措施					

序号	项目名称	质量要求	满分	扣分标准	扣分原因	得分
1	工具使用及安全措施					
1.1	相关安全措施的准备	戴安全帽，穿全棉长袖工作服，穿绝缘鞋，操作时戴线手套，打开柜门前需先验电	5	准备不齐全或着装不规范每项扣 1 分，扣完为止		
1.2	各种工器具正确使用	正确使用验电笔；熟练正确使用相位伏安表	5	未验电扣 2 分，验电方法不当扣 1 分；工器具掉落每次扣 1 分；相位伏安表使用不当每次扣 1 分；测量过程摘手套扣 2 分；测量完毕后再次申请测量扣 5 分；扣完为止		
2	数据测量	正确填写电能表基本信息，正确记录实测数据并判断电压相序	25	电能表基本信息填写不正确，每处扣 1 分；测量数据不正确每项扣 1 分；无单位每处扣 0.5 分，最多扣 2 分；相序判断不正确扣 4 分；扣完为止		
3	绘制错误接线图及相量图					
3.1	错误接线相量图	正确绘制错误接线相量图	20	电压、电流相量标记错误每项扣 2 分，无相量符号扣 1 分；相量角度偏差超过 15°每项扣 2 分；未标记功率因数角每项扣 2 分；扣完为止		
3.2	错误接线形式	正确判断错误接线形式	15	错误接线形式判断不正确每项扣 2 分，扣完为止		
3.3	错误接线示意图	正确绘制错误接线示意图	20	电压、电流回路接线不正确每处扣 2 分；中性线接线不正确扣 2 分；未标注同名端扣 2 分；扣完为止		
4	现场恢复	恢复现场	10	未进行现场恢复扣 10 分		
合计			100			

计量装置设置：

（1）考试使用电能表为仿真表，通过模拟装置进行参数设置，相电压分别为 220、220、220V，相电流分别为 1、1、1A。

（2）默认设置为经电流互感器低压三相四线制电能表，假定负荷三相平衡，表尾电压接线为 acb，电流接线为 abc，C 相电流互感器二次极性接反，功率因数角为 17°。

Jc0005352055－5　经电流互感器低压三相四线制电能计量装置接线分析。（100 分）

考核知识点：经电流互感器低压三相四线制电能计量装置接线分析

难易度：中

技能等级评价专业技能考核操作工作任务书

一、任务名称

经电流互感器低压三相四线制电能计量装置接线分析。

二、适用工种

抄表核算收费员高级工。

三、具体任务

使用相位伏安表完成指定经电流互感器低压三相四线制电能计量装置相关参数的测量并分析接线形式。

四、工作规范及要求

（1）着装符合要求，穿全棉长袖工作服、绝缘鞋，戴安全帽、线手套。

（2）携带自备工具（钢笔或中性笔、计算器、三角尺）进入现场，待考评老师宣布许可工作命令后开始工作并计时。

（3）打开计量柜（箱）门之前必须对柜（箱）体验电，现场操作严格执行《国家电网有限公司营销现场作业安全工作规程（试行）》。

（4）工作结束清理现场，并向监考老师报告。

五、考核及时间要求

本考核时间为 30 分钟，时间到停止考核。

三相四线制电能计量装置检查项目见表 Jc0005352055－5。

表 Jc0005352055－5

<table>
<tr><td>编号</td><td></td><td>姓名</td><td></td><td>工位号</td><td></td></tr>
<tr><td colspan="6">一、电能表基本信息（有功）</td></tr>
<tr><td>型号</td><td></td><td>准确度等级</td><td></td><td>出厂编号</td><td></td></tr>
<tr><td>规格</td><td colspan="2">V；　　A</td><td>制造厂家</td><td colspan="2"></td></tr>
<tr><td colspan="6">二、实测数据</td></tr>
<tr><td>线电压</td><td>$U_{12}=$</td><td>$U_{32}=$</td><td>$U_{13}=$</td><td colspan="2">电压相序：</td></tr>
<tr><td>相电压</td><td>$U_1=$</td><td>$U_2=$</td><td>$U_3=$</td><td colspan="2" rowspan="4">三、错误接线形式（下标用 A、B、C 表示）
第一元件：
第二元件：
第三元件：</td></tr>
<tr><td>电流</td><td>$I_1=$</td><td>$I_2=$</td><td>$I_3=$</td></tr>
<tr><td rowspan="2">相位</td><td>$\dot{U}_1\hat{}\dot{U}_2=$</td><td colspan="2">基准相：</td></tr>
<tr><td>$\dot{U}_1\hat{}\dot{I}_1=$</td><td>$\dot{U}_1\hat{}\dot{I}_2=$</td><td>$\dot{U}_1\hat{}\dot{I}_3=$</td></tr>
<tr><td colspan="3">四、错误接线相量图
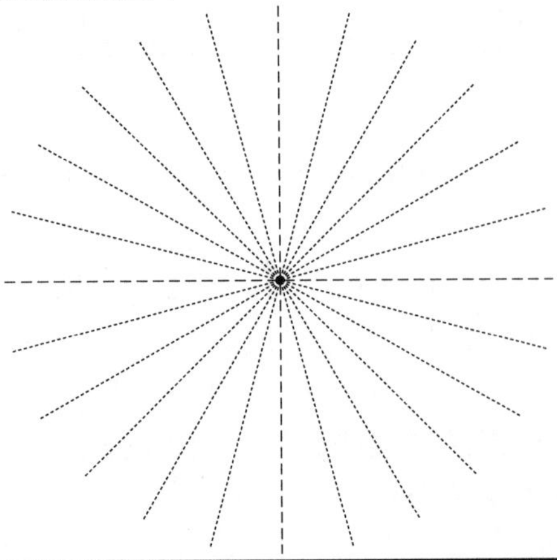</td><td colspan="3">五、错误接线示意图</td></tr>
</table>

技能等级评价专业技能考核操作评分标准

工种	抄表核算收费员					评价等级	高级工
项目模块	电能计量—三相四线制经互感器电能表的错误接线				编号	Jc0005352055－5	
单位			准考证号			姓名	
考试时限	30 分钟		题型	单项操作		题分	100 分
成绩		考评员		考评组长		日期	
试题正文	经电流互感器低压三相四线制电能计量装置接线分析						
需要说明的问题和要求	（1）要求单人操作。 （2）操作应注意安全，按照标准化作业书的技术安全说明做好安全措施						

序号	项目名称	质量要求	满分	扣分标准	扣分原因	得分
1	工具使用及安全措施					
1.1	相关安全措施的准备	戴安全帽，穿全棉长袖工作服，穿绝缘鞋，操作时戴线手套，打开柜门前需先验电	5	准备不齐全或着装不规范每项扣 1 分，扣完为止		
1.2	各种工器具正确使用	正确使用验电笔，熟练正确使用相位伏安表	5	未验电扣 2 分，验电方法不当扣 1 分；工器具掉落每次扣 1 分；相位伏安表使用不当每次扣 1 分；测量过程摘手套扣 2 分；测量完毕后再次申请测量扣 5 分；扣完为止		
2	数据测量	正确填写电能表基本信息，正确记录实测数据并判断电压相序	25	电能表基本信息填写不正确每处扣 1 分；测量数据不正确每项扣 1 分；无单位每处扣 0.5 分，最多扣 2 分；相序判断不正确扣 4 分；扣完为止		
3	绘制错误接线图及相量图					
3.1	错误接线相量图	正确绘制错误接线相量图	20	电压、电流相量标记错误每项扣 2 分，无相量符号扣 1 分；相量角度偏差超过 15°每项扣 2 分；未标记功率因数角每项扣 2 分；扣完为止		
3.2	错误接线形式	正确判断错误接线形式	15	错误接线形式判断不正确每项扣 2 分，扣完为止		
3.3	错误接线示意图	正确绘制错误接线示意图	20	电压、电流回路接线不正确每处扣 2 分；中性线接线不正确扣 2 分；未标注同名端扣 2 分		
4	现场恢复	恢复现场	10	未进行现场恢复扣 10 分		
合计			100			

计量装置设置：

（1）考试使用电能表为仿真表，通过模拟装置进行参数设置，相电压分别为 220、220、220V，相电流分别为 1、1、1A。

（2）默认设置为经电流互感器低压三相四线制电能表，假定负荷三相平衡，表尾电压接线为 bac，电流接线为 abc，表尾电流进出反接元件为一元件，功率因数角为 20°。

Jc0005352056－6　经电流互感器低压三相四线制电能计量装置接线分析。（100 分）

考核知识点：经电流互感器低压三相四线制电能计量装置接线分析

难易度：中

技能等级评价专业技能考核操作工作任务书

一、任务名称

经电流互感器低压三相四线制电能计量装置接线分析。

二、适用工种

抄表核算收费员高级工。

三、具体任务

使用相位伏安表完成指定经电流互感器低压三相四线制电能计量装置相关参数的测量并分析接线形式。

四、工作规范及要求

（1）着装符合要求，穿全棉长袖工作服、绝缘鞋，戴安全帽、线手套。

（2）携带自备工具（钢笔或中性笔、计算器、三角尺）进入现场，待考评老师宣布许可工作命令后开始工作并计时。

（3）打开计量柜（箱）门之前必须对柜（箱）体验电，现场操作严格执行《国家电网有限公司营销现场作业安全工作规程（试行）》。

（4）工作结束清理现场，并向监考老师报告。

五、考核及时间要求

本考核时间为30分钟，时间到停止考核。

三相四线制电能计量装置检查项目见表Jc0005352056－6。

表Jc0005352056－6

<table>
<tr><td>编号</td><td></td><td>姓名</td><td></td><td>工位号</td><td></td></tr>
<tr><td colspan="6">一、电能表基本信息（有功）</td></tr>
<tr><td>型号</td><td></td><td>准确度等级</td><td></td><td>出厂编号</td><td></td></tr>
<tr><td>规格</td><td colspan="2">V；　　A</td><td>制造厂家</td><td colspan="2"></td></tr>
<tr><td colspan="6">二、实测数据</td></tr>
<tr><td>线电压</td><td>$U_{12}=$</td><td>$U_{32}=$</td><td>$U_{13}=$</td><td colspan="2">电压相序：</td></tr>
<tr><td>相电压</td><td>$U_1=$</td><td>$U_2=$</td><td>$U_3=$</td><td colspan="2" rowspan="4">三、错误接线形式（下标用A、B、C表示）
第一元件：
第二元件：
第三元件：</td></tr>
<tr><td>电流</td><td>$I_1=$</td><td>$I_2=$</td><td>$I_3=$</td></tr>
<tr><td rowspan="2">相位</td><td>$\dot{U}_1\hat{}\dot{U}_2=$</td><td colspan="2">基准相：</td></tr>
<tr><td>$\dot{U}_1\hat{}\dot{I}_1=$</td><td>$\dot{U}_1\hat{}\dot{I}_2=$</td><td>$\dot{U}_1\hat{}\dot{I}_3=$</td></tr>
<tr><td colspan="3">四、错误接线相量图
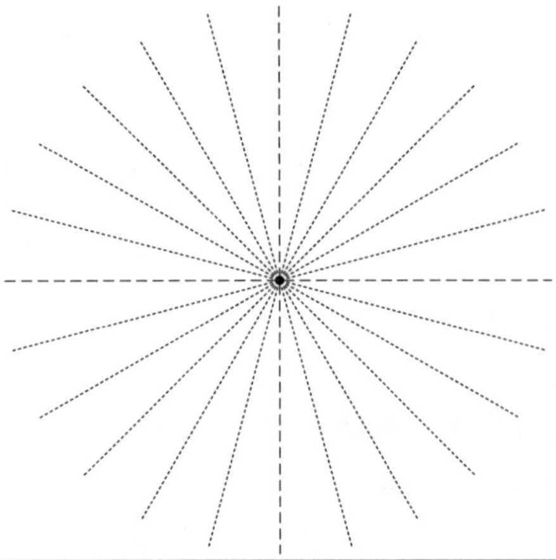</td><td colspan="3">五、错误接线示意图</td></tr>
</table>

技能等级评价专业技能考核操作评分标准

工种	抄表核算收费员					评价等级	高级工
项目模块	电能计量—三相四线制经互感器电能表的错误接线				编号	Jc0005352056－6	
单位			准考证号			姓名	
考试时限	30分钟		题型	单项操作		题分	100分
成绩		考评员		考评组长		日期	
试题正文	经电流互感器低压三相四线制电能计量装置接线分析						
需要说明的问题和要求	（1）要求单人操作。 （2）操作应注意安全，按照标准化作业书的技术安全说明做好安全措施						

序号	项目名称	质量要求	满分	扣分标准	扣分原因	得分
1	工具使用及安全措施					
1.1	相关安全措施的准备	戴安全帽，穿全棉长袖工作服，穿绝缘鞋，操作时戴线手套，打开柜门前需先验电	5	准备不齐全或着装不规范每项扣1分，扣完为止		
1.2	各种工器具正确使用	正确使用验电笔，熟练正确使用相位伏安表	5	未验电扣2分，验电方法不当扣1分；工器具掉落每次扣1分；相位伏安表使用不当每次扣1分；测量过程摘手套扣2分；测量完毕后再次申请测量扣5分；扣完为止		
2	数据测量	正确填写电能表基本信息，正确记录实测数据并判断电压相序	25	电能表基本信息填写不正确，每处扣1分；测量数据不正确每项扣1分；无单位每处扣0.5分，最多扣2分；相序判断不正确扣4分；扣完为止		
3	绘制错误接线图及相量图					
3.1	错误接线相量图	正确绘制错误接线相量图	20	电压、电流相量标记错误每项扣2分，无相量符号扣1分；相量角度偏差超过15°每项扣2分；未标记功率因数角每项扣2分；扣完为止		
3.2	错误接线形式	正确判断错误接线形式	15	错误接线形式判断不正确每项扣2分，扣完为止		
3.3	错误接线示意图	正确绘制错误接线示意图	20	电压、电流回路接线不正确，每处扣2分；中性线接线不正确扣2分；未标注同名端扣2分；扣完为止		
4	现场恢复	恢复现场	10	未进行现场恢复扣10分		
合计			100			

计量装置设置：

（1）考试使用电能表为仿真表，通过模拟装置进行参数设置，相电压分别为220、220、220V，相电流分别为1、1、1A。

（2）默认设置为经电流互感器低压三相四线制电能表，假定负荷三相平衡，表尾电压接线为bac，电流接线为acb，B相电流互感器二次极性接反，功率因数角为26°。

Jc0006342057　低压分布式光伏发电客户电费及发电结算费用的计算。(100分)

考核知识点：低压分布式光伏发电客户电费及发电结算费用的计算

难易度：中

技能等级评价专业技能考核操作工作任务书

一、任务名称

低压分布式光伏发电客户电费及发电结算费用的计算。

二、适用工种

抄表核算收费员高级工。

三、具体任务

某居民客户于 2 月办理分布式光伏发电新装项目（自发自用，余电上网），新装容量为 3kW，3 月累计发电量为 100kWh，上网电量为 20kWh。

请问：

（1）国家电网有限公司转发国家能源局关于《进一步落实分布式光伏发电有关政策的通知》（国家电网发展〔2014〕1325 号）文件适用于该户的补助政策是什么？

（2）拟定：电价补贴标准为 0.42 元/kWh，上网电价为 0.259 5 元/kWh，则 3 月供电企业与客户的结算电费是多少？

四、工作规范及要求

（1）自备计算器、钢笔或中性笔。

（2）简答思路清晰、知识点明确。

（3）计算公式、步骤正确。

五、考核及时间要求

本考核为计算实操任务，严格按照规定步骤完成，考核时间为 20 分钟。

技能等级评价专业技能考核操作评分标准

<table>
<tr><td>工种</td><td colspan="5">抄表核算收费员</td><td>评价等级</td><td>高级工</td></tr>
<tr><td>项目模块</td><td colspan="4">新型业务—业务开展</td><td>编号</td><td colspan="2">Jc0006342057</td></tr>
<tr><td>单位</td><td colspan="2">　</td><td>准考证号</td><td colspan="2">　</td><td>姓名</td><td>　</td></tr>
<tr><td>考试时限</td><td colspan="2">20 分钟</td><td>题型</td><td colspan="2">单项操作</td><td>题分</td><td>100 分</td></tr>
<tr><td>成绩</td><td>　</td><td>考评员</td><td>　</td><td>考评组长</td><td>　</td><td>日期</td><td>　</td></tr>
<tr><td>试题正文</td><td colspan="7">低压分布式光伏发电客户电费及发电结算费用的计算</td></tr>
<tr><td>需要说明的问题和要求</td><td colspan="7">（1）要求单人完成。
（2）需列式计算的写出计算公式、步骤，需文字描述的要规范</td></tr>
</table>

序号	项目名称	质量要求	满分	扣分标准	扣分原因	得分
1	补贴政策	简要说明文件适用于该客户的补助政策是什么	50	政策描述错误扣 50 分；政策描述不清或不齐全，酌情扣分；扣完为止		
2	发电量的结算	计算结果正确	20	发电量计算错误扣 20 分		
3	上网电量的结算	计算结果正确	20	上网电量计算错误扣 20 分		
4	发电量、上网电量的结算	正确计算发电量和上网电量的结算	10	上网电费补贴和发电补贴电费计算错误，每项扣 5 分，扣完为止		
合计			100			

Jc0006342058　清洁供暖客户的电费计算。（100 分）

考核知识点：清洁供暖客户的电费计算

难易度：中

技能等级评价专业技能考核操作工作任务书

一、任务名称

清洁供暖客户的电费计算。

二、适用工种

抄表核算收费员高级工。

三、具体任务

某县雷记沟村村民李彦是380V低压供电客户，煤改电后，2020年2月抄表信息见表Jc0006342058，合同容量为20kVA，客户自愿选择执行峰谷分时电价，请计算2020年2月该户应缴纳的电费（代征费需分别计算）。

表 Jc0006342058

有功总起码	7661.87	有功总止码	12 629.83
有功峰起码	3204.56	有功峰止码	5428.8
有功谷起码	4013.66	有功峰止码	6757.37

四、工作规范及要求

（1）自备计算器、钢笔或中性笔。

（2）简答思路清晰、知识点明确。

（3）计算公式、步骤正确。

五、考核及时间要求

本考核为计算实操任务，严格按照规定步骤完成，考核时间为30分钟。

技能等级评价专业技能考核操作评分标准

工种	抄表核算收费员				评价等级	高级工
项目模块	新型业务—业务开展			编号	Jc0006342058	
单位		准考证号			姓名	
考试时限	30 分钟	题型	单项操作		题分	100 分
成绩		考评员		考评组长	日期	
试题正文	清洁供暖客户的电费计算					
需要说明的问题和要求	（1）要求单人完成。 （2）需列式计算的写出计算公式、步骤，需文字描述的要规范					

序号	项目名称	质量要求	满分	扣分标准	扣分原因	得分
1	抄见电量	有功总、峰、谷的抄见电量	30	有功总、峰、谷的抄见电量计算错误一项扣10分，扣完为止		
2	目录电费	计算结果正确	20	计算结果错误扣20分		
3	上网电量的结算	计算结果正确	20	计算结果错误扣20分		
4	代征费	计算结果正确	20	未分别计算代征费扣10分，扣完为止		
5	电费合计	计算结果正确	10	计算结果错误扣10分		
合计			100			

Jc0006341059　清洁供暖客户电量电费计算。(100 分)

考核知识点：电费计算

难易度：易

技能等级评价专业技能考核操作工作任务书

一、任务名称

清洁供暖客户电量电费计算。

二、适用工种

抄表核算收费员高级工。

三、具体任务

某市某小区居民客户选择清洁供暖电价，2019 年 10 月 5 日申请供暖期间执行峰谷分时电价。2019 年 11 月抄录表码见表 Jc0006341059。

表 Jc0006341059

时段	2019 年 11 月末表码	2019 年 12 月末表码
总	1836	1986
峰	1071	1158
谷	765	828

四、工作规范及要求

（1）自备钢笔或中性笔。

（2）计算公式、步骤正确。

（3）电价执行正确。

五、考核及时间要求

本考核为计算实操任务，严格按照规定步骤完成，考核时间为 30 分钟。

技能等级评价专业技能考核操作评分标准

<table>
<tr><td>工种</td><td colspan="5">抄表核算收费员</td><td>评价等级</td><td>高级工</td></tr>
<tr><td>项目模块</td><td colspan="4">新型业务—电费计算</td><td>编号</td><td colspan="2">Jc0006341059</td></tr>
<tr><td>单位</td><td colspan="2"></td><td>准考证号</td><td colspan="2"></td><td>姓名</td><td></td></tr>
<tr><td>考试时限</td><td>30 分钟</td><td>题型</td><td colspan="3">单项操作</td><td>题分</td><td>100 分</td></tr>
<tr><td>成绩</td><td></td><td>考评员</td><td></td><td>考评组长</td><td></td><td>日期</td><td></td></tr>
<tr><td>试题正文</td><td colspan="7">清洁供暖客户电量电费计算</td></tr>
<tr><td>需要说明的问题和要求</td><td colspan="7">（1）要求单人完成。
（2）需列式计算的写出计算公式、步骤，需文字描述的要规范</td></tr>
</table>

<table>
<tr><td>序号</td><td>项目名称</td><td>质量要求</td><td>满分</td><td>扣分标准</td><td>扣分原因</td><td>得分</td></tr>
<tr><td>1</td><td>抄见电量</td><td>有功总、峰、谷的抄见电量</td><td>60</td><td>有功总、峰、谷的抄见电量计算错误一项扣 20 分，扣完为止</td><td></td><td></td></tr>
<tr><td>2</td><td>目录电费</td><td>计算结果正确</td><td>30</td><td>计算结果错误扣一项扣 15 分，扣完为止</td><td></td><td></td></tr>
<tr><td>3</td><td>应收电费合计</td><td>计算结果正确</td><td>10</td><td>计算结果错误扣 10 分</td><td></td><td></td></tr>
<tr><td colspan="2">合计</td><td></td><td>100</td><td></td><td></td><td></td></tr>
</table>

Jc0007362060　10kV 业扩装表。（100 分）

考核知识点： 10kV 业扩装表

难易度： 中

技能等级评价专业技能考核操作工作任务书

一、任务名称

10kV 业扩装表。

二、适用工种

抄表核算收费员高级工。

三、具体任务

2018 年 6 月 25 日，某供电公司工作负责人王××（死者）带领张×和刘××前往中山路商业街配电房高压计量柜内安装计量表计。8 时 40 分，王××等进入高压配电室，来到计量柜前，询问客户电工设备有没有电时，客户电工答："表都没装，怎么会有电！"（实际进线高压电缆已带电）。然后王××吩咐刘××从车上将工器具及表计等搬下车，张×松开计量表计的接线端子螺栓。王××自己一人走到高压计量柜前，打开计量柜门（门上无闭锁装置），将头伸进柜内察看柜内设备安装情况，高压计量柜带电部位当即对王××头部放电，王××经抢救无效死亡。请分析该起事件中违反营销现场作业安全工作规程的行为。

四、工作规范及要求

分析该起事件中违反营销现场作业安全工作规程的行为。

五、考核及时间要求

本考核时间为 30 分钟，要求答题完整，文字描述清晰、规范。

技能等级评价专业技能考核操作评分标准

工种	抄表核算收费员			评价等级	高级工
项目模块	安全管理—业务开展		编号	Jc0007362060	
单位		准考证号		姓名	
考试时限	30 分钟	题型	综合操作题	题分	100 分
成绩		考评员	考评组长		日期
试题正文	10kV 业扩装表				
需要说明的问题和要求	（1）要求单人完成。 （2）分析该起事件中违反营销现场作业安全工作规程的行为，并说明违反营销现场作业安全工作规程中的哪条规定				

序号	项目名称	质量要求	满分	扣分标准	扣分原因	得分
1	分析原因	表达意思明确，文字描述清楚	80	每错、漏写一条扣 20 分，扣完为止		
2	每条原因分析的依据	写出原因分析的依据	20	每错、漏写一条扣 5 分，扣完为止		
合计			100			

Jc0007362061　低压光伏发电客户电费及发电结算费用的计算。（100 分）

考核知识点： 低压装表作业

难易度： 中

技能等级评价专业技能考核操作工作任务书

一、任务名称

低压光伏发电客户电费及发电结算费用的计算。

二、适用工种

抄表核算收费员高级工。

三、具体任务

2018 年 8 月 21 日，某供电所李××、朱××为一客户改线并装电能表。两人未办理工作票即赶到现场，李××负责拆旧和送电，朱××负责安装电能表，两人分头开始工作。李××（身着短袖上衣和七分裤，脚穿拖鞋）站在铁管焊制的梯子约 1.8m 处拆旧和接线，在用带绝缘手柄的钳子剥开相线（火线）的线皮时，左手不慎碰到带电的导线上，触电后扑在梯子上，经抢救无效死亡。请分析该起事件中违反营销现场作业安全工作规程的行为。

四、工作规范及要求

分析该起事件中违反营销现场作业安全工作规程的行为。

五、考核及时间要求

本考核时间为 30 分钟，要求答题完整，文字描述清晰、规范。

技能等级评价专业技能考核操作评分标准

工种	抄表核算收费员					评价等级	高级工
项目模块	安全管理—业务开展				编号	Jc0007362061	
单位			准考证号			姓名	
考试时限	30 分钟		题型	综合操作题		题分	100 分
成绩		考评员		考评组长		日期	
试题正文	低压光伏发电客户电费及发电结算费用的计算						
需要说明的问题和要求	（1）要求单人完成。 （2）分析该起事件中违反营销现场作业安全工作规程行为，并说明违反营销现场作业安全工作规程中的哪条规定						

序号	项目名称	质量要求	满分	扣分标准	扣分原因	得分
1	分析原因	表达意思明确，文字描述清楚	80	每错、漏写一条扣 20 分，扣完为止		
2	每条原因分析的依据	写出原因分析的依据	20	每错、漏写一条扣 5 分，扣完为止		
合计			100			

第四章　技　师

Jc0001242001－1　**单相电能表抄读、异常处理、电费计算。（100 分）**

考核知识点：抄表异常分析及处理

难易度：中

技能等级评价专业技能考核操作工作任务书

一、任务名称

单相电能表抄读、异常处理、电费计算。

二、适用工种

抄表核算收费员技师。

三、具体任务

（1）抄读指定单相电能表，完成铭牌信息及表 Jc0001242001－1－1 内示数信息填写。

表 Jc0001242001－1－1

电能表铭牌参数		表内信息	
电能表出厂编号		当前总电量	
额定电压		剩余金额	
标定电流及最大电流		电压	
接线方式		电流	
准确度等级		功率	

（2）使用掌机读取当前表内阶梯电价执行套数及阶梯电价值、费率电价执行套数及费率电价值。

（3）已知该户为居民客户，判断表内电价执行是否正确，如不正确请改正。（设定阶梯电价分别为 0.448 6、0.498 6、0.748 6 元/kWh）。

（4）经用电信息采集系统检查，该户自首次购电后，每月用电量均小于 170kWh，表 Jc0001242001－1－2 为该户的购电记录，请计算应退补电费。

表 Jc0001242001－1－2

购电时间	购电类型	电卡购电次数（次）	本次写卡金额（元）	累计购电金额（元）
2016 年 4 月 12 日	日常购电	6	1000	5500
2015 年 10 月 12 日	日常购电	5	1000	4500
2014 年 9 月 12 日	银行联网	4	1000	3500
2013 年 8 月 12 日	银行联网	3	1000	2500
2012 年 7 月 12 日	日常购电	2	1000	1500
2012 年 1 月 12 日	首次购电	1	500	500

四、工作规范及要求

（1）着装符合要求，穿全棉长袖工作服、绝缘鞋，戴安全帽、线手套。

（2）携带自备工具（钢笔或中性笔、计算器、线手套）进入现场，待考评老师宣布许可工作命令后开始工作并计时。

（3）打开计量柜（箱）门之前必须对柜（箱）体验电，现场操作严格执行《国家电网有限公司营销现场作业安全工作规程（试行）》。

（4）工作结束清理现场，并向监考老师报告。

五、考核及时间要求

本考核时间为30分钟，计时结束停止考核。

技能等级评价专业技能考核操作评分标准

工种	抄表核算收费员					评价等级	技师
项目模块	抄表管理—抄表异常处置—对抄表过程中发现的异常进行分析和处理				编号	Jc0001242001－1	
单位			准考证号			姓名	
考试时限	30分钟		题型	单项操作		题分	100分
成绩		考评员		考评组长		日期	
试题正文	单相电能表抄读、异常处理、电费计算						
需要说明的问题和要求	（1）要求单人操作。 （2）操作应注意安全，按照标准化作业书的技术安全说明做好安全措施						

序号	项目名称	质量要求	满分	扣分标准	扣分原因	得分
1	安全文明生产	戴安全帽，穿全棉长袖工作服，穿绝缘鞋，操作时戴线手套，打开柜门前需先验电	10	有一项未按要求进行扣5分，扣完为止		
2	电能表抄读	电能表铭牌信息填写正确规范，表内示数信息填写正确规范	20	表格内每项数据未填写或填写错误扣2分，扣完为止		
3	电价抄读	正确判断当前表内执行第几套阶梯电价，正确判断当前表内阶梯电价值，正确判断当前表内执行第几套费率电价，正确判断当前表内执行费率电价值	20	错答一项扣5分，扣完为止		
4	电价修改	电价修改正确	10	未正确修改电价扣10分		
5	电费计算	电费计算正确	30	电费计算方法错误扣20分，结果错误扣10分，扣完为止		
6	现场恢复	操作结束后清理现场杂物，并将工器具归位摆放整齐	10	现场留有杂物或工器具未归位扣10分		
合计			100			

Jc0001242002－2　单相电能表抄读、异常处理、电费计算。（100分）

考核知识点： 抄表异常分析及处理

难易度： 中

技能等级评价专业技能考核操作工作任务书

一、任务名称

单相电能表抄读、异常处理、电费计算。

二、适用工种

抄表核算收费员技师。

三、具体任务

（1）抄读指定单相电能表，完成铭牌信息及表 Jc0001242002－2－1 内示数信息填写。

表 Jc0001242002－2－1

电能表铭牌参数		表内信息	
电能表出厂编号		当前总电量	
额定电压		剩余金额	
标定电流及最大电流		有功峰段电量	
接线方式		有功平段电量	
准确度等级		有功谷段电量	

（2）使用掌机读取当前表内阶梯电价执行套数和阶梯电价值、费率电价执行套数及费率电价值。

（3）已知该户为一般工商业客户，执行峰谷分时电价，判断表内电价执行是否正确，如不正确请改正。（设定一般工商业电价：峰 0.709 1 元/kWh、平 0.518 3 元/kWh、谷 0.327 5 元/kWh）

（4）表 Jc0001242002－2－2 为该户的购电记录，计算因电价错误产生的退补电费。

表 Jc0001242002－2－2

购电时间	购电类型	电卡购电次数	本次写卡金额（元）	累计购电金额（元）
2016 年 5 月 12 日	日常购电	6	500	2700
2015 年 10 月 12 日	日常购电	5	500	2200
2014 年 9 月 12 日	银行联网	4	500	1700
2013 年 8 月 12 日	银行联网	3	500	1200
2012 年 7 月 12 日	日常购电	2	500	700
2012 年 1 月 12 日	首次购电	1	200	500

四、工作规范及要求

（1）着装符合要求，穿全棉长袖工作服、绝缘鞋，戴安全帽、线手套。

（2）携带自备工具（钢笔或中性笔、计算器、线手套）进入现场，待考评老师宣布许可工作命令后开始工作并计时。

（3）打开计量柜（箱）门之前必须对柜（箱）体验电，现场操作严格执行《国家电网有限公司营销现场作业安全工作规程（试行）》。

（4）工作结束清理现场，并向监考老师报告。

五、考核及时间要求

本考核时间为 30 分钟，计时结束停止考核。

技能等级评价专业技能考核操作评分标准

<table>
<tr><td>工种</td><td colspan="8">抄表核算收费员</td><td>评价等级</td><td>技师</td></tr>
<tr><td>项目模块</td><td colspan="7">抄表管理—抄表异常处置—对抄表过程中发现的异常进行分析和处理</td><td>编号</td><td colspan="2">Jc0001242002－2</td></tr>
<tr><td>单位</td><td colspan="3"></td><td colspan="2">准考证号</td><td colspan="3"></td><td>姓名</td><td></td></tr>
<tr><td>考试时限</td><td colspan="2">30 分钟</td><td colspan="2">题型</td><td colspan="4">单项操作</td><td>题分</td><td>100 分</td></tr>
<tr><td>成绩</td><td></td><td>考评员</td><td colspan="2"></td><td colspan="2">考评组长</td><td colspan="2"></td><td>日期</td><td></td></tr>
</table>

续表

试题正文	单相电能表抄读、异常处理、电费计算					
需要说明的问题和要求	（1）要求单人操作。 （2）操作应注意安全，按照标准化作业书的技术安全说明做好安全措施					
序号	项目名称	质量要求	满分	扣分标准	扣分原因	得分
1	安全文明生产	戴安全帽，穿全棉长袖工作服，穿绝缘鞋，操作时戴线手套，打开柜门前需先验电	10	有一项未按要求进行扣5分，扣完为止		
2	电能表抄读	电能表铭牌信息填写正确规范，表内示数信息填写正确规范	20	表格内每项数据未填写或填写错误扣2分，扣完为止		
3	电价抄读	正确判断当前表内执行第几套阶梯电价，正确判断当前表内阶梯电价值，正确判断当前表内执行第几套费率电价，正确判断当前表内执行费率电价值	20	错答一项扣5分，扣完为止		
4	电价修改	电价修改正确	10	未正确修改电价扣10分		
5	电费计算	电费计算正确	30	电费计算方法错误扣20分，结果计算错误扣10分，扣完为止		
6	现场恢复	操作结束后清理现场杂物，并将工器具归位摆放整齐	10	现场留有杂物或工器具未归位扣10分		
合计			100			

Jc0001242003－3　单相电能表抄读、异常处理、电费计算。（100分）

考核知识点：电价异常分析及处理

难易度：中

技能等级评价专业技能考核操作工作任务书

一、任务名称

单相电能表抄读、异常处理、电费计算。

二、适用工种

抄表核算收费员技师。

三、具体任务

（1）抄读指定单相电能表，完成铭牌信息及表Jc0001242003－3内示数信息填写。

表Jc0001242003－3

电能表铭牌参数		表内信息	
电能表出厂编号		当前总电量	
额定电压		上一月总电量	
标定电流及最大电流		剩余金额	
接线方式		电压	
准确度等级		电流	

（2）笔答现场发现的电能表异常。

（3）填写表计异常单。

四、工作规范及要求

（1）着装符合要求，穿全棉长袖工作服、绝缘鞋，戴安全帽、线手套。

（2）携带自备工具（钢笔或中性笔、线手套）进入现场，待考评老师宣布许可工作命令后开始工作并计时。

（3）打开计量柜（箱）门之前必须对柜（箱）体验电，现场操作严格执行《国家电网有限公司营销现场作业安全工作规程（试行）》。

（4）工作结束清理现场，并向监考老师报告。

五、考核及时间要求

（1）本考核时间为20分钟，计时结束停止考核。

（2）故障查找过程中，如确实不能查找出故障，可向考评员申请排除故障，该项故障项目不得分，但不影响其他项目。

技能等级评价专业技能考核操作评分标准

<table>
<tr><td>工种</td><td colspan="5">抄表核算收费员</td><td>评价等级</td><td colspan="3">技师</td></tr>
<tr><td>项目模块</td><td colspan="4">抄表—抄表异常处置—对抄表过程中发现的异常进行分析和处理</td><td>编号</td><td colspan="4">Jc0001242003－3</td></tr>
<tr><td>单位</td><td colspan="3"></td><td>准考证号</td><td></td><td>姓名</td><td colspan="3"></td></tr>
<tr><td>考试时限</td><td colspan="2">20分钟</td><td>题型</td><td colspan="2">单项操作</td><td>题分</td><td colspan="3">100分</td></tr>
<tr><td>成绩</td><td></td><td>考评员</td><td></td><td>考评组长</td><td></td><td>日期</td><td colspan="3"></td></tr>
<tr><td>试题正文</td><td colspan="9">单相电能表抄读、异常处理、电费计算</td></tr>
<tr><td>需要说明的问题和要求</td><td colspan="9">（1）要求单人操作。
（2）操作应注意安全，按照标准化作业书的技术安全说明做好安全措施</td></tr>
</table>

序号	项目名称	质量要求	满分	扣分标准	扣分原因	得分
1	安全文明生产	戴安全帽，穿全棉长袖工作服，穿绝缘鞋，操作时戴线手套，打开柜门前需先验电	10	有一项未按要求进行扣5分，扣完为止		
2	电能表抄读	电能表铭牌信息填写正确规范，表内示数信息填写正确规范	40	表格内每项数据未填写或填写错误扣4分，扣完为止		
3	判断电能表异常	正确识别电能表异常	20	漏答、错答一项异常扣10分，扣完为止		
4	填写表计异常单	异常单内容填写完整、正确	20	漏填、错填一项扣2分，扣完为止		
5	现场恢复	操作结束后清理现场杂物，并将工器具归位摆放整齐	10	现场留有杂物或工器具未归位扣10分		
合计			100			

Jc0001243004 三相电能表抄读、异常处理。（100分）

考核知识点：抄表异常分析及处理

难易度：难

技能等级评价专业技能考核操作工作任务书

一、任务名称

三相电能表抄读、异常处理。

二、适用工种

抄表核算收费员技师。

三、具体任务

（1）抄读指定三相四线电能表，完成铭牌信息及表Jc0001243004内示数信息填写。

表 Jc0001243004

电能表铭牌参数		表内信息		
电能表出厂编号		示数类型	上一月	当前
额定电压		有功总电量		
标定电流及最大电流		有功峰电量		
接线方式		有功平电量		
准确度等级		有功谷电量		
电能表厂家		组合无功 I		

（2）根据电能表屏显信息，写出电能表存在的接线异常，并填写异常单。

（3）已知该户用电容量为 80kVA，客户执行一般工商业分时电价，变压器型号为 S9 系列，采用高供低计计量方式，电流互感器变比为 150A/5A，请计算该客户当月表内抄见的电量电费。设定工商业及其他电价：峰 0.709 1 元/kWh、平 0.518 3 元/kWh、谷 0.327 5 元/kWh；代征费：0.041 325 元/kWh。

四、工作规范及要求

（1）着装符合要求，穿全棉长袖工作服、绝缘鞋，戴安全帽、线手套。

（2）携带自备工具（钢笔或中性笔、计算器、线手套）进入现场，待考评老师宣布许可工作命令后开始工作并计时。

（3）打开计量柜（箱）门之前必须对柜（箱）体验电，现场操作严格执行《国家电网有限公司营销现场作业安全工作规程（试行）》。

（4）工作结束清理现场，并向监考老师报告。

五、考核及时间要求

（1）本考核时间为 30 分钟，计时结束停止考核。

（2）故障查找过程中，如确实不能查找出故障，可向考评员申请排除故障，该项故障项目不得分，但不影响其他项目。

技能等级评价专业技能考核操作评分标准

工种	抄表核算收费员					评价等级	技师
项目模块	抄表管理—抄表异常处置—对抄表过程中发现的异常进行分析和处理				编号	Jc0001243004	
单位				准考证号		姓名	
考试时限	30 分钟		题型	单项操作		题分	100 分
成绩		考评员		考评组长		日期	
试题正文	三相电能表抄读、异常处理						
需要说明的问题和要求	（1）要求单人操作。 （2）操作应注意安全，按照标准化作业书的技术安全说明做好安全措施						

序号	项目名称	质量要求	满分	扣分标准	扣分原因	得分
1	安全文明生产	戴安全帽，穿全棉长袖工作服，穿绝缘鞋，操作时戴线手套，打开柜门前需先验电	10	有一项未按要求进行扣 5 分，扣完为止		
2	电能表抄读	电能表铭牌信息填写正确规范，表内示数信息填写正确规范	20	表格内每项数据未填写或填写错误扣 2 分，扣完为止		
3	异常识别	表计异常判断正确	20	判断错误扣 20 分		

续表

序号	项目名称	质量要求	满分	扣分标准	扣分原因	得分
4	电费计算	抄见电量计算正确，追补电量计算正确，变损电量查表正确，表内应结算电量计算正确，当月应交电费计算正确	40	每项错误扣 8 分，扣完为止		
5	现场恢复	操作结束后清理现场杂物，并将工器具归位摆放整齐	10	现场留有杂物或工器具未归位扣 10 分		
合计			100			

Jc0001242005　抄表异常分析及处理。(100 分)

考核知识点：抄表异常分析及处理

难易度：中

技能等级评价专业技能考核操作工作任务书

一、任务名称

抄表异常分析及处理。

二、适用工种

抄表核算收费员技师。

三、具体任务

(1) 经用电信息采集系统分析，发现现场表号为××的三相电能表长期无电流，已知该户为台区考核总表，请现场分析原因。

(2) 请现场处理异常。

四、工作规范及要求

(1) 自备钢笔或中性笔、计算器、线手套；着装符合要求，穿全棉长袖工作服、绝缘鞋，戴安全帽、线手套。

(2) 携带自备工具（钢笔或中性笔、计算器线手套）进入现场，待考评老师宣布许可工作命令后开始工作并计时。

(3) 打开计量柜（箱）门之前必须对柜（箱）体验电，现场操作严格执行《国家电网有限公司营销现场作业安全工作规程（试行）》。

(4) 工作结束清理现场，并向监考老师报告。

五、考核及时间要求

本考核时间为 20 分钟，计时结束停止考核。

技能等级评价专业技能考核操作评分标准

<table>
<tr><td>工种</td><td colspan="8">抄表核算收费员</td><td>评价等级</td><td>技师</td></tr>
<tr><td>项目模块</td><td colspan="7">抄表管理—抄表异常处置—对抄表过程中发现的异常进行分析和处理</td><td>编号</td><td colspan="2">Jc0001242005</td></tr>
<tr><td>单位</td><td colspan="3"></td><td colspan="2">准考证号</td><td colspan="3"></td><td>姓名</td><td></td></tr>
<tr><td>考试时限</td><td colspan="2">20 分钟</td><td colspan="2">题型</td><td colspan="4">单项操作</td><td>题分</td><td>100 分</td></tr>
<tr><td>成绩</td><td></td><td>考评员</td><td colspan="2"></td><td colspan="2">考评组长</td><td colspan="2"></td><td>日期</td><td></td></tr>
<tr><td>试题正文</td><td colspan="10">抄表异常分析及处理</td></tr>
<tr><td>需要说明的问题和要求</td><td colspan="10">(1) 要求单人操作。
(2) 操作应注意安全，按照标准化作业书的技术安全说明做好安全措施</td></tr>
</table>

续表

序号	项目名称	质量要求	满分	扣分标准	扣分原因	得分
1	安全文明生产	戴安全帽，穿全棉长袖工作服，穿绝缘鞋，操作时戴线手套，打开柜门前需先验电	10	有一项未按要求进行扣 5 分，扣完为止		
2	异常检查	正确检查出异常	20	异常判断错误扣 20 分		
3	异常恢复	现场螺钉旋具需进行绝缘化处理；三个电流连片需全部打开，操作熟练；连片打开后需检查表内信息，以及电流是否恢复；最后需将破坏的铅封恢复	60	按照要求完成每项操作，未操作或操作过程中违反安规要求，每项扣 12 分，扣完为止		
4	现场恢复	操作结束后清理现场杂物，并将工器具归位摆放整齐	10	现场留有杂物或工器具未归位扣 10 分		
合计			100			

Jc0001242006　使用移动作业终端读取电价并判断正误。（100 分）

考核知识点：电价异常分析及处理

难易度：中

技能等级评价专业技能考核操作工作任务书

一、任务名称

使用移动作业终端读取电价并判断正误。

二、适用工种

抄表核算收费员技师。

三、具体任务

现场使用移动作业终端读取居民客户电价，判断电价是否执行正确，记录并填写表 Jc0001242006。

表 Jc0001242006

电能表型号	
第一阶梯电价	
第二阶梯电价	
第三阶梯电价	

四、工作规范及要求

（1）着装符合要求，穿全棉长袖工作服、绝缘鞋，戴安全帽、线手套。

（2）携带自备工具（钢笔或中性笔）进入现场，待考评老师宣布许可工作命令后开始工作并计时。

（3）打开计量柜（箱）门之前必须对柜（箱）体验电，现场操作严格执行《国家电网有限公司营销现场作业安全工作规程（试行）》。

（4）工作结束清理现场，并向监考老师报告。

五、考核及时间要求

本考核时间为 30 分钟，时间到停止考核。

技能等级评价专业技能考核操作评分标准

工种	抄表核算收费员						评价等级	技师
项目模块	抄表管理—抄表异常处置—对抄表过程中发现的异常进行分析和处理					编号	Jc0001242006	
单位				准考证号			姓名	
考试时限	30 分钟		题型	单项操作			题分	100 分
成绩		考评员		考评组长			日期	
试题正文	使用移动作业终端读取电价并判断正误							
需要说明的问题和要求	（1）要求单人操作。 （2）操作应注意安全，按照标准化作业书的技术安全说明做好安全措施							

序号	项目名称	质量要求	满分	扣分标准	扣分原因	得分
1	安全文明生产	戴安全帽，穿全棉长袖工作服，穿绝缘鞋，操作时戴线手套，打开柜门前需先验电	20	有一项未按要求进行扣 5 分，扣完为止		
2	仪器使用	正确使用移动作业终端	25	电价抄读错误扣 25 分		
3	结果判断	判断电价执行是否正确	25	判断错误扣 25 分		
4	填写记录	正确、规范填写记录表	20	数据填写错误 1 处扣 5 分，单位使用错误 1 处扣 5 分，扣完为止		
5	现场恢复	操作结束后清理现场杂物，并将工器具归位摆放整齐	10	现场留有杂物或工器具未归位扣 10 分		
合计			100			

计量装置设置：

（1）考试使用电能表为仿真表，通过模拟装置进行参数设置。

（2）屏蔽电能表显示屏。

Jc0001262007　经互感器接入的三相四线电能表抄读、异常处理、电费计算。（100 分）

考核知识点：抄表异常分析及处理

难易度：中

技能等级评价专业技能考核操作工作任务书

一、任务名称

经互感器接入的三相四线电能表抄读、异常处理、电费计算。

二、适用工种

抄表核算收费员技师。

三、具体任务

（1）抄读指定三相四线电能表，完成铭牌信息及表 Jc0001262007 内示数信息填写。

表 Jc0001262007

电能表铭牌参数		表内信息	
电能表出厂编号		正向有功总电量	
额定电压		组合无功 I	
标定电流及最大电流		反向有功总	
接线方式		上一月正向有功总电量	
准确度等级		上一月组合无功 I	

（2）已知该户用电容量为250kVA，用电性质为行政事业单位，执行一般工商业及其他平段电价，客户三相负荷平衡，变压器型号为S9系列，采用高供低计计量方式，电流互感器变比为400A/5A。（设定工商业及其他电价：峰0.709 1元/kWh、平0.518 3元/kWh、谷0.327 5元/kWh）

1）根据电能表屏显信息，写出电能表存在的接线异常。

2）已知最近一次失压时刻时有功总电量表码为382.64 kWh，根据电能表屏显显示的接线异常，写出错误接线功率表达式，并计算出客户当月应交电费（计算过程中不考虑功率因数调整电费）。

四、工作规范及要求

（1）着装符合要求，穿全棉长袖工作服、绝缘鞋，戴安全帽、线手套。

（2）携带自备工具（钢笔或中性笔、计算器、线手套）进入现场，待考评老师宣布许可工作命令后开始工作并计时。

（3）打开计量柜（箱）门之前必须对柜（箱）体验电，现场操作严格执行《国家电网有限公司营销现场作业安全工作规程（试行）》。

（4）工作结束清理现场，并向监考老师报告。

五、考核及时间要求

本考核时间为30分钟，计时结束停止考核。

技能等级评价专业技能考核操作评分标准

工种	抄表核算收费员					评价等级	技师
项目模块	抄表—抄表异常处置—对抄表过程中发现的异常进行分析和处理				编号	Jc0001262007	
单位			准考证号			姓名	
考试时限	30分钟		题型	单项操作		题分	100分
成绩		考评员		考评组长		日期	
试题正文	经互感器接入的三相四线电能表抄读、异常处理、电费计算						
需要说明的问题和要求	（1）要求单人操作。 （2）操作应注意安全，按照标准化作业书的技术安全说明做好安全措施						

序号	项目名称	质量要求	满分	扣分标准	扣分原因	得分
1	安全文明生产	戴安全帽，穿全棉长袖工作服，穿绝缘鞋，操作时戴线手套，打开柜门前需先验电	10	有一项未按要求进行扣5分，扣完为止		
2	电能表抄读	电能表铭牌信息填写正确规范，表内示数信息填写正确规范	20	表格内每项数据未填写或填写错误扣2分，扣完为止		
3	异常识别	表计异常判断正确	20	判断错误扣20分		
4	电费计算	抄见电量计算正确，追补电量计算正确，变损电量查表正确，表内应结算电量计算正确，当月应交电费计算正确	40	每项错误扣8分，扣完为止		
5	现场恢复	操作结束后清理现场杂物，并将工器具归位摆放整齐	10	现场留有杂物或工器具未归位扣10分		
合计			100			

Jc0001262008　客户窃电的检查与处理。（100分）

考核知识点：营销业务应用系统、营销业务管理平台操作手册相关内容

难易度：中

技能等级评价专业技能考核操作工作任务书

一、任务名称

客户窃电的检查与处理。

二、适用工种

抄表核算收费员技师。

三、具体任务

对举报的某窃电动力客户，现场检查处理（实测用电负荷为 20kW）。（设定工商业及其他电价：峰 0.709 1 元/kWh、平 0.518 3 元/kWh、谷 0.327 5 元/kWh）

四、工作规范及要求

（1）着装符合要求，穿全棉长袖工作服、绝缘鞋，戴安全帽、线手套。

（2）携带自备工具（钢笔或中性笔、计算器）进入现场，待考评老师宣布许可工作命令后开始工作并计时。

（3）打开计量柜（箱）门之前必须对柜（箱）体验电，现场操作严格执行《国家电网有限公司营销现场作业安全工作规程（试行）》。

（4）工作结束清理现场，并向监考老师报告。

五、考核及时间要求

本考核时间为 30 分钟，时间到停止考核。

技能等级评价专业技能考核操作评分标准

工种	抄表核算收费员					评价等级	技师
项目模块	抄表管理—线损管理				编号	Jc0001262008	
单位			准考证号			姓名	
考试时限	30 分钟		题型	单项操作		题分	100 分
成绩		考评员		考评组长		日期	
试题正文	客户窃电的检查与处理						
需要说明的问题和要求	（1）单人操作。 （2）操作时应注意安全，按照标准化作业指导书的技术安全说明做好安全措施						

序号	项目名称	质量要求	满分	扣分标准	扣分原因	得分
1	安全文明生产	戴安全帽，穿全棉长袖工作服，穿绝缘鞋，操作时戴线手套，打开柜门前需先验电	20	有一项未按要求进行扣 5 分，扣完为止		
2	仪器使用	正确使用万用表、钳形电流表	20	万用表、钳形电流表使用错误一次扣 5 分，扣完为止		
3	异常判断	正确判断计量装置异常原因	10	判断错误扣 10 分		
4	计算正确	正确计算追补电量、追补电费、违约使用电费、合计追缴电费	40	计算错误一项扣 10 分，扣完为止		
5	现场恢复	操作结束后清理现场杂物，并将工器具归位摆放整齐	10	现场留有杂物或工器具未归位扣 10 分		
合计			100			

计量装置设置：

（1）考试使用电能表为仿真表，通过模拟装置进行参数设置。

（2）考场在指定工位安装 3×380V/220V、3×5（60）A 直通三相电能表，设置三相电压连片断开方式窃电，电流设置为 5A。

Jc0001262009　窃电客户电费追补与处理。（100 分）

考核知识点： 营销业务应用系统、营销业务管理平台操作手册相关内容

难易度： 中

技能等级评价专业技能考核操作工作任务书

一、任务名称

窃电客户电费追补与处理。

二、适用工种

抄表核算收费员技师。

三、具体任务

某日某地市公司现场稽查人员通过营销稽查监控系统对筛选出来的零度户进行现场核实，发现居民客户张某绕越计量装置用电，受电设备为 40W 灯泡 3 只、25W 灯泡 1 只、190W 电视机 1 台、700W 电饭锅 1 个，绕越计量装置用电时间无法查明。请问客户此类情况属于何种行为？应如何处理？

四、工作规范及要求

（1）自备钢笔或中性笔。

（2）文字描述清晰，用词准确。

五、考核及时间要求

本考核为窃电实操任务，严格按照规定步骤完成，考核时间为 20 分钟。

技能等级评价专业技能考核操作评分标准

工种	抄表核算收费员				评价等级	技师
项目模块	抄表管理—线损管理			编号	Jc0001262009	
单位		准考证号			姓名	
考试时限	20 分钟	题型	单项操作		题分	100 分
成绩		考评员		考评组长		日期	
试题正文	窃电客户电费追补与处理					
需要说明的问题和要求	（1）要求单人完成。 （2）自备钢笔或中性笔					

序号	项目名称	质量要求	满分	扣分标准	扣分原因	得分
1	违约行为处理	违约行为确认准确、处理合规	30	违约行为错误一处扣 5 分，处理错误一处扣 2 分，扣完为止		
2	违约行为处理	违约使用电费计算依据清楚，结果准确	70	违约使用电费计算依据错误扣 20 分，补收电费错误扣 25 分，违约使用电费错误扣 25 分，扣完为止		
合计			100			

Jc0001262010　10kV 客户违约用电的处理。（100 分）

考核知识点： 营销业务应用系统、营销业务管理平台操作手册相关内容

难易度： 中

技能等级评价专业技能考核操作工作任务书

一、任务名称

10kV 客户违约用电处理。

二、适用工种

抄表核算收费员技师。

三、具体任务

供电公司用电检查人员对某食品厂办理变更用电过程中发现：该厂 2 个月前自行将已办理暂停手续的一台 400kVA 变压器启用，该厂办公用电接在其生活用电线路上，造成每月少计办公用电 5000kWh，其接用时间无法查明，同时该厂未经批准向周边一客户供电，经查该客户共有用电负荷 4kW，请按照《供电营业规则》分析该厂有哪些违约用电行为，怎么处理？（假设办公用电与生活用电差价为 0.3 元/kWh，不考虑对力调电费的影响）

四、工作规范及要求

（1）自备计算器、钢笔或中性笔。

（2）计算公式、步骤正确。

五、考核及时间要求

本考核为计算实操任务，严格按照规定步骤完成，考核时间为 40 分钟。

技能等级评价专业技能考核操作评分标准

<table>
<tr><td>工种</td><td colspan="6">抄表核算收费员</td><td>评价等级</td><td colspan="2">技师</td></tr>
<tr><td>项目模块</td><td colspan="5">抄表管理—线损管理</td><td>编号</td><td colspan="3">Jc0001262010</td></tr>
<tr><td>单位</td><td colspan="3"></td><td>准考证号</td><td colspan="2"></td><td>姓名</td><td colspan="2"></td></tr>
<tr><td>考试时限</td><td colspan="2">40 分钟</td><td>题型</td><td colspan="3">综合操作题</td><td>题分</td><td colspan="2">100 分</td></tr>
<tr><td>成绩</td><td></td><td>考评员</td><td></td><td>考评组长</td><td colspan="2"></td><td>日期</td><td colspan="2"></td></tr>
<tr><td>试题正文</td><td colspan="9">10kV 客户违约用电处理</td></tr>
<tr><td>需要说明的问题和要求</td><td colspan="9">（1）要求单人完成。
（2）列式计算，步骤清晰，文字回答简单规范</td></tr>
<tr><td>序号</td><td>项目名称</td><td colspan="2">质量要求</td><td>满分</td><td colspan="2">扣分标准</td><td>扣分原因</td><td colspan="2">得分</td></tr>
<tr><td>1</td><td>分析原因违约用电行为</td><td colspan="2">内容正确全面</td><td>30</td><td colspan="2">缺一条扣 10 分，扣完为止</td><td></td><td colspan="2"></td></tr>
<tr><td rowspan="2">2</td><td rowspan="2">处理办法</td><td colspan="2">处理建议正确</td><td>10</td><td colspan="2">缺一条扣 10 分</td><td></td><td colspan="2"></td></tr>
<tr><td colspan="2">计算正确</td><td>60</td><td colspan="2">错误一项扣 10 分，扣完为止</td><td></td><td colspan="2"></td></tr>
<tr><td colspan="2">合计</td><td colspan="2"></td><td>100</td><td colspan="2"></td><td></td><td colspan="2"></td></tr>
</table>

Jc0001262011 违约用电案例分析。（100 分）

考核知识点： 营销业务应用系统、营销业务管理平台操作手册相关内容

难易度： 中

技能等级评价专业技能考核操作工作任务书

一、任务名称

违约用电案例分析。

二、适用工种

抄表核算收费员技师。

三、具体任务

某大工业客户采用 10kV 线路供电，计量方式为高供高计，合同约定基本电费按容量计收，其中表计装在供用双方的产权分界处，变压器容量为 315kVA，计费表计类型为智能电能表，月用电量为 400 000kWh。现场察看该户私增一台 315kVA 变压器，已经运行三个月。请分析此事件存在的问题和解决的措施。[基本电价按 20 元/（kVA•月）执行]

四、工作规范及要求

根据题意进行分析，写出违反的条款、存在的问题、解决的措施，要求内容完整、条理清晰。

五、考核及时间要求

本考核时间为 20 分钟，要求文字描述清晰，术语规范。

技能等级评价专业技能考核操作评分标准

工种	抄表核算收费员			评价等级	技师
项目模块	抄表管理—抄表异常处置		编号	Jc0001262011	
单位		准考证号		姓名	
考试时限	20 分钟	题型	综合操作题	题分	100 分
成绩	考评员		考评组长	日期	
试题正文	违约用电案例分析				
需要说明的问题和要求	（1）要求单人完成。 （2）答案要点明确，条理清晰，术语规范				

序号	项目名称	质量要求	满分	扣分标准	扣分原因	得分
1	违规条款	写出 3 条，内容正确全面	60	未正确全面写出违约用电条款每条扣 1～10 分，补收基本电费和违约使用电费计算错误各扣 15 分，扣完为止		
2	暴露问题	写出 2 条，内容正确全面	16	每条错、漏扣 8 分，扣完为止		
3	措施建议	写出 3 条，内容正确全面	24	每条错、漏扣 8 分，扣完为止		
合计			100			

Jc0001243012　线损分析统计。(100 分)

考核知识点：线损分析、查询、统计、计算

难易度：难

技能等级评价专业技能考核操作工作任务书

一、任务名称

线损分析统计。

二、适用工种

抄表核算收费员技师。

三、具体任务

表 Jc0001243012 为编号为 0600587916 的某供电公司的日台区线损汇总表，该台区 2020 年 12 月 30 日采集率为 100%，现场核查该台区户变关系正确，请根据表 Jc0001243012 和台区总表营销业务应用系统客户档案截图，完成以下任务。

（1）计算该台区 2020 年 12 月 30 日的日线损率。
（2）列举台区出现负线损的主要原因。
（3）使用排除法，分析该台区线损可能的异常原因。

表 Jc0001243012

客户编号	电能表地址	汇总类型	数据日期	数据类型	正向有功电量（kWh）	反向有功电量（kWh）	倍率
1060792733	1338970	日电量	2020－12－30	供入	141.6	0	20
1060880247	1330240	日电量	2020－12－30	供出	0	0	1
1060496169	1330235	日电量	2020－12－30	供出	3.02	0	1
1060126987	1330238	日电量	2020－12－30	供出	89.95	0	1
1060496172	1331399	日电量	2020－12－30	供出	59.89	0	1
1061854032	1324178	日电量	2020－12－30	供出	0	0	1

营销业务应用系统档案截图如图 Jc0001243012 所示。

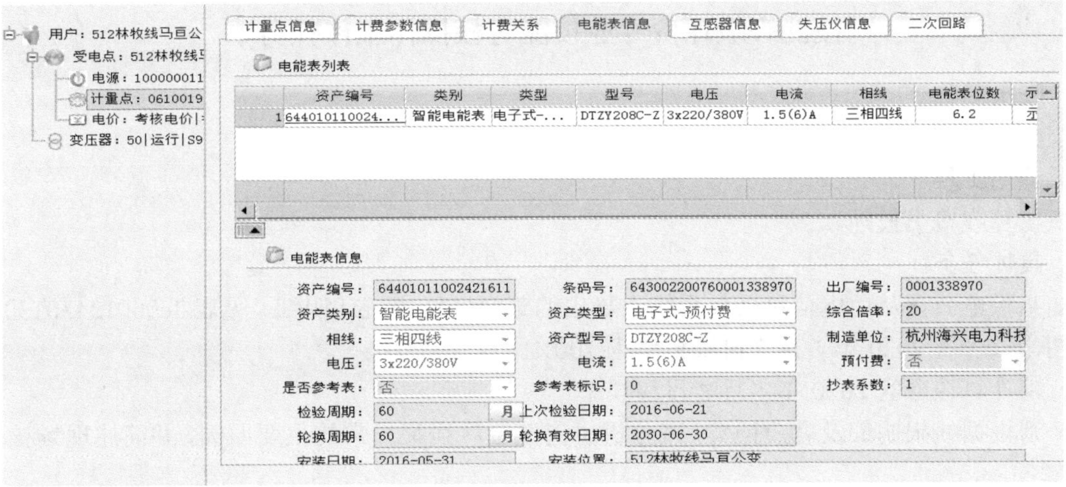

图 Jc0001243012

四、工作规范及要求

（1）在使用用电信息的用电信息采集系统及营销业务应用系统功能时，不得进行其他无关操作。
（2）自备钢笔或圆珠笔。
（3）负损原因至少列举 4 条。

五、考核及时间要求

本考核时间为 30 分钟，计时结束停止考核。

技能等级评价专业技能考核操作评分标准

<table>
<tr><td>工种</td><td colspan="8">抄表核算收费员</td><td>评价等级</td><td>技师</td></tr>
<tr><td>项目模块</td><td colspan="7">抄表管理—线损管理</td><td>编号</td><td colspan="2">Jc0001243012</td></tr>
<tr><td>单位</td><td colspan="3"></td><td colspan="2">准考证号</td><td colspan="3"></td><td>姓名</td><td></td></tr>
<tr><td>考试时限</td><td colspan="2">30 分钟</td><td colspan="2">题型</td><td colspan="4">单项操作</td><td>题分</td><td>100 分</td></tr>
<tr><td>成绩</td><td></td><td>考评员</td><td colspan="2"></td><td colspan="2">考评组长</td><td colspan="2"></td><td>日期</td><td></td></tr>
</table>

续表

试题正文	线损分析统计					
需要说明的问题和要求	无					
序号	项目名称	质量要求	满分	扣分标准	扣分原因	得分
1	线损计算	供入电量计算正确，供出电量计算正确，线损率计算正确	30	每一项错误扣 10 分，扣完为止		
2	负损原因分析	至少列举 4 条，内容正确	40	少答或错答一项扣 10 分，扣完为止		
3	该台区线损分析	原因分析到位，结论正确	30	原因分析不清楚每项扣 10 分，结论错误扣 10 分，扣完为止		
合计			100			

Jc0001243013　线损分析查询。（100 分）

考核知识点：线损分析、查询、统计、计算

难易度：难

技能等级评价专业技能考核操作工作任务书

一、任务名称

线损分析查询。

二、适用工种

抄表核算收费员技师。

三、具体任务

已知某供电公司从用电信息采集系统中导出的某台区线损统计明细（见表 Jc0001243013）和营销档案截图，该台区 2020 年 1 月 2 日采集率为 100%。

（1）请计算该台区 2020 年 1 月 2 日线损率。

（2）请根据线损明细及客户档案，试分析引起该台区线损异常的主要原因，并简述现场核查重点。

表 Jc0001243013

客户编号	电能表地址	汇总类型	数据日期	数据类型	正向有功电量（kWh）	反向有功电量（kWh）
1063895842	3520257	日电量	2020-01-02	供入	184	0
1064047837	3547797	日电量	2020-01-02	供出	1.17	0
1064048306	3547799	日电量	2020-01-02	供出	0	0
1064048410	3548979	日电量	2020-01-02	供出	0	0
1064048595	3548981	日电量	2020-01-02	供出	0	0
1064048625	3551036	日电量	2020-01-02	供出	0	0
1064048742	3551039	日电量	2020-01-02	供出	0	0
1064048289	3551575	日电量	2020-01-02	供出	0	0
1064048319	3551579	日电量	2020-01-02	供出	0	0
1064048537	3551594	日电量	2020-01-02	供出	0	0
1064048120	3551736	日电量	2020-01-02	供出	0.64	0

续表

客户编号	电能表地址	汇总类型	数据日期	数据类型	正向有功电量（kWh）	反向有功电量（kWh）
1064047925	3551737	日电量	2020－01－02	供出	2	0
1063952288	3551738	日电量	2020－01－02	供出	0	0
1064048090	3551739	日电量	2020－01－02	供出	0	0
1063952305	3551740	日电量	2020－01－02	供出	5.5	0
1064048061	3551741	日电量	2020－01－02	供出	0	0
1063952275	3551742	日电量	2020－01－02	供出	0	0
1064048003	3551743	日电量	2020－01－02	供出	0	0
1064048407	3551747	日电量	2020－01－02	供出	0	0
1064048667	3551749	日电量	2020－01－02	供出	11.41	0
1063952259	3552087	日电量	2020－01－02	供出	0	0
1064047996	3552089	日电量	2020－01－02	供出	0	0
1063964634	3552109	日电量	2020－01－02	供出	9.03	0
1064048641	3552112	日电量	2020－01－02	供出	0	0
1063952448	3552113	日电量	2020－01－02	供出	6.22	0
1063952363	3552115	日电量	2020－01－02	供出	0	0
1064048670	3553201	日电量	2020－01－02	供出	2.98	0
1064048683	3553343	日电量	2020－01－02	供出	0	0
1064048087	3554858	日电量	2020－01－02	供出	0	0
1063952435	3554861	日电量	2020－01－02	供出	0	0
1064048175	3554863	日电量	2020－01－02	供出	0	0
1063952233	3554864	日电量	2020－01－02	供出	0	0
1064048335	3554866	日电量	2020－01－02	供出	0	0
1064048609	3554934	日电量	2020－01－02	供出	0	0
1064048117	3554935	日电量	2020－01－02	供出	0	0
1064048566	3554936	日电量	2020－01－02	供出	0	0
1064047882	3554937	日电量	2020－01－02	供出	0	0
1063952291	3554938	日电量	2020－01－02	供出	0.63	0
1064047866	3554963	日电量	2020－01－02	供出	0	0
1064048032	3555009	日电量	2020－01－02	供出	0	0
1064047895	3555427	日电量	2020－01－02	供出	0	0
1064048029	3555430	日电量	2020－01－02	供出	0	0
1063952347	3555457	日电量	2020－01－02	供出	0	0
1064048423	3555570	日电量	2020－01－02	供出	0	0
1064047967	3555642	日电量	2020－01－02	供出	1.97	0
1064047912	3555645	日电量	2020－01－02	供出	0	0
1064048133	3556049	日电量	2020－01－02	供出	2.01	0

续表

客户编号	电能表地址	汇总类型	数据日期	数据类型	正向有功电量（kWh）	反向有功电量（kWh）
1063952334	3556900	日电量	2020－01－02	供出	0	0
1064048221	3556901	日电量	2020－01－02	供出	0	0
1064048074	3556907	日电量	2020－01－02	供出	0	0
1064048263	3558973	日电量	2020－01－02	供出	0	0
1064047983	3558977	日电量	2020－01－02	供出	0	0
1063952262	3558980	日电量	2020－01－02	供出	2.08	0
1064047970	3560186	日电量	2020－01－02	供出	0	0
1064048481	3560191	日电量	2020－01－02	供出	0	0
1064048322	3560846	日电量	2020－01－02	供出	0	0
1064048553	3561300	日电量	2020－01－02	供出	0	0
1064048146	3561304	日电量	2020－01－02	供出	0	0
1063952318	3561305	日电量	2020－01－02	供出	10.77	0
1064048162	3561306	日电量	2020－01－02	供出	0	0
1064048494	3561307	日电量	2020－01－02	供出	0	0
1064048579	3561308	日电量	2020－01－02	供出	0	0
1064048159	3561311	日电量	2020－01－02	供出	0	0
1064048508	3561385	日电量	2020－01－02	供出	0	0
1064048449	3561388	日电量	2020－01－02	供出	0	0
1063952321	3561389	日电量	2020－01－02	供出	0	0
1064047909	3561392	日电量	2020－01－02	供出	0	0
1064048638	3561732	日电量	2020－01－02	供出	0	0
1063964836	3561733	日电量	2020－01－02	供出	0	0
1064047954	3561734	日电量	2020－01－02	供出	0	0
1064048218	3561735	日电量	2020－01－02	供出	0	0
1064048393	3561736	日电量	2020－01－02	供出	0	0
1064048524	3561737	日电量	2020－01－02	供出	0	0
1064048696	3561741	日电量	2020－01－02	供出	0	0
1063952350	3561742	日电量	2020－01－02	供出	0	0
1064048511	3563102	日电量	2020－01－02	供出	0	0
1064048377	3563106	日电量	2020－01－02	供出	0	0
1064048465	3563847	日电量	2020－01－02	供出	0	0
1064048726	3563848	日电量	2020－01－02	供出	0	0
1064048582	3563849	日电量	2020－01－02	供出	0	0
1064048478	3563854	日电量	2020－01－02	供出	0	0
1064048191	3563855	日电量	2020－01－02	供出	0	0
1064048612	3563911	日电量	2020－01－02	供出	0	0

续表

客户编号	电能表地址	汇总类型	数据日期	数据类型	正向有功电量（kWh）	反向有功电量（kWh）
1063952246	3564964	日电量	2020－01－02	供出	0	0
1064048247	3565045	日电量	2020－01－02	供出	0	0
1064048348	3565071	日电量	2020－01－02	供出	0	0
1064048351	3565427	日电量	2020－01－02	供出	0	0
1064048540	3565560	日电量	2020－01－02	供出	0	0
1064048739	3566181	日电量	2020－01－02	供出	0	0
1064048713	3566182	日电量	2020－01－02	供出	0	0
1064048436	3566631	日电量	2020－01－02	供出	0	0
1064048700	3569996	日电量	2020－01－02	供出	0	0
1064048250	3570627	日电量	2020－01－02	供出	0	0
1064048364	3570686	日电量	2020－01－02	供出	0	0
1063965435	3570713	日电量	2020－01－02	供出	1.01	0
1064047941	3570716	日电量	2020－01－02	供出	0	0
1064048654	3570718	日电量	2020－01－02	供出	0	0
1064048188	3571060	日电量	2020－01－02	供出	0	0
1064048104	3571061	日电量	2020－01－02	供出	0	0
1064048452	3571062	日电量	2020－01－02	供出	0	0
1064047840	3571063	日电量	2020－01－02	供出	5.35	0
1064048234	3571064	日电量	2020－01－02	供出	0	0
1064047879	3571088	日电量	2020－01－02	供出	0.29	0
1064047938	3571431	日电量	2020－01－02	供出	0	0
1064048276	3571513	日电量	2020－01－02	供出	0	0
1064048380	3571514	日电量	2020－01－02	供出	0	0
1064048292	3571517	日电量	2020－01－02	供出	0	0
1064048205	3571748	日电量	2020－01－02	供出	0	0
1064048058	3617332	日电量	2020－01－02	供出	0.1	0
1064048045	3617327	日电量	2020－01－02	供出	1.48	0
1064017847	3640408	日电量	2020－01－02	供出	5.64	0
1064048016	3638272	日电量	2020－01－02	供出	0	0
1064047853	3640160	日电量	2020－01－02	供出	2.92	0
1064120853	4030219	日电量	2020－01－02	供出	5.01	0
1064308633	4032101	日电量	2020－01－02	供出	6.58	0

营销业务应用系统档案截图如图 Jc0001243013 所示。

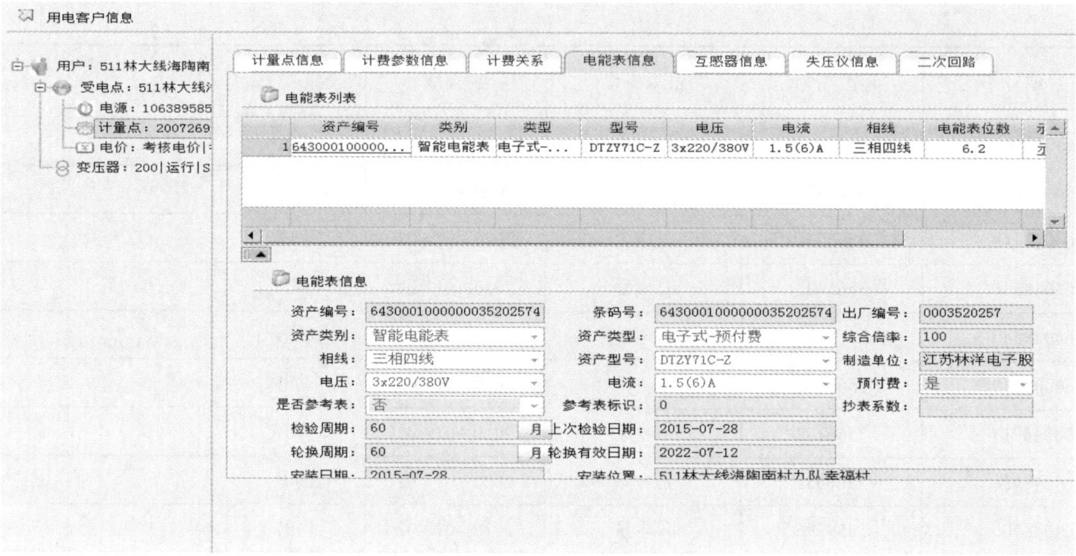

图 Jc0001243013

四、工作规范及要求

（1）在使用用电信息采集系统及营销业务应用系统功能时，不得进行其他无关操作。

（2）自备钢笔或圆珠笔。

五、考核及时间要求

本考核时间为 30 分钟，计时结束停止考核。

技能等级评价专业技能考核操作评分标准

<table>
<tr><td>工种</td><td colspan="5">抄表核算收费员</td><td>评价等级</td><td colspan="2">技师</td></tr>
<tr><td>项目模块</td><td colspan="4">抄表管理—线损管理—计算线损率</td><td>编号</td><td colspan="3">Jc0001243013</td></tr>
<tr><td>单位</td><td colspan="2"></td><td>准考证号</td><td colspan="2"></td><td>姓名</td><td colspan="2"></td></tr>
<tr><td>考试时限</td><td colspan="2">30 分钟</td><td>题型</td><td colspan="2">单项操作</td><td>题分</td><td colspan="2">100 分</td></tr>
<tr><td>成绩</td><td></td><td>考评员</td><td></td><td>考评组长</td><td></td><td>日期</td><td colspan="2"></td></tr>
<tr><td>试题正文</td><td colspan="8">线损分析查询</td></tr>
<tr><td>需要说明的问题和要求</td><td colspan="8">无</td></tr>
<tr><td>序号</td><td>项目名称</td><td colspan="2">质量要求</td><td>满分</td><td colspan="2">扣分标准</td><td>扣分原因</td><td>得分</td></tr>
<tr><td>1</td><td>线损计算</td><td colspan="2">供入电量计算正确，供出电量计算正确，线损率计算正确</td><td>30</td><td colspan="2">每一项错误扣 10 分，扣完为止</td><td></td><td></td></tr>
<tr><td>2</td><td>高损原因分析</td><td colspan="2">通过客户线损电量明细及客户档案，准确分析导致高损的原因</td><td>40</td><td colspan="2">分析错误每条扣 10 分，分析正确但未填写出原因每条扣 10 分，扣完为止</td><td></td><td></td></tr>
<tr><td>3</td><td>现场核查重点</td><td colspan="2">描述条例清晰、准确</td><td>30</td><td colspan="2">描述错误一项扣 10 分，条理不清楚扣 10 分，扣完为止</td><td></td><td></td></tr>
<tr><td colspan="2">合计</td><td colspan="2"></td><td>100</td><td colspan="2"></td><td></td><td></td></tr>
</table>

Jc0001243014　制定光伏发电全额上网接入方案。（100 分）

考核知识点：业扩报装管理规定、供电方案的编制的知识

难易度：难

技能等级评价专业技能考核操作工作任务书

一、任务名称

制定光伏发电全额上网接入方案。

二、适用工种

抄表核算收费员技师。

三、具体任务描述

某供电所低压非工业客户马××，向供电所申请分布式电源项目接入。项目名称为高庄乡同进村6队30kW屋顶分布式光伏发电项目，发电量消纳方式为全额上网。请为该客户制定接入方案，具体为并网点方案、计量点方案、计费方案，说明该户发电客户类型、新能源补贴方式。

四、工作规范及要求

（1）写出并网点方案：明确并网点数量、接入公共线路电压等级、接入容量。

（2）写出计量方案：明确计量点数量、计量方式、计量点主用途类型、配置电能表规格、数量、准确度等级。

（3）写出计费方案：明确行业分类、电价类别、是否执行峰谷分时标志。

（4）说明该户的发电客户类型、新能源补贴方式。

五、考核及时间要求

本考核时间为20分钟，要求计算公式正确，文字描述应清晰、规范。

技能等级评价专业技能考核操作评分标准

<table>
<tr><td>工种</td><td colspan="5">抄表核算收费员</td><td>评价等级</td><td>技师</td></tr>
<tr><td>项目模块</td><td colspan="4">抄表管理</td><td>编号</td><td colspan="2">Jc0001243014</td></tr>
<tr><td>单位</td><td colspan="2"></td><td>准考证号</td><td colspan="2"></td><td>姓名</td><td></td></tr>
<tr><td>考试时限</td><td colspan="2">20分钟</td><td>题型</td><td colspan="2">单项操作</td><td>题分</td><td>100分</td></tr>
<tr><td>成绩</td><td></td><td>考评员</td><td></td><td>考评组长</td><td></td><td>日期</td><td></td></tr>
<tr><td>试题正文</td><td colspan="7">制定光伏发电全额上网接入方案</td></tr>
<tr><td>需要说明的问题和要求</td><td colspan="7">（1）要求单人完成。
（2）方案完整，包括并网点、计量点、计费点方案，计量装置配置合理</td></tr>
</table>

序号	项目名称	质量要求	满分	扣分标准	扣分原因	得分
1	并网点方案	并网点数量正确	5	错误扣5分		
		接入公共电网电压等级正确	5	错误扣5分		
		接入容量	5	错误扣5分		
2	计量点方案	计量点数量正确	5	错误扣5分		
		计量方式正确	5	错误扣5分		
		计量点主用途类型正确	5	错误扣5分		
		电能表数量正确	5	错误扣5分		
		电能表准确等级正确	5	错误扣5分		
		电能表规格正确	10	错误扣10分		
3	计费方案	行业分类正确	10	错误扣10分		
		电价类别正确	10	错误扣10分		
		执行峰谷分时电价标志正确	10	错误扣10分		

续表

序号	项目名称	质量要求	满分	扣分标准	扣分原因	得分
4	发电客户类型	正确	10	错误扣 10 分		
5	新能源补贴方式	正确	10	错误扣 10 分		
合计			100			

Jc0002243015　两部制电价客户变更用电基本电费计算。(100 分)

考核知识点：电费计算

难易度：难

技能等级评价专业技能考核操作工作任务书

一、任务名称

两部制电价客户变更用电基本电费计算。

二、适用工种

抄表核算收费员技师。

三、具体任务

某一客户 2019 年 9 月 14 日投运一台 400kVA 的变压器，抄表例日是每月 25 日，按变压器容量计收基本电费，请计算该户 9 月基本电费［要求分别按照自然月和抄表月两种方法计算，基本电费按 20 元/（kVA・月）收取］。

四、工作规范及要求

（1）自备计算器、钢笔或中性笔。

（2）计算公式、步骤正确。

（3）计算结果正确。

五、考核及时间要求

本考核为计算实操任务，严格按照规定步骤完成，考核时间为 30 分钟。

技能等级评价专业技能考核操作评分标准

工种	抄表核算收费员					评价等级	技师
项目模块	抄表管理				编号	Jc0002243015	
单位			准考证号			姓名	
考试时限	30 分钟		题型	单项操作		题分	100 分
成绩		考评员		考评组长		日期	
试题正文	两部制电价客户变更用电基本电费计算						
需要说明的问题和要求	（1）要求单人完成。 （2）自备计算器、钢笔或中性笔						

序号	项目名称	质量要求	满分	扣分标准	扣分原因	得分
1	基本电费计费天数	基本电费收取天数分别按照自然月和抄表月两种方法计算	50	基本电费收取天数分别按照自然月和抄表月两种方法计算，如计算错误各扣 25 分，扣完为止		

续表

序号	项目名称	质量要求	满分	扣分标准	扣分原因	得分
2	基本电费金额	基本电费分别按照自然月和抄表月两种方法计算正确	50	基本电费金额分别按照自然月和抄表月两种方法计算，如计算错误各扣25分，扣完为止		
合计			100			

Jc0001243016　10kV 高供低计非工业客户电费计算。（100 分）

考核知识点： 电费计算

难易度： 难

技能等级评价专业技能考核操作工作任务书

一、任务名称

10kV 高供低计非工业客户电费计算。

二、适用工种

抄表核算收费员技师。

三、具体任务

有一市政用电，客户供电变压器容量为 315kVA，计量方式为高供低计，变压器型号为 S9 型，客户选择执行单一制电价，总表下装设一只三相商业子表用于馄饨铺用电，用电容量为 10kW，请根据表 Jc0001243016－1 及表 Jc0001243016－2 计算该户当月电费是多少？（代征费为 0.041 325 元/kWh）

表 Jc0001243016－1

铁损 0.67kW	铜损 3.65kW	空载电流 1.10%	阻抗电压 4.00%
负荷率（%）	月用电量（kWh）	应加电量	
		有功（kWh）	无功（kvarh）
10	18 144 以下	511	2593
20	18 145～36 288	596	2887
30	36 289～54 432	738	3377
40	54 433～72 576	937	4062
50	72 577～90 720	1192	4944
60	90 721～108 864	1504	6022
70	108 865－127 008	1873	7296
80	127 009～145 152	2299	8765
90	145 153～163 296	2781	10 431
100	163 297 以上	3321	12 293

表 Jc0001243016－2

电能表编号	表计关系	示数类型	上次示数	本次示数	电流互感器变比（A/A）	电度电价（元/kWh）
000101168	总表	有功（总）	37 165.34	37 581.56	500/5	—
000101168	总表	有功（峰）	12.06	75.03		0.709 09

续表

电能表编号	表计关系	示数类型	上次示数	本次示数	电流互感器变比（A/A）	电度电价（元/kWh）
000101168	总表	有功（平）	7028.41	7165.08	500/5	0.518 3
000101168	总表	有功（谷）	30 124.87	30 401.45		0.327 51
000101168	总表	无功（总）	15 486.24	15 694.54		—
000122145	商业子表	有功（总）	1945	2514	—	
000122145	商业子表	有功（峰）	1105	1295	—	
000122145	商业子表	有功（谷）	938	1001	—	

四、工作规范及要求

（1）自备计算器、钢笔或中性笔。

（2）计算公式、步骤正确。

五、考核及时间要求

本考核为计算实操任务，严格按照规定步骤完成，考核时间为 30 分钟。

技能等级评价专业技能考核操作评分标准

工种	抄表核算收费员					评价等级	技师
项目模块	抄表管理				编号	Jc0001243016	
单位			准考证号			姓名	
考试时限	30 分钟		题型	单项操作		题分	100 分
成绩		考评员		考评组长		日期	
试题正文	10kV 高供低计非工业客户电费计算						
需要说明的问题和要求	（1）要求单人完成。 （2）列式计算，步骤清晰，单位正确，答案完整						

序号	项目名称	质量要求	满分	扣分标准	扣分原因	得分
1	倍率	倍率计算正确	10	计算错误扣 10 分		
2	有功、无功电量	电量计算正确	10	总表有功、无功电量错误各扣 5 分，扣完为止		
3	子表有功、无功电量	电量计算正确	10	子表有功、无功电量错误各扣 5 分，扣完为止		
4	应算变损、各表变损分摊	变损及分摊计算正确	15	查表变损值、各表变损分摊错误各扣 5 分，扣完为止		
5	功率因数	表达式规范完整、计算数值正确	10	表达式错误、计算错误各 5 分，扣完为止		
		调整系数和调整金额计算正确	10	调整系数和调整金额错误各扣 5 分，扣完为止		
6	峰谷电量	峰谷电量计算正确	9	峰谷电量错误各扣 3 分，扣完为止		
7	电量电费和各项代征费	电量电费、代征费计算正确	22	电量电费错各扣 4 分，每项代征费错误一处扣 2 分，扣完为止		
8	应收电费	计算正确	4	结果错误扣 4 分		
合计			100			

Jc0001243017 10kV 高供低计工业客户电费计算。(100 分)

考核知识点：电费计算

难易度：难

技能等级评价专业技能考核操作工作任务书

一、任务名称

10kV 高供低计工业客户电费计算。

二、适用工种

抄表核算收费员技师。

三、具体任务

某工业客户，供电容量为 200kVA，供电电压为 10kV，计量方式为高供低计，其中商业定量为 5000kWh。已知该客户变压器对应的损耗参数如下：有功损耗系数为 0.015；无功损耗系数为 2.91；有功空载损耗为 0.34kW；无功空载损耗为 1.536kvar。电费年月为 2015 年 7 月，抄表示数见表 Jc0001243017，请计算该客户当月电费是多少？根据客户当前自然功率因数，假设其用电设备有功功率为 130kW，若要将功率因数提高到 0.95，问至少需要安装容量为 10kvar 的电容器组多少组？（抄表示数见表 Jc0001243017，代征费为 0.041 325 元/kWh）

表 Jc0001243017

电能表编号	示数类型	上次示数	本次示数	电流互感器变比（A/A）	电度电价单价（元/kWh）
0001352514	有功（总）	17 322.02	17 998.3	300/5	—
0001352514	有功（峰）	5458.97	5587.24		0.709 09
0001352514	有功（平）	5730.91	6025		0.518 3
0001352514	有功（谷）	6132.14	6386.01		0.327 51
0001352514	无功（总）	7474.1	8114.7		—
0001352514	反向有功（总）	344.65	389.14		—
0001352514	反向无功（总）	286.24	321.54		—
0001352514	商业定量	5000	—	—	

四、工作规范及要求

（1）自备计算器、钢笔或中性笔。

（2）简答思路清晰、知识点明确。

（3）计算公式、步骤正确，数值保留两位小数。

五、考核及时间要求

本考核为计算实操任务，严格按照规定步骤完成，考核时间为 20 分钟。

技能等级评价专业技能考核操作评分标准

<table>
<tr><td>工种</td><td colspan="5">抄表核算收费员</td><td>评价等级</td><td>技师</td></tr>
<tr><td>项目模块</td><td colspan="4">抄表管理</td><td>编号</td><td colspan="2">Jc0001243017</td></tr>
<tr><td>单位</td><td colspan="3"></td><td>准考证号</td><td></td><td>姓名</td><td></td></tr>
<tr><td>考试时限</td><td colspan="2">20 分钟</td><td>题型</td><td colspan="2">单项操作</td><td>题分</td><td>100 分</td></tr>
<tr><td>成绩</td><td></td><td>考评员</td><td></td><td>考评组长</td><td></td><td>日期</td><td></td></tr>
</table>

续表

<table>
<tr><td>试题正文</td><td colspan="6">10kV 高供低计工业客户电费计算</td></tr>
<tr><td>需要说明的问题和要求</td><td colspan="6">（1）要求单人完成。
（2）列式计算，写出计算步骤，数据清晰</td></tr>
<tr><td>序号</td><td>项目名称</td><td>质量要求</td><td>满分</td><td>扣分标准</td><td>扣分原因</td><td>得分</td></tr>
<tr><td>1</td><td>综合倍率计算</td><td>综合倍率计算正确</td><td>5</td><td>倍率计算错误扣 5 分</td><td></td><td></td></tr>
<tr><td>2</td><td>总有功、无功峰谷平及反向电量</td><td>总有功、无功峰谷平及反向电量计算正确</td><td>14</td><td>每计算错误一项扣 2 分，扣完为止</td><td></td><td></td></tr>
<tr><td>3</td><td>有功、无功损耗</td><td>有功、无功损耗计算正确</td><td>6</td><td>有功、无功损耗计算每错误一项扣 3 分，扣完为止</td><td></td><td></td></tr>
<tr><td rowspan="2">4</td><td rowspan="2">商业子表</td><td>商业子表峰谷平电量、电费计算正确</td><td>18</td><td>每错误一项扣 3 分，扣完为止</td><td></td><td></td></tr>
<tr><td>商业子表代征费计算正确</td><td>5</td><td>每错误一项扣 1 分，扣完为止</td><td></td><td></td></tr>
<tr><td rowspan="3">5</td><td rowspan="3">工业总表电量、电费</td><td>工业总表电量、电费计算正确</td><td>18</td><td>每错误一项扣 3 分，扣完为止</td><td></td><td></td></tr>
<tr><td>功率因数</td><td>10</td><td>表达式错误、计算错误各扣 2.5 分，调整系数和调整金额错误各扣 2.5 分，扣完为止</td><td></td><td></td></tr>
<tr><td>代征费计算正确</td><td>5</td><td>代征费每错误一项扣 1 分，扣完为止</td><td></td><td></td></tr>
<tr><td>6</td><td>应收电费</td><td>应收电费计算正确</td><td>4</td><td>应收电费错误扣 4 分</td><td></td><td></td></tr>
<tr><td>7</td><td>无功补偿值、补偿组数计算</td><td>表达式规范完整、计算数值正确</td><td>15</td><td>无功补偿值计算错误扣 10 分，补偿组数回答错误扣 5 分，扣完为止</td><td></td><td></td></tr>
<tr><td colspan="2">合计</td><td></td><td>100</td><td></td><td></td><td></td></tr>
</table>

Jc0001243018　10kV 高供低计客户变压器损耗计算。(100 分)

考核知识点： 电费计算

难易度： 难

技能等级评价专业技能考核操作工作任务书

一、任务名称

10kV 高供低计客户变压器损耗计算。

二、适用工种

抄表核算收费员技师。

三、具体任务

某 10kV 高压客户的配电变压器容量为 400kVA。该变压器的铁损为 1.8kW，铜损为 6.1kW，空载电流为 6%，短路电压为 4%。已知该客户 6 月有功电量为 200 000kWh，功率因数为 0.9，求该配电变压器 6 月的有功损耗电量和无功损耗电量。

四、工作规范及要求

（1）自备计算器、钢笔或中性笔。

（2）计算公式、步骤正确。

五、考核及时间要求

本考核为计算实操任务，严格按照规定步骤完成，考核时间为 40 分钟。

技能等级评价专业技能考核操作评分标准

工种	抄表核算收费员					评价等级	技师
项目模块	抄表管理				编号	Jc0001243018	
单位			准考证号			姓名	
考试时限	40 分钟		题型	单项操作		题分	100 分
成绩		考评员		考评组长		日期	
试题正文	10kV 高供低计客户变压器损耗计算						
需要说明的问题和要求	（1）要求单人完成。 （2）列式计算，步骤清晰，单位正确						

序号	项目名称	质量要求	满分	扣分标准	扣分原因	得分
1	变压器利用率	数值正确	10	结果错误扣 10 分		
2	有功变损	计算正确	10	公式未写出扣 10 分		
		有功固定变损表达式规范，计算正确	15	有功固定变损错误扣 15 分		
		有功可变变损表达式规范，计算正确	20	有功可变变损错误扣 20 分		
3	无功变损	计算正确	10	公式未写出扣 10 分		
		无功固定变损表达式规范，计算正确	15	无功固定变损错误扣 15 分		
		无功可变变损表达式规范，计算正确	20	无功可变变损错误扣 20 分		
合计			100			

Jc0001243019　10kV 高供高计大工业客户电费计算。(100 分)

考核知识点：电费计算

难易度：难

技能等级评价专业技能考核操作工作任务书

一、任务名称

10kV 高供高计大工业客户电费计算。

二、适用工种

抄表核算收费员技师。

三、具体任务

某家具厂，10kV 供电，受电变压器容量为 630kVA，计量方式为高供高计，此变压器带办公用电负荷，合同约定每月提取 2000kWh 办公照明电量，按容量计收基本电费。请根据表 Jc0001243019 中的电能表表码计算 2016 年 9 月电费是多少？（设定工商业及其他/非居民电价：峰 0.709 09 元/kWh、平 0.518 3 元/kWh、谷 0.327 51 元/kWh，代征费为 0.041 325 元/kWh）

表 Jc0001243019

电能表编号	示数类型	上次示数	本次示数	电流互感器变比（A/A）	电度电价（元/kWh）
000302264	有功（总）	12 592.4	12 880.76	50/5	—
000302264	有功（峰）	4016.46	4072.74		0.600 87
000302264	有功（平）	4167.57	4276.31		0.441 0
000302264	有功（谷）	4408.37	4532.21		0.281 13
000302264	无功（总）	3599.29	3689.17		—

四、工作规范及要求

（1）自备计算器、钢笔或中性笔。

（2）计算公式、步骤正确。

五、考核及时间要求

本考核为计算实操任务，严格按照规定步骤完成，考核时间为40分钟。

技能等级评价专业技能考核操作评分标准

工种	抄表核算收费员					评价等级	技师
项目模块	抄表管理				编号	Jc0001243019	
单位			准考证号			姓名	
考试时限	40分钟		题型	单项操作		题分	100分
成绩		考评员		考评组长		日期	
试题正文	10kV高供高计大工业客户电费计算						
需要说明的问题和要求	（1）要求单人完成。 （2）需列式计算的写出计算公式、步骤，需文字描述的要规范						

序号	项目名称	质量要求	满分	扣分标准	扣分原因	得分
1	照明子表	峰平谷电量计算正确	9	峰平谷电量计算每错一项扣3分，扣完为止		
		目录电度电费计算正确	9	目录电度电费计算每错一项扣3分，扣完为止		
		代征费计算正确	10	代征费每错一项扣2分，扣完为止		
2	综合倍率	综合倍率计算正确	10	计算错扣5分，扣完为止		
3	电量计算	峰平谷电量、电费计算正确	18	峰平谷电量、电费错各扣3分，扣完为止		
4	基本电费	基本电费计算正确	10	计费容量、计算结果错各扣5分，扣完为止		
5	功率因数计算	表达式规范完整，结果正确	5	公式错误扣2.5分，计算结果错扣2.5分，扣完为止		
		功率因数标准值正确	5	标准值错误扣5分		
		查表调整系数值正确	5	查表错误扣5分		
		金额正确	5	结果错误扣5分		
6	代征费计算	各项代征费计算正确	10	每项代征费错误扣2分，扣完为止		
7	应收电费合计	计算正确	4	计算错误扣4分		
合计			100			

Jc0001263020　10kV高供高计农网大工业客户电费计算。（100分）

考核知识点：电费计算

难易度：难

技能等级评价专业技能考核操作工作任务书

一、任务名称

10kV高供高计农网大工业客户电费计算。

二、适用工种

抄表核算收费员技师。

三、具体任务

某乡食品加工厂，变压器容量为 500kVA，10kV 供电，计量方式为高供高计，基本电费按容量收取，单价为 20 元/（kVA·月）（基本电费按自然月计算）。2019 年 9 月抄见有功、无功表码见表 Jc0001263020，请按自然月法计算该客户 2019 年 9 月的电费是多少？［设定基本电费按 20 元/（kVA·月）收取，代征费为 0.041 325 元/kWh］

表 Jc0001263020

电能表编号	示数类型	上次示数	本次示数	电流互感器变比（A/A）	电度电价单价（元/kWh）
0003294438	有功（总）	338.67	447.045	30/5	—
0003294438	有功（峰）	127.04	166.64		0.600 87
0003294438	有功（平）	129.31	177.56		0.441 00
0003294438	有功（谷）	82.32	102.845		0.281 13
0003294438	无功（总）	259.25	316.70		—

四、工作规范及要求

（1）自备计算器、钢笔或中性笔。

（2）计算公式、步骤正确。

五、考核及时间要求

本考核为计算实操任务，严格按照规定步骤完成，考核时间为 40 分钟。

技能等级评价专业技能考核操作评分标准

工种	抄表核算收费员				评价等级	技师
项目模块	抄表管理			编号	Jc0001263020	
单位		准考证号			姓名	
考试时限	40 分钟	题型	综合操作题		题分	100 分
成绩		考评员		考评组长		日期
试题正文	10kV 高供高计农网大工业客户电费计算					
需要说明的问题和要求	（1）要求单人完成。 （2）列式计算，步骤清晰，单位正确，答案完整					

序号	项目名称	质量要求	满分	扣分标准	扣分原因	得分
1	综合倍率	综合倍率计算正确	10	结果错误扣 10 分		
2	有功总、峰、谷，无功电量计算	峰谷电量、电费计算正确	40	峰谷电量、电费错各扣 5 分，扣完为止		
3	功率因数	表达式规范完整，结果正确	10	公式错误扣 5 分，计算结果错扣 5 分，扣完为止		
		功率因数标准值正确	5	标准值错误扣 5 分		
		查表调整系数值正确	5	查表调整系数值错误扣 5 分		
		功率因数调整电费金额正确	10	结果错误扣 5 分，扣完为止		
4	代征费计算	代征费金额正确	10	每项代征费错误扣 2 分，扣完为止		
5	本月合计电费	电费合计金额正确	10	金额错误扣 10 分		
合计			100			

Jc0001263021　绘制高压改类流程图。（100分）

考核知识点：营销业务应用的操作手册相关知识

难易度：难

技能等级评价专业技能考核操作工作任务书

一、任务名称

绘制高压改类流程图。

二、适用工种

抄表核算收费员技师。

三、具体任务

请绘制营销业务应用系统高压改类流程图。

四、工作规范及要求

（1）自备计算器、铅笔、橡皮、钢笔、中性笔、直尺等。

（2）按照营销业务应用系统规范绘制流程。

五、考核及时间要求

本考核时间为40分钟，时间到停止答题，图形规范、文字描述应清晰。

技能等级评价专业技能考核操作评分标准

工种	抄表核算收费员				评价等级	技师	
项目模块	抄表管理—抄表作业流程及规范			编号	Jc0001263021		
单位		准考证号			姓名		
考试时限	40分钟	题型	综合操作题		题分	100分	
成绩		考评员		考评组长		日期	
试题正文	绘制高压改类流程图						
需要说明的问题和要求	（1）要求单人完成。 （2）步骤规范、流程完整准确清晰						
序号	项目名称	质量要求	满分	扣分标准	扣分原因	得分	
1	开始	图形规范，表述准确	5	不规范、表述错误扣5分			
2	流程步骤	图形规范，表述准确	70	步骤错、漏误一处扣5分，扣完为止			
3	勘查派工	是否派工绘制分支	10	缺漏一处扣5分，扣完为止			
4	审批	是否通过绘制分支	10	缺漏一处扣5分，扣完为止			
5	结束	图形规范，表述准确	5	不规范、表述错误扣5分			
合计			100				

Jc0001262022　营销业务应用系统操作。（100分）

考核知识点：系统流程操作

难易度：中

技能等级评价专业技能考核操作工作任务书

一、任务名称

营销业务应用系统操作。

二、适用工种

抄表核算收费员技师。

三、具体任务

根据业务描述，对业务事件进行正确处理。

（1）某低压客户××超市（客户编号为 1014440439），安装本地费控智能电能表一只，用电容量为 10kW，因经营不善于 2019 年 8 月 15 日申请改类，更改为机动车、电子产品和日用产品修理业。用电检查人员与抄表人员 8 月 16 日到客户现场检查后将电价重新进行了设置。业务受理员在改类时并未按照更改电价时的表码进行系统录入，而是将电能表有功（峰）、有功（谷）起码均输入为 0。2020 年 4 月发行电费后该客户欠费 1.2 元，经核实电能表电价信息、发行表码信息等现场与营销系统均一致。后在检查历史工单时发现导致欠费的原因可能为改类时表码输入错误，请根据表 Jc0001262022 中数据计算客户改类后电能表扣费和营销系统发行电费的差值，并在营销系统内完成相应流程的操作。（一般工商业及其他电价：平 0.518 3 元/kWh，代征费为 0.041 325 元/kWh）

表 Jc0001262022

表码时间	示数类型			
	有功（总）	有功（峰）	有功（谷）	有功（平）
改类时现场表码	1000	400	200	400
改类时营销系统录入表码	1000	0	0	400
营销系统发行电费表码	2000	700	300	1000

（2）工作任务：

1）计算客户改类后电能表扣费和营销系统发行电费的差值。

2）在营销系统完成相应的流程操作。

四、工作规范及要求

（1）自备钢笔或中性笔。

（2）文字描述条理清晰，简明扼要。

（3）正确描述处理流程。

（4）系统操作时必要的文字说明必须清晰，计算过程填写清楚。

（5）将营销系统操作的申请编号填写在答题纸上。

五、考核及时间要求

本考核为实操任务，严格按照规定步骤完成，考核时间为 30 分钟。

技能等级评价专业技能考核操作评分标准

<table>
<tr><td>工种</td><td colspan="6">抄表核算收费员</td><td>评价等级</td><td>技师</td></tr>
<tr><td>项目模块</td><td colspan="5">抄表管理—抄表作业流程及规范</td><td>编号</td><td colspan="2">Jc0001262022</td></tr>
<tr><td>单位</td><td colspan="3"></td><td>准考证号</td><td colspan="2"></td><td>姓名</td><td></td></tr>
<tr><td>考试时限</td><td colspan="2">30 分钟</td><td>题型</td><td colspan="3">综合操作</td><td>题分</td><td>100 分</td></tr>
<tr><td>成绩</td><td></td><td>考评员</td><td></td><td>考评组长</td><td colspan="2"></td><td>日期</td><td></td></tr>
<tr><td>试题正文</td><td colspan="8">营销业务应用系统操作</td></tr>
<tr><td>需要说明的问题和要求</td><td colspan="8">（1）自备钢笔或中性笔。
（2）文字描述条理清晰，简明扼要。
（3）正确描述处理流程。
（4）系统操作时必要的文字说明必须清晰，计算过程填写清楚。
（5）将营销系统操作的流程申请编号填写在答题纸上</td></tr>
</table>

续表

序号	项目名称	质量要求	满分	扣分标准	扣分原因	得分
1	电费计算	正确计算客户电能表内和营销系统内电费	25	根据答案要点酌情扣分，扣完为止		
2	系统流程操作					
2.1	系统登录	正确登录营销系统	25	不能正确登录系统扣50分		
2.2	差错发生日期	正确选择差错发生日期	2	在正确登录系统前提下，差错发生日期选择错误扣2分		
2.3	差错原因	正确选择差错原因	2	在正确登录系统前提下，差错原因选择错误扣2分		
2.4	责任故障等级分类	正确选择故障等级分类	4	在正确登录系统前提下，故障等级分类选择错误扣4分		
2.5	退补分类	正确选择退补分类	4	在正确登录系统前提下，退补分类选择错误扣4分		
2.6	退补处理分类	正确选择退补处理分类	5	在正确登录系统前提下，退补处理分类选择错误扣5分		
2.7	处理办法	正确选择退补分类	4	在正确登录系统前提下，退补分类选择错误扣4分		
2.8	退补说明填写	规范填写退补说明	20	在正确登录系统前提下，退补说明填写不规范扣20分		
2.9	退补审核	退补审核正确	3	在正确登录系统前提下，流程处理不正确扣3分		
2.10	退补审批	退补审批正确	3	在正确登录系统前提下，流程处理不正确扣3分		
2.11	退补发行	退补发行正确	3	在正确登录系统前提下，流程处理不正确扣3分		
合计			100			

Jc0001262023　综合业务分析。(100分)

考核知识点：电力相关法律法规的应用

难易度：中

技能等级评价专业技能考核操作工作任务书

一、任务名称

综合业务分析。

二、适用工种

抄表核算收费员技师。

三、具体任务

某大型钢铁企业是政府重点关注的企业之一，是当地的用电大户，月均电费在1500万元左右，由于该企业信誉一直很好，没有发生过拖欠电费的事情，因此该企业虽然有负控装置，供电部门也一直为对其采取负控购电的方式，延续了先用后缴的收费方式。某年受节能减排政策影响，企业的电量锐减，供电部门为了防范电费风险，在征得该企业口头同意后，采取了负控预购电的结算方式，每月分4次预结算该户电费，将负控装置的跳闸回路接入，9月6日该企业支付了300万元购电款，14日又支付了200万元，22日支付了100万元，28日通过银行转账的形式又支付了140万元，但由于没有及时取到银行收账通知，未能刷新购电数据，零点结算电费时发行电费650万元，造成欠费50万元，致使负控装置跳闸，造成该企业生产车间停电2h，直接经济损失30万元，引起客户投诉，并被要求赔偿经济损失。请根据案例提供信息，分析供电公司是否应该承担赔偿责任？从中得到什么启示？

四、工作规范及要求

（1）自备钢笔或中性笔。

（2）文字描述条理清晰，简明扼要。

（3）判断供电公司是否承担赔偿责任，如果赔偿，依据是什么。

（4）正确分析此案例中得到的启示。

五、考核及时间要求

本考核为实操任务，严格按照规定步骤完成，考核时间为30分钟。

技能等级评价专业技能考核操作评分标准

工种	抄表核算收费员						评价等级	技师	
项目模块	抄表—抄表异常处置					编号	Jc0001262023		
单位				准考证号			姓名		
考试时限	30分钟		题型	单项操作			题分	100分	
成绩		考评员		考评组长			日期		
试题正文	综合业务分析								
需要说明的问题和要求	（1）自备钢笔或中性笔。 （2）文字描述条理清晰，简明扼要。 （3）判断供电公司是否承担赔偿责任，如果赔偿，依据是什么。 （4）正确分析此案例中得到的启示								

序号	项目名称	质量要求	满分	扣分标准	扣分原因	得分
1	判断供电公司是否承担赔偿责任	判断正确	10	供电公司是否承担赔偿责任判断错误的扣10分		
2	赔偿依据的描述	清楚准确描述供电公司承担赔偿责任的相关依据	60	描述错误扣60分，描述不清楚的酌情扣分，扣完为止		
3	综合分析	分析此案例中得到的启示	30	根据答案要点酌情扣分，扣完为止		
合计			100			

Jc0001262024 三相电能表抄读、异常处理。（100分）

考核知识点：抄表异常分析及处理

难易度：中

技能等级评价专业技能考核操作工作任务书

一、任务名称

三相电能表抄读、异常处理。

二、适用工种

抄表核算收费员技师。

三、具体任务

（1）抄读指定三相四线电能表，完成表Jc0001262024－1的信息填写。

表 Jc0001262024－1

电能表铭牌参数		表内信息	
电能表出厂编号		正向有功总电量	
参比电压		反向有功（总）	
标定电流及最大电流		组合无功Ⅰ	
接线方式		组合无功Ⅱ	
准确度等级		功率因数	

（2）使用掌机读取当前表内阶梯电价执行套数及阶梯电价值、费率电价执行套数及费率电价值。

（3）已知该户执行一般工商业平段电价，请将表内电价修改正确（一般工商业平段电价执行 0.518 3 元/kWh）。

（4）表 Jc0001262024－2 为该户的购电记录，计算因电价错误产生的退补电费。

表 Jc0001262024－2

购电时间	购电类型	电卡购电次数（次）	本次写卡金额（元）	累计购电金额（元）
2019 年 11 月 12 日	日常购电	2	170	270
2019 年 10 月 12 日	首次购电	1	100	100

四、工作规范及要求

（1）着装符合要求，穿全棉长袖工作服、绝缘鞋，戴安全帽、线手套。

（2）携带自备工具（钢笔或中性笔、计算器、线手套）进入现场，待考评老师宣布许可工作命令后开始工作并计时。

（3）打开计量柜（箱）门之前必须对柜（箱）体验电，现场操作严格执行《国家电网公司电力安全工作规程（配电部分）（试行）》。

（4）工作结束清理现场，并向监考老师报告。

五、考核及时间要求

本考核时间为 30 分钟，计时结束停止考核。

技能等级评价专业技能考核操作评分标准

工种	抄表核算收费员				评价等级	技师
项目模块	抄表管理—抄表异常处置—对抄表过程中发现的异常进行分析和处理			编号	Jc0001262024	
单位		准考证号			姓名	
考试时限	30 分钟	题型	单项操作		题分	100 分
成绩		考评员		考评组长		日期	
试题正文	三相电能表抄读、异常处理					
需要说明的问题和要求	（1）要求单人操作。 （2）操作应注意安全，按照标准化作业书的技术安全说明做好安全措施					

序号	项目名称	质量要求	满分	扣分标准	扣分原因	得分
1	安全文明生产	戴安全帽，穿全棉长袖工作服，穿绝缘鞋，操作时戴线手套，打开柜门前需先验电	10	有一项未按要求进行扣 5 分，扣完为止		

续表

序号	项目名称	质量要求	满分	扣分标准	扣分原因	得分
2	电能表抄读	电能表铭牌信息填写正确规范，表内示数信息填写正确规范	20	表格内每项数据未填写或填写错误扣2分，扣完为止		
3	电价抄读	正确判断当前表内执行第几套阶梯电价，正确判断当前表内阶梯电价值，正确判断当前表内执行第几套费率电价，正确判断当前表内执行费率电价值	20	错答一项扣5分，扣完为止		
4	电价修改	电价修改正确	10	未正确修改电价扣10分		
5	电费计算	电费计算正确	30	电费计算方法不正确扣20分，结果计算错误扣10分，扣完为止		
6	现场恢复	操作结束后清理现场杂物，并将工器具归位摆放整齐	10	现场留有杂物或工器具未归位扣10分		
合计			100			

Jc0001262025－1　经互感器接入的三相四线电能表抄读、异常处理、电量计算。（100分）

考核知识点：抄表异常分析及处理

难易度：中

技能等级评价专业技能考核操作工作任务书

一、任务名称

经互感器接入的三相四线电能表抄读、异常处理、电量计算。

二、适用工种

抄表核算收费员技师。

三、具体任务

（1）抄读指定三相四线电能表，完成表Jc0001262025－1的信息填写。

表Jc0001262025－1

电能表铭牌参数		表内信息	
电能表出厂编号		正向有功总电量	
参比电压		组合无功Ⅰ	
标定电流及最大电流		反向有功（总）	
接线方式		上一月正向有功总电量	
准确度等级		上一月组合无功Ⅰ	

（2）已知该客户用电容量为250kVA，用电性质为临时施工用电，客户三相负荷平衡，采用高供低计计量方式，电流互感器变比为400A/5A。

1）根据电能表屏显信息，写出电能表存在的接线异常。

2）已知最近一次失压时刻时有功总电量为582.64kWh，根据电能表屏显显示的接线异常，写出异常情况下功率表达式、更正系数，计算出当月应向客户追补电量及表内应结算电量。

四、工作规范及要求

（1）着装符合要求，穿全棉长袖工作服、绝缘鞋，戴安全帽、线手套。

（2）携带自备工具（钢笔或中性笔、计算器、线手套）进入现场，待考评老师宣布许可工作命令后开始工作并计时。

（3）打开计量柜（箱）门之前必须对柜（箱）体验电，现场操作严格执行《国家电网公司电力安全工作规程（配电部分）（试行）》。

（4）工作结束清理现场，并向监考老师报告。

五、考核及时间要求

本考核时间为30分钟，计时结束停止考核。

技能等级评价专业技能考核操作评分标准

工种	抄表核算收费员				评价等级	技师
项目模块	抄表管理—抄表异常处置—对抄表过程中发现的异常进行分析和处理			编号	Jc0001262025－1	
单位		准考证号			姓名	
考试时限	30分钟	题型	单项操作		题分	100分
成绩		考评员		考评组长	日期	
试题正文	经互感器接入的三相四线电能表抄读、异常处理、电量计算					
需要说明的问题和要求	（1）要求单人操作。 （2）操作应注意安全，按照标准化作业书的技术安全说明做好安全措施					

序号	项目名称	质量要求	满分	扣分标准	扣分原因	得分
1	安全文明生产	戴安全帽，穿全棉长袖工作服，穿绝缘鞋，操作时戴线手套，打开柜门前需先验电	10	有一项未按要求进行扣5分，扣完为止		
2	电能表抄读	电能表铭牌信息填写正确规范	10	电能表铭牌信息未填写或填写错误扣2分，扣完为止		
		表内示数信息填写正确规范	10	表内示数信息未填写或填写错误扣2分，扣完为止		
3	异常识别	表计异常判断正确	20	判断错误扣20分		
4	电量计算	当月表内抄见有功电量计算正确	8	表内抄见有功电量错误扣8分		
		异常情况下有功功率表达式书写正确	8	异常情况下有功功率表达式书写错误扣8分		
		更正系数计算正确	8	更正系数计算错误扣8分		
		追补电量计算正确	8	追补电量计算错误扣8分		
		当月客户表内应结算电量正确	8	当月客户应结算电量错误扣8分		
5	现场恢复	操作结束后清理现场杂物，并将工器具归位摆放整齐	10	现场留有杂物或工器具未归位扣10分		
合计			100			

Jc0001262026－2 经互感器接入的三相四线电能表抄读、异常处理、电量计算。（100分）

考核知识点：抄表异常分析及处理

难易度：中

技能等级评价专业技能考核操作工作任务书

一、任务名称

经互感器接入的三相四线电能表抄读、异常处理、电量计算。

二、适用工种

抄表核算收费员技师。

三、具体任务

（1）抄读指定三相四线电能表，完成表Jc0001262026－2的信息填写。

表Jc0001262026－2

电能表铭牌参数		表内信息		
电能表出厂编号		示数类型	上一月	当前
参比电压		有功（总）电量		
标定电流及最大电流		有功（峰）电量		
接线方式		有功（平）电量		
准确度等级		有功（谷）电量		
电能表厂家		组合无功Ⅰ		

（2）已知该户用电容量为315kVA，客户三相负荷平衡，变压器型号为S9系列，采用高供低计计量方式，电流互感器变比为500A/5A。

1）根据电能表屏显信息，写出电能表存在的接线异常。

2）根据电能表屏显显示的接线异常，写出错误接线有功功率表达式，并计算当月应结算电量（本题不计变损电量）。

四、工作规范及要求

（1）着装符合要求，穿全棉长袖工作服、绝缘鞋，戴安全帽、线手套。

（2）携带自备工具（钢笔或中性笔、计算器、线手套）进入现场，待考评老师宣布许可工作命令后开始工作并计时。

（3）打开计量柜（箱）门之前必须对柜（箱）体验电，现场操作严格执行《国家电网公司电力安全工作规程（配电部分）（试行）》。

（4）工作结束清理现场，并向监考老师报告。

五、考核及时间要求

（1）本考核时间为30分钟，计时结束停止考核。

（2）故障查找过程中，如确实不能查找出故障，可向考评员申请排除故障，该项故障项目不得分，但不影响其他项目。

技能等级评价专业技能考核操作评分标准

<table>
<tr><td>工种</td><td colspan="5">抄表核算收费员</td><td>评价等级</td><td colspan="2">高级技师</td></tr>
<tr><td>项目模块</td><td colspan="4">抄表管理—抄表异常处置—对抄表过程中发现的异常进行分析和处理</td><td>编号</td><td colspan="3">Jc0001262026－2</td></tr>
<tr><td>单位</td><td colspan="2"></td><td>准考证号</td><td></td><td></td><td>姓名</td><td colspan="2"></td></tr>
<tr><td>考试时限</td><td colspan="2">60 分钟</td><td colspan="2">题型</td><td>单项操作</td><td>题分</td><td colspan="2">100 分</td></tr>
<tr><td>成绩</td><td></td><td>考评员</td><td></td><td>考评组长</td><td></td><td>日期</td><td colspan="2"></td></tr>
<tr><td>试题正文</td><td colspan="8">经互感器接入的三相四线电能表抄读、异常处理、电量计算</td></tr>
<tr><td>需要说明的问题和要求</td><td colspan="8">（1）要求单人操作。
（2）操作应注意安全，按照标准化作业书的技术安全说明做好安全措施</td></tr>
</table>

序号	项目名称	质量要求	满分	扣分标准	扣分原因	得分
1	安全文明生产	戴安全帽，穿全棉长袖工作服，穿绝缘鞋，操作时戴线手套，打开柜门前需先验电	10	有一项未按要求进行扣 5 分，扣完为止		
2	电能表抄读	电能表铭牌信息填写正确规范	10	电能表铭牌信息未填写或填写错误扣 2 分，扣完为止		
		表内示数信息填写正确规范	10	表内示数信息未填写或填写错误扣 2 分，扣完为止		
3	异常判断	异常判断正确	20	异常判断错误扣 20 分		
4	电量计算	表内抄见电量计算正确	10	表内抄见电量计算错误扣 10 分		
		异常情况下有功功率表达式书写正确	10	异常情况下有功功率表达式错误扣 10 分		
		更正系数计算正确	10	更正系数计算错误扣 10 分		
		退补电量计算正确	10	退补电量计算错误扣 10 分		
5	现场恢复	操作结束后清理现场杂物，将工器具归位并摆放整齐	10	现场留有杂物或工器具未归位扣 10 分		
合计			100			

Jc0001262027－3　经互感器接入的三相四线电能表抄读、异常处理、电量计算。（100 分）

考核知识点：抄表异常分析及处理

难易度：中

技能等级评价专业技能考核操作工作任务书

一、任务名称

经互感器接入的三相四线电能表抄读、异常处理、电量计算。

二、适用工种

抄表核算收费员技师。

三、具体任务

（1）抄读指定三相四线电能表，完成表 Jc0001262027－3 的信息填写。

表 Jc0001262027－3

电能表铭牌参数		表内信息	
电能表出厂编号		正向有功总电量	
参比电压		组合无功 I	
标定电流及最大电流		反向有功（总）	

续表

电能表铭牌参数		表内信息	
接线方式		上一月正向有功总电量	
准确度等级		上一月组合无功Ⅰ	

（2）已知该户用电容量为250kVA，用电性质为行政事业单位，执行一般工商业平段电价，客户三相负荷平衡，变压器型号为S9系列，采用高供低计计量方式，电流互感器变比为400A/5A。

1）根据电能表屏显信息，写出电能表存在的接线异常。

2）已知最近一次失压时刻时有功总电量表码为382.64kWh，根据电能表屏显显示的接线异常，写出错误接线功率表达式，并计算出客户当月应交电费（计算过程中不考虑功率因数调整电费）。

四、工作规范及要求

（1）着装符合要求，穿全棉长袖工作服、绝缘鞋，戴安全帽、线手套。

（2）携带自备工具（钢笔或中性笔、计算器、线手套）进入现场，待考评老师宣布许可工作命令后开始工作并计时。

（3）打开计量柜（箱）门之前必须对柜（箱）体验电，现场操作严格执行《国家电网公司电力安全工作规程（配电部分）（试行）》。

（4）工作结束清理现场，并向监考老师报告。

五、考核及时间要求

本考核时间为30分钟，计时结束停止考核。

技能等级评价专业技能考核操作评分标准

工种	抄表核算收费员					评价等级	技师
项目模块	抄表管理—抄表异常处置—对抄表过程中发现的异常进行分析和处理				编号	Jc0001262027－3	
单位			准考证号			姓名	
考试时限	30分钟		题型	单项操作		题分	100分
成绩		考评员		考评组长		日期	
试题正文	经互感器接入的三相四线电能表抄读、异常处理、电量计算						
需要说明的问题和要求	（1）要求单人操作。 （2）操作应注意安全，按照标准化作业书的技术安全说明做好安全措施						

序号	项目名称	质量要求	满分	扣分标准	扣分原因	得分
1	安全文明生产	戴安全帽，穿全棉长袖工作服，穿绝缘鞋，操作时戴线手套，打开柜门前需先验电	10	有一项未按要求进行扣5分，扣完为止		
2	电能表抄读	电能表铭牌信息填写正确规范	10	电能表铭牌信息未填写或填写错误扣2分，扣完为止		
		表内示数信息填写正确规范	10	表内示数信息未填写或填写错误扣2分，扣完为止		
3	异常识别	表计异常判断正确	20	判断错误扣20分		
4	电量电费计算	抄见电量计算正确	8	抄见电量计算错误扣8分		
		追补电量计算正确	8	追补电量计算错误扣8分		

续表

序号	项目名称	质量要求	满分	扣分标准	扣分原因	得分
4	电量电费计算	变损电量查表正确	8	变损电量错误扣 8 分		
		表内应结算电量计算正确	8	表内应结算电量计算错误扣 8 分		
		当月应交电费计算正确	8	当月应交电费计算错误扣 8 分		
5	现场恢复	操作结束后清理现场杂物，并将工器具归位摆放整齐	10	现场留有杂物或工器具未归位扣 10 分		
合计			100			

Jc0001262028　三相四线电能表故障分析并处理。（100 分）

考核知识点：抄表异常分析及处理

难易度：中

技能等级评价专业技能考核操作工作任务书

一、任务名称

三相四线电能表故障分析并处理。

二、适用工种

抄表核算收费员技师。

三、具体任务

在指定工位完成 3×220/380V、3×5（60）A 直通三相四线电能表故障分析与处理，假定三相负荷平衡，写出有功功率表达式并计算更正系数。

四、工作规范及要求

（1）着装符合要求，穿全棉长袖工作服、绝缘鞋，戴安全帽、线手套。

（2）携带自备工具（钢笔或中性笔、计算器）进入现场，待考评老师宣布许可工作命令后开始工作并计时。

（3）打开计量柜（箱）门之前必须对柜（箱）体验电，现场操作严格执行《国家电网公司电力安全工作规程（配电部分）（试行）》。

（4）工作结束清理现场，并向监考老师报告。

五、考核及时间要求

本考核时间为 30 分钟，时间到停止考核。

技能等级评价专业技能考核操作评分标准

<table>
<tr><td>工种</td><td colspan="5">抄表核算收费员</td><td>评价等级</td><td>技师</td></tr>
<tr><td>项目模块</td><td colspan="4">抄表管理—抄表异常处置—对抄表过程中发现的异常进行分析和处理</td><td>编号</td><td colspan="2">Jc0001262028</td></tr>
<tr><td>单位</td><td colspan="3"></td><td>准考证号</td><td></td><td>姓名</td><td></td></tr>
<tr><td>考试时限</td><td colspan="2">30 分钟</td><td>题型</td><td colspan="2">单项操作</td><td>题分</td><td>100 分</td></tr>
<tr><td>成绩</td><td></td><td>考评员</td><td></td><td>考评组长</td><td></td><td>日期</td><td></td></tr>
<tr><td>试题正文</td><td colspan="7">三相四线电能表故障分析并处理</td></tr>
<tr><td>需要说明的问题和要求</td><td colspan="7">（1）单人操作。
（2）操作时应注意安全，按照标准化作业指导书的技术安全说明做好安全措施</td></tr>
</table>

续表

序号	项目名称	质量要求	满分	扣分标准	扣分原因	得分
1	安全文明生产	戴安全帽，穿全棉长袖工作服，穿绝缘鞋，操作时戴线手套，打开柜门前需先验电	20	有一项未按要求进行扣 5 分，扣完为止		
2	仪器使用	正确使用万用表、钳形电流表	20	万用表、钳形电流表使用错误一次扣 5 分，扣完为止		
3	异常判断	正确判断异常原因	20	异常原因未找到扣 20 分		
4	异常处理	正确处理计量异常	20	异常未处理扣 20 分		
5	计算结果	正确计算更正系数	10	更正系数计算错误扣 10 分		
6	现场恢复	操作结束后清理现场杂物，并将工器具归位摆放整齐	10	现场留有杂物或工器具未归位扣 10 分		
合计			100			

计量装置设置：

（1）考试使用电能表为仿真表，通过模拟装置进行参数设置。

（2）考场在指定工位安装 3×380V/220V、3×5（60）A 直通三相电能表，设置表尾 A 相电压连片断开错误接线，设置电流为 5A。

（3）屏蔽电能表显示屏。

Jc0001262029　线损分析查询。（100 分）

考核知识点：线损分析、查询、统计、计算

难易度：中

技能等级评价专业技能考核操作工作任务书

一、任务名称

线损分析查询。

二、适用工种

抄表核算收费员技师。

三、具体任务

已知某公司台区编号为 6100782341，请完成以下任务。

（1）在用电信息采集系统中导出该台区 2017 年 3 月日线损率统计明细。

（2）在用电信息采集系统中导出该台区 2017 年 3 月 25 日线损明细，检查台区总表户号、表号，以及该台区模型中维护客户数量。

（3）在用电信息采集系统中查询台区总表所在集中器的终端地址，并查询该集中器下关联客户数量。

（4）核查该台区总表 3 月 25 日电流、电压曲线是否正常。

四、工作规范及要求

（1）在使用用电信息采集系统及营销业务应用系统功能时，不得进行其他无关操作。

（2）召测台区总表冻结表码时需提供截图，电流、电压曲线需提供截图。

五、考核及时间要求

本考核时间为 30 分钟，计时结束停止考核。

技能等级评价专业技能考核操作评分标准

工种	抄表核算收费员					评价等级	技师
项目模块	抄表管理—线损管理				编号	Jc0001262029	
单位			准考证号			姓名	
考试时限	30 分钟		题型	单项操作		题分	100 分
成绩		考评员		考评组长		日期	
试题正文	线损分析查询						
需要说明的问题和要求	无						

序号	项目名称	质量要求	满分	扣分标准	扣分原因	得分
1	线损率统计明细	正确导出 3 月 1～31 日线损率明细	10	导出数据错误扣 10 分		
2	日线损明细	正确导出 3 月 25 日台区明细	10	台区明细导出数据错误扣 10 分		
		考核总表户号判断正确	10	考核总表户号判断错误扣 10 分		
		线损模型中维护客户数判断正确	10	线损模型数据维护客户数判断错误扣 10 分		
3	台区所在集中器信息查询	能够根据户号查询终端地址	10	终端地址查询错误扣 10 分		
		能够根据终端地址查询集中器召测信息	10	集中器召测信息错误扣 10 分		
		能够识别集中器关联客户数及采集率	10	采集器关联客户数错误扣 5 分，采集率错误扣 5 分，扣完为止		
		判断线损模型中维护客户数与集中器管理客户数是否一致	10	线损模型中维护客户数与集中器管理客户数是否一致，判断错误扣 10 分		
4	台区总表电压、电流曲线	电流曲线需截图	8	电流曲线未截图或截图错误扣 8 分		
		电压曲线需截图	8	电压曲线未截图或截图错误扣 8 分		
		判定曲线是否正常	4	曲线是否正常判断错误扣 4 分		
合计			100			

Jc0001242030　采集终端抄读与调试。(100 分)

考核知识点：抄表异常处理

难易度：中

技能等级评价专业技能考核操作工作任务书

一、任务名称

采集终端抄读与调试。

二、适用工种

抄表核算收费员技师。

三、具体任务

现场判断处理专用变压器终端上行通信异常情况，并通过用电信息采集系统召测电能表数据（见表 Jc0001242030）。

表 Jc0001242030

正向有功（总）		正向有功（谷）	
正向有功（峰）		正向无功（总）	
正向有功（平）		功率因数（总）	

四、工作规范及要求

（1）着装符合要求，穿全棉长袖工作服、绝缘鞋，戴安全帽、线手套。

（2）携带自备工具（钢笔或中性笔）进入现场，待考评老师宣布许可工作命令后开始工作并计时。

（3）打开计量柜（箱）门之前必须对柜（箱）体验电，现场操作严格执行《国家电网有限公司营销现场作业安全工作规程（试行）》。

（4）工作结束清理现场，并向监考老师报告。

五、考核及时间要求

本考核时间为 30 分钟，时间到停止考核。

技能等级评价专业技能考核操作评分标准

工种	抄表核算收费员					评价等级	技师
项目模块	抄表管理—抄表异常处置—对抄表过程中发现的异常进行分析和处理				编号	Jc0001242030	
单位			准考证号			姓名	
考试时限	30 分钟		题型	单项操作		题分	100 分
成绩		考评员		考评组长		日期	
试题正文	采集终端抄读与调试						
需要说明的问题和要求	（1）单人操作。 （2）操作时应注意安全，按照标准化作业指导书的技术安全说明做好安全措施						

序号	项目名称	质量要求	满分	扣分标准	扣分原因	得分
1	安全文明生产	戴安全帽，穿全棉长袖工作服，穿绝缘鞋，操作时戴线手套，打开柜门前需先验电	20	有一项未按要求进行扣 5 分，扣完为止		
2	异常判断	正确判断专用变压器采集终端上行通信异常原因	25	异常原因未找到扣 25 分		
3	异常处理	正确处理异常	20	异常未处理扣 20 分		
4	填写记录	正确、规范填写记录表	25	数据填写错误一处扣 5 分，单位使用错误一处扣 5 分，扣完为止		
5	现场恢复	操作结束后清理现场杂物，并将工器具归位摆放整齐	10	现场留有杂物或工器具未归位扣 10 分		
合计			100			

计量（采集）装置设置：

（1）考试使用电能表为仿真表，通过模拟装置进行参数设置。

（2）屏蔽电能表显示屏。

（3）专用变压器采集终端没有安装 SIM 卡。

Jc0001242031　专用变压器终端时钟错误，成功校时后中断电源，时钟仍出现偏差，判断原因并处理。（100分）

考核知识点：抄表异常处理

难易度：中

技能等级评价专业技能考核操作工作任务书

一、任务名称

专用变压器终端时钟错误，成功校时后中断电源，时钟仍出现偏差，判断原因并处理。

二、适用工种

抄表核算收费员技师。

三、具体任务

现场判断处理专用变压器终端时钟错误情况，并通过用电信息采集对该终端进行对时，正确填写记录表（见表Jc0001242031）。

表Jc0001242031

终端型号	生产厂家	终端地址	异常原因

四、工作规范及要求

（1）着装符合要求，穿全棉长袖工作服、绝缘鞋，戴安全帽、线手套。

（2）携带自备工具（钢笔或中性笔）进入现场，待考评老师宣布许可工作命令后开始工作并计时。

（3）打开计量柜（箱）门之前必须对柜（箱）体验电，现场操作严格执行《国家电网有限公司营销现场作业安全工作规程（试行）》。

（4）工作结束清理现场，并向监考老师报告。

五、考核及时间要求

本考核时间为30分钟，时间到停止考核。

技能等级评价专业技能考核操作评分标准

工种	抄表核算收费员					评价等级	技师
项目模块	抄表管理—抄表异常处置—对抄表过程中发现的异常进行分析和处理				编号	Jc0001242031	
单位			准考证号			姓名	
考试时限	30分钟		题型	单项操作		题分	100分
成绩		考评员		考评组长		日期	
试题正文	专用变压器终端时钟错误，成功校时后中断电源，时钟仍出现偏差，判断原因并处理						
需要说明的问题和要求	（1）单人操作。 （2）操作时应注意安全，按照标准化作业指导书的技术安全说明做好安全措施						

序号	项目名称	质量要求	满分	扣分标准	扣分原因	得分
1	安全文明生产	戴安全帽，穿全棉长袖工作服，穿绝缘鞋，操作时戴线手套，打开柜门前需先验电	20	有一项未按要求进行扣5分，扣完为止		
2	异常判断	正确判断专用变压器采集终端时钟错误的原因	25	异常原因未找到扣25分		
3	异常处理	正确处理异常并在现场对终端进行对时	20	异常未处理扣20分		

续表

序号	项目名称	质量要求	满分	扣分标准	扣分原因	得分
4	填写记录	正确、规范填写记录表	25	数据填写错误一处扣 5 分，单位使用错误一处扣 5 分，扣完为止		
5	现场恢复	操作结束后清理现场杂物，并将工器具归位摆放整齐	10	现场留有杂物或工器具未归位扣 10 分		
合计			100			

计量（采集）装置设置：

（1）考试使用时钟电池失效的专用变压器终端。

（2）专用变压器终端时钟错误。

Jc0001242032　公用配电变压器集中器漏抄部分客户。（100 分）

考核知识点：抄表异常处理

难易度：中

技能等级评价专业技能考核操作工作任务书

一、任务名称

公用配电变压器集中器漏抄部分客户。

二、适用工种

抄表核算收费员技师。

三、具体任务

某小区公用配电变压器集中器关联 1200 余户负荷。采集系统显示该集中器突然漏抄 400 余户。采集系统对漏抄表计参数召测，集中器显示参数正确，未发现参数丢失现象。根据对漏抄表计分析，疑似漏抄户为公用配电变压器同一相供电（经现场测试结果显示 B 相无电压）。

（1）根据故障描述分析原因。

（2）提出合理的处理办法。

（3）简述万用表测电压的方法步骤。

四、工作规范及要求

（1）携带自备工具（钢笔或中性笔）进入现场，待考评老师宣布许可工作命令后开始工作并计时。

（2）分析问题条理清晰。

（3）写出有效解决故障的方法。

（4）书写完整规范。

五、考核及时间要求

本考核时间为 30 分钟，时间到停止考核。

技能等级评价专业技能考核操作评分标准

工种	抄表核算收费员				评价等级	技师
项目模块	抄表管理—抄表异常处置—对抄表过程中发现的异常进行分析和处理			编号	Jc0001242032	
单位		准考证号			姓名	
考试时限	30 分钟	题型	单项操作		题分	100 分

续表

成绩		考评员		考评组长		日期	
试题正文	公用配电变压器集中器漏抄部分客户						
需要说明的问题和要求	无						

序号	项目名称	质量要求	满分	扣分标准	扣分原因	得分
1	原因分析	正确分析故障原因	40	分析故障原因错误扣 40 分		
2	提出处理方案	提出的处理方案能有效解决故障	20	提出的处理方案不能有效解决故障扣 20 分		
3	简述万用表测电压的方法步骤	详细描述万用表测量电压的步骤和方法	40	缺少一项步骤和方法扣 10 分，扣完为止		
合计			100			

Jc0001242033　集中器下个别客户采集失败。（100 分）

考核知识点：抄表异常处理

难易度：中

技能等级评价专业技能考核操作工作任务书

一、任务名称

集中器下个别客户采集失败。

二、适用工种

抄表核算收费员技师。

三、具体任务

某台区共有户表 243 块，采集成功 241 块，采集失败的两块表是新更换的电能表，且采集失败的 2 块电能表，主站与集中器档案一致、正确。请分析采集失败的原因并提出解决故障的方案。（集中器和能采集成功的 241 块电能表为窄带载波通信模块，新安装的电能表上默认安装的是 HPLC 模块）

（1）根据故障描述分析原因。

（2）提出合理的处理办法。

（3）请简述不同型号的无线模块之间不能通信的原因。

四、工作规范及要求

（1）携带自备工具（钢笔或中性笔）进入现场，待考评老师宣布许可工作命令后开始工作并计时。

（2）分析问题条理清晰。

（3）写出有效解决故障的方法。

（4）书写完整规范。

五、考核及时间要求

本考核时间为 30 分钟，时间到停止考核。

技能等级评价专业技能考核操作评分标准

工种	抄表核算收费员			评价等级	技师
项目模块	抄表管理—抄表异常处置—对抄表过程中发现的异常进行分析和处理		编号	Jc0001242033	
单位		准考证号		姓名	

续表

考试时限	30分钟		题型	单项操作		题分	100分	
成绩		考评员		考评组长		日期		
试题正文	集中器下个别客户采集失败							
需要说明的问题和要求	无							

序号	项目名称	质量要求	满分	扣分标准	扣分原因	得分
1	原因分析	正确分析故障原因，条理清晰	35	分析故障原因错误不得分；分析原因不完全，少一项扣5分；扣完为止		
2	提出处理方案	异常处理成功	35	异常未处理或处理不成功扣35分		
3	简述不同型号的无线模块之间不能通信的原因	原因简述正确	30	原因简述错误扣30分，简述不完整酌情扣分，扣完为止		
合计			100			

Jc0001242034　某台区在进行旧电能表改造，建立采集档案后，出现大面积采集失败。（100分）

考核知识点：抄表异常处理

难易度：中

技能等级评价专业技能考核操作工作任务书

一、任务名称

某台区在进行旧电能表改造，建立采集档案后，出现大面积采集失败。

二、适用工种

抄表核算收费员技师。

三、具体任务

某台区在进行旧电能表改造，建立采集档案后，出现大面积采集失败，请分析原因并提出合理的处理办法。

四、工作规范及要求

（1）携带自备工具（钢笔或中性笔）进入现场，待考评老师宣布许可工作命令后开始工作并计时。

（2）分析问题条理清晰。

（3）写出有效解决故障的方法。

（4）书写完整规范。

五、考核及时间要求

本考核时间为30分钟，时间到停止考核。

技能等级评价专业技能考核操作评分标准

工种	抄表核算收费员					评价等级	技师	
项目模块	抄表管理—抄表异常处置—对抄表过程中发现的异常进行分析和处理				编号	Jc0001242034		
单位			准考证号			姓名		
考试时限	30分钟		题型	单项操作		题分	100分	
成绩		考评员		考评组长		日期		

续表

试题正文	某台区在进行旧电能表改造，建立采集档案后，出现大面积采集失败					
需要说明的问题和要求	（1）单人操作。 （2）操作时应注意安全，按照标准化作业指导书的技术安全说明做好安全措施					
序号	项目名称	质量要求	满分	扣分标准	扣分原因	得分
1	安全文明生产	戴安全帽，穿全棉长袖工作服，穿绝缘鞋，操作时戴线手套，打开柜门前需先验电	20	有一项未按要求进行扣5分，扣完为止		
2	现场检查	正确使用万用表对集中器端子进行验电测试	20	万用表使用错误扣10分，未测试出结果扣10分，扣完为止		
3	原因分析	正确分析故障原因	25	故障原因分析错误扣25分		
4	提出处理方案	异常处理成功	25	异常处理不成功扣25分		
5	现场恢复	操作结束后清理现场杂物，并将工器具归位摆放整齐	10	现场留有杂物或工器具未归位扣10分		
合计			100			

计量装置设置：
在指定工位安装集中器并将中性线虚接。

Jc0001242035　采集终端停上电事件为异常事件故障分析及修复。（100分）
考核知识点：抄表异常处理
难易度：中

技能等级评价专业技能考核操作工作任务书

一、任务名称
采集终端停上电事件为异常事件故障分析及修复。
二、适用工种
抄表核算收费员技师。
三、具体任务
2020年7月7日，某变电站停电，线路送电后上报至主站的事件为异常事件，检查上电时间，上电时间为2013年3月22日。请分析上报异常事件的故障原因，并写出有效解决此故障的方法以及诊断排查的方法。
四、工作规范及要求
（1）携带自备工具（钢笔或中性笔）进入现场，待考评老师宣布许可工作命令后开始工作并计时。
（2）分析问题条理清晰。
（3）写出有效解决故障的方法。
（4）书写完整规范。
五、考核及时间要求
本考核时间为30分钟，时间到停止考核。

技能等级评价专业技能考核操作评分标准

工种	抄表核算收费员					评价等级	技师
项目模块	抄表管理—抄表异常处置—对抄表过程中发现的异常进行分析和处理				编号	Jc0001242035	
单位			准考证号			姓名	
考试时限	30 分钟		题型	单项操作		题分	100 分
成绩		考评员		考评组长		日期	
试题正文	采集终端停上电事件为异常事件故障分析及修复						
需要说明的问题和要求	无						

序号	项目名称	质量要求	满分	扣分标准	扣分原因	得分
1	原因分析	原因分析准确	40	原因分析错误扣 40 分，描述不准确酌情扣分，扣完为止		
2	故障诊断排查	故障诊断准确，描述清晰	30	故障诊断错误扣 30 分		
3	故障处理修复	能有效解决故障	30	解决方法不正确扣 30 分，描述不准确酌情扣分，扣完为止		
合计			100			

Jc0001242036 采集终端现场运行时频繁上下线，请分析原因及修复故障（天线故障）。（100 分）

考核知识点：抄表异常处理

难易度：中

技能等级评价专业技能考核操作工作任务书

一、任务名称

采集终端现场运行时频繁上下线，请分析原因及修复故障（天线故障）。

二、适用工种

抄表核算收费员技师。

三、具体任务

某专用变压器客户数据采集失败，在采集主站检查发现终端在短时间内存在多条上线记录，主站召测采集终端心跳周期设置正确；现场观察采集终端液晶显示屏显示的信号强度为 1 格，信号强度弱。请分析原因及修复故障。

四、工作规范及要求

（1）携带自备工具（钢笔或中性笔）进入现场，待考评老师宣布许可工作命令后开始工作并计时。

（2）分析问题条理清晰。

（3）写出有效解决故障的方法。

（4）书写完整规范。

五、考核及时间要求

本考核时间为 30 分钟，时间到停止考核。

技能等级评价专业技能考核操作评分标准

工种	抄表核算收费员						评价等级	技师
项目模块	抄表管理—抄表异常处置—对抄表过程中发现的异常进行分析和处理					编号	Jc0001242036	
单位				准考证号			姓名	
考试时限	30分钟		题型		单项操作		题分	100分
成绩		考评员		考评组长			日期	
试题正文	采集终端现场运行时频繁上下线，请分析原因及修复故障（天线故障）							
需要说明的问题和要求	无							

序号	项目名称	质量要求	满分	扣分标准	扣分原因	得分
1	原因分析	原因分析准确	40	原因分析错误扣40分，描述不准确酌情扣分，扣完为止		
2	故障诊断排查	故障诊断准确，描述清晰	30	故障诊断错误扣30分		
3	故障处理修复	能有效修复故障	30	解决方法不正确扣30分		
合计			100			

Jc0001243037　采集终端现场运行时频繁上下线，请分析原因及修复故障（远程通信模块接口故障）。（100分）

考核知识点：抄表异常处理

难易度：难

技能等级评价专业技能考核操作工作任务书

一、任务名称

采集终端现场运行时频繁上下线，请分析原因及修复故障（远程通信模块接口故障）。

二、适用工种

抄表核算收费员技师。

三、具体任务

某专用变压器客户数据采集失败，在采集主站检查发现终端在短时间内存在多条上线记录，主站召测采集终端心跳周期设置正确，现场观察终端液晶显示屏，信号强度显示满格。请分析原因及修复故障。

四、工作规范及要求

（1）携带自备工具（钢笔或中性笔）进入现场，待考评老师宣布许可工作命令后开始工作并计时。

（2）分析问题条理清晰。

（3）写出有效解决故障的方法。

（4）书写完整规范。

五、考核及时间要求

本考核时间为30分钟，时间到停止考核。

技能等级评价专业技能考核操作评分标准

工种	抄表核算收费员				评价等级	技师
项目模块	抄表管理—抄表异常处置—对抄表过程中发现的异常进行分析和处理			编号	Jc0001243037	
单位		准考证号			姓名	

续表

考试时限	30 分钟		题型	单项操作		题分	100 分
成绩		考评员		考评组长		日期	
试题正文	采集终端现场运行时频繁上下线，请分析原因及修复故障（远程通信模块接口故障）						
需要说明的问题和要求	无						

序号	项目名称	质量要求	满分	扣分标准	扣分原因	得分
1	原因分析	原因分析准确	40	原因分析错误扣 40 分，描述不准确酌情扣分，扣完为止		
2	故障诊断排查	故障诊断准确，描述清晰	30	故障诊断错误扣 30 分		
3	故障处理修复	能有效修复故障	30	解决方法不正确扣 30 分		
合计			100			

Jc0001243038　采集终端现场运行时频繁上下线，请分析原因及修复故障（内存溢出）。（100 分）

考核知识点：抄表异常处理

难易度：难

技能等级评价专业技能考核操作工作任务书

一、任务名称

采集终端现场运行时频繁上下线，请分析原因及修复故障（内存溢出）。

二、适用工种

抄表核算收费员技师。

三、具体任务

某专用变压器客户数据采集失败，在采集主站检查发现终端在短时间内存在多条上线记录，主站召测采集终端心跳周期设置正确，现场观察终端液晶显示屏，信号强度显示满格；卸下远程通信模块，测量终端远程通信接口输出电压值，符合标准要求；检测远程通信模块，工作正常。请分析原因及修复故障。

四、工作规范及要求

（1）携带自备工具（钢笔或中性笔）进入现场，待考评老师宣布许可工作命令后开始工作并计时。

（2）分析问题条理清晰。

（3）写出有效解决故障的方法。

（4）书写完整规范。

五、考核及时间要求

本考核时间为 30 分钟，时间到停止考核。

技能等级评价专业技能考核操作评分标准

工种	抄表核算收费员					评价等级	技师
项目模块	抄表管理—抄表异常处置—对抄表过程中发现的异常进行分析和处理				编号	Jc0001243038	
单位			准考证号			姓名	
考试时限	30 分钟		题型	单项操作		题分	100 分
成绩		考评员		考评组长		日期	

续表

试题正文	采集终端现场运行时频繁上下线，请分析原因及修复故障（内存溢出）					
需要说明的问题和要求	无					
序号	项目名称	质量要求	满分	扣分标准	扣分原因	得分
1	原因分析	原因分析准确	40	原因分析错误扣 40 分，描述不准确酌情扣分，扣完为止		
2	故障诊断排查	故障诊断准确，描述清晰	30	故障诊断错误扣 30 分		
3	故障处理修复	能有效修复故障	30	解决方法不正确扣 30 分		
合计			100			

Jc0001242039　主站侧检查专用变压器终端参数是否正确设置并下发。（100 分）

考核知识点：终端安装及调试

难易度：中

技能等级评价专业技能考核操作工作任务书

一、任务名称

主站侧检查专用变压器终端参数是否正确设置并下发。

二、适用工种

抄表核算收费员技师。

三、具体任务

现场抄录电能表正确的参数信息并记录表 Jc0001242039，在主站侧检查终端参数是否正确并下发。

表 Jc0001242039

终端地址	表地址	波特率	通信端口	通信规约

四、工作规范及要求

（1）着装符合要求，穿全棉长袖工作服、绝缘鞋，戴安全帽、线手套。

（2）携带自备工具（钢笔或中性笔）进入现场，待考评老师宣布许可工作命令后开始工作并计时。

（3）打开计量柜（箱）门之前必须对柜（箱）体验电，现场操作严格执行《国家电网有限公司营销现场作业安全工作规程（试行）》。

（4）工作结束清理现场，并向监考老师报告。

五、考核及时间要求

本考核时间为 30 分钟，时间到停止考核。

技能等级评价专业技能考核操作评分标准

工种	抄表核算收费员					评价等级	高级技师
项目模块	抄表管理—抄表异常处置—对抄表过程中发现的异常进行分析和处理				编号	Jc0001242039	
单位			准考证号			姓名	
考试时限	30 分钟	题型	单项操作			题分	100 分
成绩		考评员		考评组长		日期	

续表

试题正文	主站侧检查专用变压器终端参数是否正确设置并下发					
需要说明的问题和要求	（1）单人操作。 （2）操作时应注意安全，按照标准化作业指导书的技术安全说明做好安全措施					
序号	项目名称	质量要求	满分	扣分标准	扣分原因	得分
1	安全文明生产	戴安全帽，穿全棉长袖工作服，穿绝缘鞋，操作时戴线手套，打开柜门前需先验电	20	有一项未按要求进行扣 5 分，扣完为止		
2	参数抄录	正确抄录现场电能表的参数信息	30	错误一项扣 5 分，扣完为止		
3	主站侧下发参数	正确下发参数	40	错误一项扣 5 分，扣完为止		
4	现场恢复	操作结束后清理现场杂物，并将工器具归位摆放整齐	10	现场留有杂物或工器具未归位扣 10 分		
合计			100			

计量（采集）装置设置：

（1）考试使用电能表为仿真表，通过模拟装置进行参数设置。

（2）屏蔽电能表显示屏。

Jc0001242040 单相电能表识读。(100 分)

考核知识点：电能表识读

难易度：中

技能等级评价专业技能考核操作工作任务书

一、任务名称

单相电能表识读。

二、适用工种

抄表核算收费员技师。

三、具体任务

（1）现场识读指定电能表的型号，并描述型号所代表含义。

（2）请判断该电能表规约是 2009 规范还是 2013 规范，试描述 2009 规范与 2013 规范电能表的主要区别（至少描述 8 条）。

四、工作规范及要求

（1）着装符合要求，穿全棉长袖工作服、绝缘鞋，戴安全帽、线手套。

（2）携带自备工具（钢笔或中性笔、计算器）进入现场，待考评老师宣布许可工作命令后开始工作并计时。

（3）打开计量柜（箱）门之前必须对柜（箱）体验电，现场操作严格执行《国家电网有限公司营销现场作业安全工作规程（试行）》。

（4）工作结束清理现场，并向监考老师报告。

五、考核及时间要求

本考核时间为 20 分钟，计时结束停止考核。

技能等级评价专业技能考核操作评分标准

工种	抄表核算收费员				评价等级	技师
项目模块	抄表管理—抄表方式			编号	Jc0001242040	
单位		准考证号			姓名	
考试时限	20 分钟	题型	单项操作		题分	100 分
成绩		考评员		考评组长	日期	
试题正文	单相电能表识读					
需要说明的问题和要求	（1）要求单人操作。 （2）操作应注意安全，按照标准化作业书的技术安全说明做好安全措施					

序号	项目名称	质量要求	满分	扣分标准	扣分原因	得分
1	安全文明生产	戴安全帽，穿全棉长袖工作服，穿绝缘鞋，操作时戴线手套，打开柜门前需先验电	10	有一项未按要求进行扣 5 分，扣完为止		
2	电能表含义识读	型号填写正确，电能表型号中各字符含义回答完整准确	30	型号填写错误扣 5 分；电能表型号中各字符少回答或回答错误，每个扣 3 分；扣完为止		
3	电能表版本识别	正确回答电能表的规范版本，正确回答 2009 规范电能表与 2013 规范电能表的区别（8 条以上）	50	电能表版本回答错误扣 10 分；2009 与 2013 规范电能表区别回答 8 条及以上得满分，少回答一条扣 6 分；扣完为止		
4	现场恢复	操作结束后清理现场杂物，并将工器具归位摆放整齐	10	现场留有杂物或工器具未归位扣 10 分		
合计			100			

Jc0001243041　综合业务分析。（100 分）

考核知识点：综合分析

难易度：难

技能等级评价专业技能考核操作工作任务书

一、任务名称

综合业务分析。

二、适用工种

抄表核算收费员技师。

三、具体任务

2020 年 7 月 10 日，某供电所接到上级部门下发的异常数据核查工单，主要工作内容：核查客户用电电能表余额较上月变动大于 1 元，但是电能表表码未变动，供电所立即安排台区经理现场核查，其中一条信息如下：客户张某，用电类别为居民生活照明，现场电能表为 2009 版单相本地费控电能表，现场抄见总表码为 2532，电价为 0.448 6 元/kWh，客户用电时电能表显示屏总显示“”符号，电能表余额为 45.32 元。通过 SG186 系统查询客户电费发行情况见表 Jc0001243041，采集系统查询出该户正向有功总止码为 426，反向有功总止码为 2106。作为台区经理，请处理如下问题。

表 Jc0001243041

月份	1	2	3	4	5	6	7
电量（kWh）	426	426	426	426	426	426	426

（1）电能表显示“”符号，这个符号代表什么意义？

（2）现场电能表因为什么原因，才会导致显示“”。

（3）安排台区经理更换电能表及更正接线，采用一键式换表，更换为远程费控电能表。换表过程中，显示系统余额1033元，电能表余额45.32元，请计算换表后应发行多少电费？通过系统清算调节，换表后系统余额是多少元？

（4）请分析此类异常现象会影响营销工作中的哪些指标？

四、工作规范及要求

（1）携带自备工具（钢笔或中性笔）进入现场，待考评老师宣布许可工作命令后开始工作并计时。

（2）分析问题条理清晰。

（3）计算正确。

（4）书写完整规范。

五、考核及时间要求

本考核时间为30分钟，时间到停止考核。

技能等级评价专业技能考核操作评分标准

工种	抄表核算收费员			评价等级	技师
项目模块	抄表管理—抄表方式		编号	Jc0001243041	
单位		准考证号		姓名	
考试时限	30分钟	题型	单项操作	题分	100分
成绩		考评员		考评组长		日期	
试题正文	综合业务分析				
需要说明的问题和要求	无				

序号	项目名称	质量要求	满分	扣分标准	扣分原因	得分
1	说明符号代表的意义	正确说明符号代表的意义	10	说明错误扣10分		
2	分析电能表出现该符号的原因	正确分析原因	15	分析错误扣15分		
3	计算换表后应发行电费及换表后系统余额	正确计算出结果，有计算步骤和过程	50	计算结果错误扣50分，没有计算步骤和过程扣30分，扣完为止		
4	分析此类异常现象会影响营销工作中哪些指标	至少分析出5条内容	25	少分析一条扣5分，扣完为止		
合计			100			

Jc0002252042 填制电费通知单。（100分）

考核知识点： 电费催收工作的内容及具体要求

难易度： 中

技能等级评价专业技能考核操作工作任务书

一、任务名称

填制电费通知单。

二、适用工种

抄表核算收费员技师。

三、具体任务

根据应收电费账单（见表Jc0002252042－1）填制电费通知单（见表Jc0002252042－2）。

表 Jc0002252042－1

客户名称	计量点编号	电价名称	电量计算方式	父计量点编号	电能表编号	示数类型	上次示数	度差	抄见电量（kWh）	容量（kW）	变损	套扣电量（kWh）	有功结算电量（kWh）	目录电度电价（元/kVA）	计费容量（kVA）	基本电价[（元/（kVA·月）]	功率因数标准	实际功率因数	（调整/优惠）电费（元）	电费小计（元）	国家重大水利建设基金（元）	库区移民代征费（元）	可再生资源代征费（元）	总电费（元）
							本次示数	倍率			线损		无功结算电量（kvarh）	目录电度电费（元）	计费需量（kW）	基本电费（元）		调整系数/优惠折扣						
1010906607某公司	1000119980	工商业及其他用电/单一制/非居民/1～10kV	定量	1000119979		有功（峰）							240	0.625 775						150.18	0.27	0.29	4.56	155.30
														150.18										
						有功（平）							80	0.446 975						35.75	0.09	0..10	1.52	37.46
														35.75										
						有功（谷）							80	0.268 175						21.45	0.09	0.10	1.52	23.16
														21.45										
	1000119979	工商业及其他用电/两部制/大工业/1～10kV	实抄（装表计量）		0003692976	有功（峰）	16 192.12	265.150	31 818			240	31 578	0.522 975						16 514.51	35.53	37.89	599.98	17 187.91
							16 457.27	120						16 514.51										
						有功（总）	37 851.12	628.410	75 409	315	1193kWh	80	21 470	0.373 575	315	20.000 0	0.90	0.99	−270.19	14 050.47	24.15	25.76	407.93	14 508.31
							38 479.53	120					11 825	8020.66		6300.00		−0.75						
						有功（谷）	10 556.41	193.610	23 233			80	23 153	0.224 175						5190.32	26.05	27.78	439.91	5684.06
							10 750.02	120						5190.32										
						无功（总）	15 168.78	57.340 0	6881		4944kvarh													
							15226.12	120																
	小计											400	76 601	29 932.87		6300.00			−270.19	35 962.68	86.18	91.92	1455.42	37 596.20
													11 825											

表 Jc0002252042－2

单位：某供电公司			抄表段：1012000400			抄表日期：2021－02－01	
客户编号			客户名称				
用电地址							
出厂编号	示数类型	上次示数	本次示数	综合倍率	抄见电量	退补电量	变/线损
0003692976	有功（总）						
0003692976	有功（峰）						
0003692976	有功（谷）						
0003692976	无功（总）						
	有功（平）						
	有功（谷）						
	有功（峰）						
电价名称	时段	结算电量	单价	退补电费	基本电费	力调电费	结算电费
工商业及其他用电/单一制/非居民/1～10kV	峰						
工商业及其他用电/单一制/非居民/1～10kV	平						
工商业及其他用电/单一制/非居民/1～10kV	谷						
工商业及其他用电/两部制/大工业/1～10kV	峰						
工商业及其他用电/两部制/大工业/1～10kV	平						
工商业及其他用电/两部制/大工业/1～10kV	谷						
电价名称	功率因数标准	实际功率因数	奖罚系数				
工商业及其他用电/单一制/非居民/1～10kV							
工商业及其他用电/单一制/非居民/1～10kV							
工商业及其他用电/单一制/非居民/1～10kV							
工商业及其他用电/两部制/大工业/1～10kV							
工商业及其他用电/两部制/大工业/1～10kV							

续表

电价名称	功率因数标准	实际功率因数	奖罚系数				
工商业及其他用电/两部制/大工业/1～10kV							
合计金额							

四、工作规范及要求

按项目填写表中对应数值，数值保留两位小数。

五、考核及时间要求

本考核时间为 30 分钟，如填写错误，须用双横线划去，在被修改数据上面重新填写，不得直接涂改抹去。

技能等级评价专业技能考核操作评分标准

工种	抄表核算收费员					评价等级	技师
项目模块	收费管理—电费收缴				编号	Jc0002252042	
单位			准考证号			姓名	
考试时限	30 分钟	题型			多项操作	题分	100 分
成绩		考评员		考评组长		日期	
试题正文	填制电费通知单						
需要说明的问题和要求	（1）要求单人完成。 （2）根据给定的数据，准确填写通知单中数据						

序号	项目名称	质量要求	满分	扣分标准	扣分原因	得分
1	客户基本信息	数据正确填写	5	每空填写错误扣 1.5 分，扣完为止		
2	上次及本次示数、综合倍率	数据正确填写	20	每空填写错误扣 2 分，扣完为止		
3	各类电量电费	数据正确填写	50	每空填写错误扣 2 分，扣完为止		
4	功率因数标准、实际功率因数、奖罚系数	数据正确填写	15	每空填写错误扣 5 分，扣完为止		
5	合计金额	数据正确填写	10	每空填写错误扣 5 分，扣完为止		
合计			100			

Jc0002262043　破产客户催缴电费案例分析。（100 分）

考核知识点：电费催收工作的内容及具体要求

难易度：中

技能等级评价专业技能考核操作工作任务书

一、任务名称

破产客户催缴电费案例分析。

二、适用工种

抄表核算收费员技师。

三、具体任务

某丝绸厂受市场经济疲软和企业内部管理等众多不利因素的影响，于2018年7月上旬申请破产，截至破产时，累计拖欠供电公司2018年6～7月电费18.5万元。供电公司营销人员上门催收电费时，该企业负责人认为企业已申请破产，不再承担任何债务（且企业将于11月开始进行固定资产拍卖）。请问：

（1）破产清算有几种方法？

（2）供电企业对此类情况，应该采取什么方法收回拖欠电费？

四、工作规范及要求

（1）自备钢笔或中性笔。

（2）问题回答全面，准确，条理清晰。

五、考核及时间要求

本考核为电费催缴停电实操任务，严格按照规定步骤完成，考核时间为30分钟。

技能等级评价专业技能考核操作评分标准

工种	抄表核算收费员					评价等级	技师
项目模块	收费管理—电费回收及风险防控				编号	Jc0002262043	
单位			准考证号			姓名	
考试时限	30分钟	题型	综合操作			题分	100分
成绩		考评员		考评组长		日期	
试题正文	破产客户催缴电费案例分析						
需要说明的问题和要求	（1）要求单人完成。 （2）答案要点明确，写出收回拖欠电费的具体措施和破产清算的方法						

序号	项目名称	质量要求	满分	扣分标准	扣分原因	得分
1	破产清算的方法	写出共2条，内容正确全面	50	错误一条扣25分，扣完为止		
2	措施建议	写出共2条，内容正确全面	50	错误一条扣25分，扣完为止		
合计			100			

Jc0002262044 填制全行业欠电费汇总表。(100分)

考核知识点：电费催收工作的内容及具体要求

难易度：中

技能等级评价专业技能考核操作工作任务书

一、任务名称

填制全行业欠电费汇总表。

二、适用工种

抄表核算收费员技师。

三、具体任务

根据客户欠费清单（见表Jc0002262044－1）填制全行业欠电费汇总表（见表Jc0002262044－2）。

表 Jc0002262044－1 单位：元

序号	单位名称	欠费情况			电费回收情况	
		欠电费总额	其中		上年末累计欠费	收回陈欠
			本年新欠	陈欠电费		
1	某鱼苗良种场	17 147.12	2578.56	14 568.56	20 025.60	5457.04
2	某防护林三号井	55 895.61	5115.40	50 780.21	75 000.80	24 220.59
3	某铝厂	485 789.76	121 235.67	364 554.09	578 620.56	214 066.47
4	某啤酒厂	87 741.54	17 652.00	70 089.54	107 800.67	37 711.13
5	某水泥有限公司	368 121.13	85 379.52	282 741.61	338 741.61	56 000.00
6	某建筑公司	757 257.56	1200.78	756 056.78	806 000.87	49 944.09
7	某粮库	127 762.26	953.4	126 808.86	260 000.23	133 191.37
8	某快递	7594.17	1515.67	6078.5	9050.06	2971.56
9	某网络公司	177 281.34	1600.67	175 680.67	228 650.45	52 969.78
10	某信息工程公司	99 171.47	1585.8	97 585.67	178 966.04	81 380.37
11	某宾馆	62 683.56	4660.56	58 023	68 504.67	10 481.67
12	某证券	10 001.72	3200.6	6801.12	7800.80	999.68
13	某保险	8058.21	1257.76	6800.45	11 850.13	5049.68
14	某物业管理公司	46 106.97	10 532.47	35 574.5	51 083.00	15 508.5
15	某律师事务所	1621.31	745.86	875.45	1475.45	600
16	某摩托车修理部	4893.40	2134.5	2758.9	3961.90	1203
17	某村民委员会	1602.70	568.2	1034.5	1714.50	680
合计		2 318 729.83	261 917.42	2 056 812.41	2 749 247.34	692 434.93

表 Jc0002262044－2 单位：元

行业	欠电费总额	其中			占欠费总额（%）
		本年新欠	陈欠电费		
			总额	其中：上年发生	
全社会用电总计					
A、全行业用电合计					
第一产业					
第二产业					
第三产业					
B、城乡居民生活用电合计					
城镇居民					
乡村居民					
全行业用电分类					
一、农、林、牧、渔业					
其中：排灌					

续表

行业	欠电费总额	其中			占欠费总额（%）
		本年新欠	陈欠电费		
			总额	其中：上年发生	
二、工业					
（一）采矿业					
1. 煤炭开采和洗选业					
（二）制造业					
1. 农副食品加工业					
2. 食品制造业					
3. 酒、饮料及精制茶制造业					
⋮					
18. 非金属矿物制品业					
其中：水泥制造					
20. 有色金属冶炼和压延加工业					
其中：铝冶炼					
三、建筑业					
四、交通运输、仓储和邮政业					
五、信息传输、软件和信息技术服务业					
六、批发和零售业					
七、住宿和餐饮业					
八、金融业					
九、房地产业					
十、租赁和商务服务业					
十一、公共服务及管理组织					

四、工作规范及要求

按全行业欠电费汇总表填写表中欠电费总额、本年新欠、陈欠电费总额、上年发生陈欠电费、占欠费总额（%）。

五、考核及时间要求

本考核时间为 45 分钟，如填写错误，须用双横线划去，在被修改数据上面重新填写，不得直接涂改抹去。

技能等级评价专业技能考核操作评分标准

工种	抄表核算收费员					评价等级	技师
项目模块	收费管理—电费回收及风险防控				编号	Jc0002262044	
单位			准考证号			姓名	
考试时限	45 分钟		题型	综合操作		题分	100 分
成绩		考评员		考评组长		日期	

续表

试题正文	填制全行业欠电费汇总表					
需要说明的问题和要求	（1）要求单人完成。 （2）根据给定的数据，准确填写欠费明细表中数据					
序号	项目名称	质量要求	满分	扣分标准	扣分原因	得分
1	欠电费总额	数据正确填写	23	每空填写错误扣 1 分，扣完为止		
2	本年新欠	数据正确填写	23	每空填写错误扣 1 分，扣完为止		
3	陈欠电费总额	数据正确填写	23	每空填写错误扣 1 分，扣完为止		
4	上年发生陈欠电费	数据正确填写	23	每空填写错误扣 1 分，扣完为止		
5	占欠费总额	数据正确填写	8	每空填写错误扣 0.3 分，扣完为止		
合计			100			

Jc0002242045　银行代收单边账异常处理。（100 分）

考核知识点：实收审核处理的相关工作标准及规定

难易度：中

技能等级评价专业技能考核操作工作任务书

一、任务名称

银行代收单边账异常处理。

二、适用工种

抄表核算收费员技师。

三、具体任务

某供电公司 2020 年 10 月 1 日邮政代收交易共发生业务 1727 笔，金额为 224 870.3 元。在营销业务应用系统中查看邮政方对账文件显示共发生业务 1732 笔，金额为 225 230.3 元。实收审核员在营销业务应用系统中通过查看单边账看到共有 5 笔单边账，通过逐户查看，发现其中第 1 户和第 5 户购电金额均为 100 元，于 10 月 1 日当日已在邮政营业厅进行补写卡处理。在实收审核员与邮政人员对账时，邮政方当日收到的购电款金额为多少？应要求邮政人员向供电公司进账金额为多少？对于邮政记账且营销业务应用系统记账成功，但写卡未成功的客户，应告知客户如何处理此类异常？当客户在邮政代收网点购电时，扣费成功但营销业务应用系统记账失败后，到营业厅要求处理时，收费员应如何操作？

四、工作规范及要求

（1）自备钢笔或中性笔。

（2）文字描述条理清晰，简明扼要。

（3）代收交易异常处理正确。

五、考核及时间要求

本考核为电费账务实操任务，严格按照规定步骤完成，考核时间为 30 分钟。

技能等级评价专业技能考核操作评分标准

工种	抄表核算收费员			评价等级	技师
项目模块	收费管理—电费收缴		编号	Jc0002242045	
单位		准考证号		姓名	

续表

<table>
<tr><td>考试时限</td><td colspan="2">30 分钟</td><td>题型</td><td colspan="2">单项操作</td><td>题分</td><td colspan="3">100 分</td></tr>
<tr><td>成绩</td><td></td><td>考评员</td><td></td><td>考评组长</td><td></td><td>日期</td><td colspan="3"></td></tr>
<tr><td>试题正文</td><td colspan="9">银行代收单边账异常处理</td></tr>
<tr><td>需要说明的问题和要求</td><td colspan="9">（1）要求单人完成。
（2）自备钢笔或中性笔</td></tr>
<tr><td>序号</td><td>项目名称</td><td colspan="2">质量要求</td><td>满分</td><td colspan="3">扣分标准</td><td>扣分原因</td><td>得分</td></tr>
<tr><td>1</td><td>代收对账</td><td colspan="2">正确写出邮政购电款金额及进账金额</td><td>30</td><td colspan="3">每错一项扣 15 分，扣完为止</td><td></td><td></td></tr>
<tr><td rowspan="2">2</td><td rowspan="2">代收异常处理</td><td colspan="2">正确写出异常处理方式</td><td>10</td><td colspan="3">错误扣 10 分</td><td></td><td></td></tr>
<tr><td colspan="2">正确指出此时发现异常应如何处理</td><td>60</td><td colspan="3">按操作步骤描述，每错误一步扣 10 分，扣完为止</td><td></td><td></td></tr>
<tr><td colspan="2">合计</td><td colspan="2"></td><td>100</td><td colspan="3"></td><td></td><td></td></tr>
</table>

Jc0002242046　实收审核异常处理及 POS 机刷卡账务处理。(100 分)

考核知识点：实收审核处理的相关工作标准及规定

难易度：中

技能等级评价专业技能考核操作工作任务书

一、任务名称

实收审核异常处理及 POS 机刷卡账务处理。

二、适用工种

抄表核算收费员技师。

三、具体任务

某供电公司账务审核员在 2020 年 11 月 22 日审核实收日报时发现实收日报所扫描的进账单信息为 POS 机刷卡缴纳电费小票，审核员查看该户客户明细账，当天收费记录显示见表 Jc0002242046。此日报有何异常？应如何处理？简述 POS 机刷卡客户如何进行对账解款的账务处理。

表 Jc0002242046　　　　单位：元

记录日期	电费年月	摘要	应收电费	实收电费	欠费余额	收款金额	预收费	操作员
2020 年 11 月 8 日 00:00:00	2020 年 11 月	发行电费	4396.64	0	4396.64	0	0	0
2020 年 11 月 18 日 11:38:48	2020 年 11 月	电力机构坐收现金缴费	0	4396.64	0	4396.64	0	安娜
2020 年 11 月 18 日 11:56:05	2020 年 11 月	非金融机构代收 POS 机刷卡缴费	0	0	0	4396.64	4396.64	64015600097

四、工作规范及要求

（1）自备钢笔或中性笔。

（2）文字描述条理清晰，简明扼要。

（3）实收日报异常处理正确。

（4）POS 机账务处理正确。

五、考核及时间要求

本考核为电费账务实操任务，严格按照规定步骤完成，考核时间为 20 分钟。

技能等级评价专业技能考核操作评分标准

<table>
<tr><td>工种</td><td colspan="5">抄表核算收费员</td><td>评价等级</td><td colspan="2">技师</td></tr>
<tr><td>项目模块</td><td colspan="4">收费管理—电费回收及风险防控</td><td>编号</td><td colspan="3">Jc0002242046</td></tr>
<tr><td>单位</td><td colspan="3"></td><td>准考证号</td><td></td><td>姓名</td><td colspan="2"></td></tr>
<tr><td>考试时限</td><td colspan="2">20 分钟</td><td>题型</td><td colspan="2">单项操作</td><td>题分</td><td colspan="2">100 分</td></tr>
<tr><td>成绩</td><td></td><td>考评员</td><td></td><td>考评组长</td><td></td><td>日期</td><td colspan="2"></td></tr>
<tr><td>试题正文</td><td colspan="8">实收审核异常处理及 POS 机刷卡账务处理</td></tr>
<tr><td>需要说明的问题和要求</td><td colspan="8">（1）要求单人完成。
（2）自备钢笔或中性笔</td></tr>
</table>

序号	项目名称	质量要求	满分	扣分标准	扣分原因	得分
1	实收审核	正确指出日报异常	10	异常描述不正确扣 10 分		
		正确指出此时发现异常应如何处理	30	异常处理共两步，错误一步扣 15 分，扣完为止		
2	代收账务处理	正确指出 POS 机刷卡客户的账务处理	60	按操作步骤描述，每错误一步扣 15 分，扣完为止		
合计			100			

Jc0002242047　不明款退费处理。（100 分）

考核知识点：退费及调账处理的相关工作标准及规定

难易度：中

技能等级评价专业技能考核操作工作任务书

一、任务名称

不明款退费处理。

二、适用工种

抄表核算收费员技师。

三、具体任务

2020 年 8 月 28 日，某供电公司电费账户收到一笔付款人户名为张某、金额为 2.5 万元的银行进账单，至月末账务员在账务处理时没有查找到对应的实收日报，当期记入“其他应付款—暂挂款项”。经核查该账户名称在营销系统无对应客户，无法进行二次销根处理。2020 年 10 月 15 日，张某持该银行进账单到供电公司营业厅要求退费。

（1）张某需提供哪些退费资料？

（2）请描述不明款退费的线下审批流程。

（3）简要列出不明款退费的系统操作流程。

四、工作规范及要求

（1）自备钢笔或中性笔。

（2）文字描述条理清晰，简明扼要。

五、考核及时间要求

本考核为电费账务实操任务，严格按照规定步骤完成，考核时间为 20 分钟。

技能等级评价专业技能考核操作评分标准

工种	抄表核算收费员					评价等级	技师
项目模块	收费管理—电费收缴				编号	Jc0002242047	
单位			准考证号			姓名	
考试时限	20 分钟	题型		单项操作		题分	100 分
成绩		考评员		考评组长		日期	
试题正文	不明款退费处理						
需要说明的问题和要求	（1）要求单人完成。 （2）自备钢笔或中性笔						

序号	项目名称	质量要求	满分	扣分标准	扣分原因	得分
1	不明款退费	所需退费资料正确完整	40	缺少一项资料扣 10 分，扣完为止		
		线下审批流程传递描述准确、步骤准确	20	流程描述不规范扣 10 分，步骤错误扣 10 分，扣完为止		
		不明款退费流程主要环节完整、准确	40	完整、准确每项扣 5～10 分，扣完为止		
合计			100			

Jc0002242048　违约金的计算。（100 分）

考核知识点：电费违约金的收取标准及计算方法

难易度：中

技能等级评价专业技能考核操作工作任务书

一、任务名称

违约金的计算。

二、适用工种

抄表核算收费员技师。

三、具体任务

某企业与供电企业签订电费结算协议，月末 25 日抄表，合同双方约定在抄表后 7 日内结清电费，付费方式为银行电子托收，若未按期缴纳，从退票之日起回收违约金。该企业用电性质为商业用电，累计欠 2020 年 4、5 月电费分别为 4233.60、4692.24 元，退票日期分别为 29、27 日。6 月 18 日客户结清电费，请计算其应缴纳的违约金金额。

四、工作规范及要求

（1）自备计算器、钢笔或中性笔。

（2）计算公式、步骤正确。

（3）正确计算违约金。

五、考核及时间要求

本考核为计算实操任务，严格按照规定步骤完成，考核时间为 30 分钟。

技能等级评价专业技能考核操作评分标准

<table>
<tr><td>工种</td><td colspan="5">抄表核算收费员</td><td>评价等级</td><td>技师</td></tr>
<tr><td>项目模块</td><td colspan="4">收费管理—电费收缴</td><td>编号</td><td colspan="2">Jc0002242048</td></tr>
<tr><td>单位</td><td colspan="2"></td><td>准考证号</td><td colspan="2"></td><td>姓名</td><td></td></tr>
<tr><td>考试时限</td><td colspan="2">30 分钟</td><td>题型</td><td colspan="2">单项操作</td><td>题分</td><td>100 分</td></tr>
<tr><td>成绩</td><td></td><td>考评员</td><td></td><td>考评组长</td><td></td><td>日期</td><td></td></tr>
<tr><td>试题正文</td><td colspan="7">违约金的计算</td></tr>
<tr><td>需要说明的问题和要求</td><td colspan="7">（1）要求单人完成。
（2）自备计算器、钢笔或中性笔</td></tr>
</table>

序号	项目名称	质量要求	满分	扣分标准	扣分原因	得分
1	违约金的计算	正确计算应缴纳违约金的金额	100	其他客户应缴纳违约金的比例为千分之二，错误扣 20 分；违约金金额不足一元按一元收取，错误扣 30 分；计算结果错误扣 50 分；扣完为止		
合计			100			

Jc0002243049　省级直收后预收电费退费业务流程。(100 分)

考核知识点：退费及调账处理的相关工作标准及规定

难易度：难

技能等级评价专业技能考核操作工作任务书

一、任务名称

省级直收后预收电费退费业务流程。

二、适用工种

抄表核算收费员技师。

三、具体任务

请简要写出省级直收后预收电费退费业务流程及注意事项。

四、工作规范及要求

（1）自备钢笔或中性笔。

（2）文字表述清楚，按顺序填写。

五、考核及时间要求

本考核时间为 30 分钟，要求文字描述清晰、规范，步骤书写正确。

技能等级评价专业技能考核操作评分标准

<table>
<tr><td>工种</td><td colspan="5">抄表核算收费员</td><td>评价等级</td><td>技师</td></tr>
<tr><td>项目模块</td><td colspan="4">收费管理—电费收缴</td><td>编号</td><td colspan="2">Jc0002243049</td></tr>
<tr><td>单位</td><td colspan="2"></td><td>准考证号</td><td colspan="2"></td><td>姓名</td><td></td></tr>
<tr><td>考试时限</td><td colspan="2">30 分钟</td><td>题型</td><td colspan="2">单项操作</td><td>题分</td><td>100 分</td></tr>
<tr><td>成绩</td><td></td><td>考评员</td><td></td><td>考评组长</td><td></td><td>日期</td><td></td></tr>
<tr><td>试题正文</td><td colspan="7">省级直收后预收电费退费业务流程</td></tr>
<tr><td>需要说明的问题和要求</td><td colspan="7">（1）要求单人完成。
（2）自备计算器、钢笔或中性笔。
（3）文字表述清楚</td></tr>
</table>

续表

序号	项目名称	质量要求	满分	扣分标准	扣分原因	得分
1	操作流程	填写完整、准确	80	共计10条，不完整或不准确每条扣8分，扣完为止		
2	注意事项	填写正确	20	共计2条，不完整或不准确每条扣10分，扣完为止		
合计			100			

Jc0002242050　省级直收后预收整理业务流程。（100分）

考核知识点：预收电费管理处理的相关工作标准及规定

难易度：中

技能等级评价专业技能考核操作工作任务书

一、任务名称

省级直收后预收整理业务流程。

二、适用工种

抄表核算收费员技师。

三、具体任务

请简要写出省级直收后预收整理业务流程及注意事项。

四、工作规范及要求

（1）自备钢笔或中性笔。

（2）文字表述清楚，按顺序填写。

五、考核及时间要求

本考核时间为30分钟，按顺序准确描述相关流程。

技能等级评价专业技能考核操作评分标准

工种	抄表核算收费员					评价等级	技师
项目模块	收费管理—电费收缴				编号	Jc0002242050	
单位		准考证号				姓名	
考试时限	30分钟	题型	单项操作			题分	100分
成绩		考评员		考评组长		日期	
试题正文	省级直收后预收整理业务流程						
需要说明的问题和要求	（1）要求单人完成。 （2）自备计算器、钢笔或中性笔。 （3）文字表述清楚						

序号	项目名称	质量要求	满分	扣分标准	扣分原因	得分
1	操作流程	填写完整、准确	80	不完整或不准确，每条扣40分，扣完为止		
2	注意事项	填写正确	20	不完整或不准确，每条扣10～20分，扣完为止		
合计			100			

Jc0002242051　省级直收后金融机构（邮政）代收流程。（100 分）

考核知识点：收费、业务费收取的相关工作标准及规定

难易度：中

技能等级评价专业技能考核操作工作任务书

一、任务名称

省级直收后金融机构（邮政）代收流程。

二、适用工种

抄表核算收费员技师。

三、具体任务

请简要写出省级直收后金融机构（邮政）代收流程。

四、工作规范及要求

（1）自备钢笔或中性笔。

（2）文字表述清楚，按顺序填写。

五、考核及时间要求

考核时间为 30 分钟，要求文字描述清晰规范，步骤书写正确。

技能等级评价专业技能考核操作评分标准

工种	抄表核算收费员					评价等级	技师
项目模块	收费管理—电费收缴				编号	Jc0002242051	
单位			准考证号			姓名	
考试时限	30 分钟	题型	单项操作			题分	100 分
成绩		考评员		考评组长		日期	
试题正文	省级直收后金融机构（邮政）代收流程						
需要说明的问题和要求	（1）要求单人完成。 （2）自备钢笔或中性笔。 （3）文字表述清楚						

序号	项目名称	质量要求	满分	扣分标准	扣分原因	得分
1	操作流程	填写完整、准确	100	不完整或不准确，每条扣 20 分，扣完为止		
合计			100			

Jc0002242052　增值税专用发票的开具。（100 分）

考核知识点：增值税专用发票的相关工作标准及管理规定

难易度：中

技能等级评价专业技能考核操作工作任务书

一、任务名称

增值税专用发票的开具。

二、适用工种

抄表核算收费员技师。

三、具体任务

某一般纳税人客户 2020 年 5 月 8 日、6 月 9 日分别缴纳预交电费 20 000 元和 10 000 元。《供用电合同》约定，该客户的抄表例日为每月 20 日。5 月发行电费 12 380.56 元，6 月发行电费 11 250.32 元。2020 年 7 月 5 日该客户持预交电费凭据共计 30 000 元前来开具增值税专用发票，供电公司工作人员张某根据客户提供的缴费票据，为该客户开具了 30 000 元的增值税专用发票，并在票据上加盖了“业务专用章”。此事件中张某的违规行为有哪些？应如何正确处理？

四、工作规范及要求

（1）自备钢笔或中性笔。

（2）文字描述条理清晰，简明扼要。

（3）熟练掌握增值税专用发票使用的相关规定。

五、考核及时间要求

本考核为电费票据开具的实操任务，严格按照规定步骤完成，考核时间为 20 分钟。

技能等级评价专业技能考核操作评分标准

工种	抄表核算收费员					评价等级	技师
项目模块	收费管理—票据管理				编号	Jc0002242052	
单位			准考证号			姓名	
考试时限	20 分钟	题型		单项操作		题分	100 分
成绩		考评员		考评组长		日期	
试题正文	增值税专用发票的开具						
需要说明的问题和要求	（1）要求单人完成。 （2）自备钢笔或中性笔						

序号	项目名称	质量要求	满分	扣分标准	扣分原因	得分
1	增值税发票开具	违规行为描述准确、全面	60	描述不准确扣 10 分，每缺少一项扣 20 分，扣完为止		
		处理方法正确、规范	40	缺少一项扣 20 分，描写不完整一项扣 10 分，扣完为止		
合计			100			

Jc0002242053　电子银行承兑汇票的收取流程。（100 分）

考核知识点：银行承兑汇票收取的管理规定

难易度：中

技能等级评价专业技能考核操作工作任务书

一、任务名称

电子银行承兑汇票的收取流程。

二、适用工种

抄表核算收费员技师。

三、具体任务

请简要写出电子银行承兑汇票的收取流程。

四、工作规范及要求

（1）自备钢笔或中性笔。

（2）文字表述条理清晰，简明扼要。

（3）正确描述电子银行承兑汇票的收取流程。

五、考核及时间要求

本考核时间为30分钟，应准确描述电子银行承兑汇票的收取流程。

技能等级评价专业技能考核操作评分标准

<table>
<tr><td>工种</td><td colspan="5">抄表核算收费员</td><td colspan="2">评价等级</td><td colspan="2">技师</td></tr>
<tr><td>项目模块</td><td colspan="4">收费管理—票据管理</td><td>编号</td><td colspan="4">Jc0002242053</td></tr>
<tr><td>单位</td><td colspan="3"></td><td>准考证号</td><td colspan="2"></td><td>姓名</td><td colspan="2"></td></tr>
<tr><td>考试时限</td><td colspan="2">30分钟</td><td>题型</td><td colspan="3">单项操作</td><td>题分</td><td colspan="2">100分</td></tr>
<tr><td>成绩</td><td></td><td>考评员</td><td></td><td>考评组长</td><td colspan="2"></td><td>日期</td><td colspan="2"></td></tr>
<tr><td>试题正文</td><td colspan="9">电子银行承兑汇票的收取流程</td></tr>
<tr><td>需要说明的问题和要求</td><td colspan="9">（1）要求单人完成。
（2）自备钢笔或中性笔。
（3）文字表述清楚</td></tr>
<tr><td>序号</td><td>项目名称</td><td colspan="2">质量要求</td><td>满分</td><td colspan="3">扣分标准</td><td>扣分原因</td><td>得分</td></tr>
<tr><td>1</td><td>操作流程</td><td colspan="2">填写完整、准确</td><td>100</td><td colspan="3">共计8项，不完整或不准确，每条扣12.5分，扣完为止</td><td></td><td></td></tr>
<tr><td colspan="2">合计</td><td colspan="2"></td><td>100</td><td colspan="3"></td><td></td><td></td></tr>
</table>

Jc0002262054　电费回收率计算。（100分）

考核知识点： 抄核收统计报表的种类、内容及报表对应数据的分析方法

难易度： 中

技能等级评价专业技能考核操作工作任务书

一、任务名称

电费回收率计算。

二、适用工种

抄表核算收费员技师。

三、具体任务

某供电所当月抄见电量发行电费195 632.12元，收取电费232 356.32元，其中收回上月欠费35 000.00元、违约金1050.00元、当月电费186 943.58元。当月查处窃电，追补电量电费21 365.21元，全部缴清。本年度应收电费863 562.52元，实收电费843 562.35元。请计算该供电所当月欠费、预收电费、电费回收率，以及本年度欠费及电费回收率。

四、工作规范及要求

列式计算，写出当月欠费、预收电费、电费回收率，以及本年度欠费及电费回收率计算公式及数值，数值保留两位小数。

五、考核及时间要求

本考核时间为20分钟，列式应清晰，不能直接填写答案。

技能等级评价专业技能考核操作评分标准

<table>
<tr><td>工种</td><td colspan="5">抄表核算收费员</td><td>评价等级</td><td>技师</td></tr>
<tr><td>项目模块</td><td colspan="4">收费管理—报表统计及分析</td><td>编号</td><td colspan="2">Jc0002262054</td></tr>
<tr><td>单位</td><td colspan="3"></td><td>准考证号</td><td></td><td>姓名</td><td></td></tr>
<tr><td>考试时限</td><td>20 分钟</td><td>题型</td><td colspan="3">综合操作</td><td>题分</td><td>100 分</td></tr>
<tr><td>成绩</td><td></td><td>考评员</td><td></td><td>考评组长</td><td></td><td>日期</td><td></td></tr>
<tr><td>试题正文</td><td colspan="7">电费回收率计算</td></tr>
<tr><td>需要说明的问题和要求</td><td colspan="7">（1）要求单人完成。
（2）列式计算，写出计算步骤，数据清晰</td></tr>
</table>

序号	项目名称	质量要求	满分	扣分标准	扣分原因	得分
1	当月欠费	计算正确	20	计算错误扣 20 分		
2	当月预收电费	计算正确	15	计算错误扣 15 分		
3	当月电费回收率	计算正确	25	公式错误扣 15 分，结果错误扣 10 分，扣完为止		
4	本年度欠费	计算正确	15	计算错误扣 15 分		
5	本年度电费回收率	计算正确	25	公式错误扣 15 分，结果错误扣 10 分，扣完为止		
合计			100			

Jc0002263055 电费回收率计算、原因分析及整改措施。（100 分）

考核知识点：抄核收统计报表的种类、内容及报表对应数据的分析方法

难易度：难

技能等级评价专业技能考核操作工作任务书

一、任务名称

电费回收率计算、原因分析及整改措施。

二、适用工种

抄表核算收费员技师。

三、具体任务

某供电公司，10 月应收电费 3000 万元。截至 10 月底，共收取电费 2950 万元，其中预付电费 500 万元。请计算该公司 10 月的电费回收率，分析可能产生欠费的原因并提出整改措施。

四、工作规范及要求

列式计算电费回收率，原因分析至少 5 条，整改措施至少 5 条，数值保留两位小数。

五、考核及时间要求

本考核时间为 20 分钟，答题应完整，文字描述应清晰、规范。

技能等级评价专业技能考核操作评分标准

<table>
<tr><td>工种</td><td colspan="5">抄表核算收费员</td><td>评价等级</td><td>技师</td></tr>
<tr><td>项目模块</td><td colspan="4">收费管理—报表统计及分析</td><td>编号</td><td colspan="2">Jc0002263055</td></tr>
<tr><td>单位</td><td colspan="3"></td><td>准考证号</td><td></td><td>姓名</td><td></td></tr>
<tr><td>考试时限</td><td>20 分钟</td><td>题型</td><td colspan="3">综合操作</td><td>题分</td><td>100 分</td></tr>
<tr><td>成绩</td><td></td><td>考评员</td><td></td><td>考评组长</td><td></td><td>日期</td><td></td></tr>
</table>

续表

试题正文	电费回收率计算、原因分析及整改措施					
需要说明的问题和要求	（1）要求单人完成。 （2）电费回收率列式计算，原因分析正确，对应整改措施有效，文字描述清晰、规范					
序号	项目名称	质量要求	满分	扣分标准	扣分原因	得分
1	电费回收率	计算正确	20	公式错误扣 10 分，计算结果错误扣 10 分，扣完为止		
2	原因分析	写出 5 条，分析正确	40	每条错误扣 8 分，扣完为止		
3	整改措施	写出 5 条，措施有效	40	每条错误扣 8 分，扣完为止		
合计			100			

Jc0002263056　填制售电分类情况统计表。(100 分)

考核知识点： 抄核收统计报表的种类、内容及报表对应数据的分析方法

难易度： 难

技能等级评价专业技能考核操作工作任务书

一、任务名称

填制售电分类情况统计表。

二、适用工种

抄表核算收费员技师。

三、具体任务

根据客户电量电费清单（见表 Jc0002263056－1）填制售电分类情况统计表（见表 Jc0002263056－2）。

表 Jc0002263056－1

户名	装见容量	售电量（kWh）	电费小计（元）	农网还贷基金（元）	城市附加费（元）	国家重大水利建设基金（元）	库区移民后期扶持基金（元）	可再生能源附加费（元）	电费合计（元）
张军家庭照明	5kW	200	89.25	0	0	0.23	0.24	0	89.72
好运来超市	8kW	300	140.09	0	0	0.34	0.36	5.7	146.49
公安局办公楼	50kVA	2000	893.95	0	0	2.25	2.4	38	936.6
王天福奶牛场	20kW	500	230.94	0	0	0.56	0	0	231.5
幸福村抗旱机井	20kW	500	116	0	0	0	0	0	116
第二中学建筑工地	315kVA	6000	2681.85	0	0	6.75	7.2	114	2809.8
宏达大米加工厂	400kVA	30 000	11 207.25	0	0	33.75	36	570	11 847
小马饼子加工店	15kW	400	186.79	0	0	0.45	0.48	7.6	195.32
兴盛汽车修理厂	315kVA	8000	3575.8	0	0	9	9.6	152	3746.4
平安保险公司	50kW	3000	1340.93	0	0	3.38	3.6	57	1404.9
恒利冶金公司直购电	1000kVA	200 000	71 060	0	0	225	240	3800	75 325

表 Jc0002263056－2

类别	售电量	电费收入	应收电费	平均单价	到户单价
合计					
一、大工业					
二、一般工商业及其他					
1. 非普工业					
2. 非居民照明					
3. 商业					
三、农业生产用电					
四、居民生活用电					
五、趸售					
六、打水电量					
七、大客户直接交易					
八、其他					

四、工作规范及要求

按用电类别填写表中售电量、电费收入、应收电费、平均单价、到户单价数据，电量保留整数位，电费、单价保留两位小数。

五、考核及时间要求

本考核时间为 45 分钟，数据填写完整正确。如填写错误，须用双横线划去，在被修改数据上面重新填写，不得直接涂改抹去。表中数据每空必填，如哪一栏无数据填写零，不填视为错误。

技能等级评价专业技能考核操作评分标准

工种	抄表核算收费员				评价等级	技师
项目模块	收费管理—报表统计及分析			编号	Jc0002263056	
单位		准考证号			姓名	
考试时限	45 分钟	题型	综合操作		题分	100 分
成绩		考评员		考评组长		日期	
试题正文	填制售电分类情况统计表					
需要说明的问题和要求	（1）要求单人完成。 （2）表中八大类中，如哪一类无客户电量电费，则填零，不填视为错误					

序号	项目名称	质量要求	满分	扣分标准	扣分原因	得分
1	电量	数据正确填写	16	合计值填写错误扣 1.7 分，其他值每空填写错误扣 1.3 分，扣完为止		
2	电费收入	数据正确填写	18	每空填写错误扣 1.5 分，扣完为止		
3	应收电费	数据正确填写	18	每空填写错误扣 1.5 分，扣完为止		
4	平均单价	数据正确填写	24	每空填写错误扣 2 分，扣完为止		
5	到户单价	数据正确填写	24	每空填写错误扣 2 分，扣完为止		
合计			100			

Jc0002263057　填制电费回收情况统计表。(100 分)

考核知识点： 抄核收统计报表的种类、内容及报表对应数据的分析方法

难易度： 难

技能等级评价专业技能考核操作工作任务书

一、任务名称

填制电费回收情况统计表。

二、适用工种

抄表核算收费员技师。

三、具体任务

根据电费回收情况统计表（见表 Jc0002263057）中已知数据，填制表内空白项。

表 Jc0002263057

项目		欠费情况（万元）				本年度电费回收情况						陈欠电费回收情况					
		总额	其中			应收（万元）		实收（万元）		回收率（%）		结转（万元）		实收（万元）		回收率（%）	
			本年新欠	陈欠	其中上年发生	本月	累计	本月	累计	本月	累计	陈欠	其中上年发生	陈欠	其中上年发生	陈欠	其中上年发生
应收电费						6861	85 336	6861	84 816			2719	378	2361	293		
其中	一、售电收入					6767	84 219	6767	83 938			2624	355	2295	270		
	二、农网还贷资金					0	0	0	0			0	0	0	0		
	三、三峡基金					46	590	46	495			56	13	35	13		
	四、城市附加费					0	0	0	0			0	0	0	0		
	五、库区移民资金					34	399	34	255			26	10	26	10		
	六、可再生能源附加费					14	128	14	128			13	0	5	0		
备注																	

四、工作规范及要求

按项目填写表中对应数值，数值保留两位小数。

五、考核及时间要求

考核时间为 30 分钟，如填写错误，须用双横线划去，在被修改数据上面重新填写，不得直接涂改抹去。表中数据每空必填，若哪一项无数据，则填零，不填视为错误。

技能等级评价专业技能考核操作评分标准

工种	抄表核算收费员					评价等级	技师
项目模块	收费管理—报表统计及分析				编号	Jc0002263057	
单位			准考证号			姓名	
考试时限	30 分钟		题型	综合操作		题分	100 分
成绩		考评员		考评组长		日期	

续表

试题正文	填制电费回收情况统计表					
需要说明的问题和要求	（1）要求单人完成。 （2）表中数据每空必填，若哪一项无数据，则填零，不填视为错误					
序号	项目名称	质量要求	满分	扣分标准	扣分原因	得分
1	欠费情况					
1.1	总额	数据正确填写	2	应收电费值填写错误扣0.2分，其他值每空填写错误扣0.3分，扣完为止		
1.2	本年新欠	数据正确填写	14	每空填写错误扣2分，扣完为止		
1.3	陈欠	数据正确填写	14	每空填写错误扣2分，扣完为止		
1.4	上年发生	数据正确填写	14	每空填写错误扣2分，扣完为止		
2	本年度电费回收情况					
2.1	本月回收率	数据正确填写	14	每空填写错误扣2分，扣完为止		
2.2	累计回收率	数据正确填写	14	每空填写错误扣2分，扣完为止		
3	陈欠电费回收情况					
3.1	陈欠回收率	数据正确填写	14	每空填写错误扣2分，扣完为止		
3.2	上年发生回收率	数据正确填写	14	每空填写错误扣2分，扣完为止		
合计			100			

Jc0002263058 编写售电量分析报告。(100 分)

考核知识点：抄核收统计报表的种类、内容及报表对应数据的分析方法

难易度：难

技能等级评价专业技能考核操作工作任务书

一、任务名称

编写售电量分析报告。

二、适用工种

抄表核算收费员技师。

三、具体任务

根据某供电公司2020年9月用电分类电量统计表（见表Jc0002263058）中数据，按用电分类写出售电量分析报告。

表 Jc0002263058

分类	本月售电量（万kWh）	同期售电量（万kWh）	上月售电量（万kWh）	同比		环比		本期售电量比重
				增减（万kWh）	百分比	增减（万kWh）	百分比	
全行业用电量	84 064	91 175.54	91 111.07	−7111.54	−7.80%	−7047.07	−7.73%	100%
一、大宗工业	82 082.21	89 377.03	88 904.05	−7294.82	−8.16%	−6821.84	−7.67%	97.64%
二、一般工商业及其他	555.76	526.17	536.22	29.59	5.62%	19.54	3.64%	0.66%
三、农业生产用电	334.16	256.81	475.18	77.35	30.12%	−141.02	−29.68%	0.40%

续表

分类	本月售电量（万 kWh）	同期售电量（万 kWh）	上月售电量（万 kWh）	同比		环比		本期售电量比重
				增减（万 kWh）	百分比	增减（万 kWh）	百分比	
四、居民生活用电	779.35	753.52	827.05	25.83	3.43%	－47.7	－5.77%	0.93%
五、趸售	0	0	0	0	0	0	0	0
六、打水电量	0	0	0	0	0	0	0	0
七、大客户直接交易	312.51	261.99	368.56	50.52	19.28%	－56.05	－15.21%	0.37%
八、其他	0.01	0.01	0.01	0	0.00%	0	0	0

四、工作规范及要求

按用电分类写出售电量分析报告，反映出同比、环比、本期占总电量比重数值，同比、环比超过±15%的分析原因。

五、考核及时间要求

本考核时间为30分钟，分析数据应正确，原因应合理。

技能等级评价专业技能考核操作评分标准

工种	抄表核算收费员				评价等级	技师
项目模块	收费管理—报表统计及分析			编号	Jc0002263058	
单位		准考证号			姓名	
考试时限	30分钟	题型	综合操作		题分	100分
成绩		考评员		考评组长	日期	
试题正文	编写售电量分析报告					
需要说明的问题和要求	（1）要求单人完成。 （2）按用电分类写出售电量分析报告，反映出同比、环比、本期占总电量比重数值，同比、环比超过±15%的分析原因。分析报告逻辑严谨，数据准确，原因合理					

序号	项目名称	质量要求	满分	扣分标准	扣分原因	得分
1	当月总电量分析	同步、环比分析	12.5	每缺一项扣6.25分，扣完为止		
2	大宗工业	同步、环比、占比分析	10.5	每缺一项扣3.5分，扣完为止		
3	一般工商业及其他	同步、环比、占比分析	10.5	每缺一项扣3.5分，扣完为止		
4	农业生产用电	同步、环比、占比分析	14	每缺一项扣3.5分，扣完为止		
5	居民生活用电	同步、环比、占比分析	10.5	每缺一项扣3.5分，扣完为止		
6	趸售	同步、环比、占比分析	10.5	每缺一项扣3.5分，扣完为止		
7	打水电量	同步、环比、占比分析	10.5	每缺一项扣3.5分，扣完为止		
8	大客户直接交易	同步、环比、占比分析	10.5	每缺一项扣3.5分，扣完为止		
9	其他	同步、环比、占比分析	10.5	每缺一项扣3.5分，扣完为止		
合计			100			

Jc0002243059　编写经济事故调查报告。（100分）

考核知识点：抄核收统计报表的种类、内容及报表对应数据的分析方法

难易度：难

技能等级评价专业技能考核操作工作任务书

一、任务名称

编写经济事故调查报告。

二、适用工种

抄表核算收费员技师。

三、具体任务

某供电公司抄表经济事故案例。2019 年 10 月 25 日，某供电公司抄表员李××在抄录营业区内一工厂电能表时，在未核对抄表卡示数与现场电能表示数是否一致的情况下，误将现场示数 000700 抄录为 000100（该厂为高供低计方式，电流互感器变比为 250A/5A），致使公司对该户当月少计电量 3 万 kWh。11 月初，经营销稽查人员内部稽查，发现李××未能正确抄录该化工厂电量，在其抄表过程中出现了营业经济事故，遂对其开展调查。请撰写此次经济事故调查报告。

四、工作规范及要求

（1）事故调查人员的名称。

（2）事故发生的具体时间。

（3）事故具体经过：内容概括准确、清楚。

（4）事故原因分析：内容完整、条理清晰。

（5）事故损失情况和影响：内容完整、条理清晰。

（6）事故责任人认定：内容概括准确、清楚。

（7）管理建议：内容完整、条理清晰。

（8）相关取证资料：内容正确全面。

五、考核及时间要求

本考核时间为 45 分钟，分析数据应正确，原因应合理。

技能等级评价专业技能考核操作评分标准

<table>
<tr><td>工种</td><td colspan="5">抄表核算收费员</td><td>评价等级</td><td>技师</td></tr>
<tr><td>项目模块</td><td colspan="4">收费管理—报表统计及分析</td><td>编号</td><td colspan="2">Jc0002243059</td></tr>
<tr><td>单位</td><td colspan="3"></td><td>准考证号</td><td></td><td>姓名</td><td></td></tr>
<tr><td>考试时限</td><td colspan="2">45 分钟</td><td>题型</td><td colspan="2">单项操作</td><td>题分</td><td>100 分</td></tr>
<tr><td>成绩</td><td></td><td>考评员</td><td></td><td>考评组长</td><td></td><td>日期</td><td></td></tr>
<tr><td>试题正文</td><td colspan="7">编写经济事故调查报告</td></tr>
<tr><td>需要说明的问题和要求</td><td colspan="7">（1）要求单人完成。
（2）答案要点明确，条理清晰，术语规范</td></tr>
</table>

序号	项目名称	质量要求	满分	扣分标准	扣分原因	得分
1	事故调查人员	正确描述	12.5	每缺一项扣 6.25 分，扣完为止		
2	事故发生时间	正确描述	10.5	每缺一项扣 3.5 分，扣完为止		
3	事故具体经过	正确描述	10.5	每缺一项扣 3.5 分，扣完为止		
4	事故原因分析	正确描述	18	每缺一项扣 5 分，扣完为止		
5	事故损失情况和影响	正确描述	10.5	每缺一项扣 3.5 分，扣完为止		
6	事故责任人认定	正确描述	10.5	每缺一项扣 3.5 分，扣完为止		

续表

序号	项目名称	质量要求	满分	扣分标准	扣分原因	得分
7	管理建议	正确描述	15	每缺一项扣 5 分，扣完为止		
8	相关取证资料	正确描述	12.5	每缺一项扣 3.5 分，扣完为止		
合计			100			

Jc0003263060　受理居民客户家用电器损坏咨询。（100 分）

考核知识点：法律法规

难易度：难

技能等级评价专业技能考核操作工作任务书

一、任务名称

受理居民客户家用电器损坏咨询。

二、适用工种

抄表核算收费员技师。

三、具体任务

（1）背景说明：

某住宅楼三相四线供电，昨日供电公司装表接电人员更换接户线时误将中性线与相线搭接错，因换表时线路计划停电，换表人员撤离时未发现异常，当线路恢复供电时，造成该楼王××家中电视机损坏，经现场人员调查后发现该电视机已损坏无法修复，该电视机已使用 11 年。

考评员模拟客户进行电话咨询，考生实时进行解答。

具体考核内容：

（电话振铃……）

考生：（考核要点 1）

客户：喂，是××供电公司吗？我是××小区的居民王××，向你反映一个事情。

考生：（考核要点 2）

客户：昨天你们供电××线路出现故障造成我家中电视机损坏。

考生：（考核要点 3）

客户：那你们怎么赔？

考生：（考核要点 4）

客户：好吧，那就这样吧。

考生：（考核要点 5）

（2）工作任务：

1）《居民用户家用电器损坏处理办法》中哪些事件属于电力运行事故？

2）准确回答客户所提出的问题，并能正确描述案例涉及的相关法律法规的条款内容。

四、工作规范及要求

（1）自备钢笔或中性笔。

（2）文字描述条理清晰，简明扼要。

（3）正确回答《居民用户家用电器损坏处理办法》中哪些事件属于电力运行事故。

（4）正确回答客户所提出的问题，并能描述案例涉及的相关法律法规的条款内容。

五、考核及时间要求

本考核为实操任务，严格按照规定步骤完成，考核时间为 30 分钟。

技能等级评价专业技能考核操作评分标准

工种	抄表核算收费员			评价等级	技师
项目模块	供电服务—法律法规		编号	Jc0003263060	
单位		准考证号		姓名	
考试时限	30 分钟	题型	单项操作	题分	100 分
成绩		考评员	考评组长		日期
试题正文	受理居民客户家用电器损坏咨询				
需要说明的问题和要求	（1）自备钢笔或中性笔。 （2）文字描述条理清晰，简明扼要。 （3）正确回答《居民用户家用电器损坏处理办法》中哪些事件属于电力运行事故。 （4）正确回答客户所提出的问题，并能描述案例涉及的相关法律法规的条款内容				

序号	项目名称	质量要求	满分	扣分标准	扣分原因	得分
1	电力运行事故描述	正确描述《居民用户家用电器损坏处理办法》中属于电力运行事故的事件类型	40	每漏一项扣 10 分，语句表达不清或有错别字酌情扣分，扣完为止		
2	实时解答	实时解答客户的问题，使用文明用语，正确描述案例中涉及的法律法规条文	40	未能正确描述法律法规的条文，每漏一项扣 10 分；与客户沟通过程未使用文明服务用语或回答不规范，每次扣 5 分；扣完为止		
3	服务标准	用词准确，语言简练，语气和语调得当，语速和节奏适中	20	根据考生回答情况酌情扣分，扣完为止		
合计			100			

Jc0003262061－1　综合业务分析。（100 分）

考核知识点：国家电网有限公司供电服务相关要求

难易度：中

技能等级评价专业技能考核操作工作任务书

一、任务名称

综合业务分析。

二、适用工种

抄表核算收费员技师。

三、具体任务

2019 年 11 月客户申请低压居民新装用电业务，业务受理人员留取客户相关办电资料并答复随后会有现场勘查人员联系为其勘查接电，由于现场勘查人员将该客户低压居民新装用电业务忘记，未及时与其联系。2020 年 1 月 15 日，客户再次至营业厅咨询业务办理进度，业务受理人员未找到客户的申请资料，需客户再次提交相关信息资料方可办理新装用电业务，引发投诉。请问在此过程中，工作人员有哪些违规之处？并指出这一事件暴露出的问题。

四、工作规范及要求

（1）自备钢笔、中性笔。

（2）文字描述条例清晰，简明扼要。

（3）分析工作人员有哪些违规之处？并指出这一事件暴露出的问题。

五、考核及时间要求

本考核为实操任务，严格按照规定步骤完成，考核时间为 30 分钟。

技能等级评价专业技能考核操作评分标准

工种	抄表核算收费员						评价等级	技师	
项目模块	供电服务—95598 相关知识					编号	Jc0003262061－1		
单位				准考证号			姓名		
考试时限	30 分钟		题型	单项操作			题分	100 分	
成绩		考评员		考评组长			日期		
试题正文	综合业务分析								
需要说明的问题和要求	（1）自备钢笔或中性笔。 （2）文字描述条例清晰，简明扼要。 （3）分析工作人员有哪些违规之处？并指出这一事件暴露出的问题								

序号	项目名称	质量要求	满分	扣分标准	扣分原因	得分
1	工作人员有哪些违规之处	判断正确和完整	60	每少一条得分点扣 20 分，描述不清或有错别字酌情扣分，扣完为止		
2	事件暴露出的问题	正确指出问题	40	每少一条得分点扣 20 分，描述不清或有错别字酌情扣分，扣完为止		
合计			100			

Jc0003263062－2　综合业务分析。（100 分）

考核知识点：国家电网有限公司供电服务相关要求、电力法律法规相关条款

难易度：难

技能等级评价专业技能考核操作工作任务书

一、任务名称

综合业务分析。

二、适用工种

抄表核算收费员技师。

三、具体任务

客户所在台区因新增动力客户数量较多，出现负荷骤增的情况，加上客户处于台区供电线路末端，当台区其他客户家中动力设备运行时，该客户家中会出现供电电压低的情况，客户反映后供电所告知会处理，但一直未进行处理解决，客户不满，引发投诉。请问在此过程中，工作人员有哪些违规之处？并指出这一事件暴露出的问题。

四、工作规范及要求

（1）自备钢笔或中性笔。

（2）文字描述条例清晰，简明扼要。

（3）分析工作人员有哪些违规之处？并指出这一事件暴露出的问题。

五、考核及时间要求

本考核为实操任务，严格按照规定步骤完成，考核时间为 30 分钟。

技能等级评价专业技能考核操作评分标准

工种	抄表核算收费员					评价等级	技师
项目模块	供电服务—95598 相关知识				编号	Jc0003263062－2	
单位			准考证号			姓名	
考试时限	30 分钟		题型	单项操作		题分	100 分
成绩		考评员		考评组长		日期	
试题正文	综合业务分析						
需要说明的问题和要求	（1）自备钢笔或中性笔。 （2）文字描述条例清晰，简明扼要。 （3）分析工作人员有哪些违规之处，并指出这一事件暴露出的问题						

序号	项目名称	质量要求	满分	扣分标准	扣分原因	得分
1	工作人员有哪些违规之处	判断正确和完整	60	每少一条得分点扣 20 分，描述不清或有错别字酌情扣分，扣完为止		
2	指出这一事件暴露出的问题	正确指出问题	40	每少一条得分点扣 20 分，描述不清或有错别字酌情扣分，扣完为止		
合计			100			

Jc0003263063－3 综合业务分析。（100 分）

考核知识点：国家电网有限公司供电服务相关要求、电力法律法规相关条款

难易度：难

技能等级评价专业技能考核操作工作任务书

一、任务名称

综合业务分析。

二、适用工种

抄表核算收费员技师。

三、具体任务

2020 年 11 月施工队在施工过程中将客户家中树木破坏，随后电力公司施工负责人联系客户签订赔偿协议，并承诺三天内会将赔偿款送达客户，但一直未赔偿，客户不满，引发投诉。请问在此过程中，工作人员有哪些违规之处？并指出这一事件暴露出的问题。

四、工作规范及要求

（1）自备钢笔或中性笔。

（2）文字描述条例清晰，简明扼要。

（3）分析工作人员有哪些违规之处？并指出这一事件暴露出的问题。

五、考核及时间要求

本考核为实操任务，严格按照规定步骤完成，考核时间为 30 分钟。

技能等级评价专业技能考核操作评分标准

工种	抄表核算收费员			评价等级	技师
项目模块	供电服务—95598 相关知识		编号	Jc0003263063－3	
单位		准考证号		姓名	

续表

考试时限	30 分钟		题型	单项操作		题分	100 分	
成绩		考评员		考评组长		日期		
试题正文	综合业务分析							
需要说明的问题和要求	（1）自备钢笔或中性笔。 （2）文字描述条例清晰，简明扼要。 （3）分析工作人员有哪些违规之处？并指出这一事件暴露出的问题							
序号	项目名称	质量要求	满分	扣分标准	扣分原因	得分		
1	工作人员有哪些违规之处	判断正确和完整	50	每少一条得分点扣 25 分，描述不清或有错别字酌情扣分，扣完为止				
2	指出这一事件暴露出的问题	正确指出问题	50	每少一条得分点扣 25 分，描述不清或有错别字酌情扣分，扣完为止				
合计			100					

Jc0003262064－4　综合业务分析。（100 分）

考核知识点：国家电网有限公司供电服务相关要求

难易度：中

技能等级评价专业技能考核操作工作任务书

一、任务名称

综合业务分析。

二、适用工种

抄表核算收费员技师。

三、具体任务

5 月 23 日 16 时，供电公司抢修人员周某接到关于某街道的故障报修工单，此时他正巧在该处处理低压线路故障，在未与街道客户进行联系的情况下，周某误认为客户报修地点与正在抢修的地点相同，是同一个故障。16 时 45 分周某将低压线路故障处理完毕，期间因疏忽大意，抢修完成前后均未与街道报修客户联系。

当日 16 时 50 分，报修客户再次致电 95598 催办，配电抢修指挥班人员接到催办后，查询前次的报修工单发现抢修记录显示已完成复电，认为处理完毕，于是也没有与客户电话联系核对，就直接将催办工单办结。

次日客户致电 95598 投诉，表示反映的低压线路打火的情况一直没有人员处理也没有电话联系。接到投诉工单后，抢修人员周某才前往现场于 5 月 24 日 17 时处理完毕，并向客户说明情况，取得客户谅解。请问在此过程中，工作人员有哪些违规之处？并指出这一事件暴露出的问题。

四、工作规范及要求

（1）自备钢笔或中性笔。

（2）文字描述条例清晰，简明扼要。

（3）分析工作人员有哪些违规之处，并指出这一事件暴露出的问题。

五、考核及时间要求

本考核为实操任务，严格按照规定步骤完成，考核时间为 30 分钟。

技能等级评价专业技能考核操作评分标准

工种	抄表核算收费员				评价等级	技师
项目模块	供电服务—95598 相关知识			编号	Jc0003262064－4	
单位		准考证号			姓名	
考试时限	30 分钟	题型	单项操作		题分	100 分
成绩		考评员		考评组长	日期	
试题正文	综合业务分析					
需要说明的问题和要求	（1）自备钢笔或中性笔。 （2）文字描述条例清晰，简明扼要。 （3）分析供电公司工作人员有哪些违规之处，并指出这一事件暴露出的问题					

序号	项目名称	质量要求	满分	扣分标准	扣分原因	得分
1	违规条款	正确描述供电公司工作人员存在的违规行为	70	每少描述一条扣 25 分，扣完为止		
2	指出这一事件暴露出的问题	正确并完整描述工作人员在服务过程中出现的问题	30	每少描述一条扣 10 分，扣完为止		
合计			100			

Jc0003262065－5　综合业务分析。（100 分）

考核知识点：国家电网有限公司供电服务相关要求、电力法律法规相关条款

难易度：中

技能等级评价专业技能考核操作工作任务书

一、任务名称

综合业务分析。

二、适用工种

抄表核算收费员技师。

三、具体任务

在居民抄表例日，抄表员赵某因雨雪冰冻不便出门，没有按照以往的周期抄表，而是对客户王某的电能表示数进行估测，超出实际电量 350kWh，为客户平均月用电量的 3 倍多。当客户接到电费通知单后，与抄表员联系要求更正，但抄表员以工作忙为由，未能进行及时解决，造成客户不满，向报社反映此事，当地报社对此事进行了报道。请问在此过程中，工作人员有哪些违规之处？并指出这一事件暴露出的问题。

四、工作规范及要求

（1）自备钢笔或中性笔。

（2）文字描述条例清晰，简明扼要。

（3）分析工作人员有哪些违规之处，并指出这一事件暴露出的问题。

五、考核及时间要求

本考核为实操任务，严格按照规定步骤完成，考核时间为 30 分钟。

技能等级评价专业技能考核操作评分标准

<table>
<tr><td>工种</td><td colspan="5">抄表核算收费员</td><td>评价等级</td><td colspan="2">技师</td></tr>
<tr><td>项目模块</td><td colspan="5">供电服务—95598 相关知识</td><td>编号</td><td colspan="2">Jc0003262065－5</td></tr>
<tr><td>单位</td><td colspan="3"></td><td>准考证号</td><td></td><td>姓名</td><td colspan="2"></td></tr>
<tr><td>考试时限</td><td colspan="2">30 分钟</td><td>题型</td><td colspan="2">单项操作</td><td>题分</td><td colspan="2">100 分</td></tr>
<tr><td>成绩</td><td></td><td>考评员</td><td></td><td>考评组长</td><td></td><td>日期</td><td colspan="2"></td></tr>
<tr><td>试题正文</td><td colspan="8">综合业务分析</td></tr>
<tr><td>需要说明的问题和要求</td><td colspan="8">（1）自备钢笔或中性笔。
（2）文字描述条例清晰，简明扼要。
（3）分析工作人员有哪些违规之处，并指出这一事件暴露出的问题</td></tr>
<tr><td>序号</td><td>项目名称</td><td colspan="2">质量要求</td><td>满分</td><td colspan="2">扣分标准</td><td>扣分原因</td><td>得分</td></tr>
<tr><td>1</td><td>违规条款</td><td colspan="2">描述供电公司工作人员存在的违规行为</td><td>70</td><td colspan="2">每少描述一条扣 25 分，扣完为止</td><td></td><td></td></tr>
<tr><td>2</td><td>指出这一事件暴露出的问题</td><td colspan="2">正确并完整描述工作人员在服务过程中出现的问题</td><td>30</td><td colspan="2">每少描述一条扣 10 分，扣完为止</td><td></td><td></td></tr>
<tr><td colspan="2">合计</td><td colspan="2"></td><td>100</td><td colspan="2"></td><td></td><td></td></tr>
</table>

Jc0004252066－1　经电流互感器低压三相四线制电能计量装置接线分析。（100 分）

考核知识点：经电流互感器低压三相四线制电能计量装置接线分析

难易度：中

技能等级评价专业技能考核操作工作任务书

一、任务名称

经电流互感器低压三相四线制电能计量装置接线分析。

二、适用工种

抄表核算收费员技师。

三、具体任务

使用相位伏安表完成指定经电流互感器低压三相四线制电能计量装置相关参数的测量，分析接线形式并计算错误接线的更正系数及退补电量。

四、工作规范及要求

（1）着装符合要求，穿全棉长袖工作服、绝缘鞋，戴安全帽、线手套。

（2）携带自备工具（钢笔或中性笔、计算器、三角尺）进入现场，待考评老师宣布许可工作命令后开始工作并计时。

（3）打开计量柜（箱）门之前必须对柜（箱）体验电，现场操作严格执行《国家电网有限公司营销现场作业安全工作规程（试行）》。

（4）工作结束清理现场，并向监考老师报告。

五、考核及时间要求

本考核时间为 30 分钟，时间到停止考核。

三相四线制电能计量装置检查项目见表 Jc0004252066－1。

表 Jc0004252066－1

编号		姓名		工位号	
一、电能表基本信息（有功）					
型号		准确度等级		出厂编号	
规格	V；　　A		制造厂家		
二、实测数据					
线电压	$U_{12}=$	$U_{32}=$	$U_{13}=$	电压相序：	
相电压	$U_1=$	$U_2=$	$U_3=$	三、错误接线形式（下标用 A、B、C 表示） 第一元件： 第二元件： 第三元件：	
电流	$I_1=$	$I_2=$	$I_3=$		
相位	$\dot{U}_1\hat{}\dot{U}_2=$	基准相：			
	$\dot{U}_1\hat{}\dot{I}_1=$	$\dot{U}_1\hat{}\dot{I}_2=$	$\dot{U}_1\hat{}\dot{I}_3=$		

四、错误接线相量图

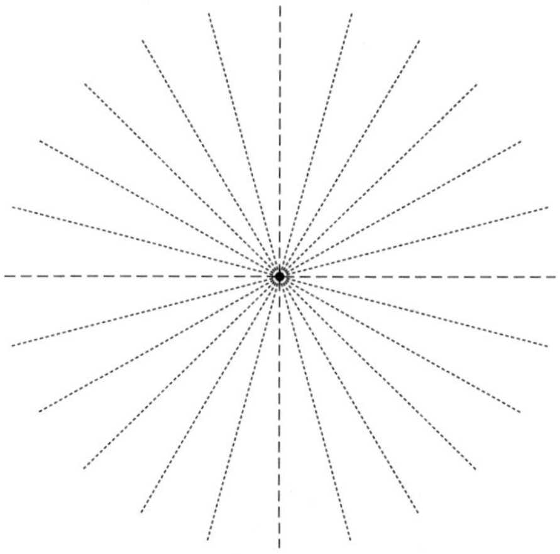

五、错误接线示意图

六、写出错误接线的功率表达式：

$P_1=$　　　　$P_2=$

$P_3=$　　　　$P_{总}=$

七、计算更正系数

八、计算退补电量（错误期间电能表走字 50kWh，综合倍率为 100）

技能等级评价专业技能考核操作评分标准

工种	抄表核算收费员				评价等级	技师
项目模块	电能计量—三相四线制电能表—电能计量装置错误接线分析			编号	Jc0004252066－1	
单位		准考证号			姓名	
考试时限	30 分钟	题型	单项操作		题分	100 分
成绩		考评员		考评组长	日期	
试题正文	经电流互感器低压三相四线制电能计量装置接线分析					
需要说明的问题和要求	（1）要求单人操作。 （2）操作应注意安全，按照标准化作业书的技术安全说明做好安全措施					

续表

序号	项目名称	质量要求	满分	扣分标准	扣分原因	得分
1	工具使用及安全措施					
1.1	相关安全措施的准备	戴安全帽，穿全棉长袖工作服，穿绝缘鞋，操作时戴线手套，打开柜门前需先验电	5	准备不齐全或着装不规范每项扣 1 分，扣完为止		
1.2	各种工器具正确使用	正确使用验电笔，熟练正确使用相位伏安表	5	未验电扣 2 分，验电方法不当扣 1 分；工器具掉落每次扣 1 分；相位伏安表使用不当每次扣 1 分；测量过程摘手套扣 2 分；测量完毕后再次申请测量扣 5 分；扣完为止		
2	数据测量	正确填写电能表基本信息，正确记录实测数据并判断电压相序	10	电能表基本信息填写不正确，每处扣 1 分；测量数据不正确每项扣 1 分；无单位每处扣 0.5 分，最多扣 2 分；相序判断不正确扣 2 分；扣完为止		
3	绘制错误接线图及相量图					
3.1	错误接线相量图	正确绘制错误接线相量图	15	电压、电流相量标记错误每项扣 2 分，无相量符号扣 1 分；相量角度偏差超过 15°每项扣 2 分；未标记功率因数角每项扣 2 分；扣完为止		
3.2	错误接线形式	正确判断错误接线形式	10	错误接线形式判断不正确每项扣 2 分，扣完为止		
3.3	错误接线示意图	正确绘制错误接线示意图	15	电压、电流回路接线不正确，每处扣 2 分；中性线接线不正确扣 2 分；未标注同名端扣 2 分；扣完为止		
4	计算功率表达式					
4.1	各元件的功率表达式	正确书写各元件的功率表达式	6	每个元件的功率表达式不正确扣 2 分，扣完为止		
4.2	计算总功率	正确计算总功率	4	每个元件的功率表达式不正确扣 4 分，未化简扣 2 分，扣完为止		
5	计算更正系数	正确计算更正系数	10	更正系数表达式不正确扣 10 分，未化简扣 5 分，结果不正确扣 5 分，扣完为止		
6	计算退补电量	正确计算退补电量	10	退补电量结果不正确扣 5 分，扣完为止		
7	现场恢复	恢复现场	10	未进行现场恢复扣 10 分		
合计			100			

计量装置设置：

（1）考试使用电能表为仿真表，通过模拟装置进行参数设置，相电压分别为 220、220、220V，相电流分别为 1、1、1A。

（2）默认设置为经电流互感器低压三相四线制电能表，假定负荷三相平衡，表尾电压接线为 bca，电流接线为 cab，A、C 相电流互感器二次极性接反，功率因数角为 28°。

Jc0004252067－2　经电流互感器低压三相四线制电能计量装置接线分析。（100 分）

考核知识点：经电流互感器低压三相四线制电能计量装置接线分析

难易度：中

技能等级评价专业技能考核操作工作任务书

一、任务名称

经电流互感器低压三相四线制电能计量装置接线分析。

二、适用工种

抄表核算收费员技师。

三、具体任务

使用相位伏安表完成指定经电流互感器低压三相四线制电能计量装置相关参数的测量，分析接线形式并计算错误接线的更正系数及退补电量。

四、工作规范及要求

（1）着装符合要求，穿全棉长袖工作服、绝缘鞋，戴安全帽、线手套。

（2）携带自备工具（钢笔或中性笔、计算器、三角尺）进入现场，待考评老师宣布许可工作命令后开始工作并计时。

（3）打开计量柜（箱）门之前必须对柜（箱）体验电，现场操作严格执行《国家电网有限公司营销现场作业安全工作规程（试行）》。

（4）工作结束清理现场，并向监考老师报告。

五、考核及时间要求

本考核时间为 30 分钟，时间到停止考核。

三相四线制电能计量装置检查项目见表 Jc0004252067－2。

表 Jc0004252067－2

<table>
<tr><td>编号</td><td></td><td>姓名</td><td></td><td>工位号</td><td></td></tr>
<tr><td colspan="6">一、电能表基本信息（有功）</td></tr>
<tr><td>型号</td><td></td><td>准确度等级</td><td></td><td>出厂编号</td><td></td></tr>
<tr><td>规格</td><td colspan="2">V；　　A</td><td>制造厂家</td><td colspan="2"></td></tr>
<tr><td colspan="6">二、实测数据</td></tr>
<tr><td>线电压</td><td>$U_{12}=$</td><td>$U_{32}=$</td><td>$U_{13}=$</td><td colspan="2">电压相序：</td></tr>
<tr><td>相电压</td><td>$U_1=$</td><td>$U_2=$</td><td>$U_3=$</td><td colspan="2" rowspan="4">三、错误接线形式（下标用 A、B、C 表示）
第一元件：
第二元件：
第三元件：</td></tr>
<tr><td>电流</td><td>$I_1=$</td><td>$I_2=$</td><td>$I_3=$</td></tr>
<tr><td rowspan="2">相位</td><td>$\dot{U}_1\,\hat{}\,\dot{U}_2=$</td><td colspan="2">基准相：</td></tr>
<tr><td>$\dot{U}_1\,\hat{}\,\dot{I}_1=$</td><td>$\dot{U}_1\,\hat{}\,\dot{I}_2=$</td><td>$\dot{U}_1\,\hat{}\,\dot{I}_3=$</td></tr>
<tr><td colspan="3">四、错误接线相量图
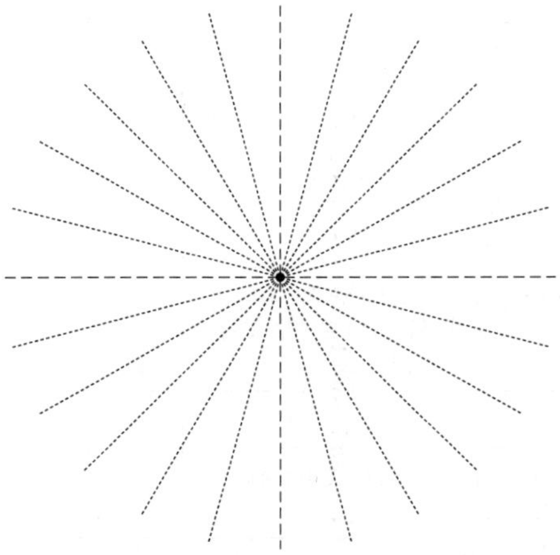</td><td colspan="3">五、错误接线示意图</td></tr>
</table>

续表

六、写出错误接线的功率表达式： $P_1=$　　　　　　$P_2=$ $P_3=$　　　　　　$P_{总}=$
七、计算更正系数
八、计算退补电量（错误期间电能表走字 50kWh，综合倍率为 100）

技能等级评价专业技能考核操作评分标准

工种	抄表核算收费员				评价等级	技师
项目模块	电能计量—三相四线制电能表—电能计量装置错误接线分析			编号	Jc0004252067－2	
单位		准考证号			姓名	
考试时限	30 分钟	题型	单项操作		题分	100 分
成绩		考评员		考评组长	日期	
试题正文	经电流互感器低压三相四线制电能计量装置接线分析					
需要说明的问题和要求	（1）要求单人操作。 （2）操作应注意安全，按照标准化作业书的技术安全说明做好安全措施					

序号	项目名称	质量要求	满分	扣分标准	扣分原因	得分
1	工具使用及安全措施					
1.1	相关安全措施的准备	戴安全帽，穿全棉长袖工作服，穿绝缘鞋，操作时戴线手套，打开柜门前需先验电	5	准备不齐全或着装不规范每项扣 1 分，扣完为止		
1.2	各种工器具正确使用	正确使用验电笔，熟练正确使用相位伏安表	5	未验电扣 2 分，验电方法不当扣 1 分；工器具掉落每次扣 1 分；相位伏安表使用不当每次扣 1 分；测量过程摘手套扣 2 分；测量完毕后再次申请测量扣 5 分；扣完为止		
2	数据测量	正确填写电能表基本信息，正确记录实测数据并判断电压相序	10	电能表基本信息填写不正确，每处扣 1 分；测量数据不正确每项扣 1 分；无单位每处扣 0.5 分，最多扣 2 分；相序判断不正确扣 2 分；扣完为止		
3	绘制错误接线图及相量图					
3.1	错误接线相量图	正确绘制错误接线相量图	15	电压、电流相量标记错误每项扣 2 分，无相量符号扣 1 分；相量角度偏差超过 15°每项扣 2 分；未标记功率因数角每项扣 2 分；扣完为止		
3.2	错误接线形式	正确判断错误接线形式	10	错误接线形式判断不正确每项扣 2 分，扣完为止		
3.3	错误接线示意图	正确绘制错误接线示意图	15	电压、电流回路接线不正确，每处扣 2 分；中性线接线不正确扣 2 分；未标注同名端扣 2 分；扣完为止		
4	计算功率表达式					
4.1	各元件的功率表达式	正确书写各元件的功率表达式	6	每个元件的功率表达式不正确扣 2 分，扣完为止		
4.2	计算总功率	正确计算总功率	4	每个元件的功率表达式不正确扣 4 分，未化简扣 2 分，扣完为止		

续表

序号	项目名称	质量要求	满分	扣分标准	扣分原因	得分
5	计算更正系数	正确计算更正系数	10	更正系数表达式不正确扣 10 分，未化简扣 5 分，结果不正确扣 5 分，扣完为止		
6	计算退补电量	正确计算退补电量	10	退补电量结果不正确扣 5 分，扣完为止		
7	现场恢复	恢复现场	10	未进行现场恢复扣 10 分		
合计			100			

计量装置设置：

（1）考试使用电能表为仿真表，通过模拟装置进行参数设置，相电压分别为 220、220、220V，相电流分别为 1、1、1A。

（2）默认设置为经电流互感器低压三相四线制电能表，假定负荷三相平衡，表尾电压接线为 cab，电流接线为 acb，表尾电流进出反接元件为二元件、三元件，功率因数角为 29°。

Jc0004252068－3　经电流互感器低压三相四线制电能计量装置接线分析。（100 分）

考核知识点：经电流互感器低压三相四线制电能计量装置接线分析

难易度：中

技能等级评价专业技能考核操作工作任务书

一、任务名称

经电流互感器低压三相四线制电能计量装置接线分析。

二、适用工种

抄表核算收费员技师。

三、具体任务

使用相位伏安表完成指定经电流互感器低压三相四线制电能计量装置相关参数的测量，分析接线形式并计算错误接线的更正系数及退补电量。

四、工作规范及要求

（1）着装符合要求，穿全棉长袖工作服、绝缘鞋，戴安全帽、线手套。

（2）携带自备工具（钢笔或中性笔、计算器、三角尺）进入现场，待考评老师宣布许可工作命令后开始工作并计时。

（3）打开计量柜（箱）门之前必须对柜（箱）体验电，现场操作严格执行《国家电网有限公司营销现场作业安全工作规程（试行）》。

（4）工作结束清理现场，并向监考老师报告。

五、考核及时间要求

本考核时间为 30 分钟，时间到停止考核。

三相四线制电能计量装置检查项目见表 Jc0004252068－3。

表 Jc0004252068－3

<table>
<tr><td>编号</td><td></td><td>姓名</td><td></td><td>工位号</td><td></td></tr>
<tr><td colspan="6">一、电能表基本信息（有功）</td></tr>
<tr><td>型号</td><td></td><td>准确度等级</td><td></td><td>出厂编号</td><td></td></tr>
<tr><td>规格</td><td colspan="2">V；　　A</td><td>制造厂家</td><td colspan="2"></td></tr>
<tr><td colspan="6">二、实测数据</td></tr>
<tr><td>线电压</td><td>$U_{12}=$</td><td>$U_{32}=$</td><td>$U_{13}=$</td><td colspan="2">电压相序：</td></tr>
<tr><td>相电压</td><td>$U_1=$</td><td>$U_2=$</td><td>$U_3=$</td><td colspan="2" rowspan="4">三、错误接线形式（下标用 A、B、C 表示）
第一元件：
第二元件：
第三元件：</td></tr>
<tr><td>电流</td><td>$I_1=$</td><td>$I_2=$</td><td>$I_3=$</td></tr>
<tr><td rowspan="2">相位</td><td>$\dot{U}_1\hat{}\dot{U}_2=$</td><td colspan="2">基准相：</td></tr>
<tr><td>$\dot{U}_1\hat{}\dot{I}_1=$</td><td>$\dot{U}_1\hat{}\dot{I}_2=$</td><td>$\dot{U}_1\hat{}\dot{I}_3=$</td></tr>
<tr><td colspan="3">四、错误接线相量图
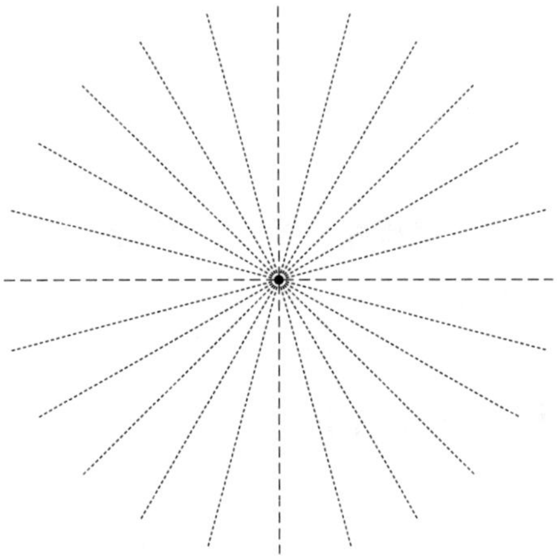</td><td colspan="3">五、错误接线示意图</td></tr>
<tr><td colspan="6">六、写出错误接线的功率表达式：
$P_1=$　　　　$P_2=$
$P_3=$　　　　$P_{总}=$</td></tr>
<tr><td colspan="6">七、计算更正系数</td></tr>
<tr><td colspan="6">八、计算退补电量（错误期间电能表走字 50kWh，综合倍率为 100）</td></tr>
</table>

技能等级评价专业技能考核操作评分标准

<table>
<tr><td>工种</td><td colspan="5">抄表核算收费员</td><td>评价等级</td><td>技师</td></tr>
<tr><td>项目模块</td><td colspan="4">电能计量—三相四线制电能表—电能计量装置错误接线分析</td><td>编号</td><td colspan="2">Jc0004252068－3</td></tr>
<tr><td>单位</td><td colspan="2"></td><td>准考证号</td><td colspan="2"></td><td>姓名</td><td></td></tr>
<tr><td>考试时限</td><td colspan="2">30 分钟</td><td>题型</td><td colspan="2">单项操作</td><td>题分</td><td>100 分</td></tr>
<tr><td>成绩</td><td>考评员</td><td colspan="2"></td><td>考评组长</td><td></td><td>日期</td><td></td></tr>
<tr><td>试题正文</td><td colspan="7">经电流互感器低压三相四线制电能计量装置接线分析</td></tr>
<tr><td>需要说明的问题和要求</td><td colspan="7">（1）要求单人操作。
（2）操作应注意安全，按照标准化作业书的技术安全说明做好安全措施</td></tr>
</table>

续表

序号	项目名称	质量要求	满分	扣分标准	扣分原因	得分
1	工具使用及安全措施					
1.1	相关安全措施的准备	戴安全帽，穿全棉长袖工作服，穿绝缘鞋，操作时戴线手套，打开柜门前需先验电	5	准备不齐全或着装不规范每项扣 1 分，扣完为止		
1.2	各种工器具正确使用	正确使用验电笔，熟练正确使用相位伏安表	5	未验电扣 2 分，验电方法不当扣 1 分；工器具掉落每次扣 1 分；相位伏安表使用不当每次扣 1 分；测量过程摘手套扣 2 分；测量完毕后再次申请测量扣 5 分；扣完为止		
2	数据测量	正确填写电能表基本信息，正确记录实测数据并判断电压相序	10	电能表基本信息填写不正确，每处扣 1 分；测量数据不正确每项扣 1 分；无单位每处扣 0.5 分，最多扣 2 分；相序判断不正确扣 2 分；扣完为止		
3	绘制错误接线图及相量图					
3.1	错误接线相量图	正确绘制错误接线相量图	15	电压、电流相量标记错误每项扣 2 分，无相量符号扣 1 分；相量角度偏差超过 15°每项扣 2 分；未标记功率因数角每项扣 2 分；扣完为止		
3.2	错误接线形式	正确判断错误接线形式	10	错误接线形式判断不正确每项扣 2 分，扣完为止		
3.3	错误接线示意图	正确绘制错误接线示意图	15	电压、电流回路接线不正确，每处扣 2 分；中性线接线不正确扣 2 分；未标注同名端扣 2 分；扣完为止		
4	计算功率表达式					
4.1	各元件的功率表达式	正确书写各元件的功率表达式	6	每个元件的功率表达式不正确扣 2 分，扣完为止		
4.2	计算总功率	正确计算总功率	4	每个元件的功率表达式不正确扣 4 分，未化简扣 2 分，扣完为止		
5	计算更正系数	正确计算更正系数	10	更正系数表达式不正确扣 10 分，未化简扣 5 分，结果不正确扣 5 分，扣完为止		
6	计算退补电量	正确计算退补电量	10	退补电量结果不正确扣 5 分，扣完为止		
7	现场恢复	恢复现场	10	未进行现场恢复扣 10 分		
合计			100			

计量装置设置：

（1）考试使用电能表为仿真表，通过模拟装置进行参数设置，相电压分别为 220、220、220V，相电流分别为 1、1、1A。

（2）默认设置为经电流互感器低压三相四线制电能表，假定负荷三相平衡，表尾电压接线为 bca，电流接线为 bac，表尾电流进出反接元件为一元件、三元件，功率因数角为 15°。

Jc0004252069－4　经电流互感器低压三相四线制电能计量装置接线分析。（100 分）

考核知识点：经电流互感器低压三相四线制电能计量装置接线分析

难易度：中

技能等级评价专业技能考核操作工作任务书

一、任务名称

经电流互感器低压三相四线制电能计量装置接线分析。

二、适用工种

抄表核算收费员技师。

三、具体任务

使用相位伏安表完成指定经电流互感器低压三相四线制电能计量装置相关参数的测量，分析接线形式并计算错误接线的更正系数及退补电量。

四、工作规范及要求

（1）着装符合要求，穿全棉长袖工作服、绝缘鞋，戴安全帽、线手套。

（2）携带自备工具（钢笔或中性笔、计算器、三角尺）进入现场，待考评老师宣布许可工作命令后开始工作并计时。

（3）打开计量柜（箱）门之前必须对柜（箱）体验电，现场操作严格执行《国家电网有限公司营销现场作业安全工作规程（试行）》。

（4）工作结束清理现场，并向监考老师报告。

五、考核及时间要求

本考核时间为 30 分钟，时间到停止考核。

三相四线制电能计量装置检查项目见表 Jc0004252069－4。

表 Jc0004252069－4

<table>
<tr><td>编号</td><td></td><td>姓名</td><td></td><td>工位号</td><td></td></tr>
<tr><td colspan="6">一、电能表基本信息（有功）</td></tr>
<tr><td>型号</td><td></td><td>准确度等级</td><td></td><td>出厂编号</td><td></td></tr>
<tr><td>规格</td><td colspan="2">V；　　A</td><td>制造厂家</td><td colspan="2"></td></tr>
<tr><td colspan="6">二、实测数据</td></tr>
<tr><td>线电压</td><td>$U_{12}=$</td><td>$U_{32}=$</td><td>$U_{13}=$</td><td colspan="2">电压相序：</td></tr>
<tr><td>相电压</td><td>$U_1=$</td><td>$U_2=$</td><td>$U_3=$</td><td colspan="2" rowspan="4">三、错误接线形式（下标用 A、B、C 表示）
第一元件：
第二元件：
第三元件：</td></tr>
<tr><td>电流</td><td>$I_1=$</td><td>$I_2=$</td><td>$I_3=$</td></tr>
<tr><td rowspan="2">相位</td><td>$\dot{U}_1 \hat{} \dot{U}_2=$</td><td colspan="2">基准相：</td></tr>
<tr><td>$\dot{U}_1 \hat{} \dot{I}_1=$</td><td>$\dot{U}_1 \hat{} \dot{I}_2=$</td><td>$\dot{U}_1 \hat{} \dot{I}_3=$</td></tr>
<tr><td colspan="3">四、错误接线相量图
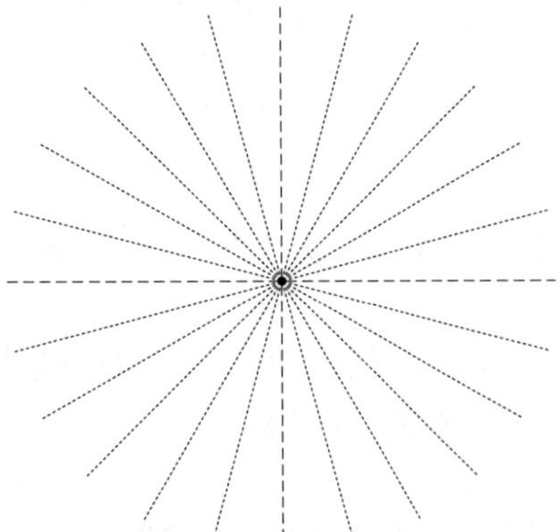</td><td colspan="3">五、错误接线示意图</td></tr>
<tr><td colspan="6">六、写出错误接线的功率表达式：
$P_1=$　　$P_2=$
$P_3=$　　$P_{总}=$</td></tr>
<tr><td colspan="6">七、计算更正系数</td></tr>
<tr><td colspan="6">八、计算退补电量（错误期间电能表走字 50kWh，综合倍率为 100）</td></tr>
</table>

技能等级评价专业技能考核操作评分标准

<table>
<tr><td>工种</td><td colspan="5">抄表核算收费员</td><td>评价等级</td><td>技师</td></tr>
<tr><td>项目模块</td><td colspan="4">电能计量—三相四线制电能表—电能计量装置错误接线分析</td><td>编号</td><td colspan="2">Jc0004252069－4</td></tr>
<tr><td>单位</td><td colspan="3"></td><td>准考证号</td><td></td><td>姓名</td><td></td></tr>
<tr><td>考试时限</td><td colspan="2">30 分钟</td><td>题型</td><td colspan="2">单项操作</td><td>题分</td><td>100 分</td></tr>
<tr><td>成绩</td><td></td><td>考评员</td><td></td><td>考评组长</td><td></td><td>日期</td><td></td></tr>
<tr><td>试题正文</td><td colspan="7">经电流互感器低压三相四线制电能计量装置接线分析</td></tr>
<tr><td>需要说明的问题和要求</td><td colspan="7">（1）要求单人操作。
（2）操作应注意安全，按照标准化作业书的技术安全说明做好安全措施</td></tr>
</table>

序号	项目名称	质量要求	满分	扣分标准	扣分原因	得分
1	工具使用及安全措施					
1.1	相关安全措施的准备	戴安全帽，穿全棉长袖工作服，穿绝缘鞋，操作时戴线手套，打开柜门前需先验电	5	准备不齐全或着装不规范每项扣 1 分，扣完为止		
1.2	各种工器具正确使用	正确使用验电笔，熟练正确使用相位伏安表	5	未验电扣 2 分，验电方法不当扣 1 分；工器具掉落每次扣 1 分；相位伏安表使用不当每次扣 1 分；测量过程摘手套扣 2 分；测量完毕后再次申请测量扣 5 分；扣完为止		
2	数据测量	正确填写电能表基本信息，正确记录实测数据并判断电压相序	10	电能表基本信息填写不正确，每处扣 1 分；测量数据不正确每项扣 1 分；无单位每处扣 0.5 分，最多扣 2 分；相序判断不正确扣 2 分；扣完为止		
3	绘制错误接线图及相量图					
3.1	错误接线相量图	正确绘制错误接线相量图	15	电压、电流相量标记错误每项扣 2 分，无相量符号扣 1 分；相量角度偏差超过 15°每项扣 2 分；未标记功率因数角每项扣 2 分；扣完为止		
3.2	错误接线形式	正确判断错误接线形式	10	错误接线形式判断不正确每项扣 2 分，扣完为止		
3.3	错误接线示意图	正确绘制错误接线示意图	15	电压、电流回路接线不正确，每处扣 2 分；中性线接线不正确扣 2 分；未标注同名端扣 2 分；扣完为止		
4	计算功率表达式					
4.1	各元件的功率表达式	正确书写各元件的功率表达式	6	每个元件的功率表达式不正确扣 2 分，扣完为止		
4.2	计算总功率	正确计算总功率	4	每个元件的功率表达式不正确扣 4 分，未化简扣 2 分，扣完为止		
5	计算更正系数	正确计算更正系数	10	更正系数表达式不正确扣 10 分，未化简扣 5 分，结果不正确扣 5 分，扣完为止		
6	计算退补电量	正确计算退补电量	10	退补电量结果不正确扣 5 分，扣完为止		
7	现场恢复	恢复现场	10	未进行现场恢复扣 10 分		
合计			100			

计量装置设置：

（1）考试使用电能表为仿真表，通过模拟装置进行参数设置，相电压分别为 220、220、220V，相电流分别为 1、1、1A。

（2）默认设置为经电流互感器低压三相四线制电能表，假定负荷三相平衡，表尾电压接线为 acb，电流接线为 bca，表尾电流进出反接元件为一元件、二元件，功率因数角为 25°。

Jc0004252070－5　经电流互感器低压三相四线制电能计量装置接线分析。（100 分）

考核知识点： 经电流互感器低压三相四线制电能计量装置接线分析

难易度： 中

技能等级评价专业技能考核操作工作任务书

一、任务名称

经电流互感器低压三相四线制电能计量装置接线分析。

二、适用工种

抄表核算收费员技师。

三、具体任务

使用相位伏安表完成指定经电流互感器低压三相四线制电能计量装置相关参数的测量，分析接线形式并计算错误接线的更正系数及退补电量。

四、工作规范及要求

（1）着装符合要求，穿全棉长袖工作服、绝缘鞋，戴安全帽、线手套。

（2）携带自备工具（钢笔或中性笔、计算器、三角尺）进入现场，待考评老师宣布许可工作命令后开始工作并计时。

（3）打开计量柜（箱）门之前必须对柜（箱）体验电，现场操作严格执行《国家电网有限公司营销现场作业安全工作规程（试行）》。

（4）工作结束清理现场，并向监考老师报告。

五、考核及时间要求

本考核时间为 30 分钟，时间到停止考核。

三相四线制电能计量装置检查项目见表 Jc0004252070－5。

表 Jc0004252070－5

<table>
<tr><td>编号</td><td></td><td>姓名</td><td></td><td>工位号</td><td></td></tr>
<tr><td colspan="6">一、电能表基本信息（有功）</td></tr>
<tr><td>型号</td><td></td><td>准确度等级</td><td></td><td>出厂编号</td><td></td></tr>
<tr><td>规格</td><td colspan="2">V；　　A</td><td>制造厂家</td><td colspan="2"></td></tr>
<tr><td colspan="6">二、实测数据</td></tr>
<tr><td>线电压</td><td>$U_{12}=$</td><td>$U_{32}=$</td><td>$U_{13}=$</td><td colspan="2">电压相序：</td></tr>
<tr><td>相电压</td><td>$U_1=$</td><td>$U_2=$</td><td>$U_3=$</td><td colspan="2" rowspan="4">三、错误接线形式（下标用 A、B、C 表示）
第一元件：
第二元件：
第三元件：</td></tr>
<tr><td>电流</td><td>$I_1=$</td><td>$I_2=$</td><td>$I_3=$</td></tr>
<tr><td rowspan="2">相位</td><td>$\dot{U}_1\hat{}\dot{U}_2=$</td><td colspan="2">基准相：</td></tr>
<tr><td>$\dot{U}_1\hat{}\dot{I}_1=$</td><td>$\dot{U}_1\hat{}\dot{I}_2=$</td><td>$\dot{U}_1\hat{}\dot{I}_3=$</td></tr>
<tr><td colspan="3">四、错误接线相量图
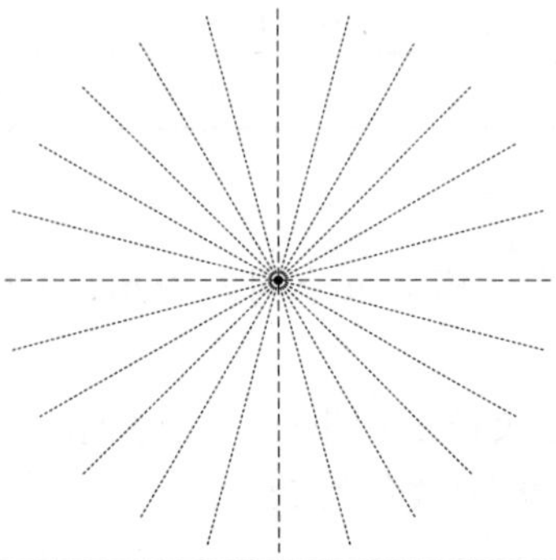</td><td colspan="3">五、错误接线示意图</td></tr>
</table>

续表

六、写出错误接线的功率表达式： $P_1=$　　$P_2=$ $P_3=$　　$P_{总}=$
七、计算更正系数
八、计算退补电量（错误期间电能表走字 50kWh，综合倍率为 100）

技能等级评价专业技能考核操作评分标准

工种	抄表核算收费员				评价等级	技师
项目模块	电能计量—三相四线制电能表—电能计量装置错误接线分析			编号	Jc0004252070－5	
单位		准考证号			姓名	
考试时限	30 分钟	题型	单项操作		题分	100 分
成绩	考评员		考评组长		日期	
试题正文	经电流互感器低压三相四线制电能计量装置接线分析					
需要说明的问题和要求	（1）要求单人操作。 （2）操作应注意安全，按照标准化作业书的技术安全说明做好安全措施					

序号	项目名称	质量要求	满分	扣分标准	扣分原因	得分
1	工具使用及安全措施					
1.1	相关安全措施的准备	戴安全帽，穿全棉长袖工作服，穿绝缘鞋，操作时戴线手套，打开柜门前需先验电	5	准备不齐全或着装不规范每项扣 1 分，扣完为止		
1.2	各种工器具正确使用	正确使用验电笔，熟练正确使用相位伏安表	5	未验电扣 2 分，验电方法不当扣 1 分；工器具掉落每次扣 1 分；相位伏安表使用不当每次扣 1 分；测量过程摘手套扣 2 分；测量完毕后再次申请测量扣 5 分；扣完为止		
2	数据测量	正确填写电能表基本信息，正确记录实测数据并判断电压相序	10	电能表基本信息填写不正确，每处扣 1 分；测量数据不正确每项扣 1 分；无单位每处扣 0.5 分，最多扣 2 分；相序判断不正确扣 2 分；扣完为止		
3	绘制错误接线图及相量图					
3.1	错误接线相量图	正确绘制错误接线相量图	15	电压、电流相量标记错误每项扣 2 分，无相量符号扣 1 分；相量角度偏差超过 15°每项扣 2 分；未标记功率因数角每项扣 2 分；扣完为止		
3.2	错误接线形式	正确判断错误接线形式	10	错误接线形式判断不正确每项扣 2 分，扣完为止		
3.3	错误接线示意图	正确绘制错误接线示意图	15	电压、电流回路接线不正确，每处扣 2 分；中性线接线不正确扣 2 分；未标注同名端扣 2 分；扣完为止		
4	计算功率表达式					
4.1	各元件的功率表达式	正确书写各元件的功率表达式	6	每个元件的功率表达式不正确扣 2 分，扣完为止		
4.2	计算总功率	正确计算总功率	4	每个元件的功率表达式不正确扣 4 分，未化简扣 2 分，扣完为止		
5	计算更正系数	正确计算更正系数	10	更正系数表达式不正确扣 10 分，未化简扣 5 分，结果不正确扣 5 分，扣完为止		
6	计算退补电量	正确计算退补电量	10	退补电量结果不正确扣 5 分，扣完为止		
7	现场恢复	恢复现场	10	未进行现场恢复扣 10 分		
	合计		100			

计量装置设置：

（1）考试使用电能表为仿真表，通过模拟装置进行参数设置，相电压分别为 220、220、220V，相电流分别为 1、1、1A。

（2）默认设置为经电流互感器低压三相四线制电能表，假定负荷三相平衡，表尾电压接线为 bac，电流接线为 cab，B、C 相电流互感器二次极性接反，功率因数角为 29°。

Jc0004252071－6　经电流互感器低压三相四线制电能计量装置接线分析。（100 分）

考核知识点：经电流互感器低压三相四线制电能计量装置接线分析

难易度：中

技能等级评价专业技能考核操作工作任务书

一、任务名称

经电流互感器低压三相四线制电能计量装置接线分析。

二、适用工种

抄表核算收费员技师。

三、具体任务

使用相位伏安表完成指定经电流互感器低压三相四线制电能计量装置相关参数的测量，分析接线形式并计算错误接线的更正系数及退补电量。

四、工作规范及要求

（1）着装符合要求，穿全棉长袖工作服、绝缘鞋，戴安全帽、线手套。

（2）携带自备工具（钢笔或中性笔、计算器、三角尺）进入现场，待考评老师宣布许可工作命令后开始工作并计时。

（3）打开计量柜（箱）门之前必须对柜（箱）体验电，现场操作严格执行《国家电网有限公司营销现场作业安全工作规程（试行）》。

（4）工作结束清理现场，并向监考老师报告。

五、考核及时间要求

本考核时间为 30 分钟，时间到停止考核。

三相四线制电能计量装置检查项目见表 Jc0004252071－6。

表 Jc0004252071－6

编号		姓名		工位号	
一、电能表基本信息（有功）					
型号		准确度等级		出厂编号	
规格	V；　　A		制造厂家		
二、实测数据					
线电压	$U_{12}=$	$U_{32}=$	$U_{13}=$	电压相序：	
相电压	$U_1=$	$U_2=$	$U_3=$	三、错误接线形式（下标用 A、B、C 表示） 第一元件： 第二元件： 第三元件：	
电流	$I_1=$	$I_2=$	$I_3=$		
相位	$\dot{U}_1\hat{}\dot{U}_2=$	基准相：			
	$\dot{U}_1\hat{}\dot{I}_1=$	$\dot{U}_1\hat{}\dot{I}_2=$	$\dot{U}_1\hat{}\dot{I}_3=$		

续表

<table>
<tr><td>四、错误接线相量图
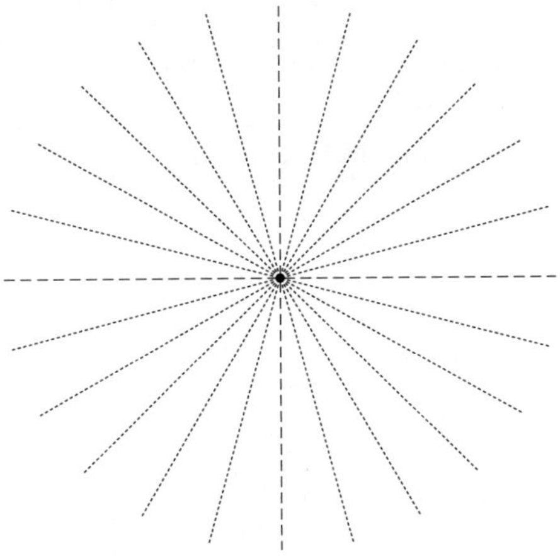</td><td>五、错误接线示意图</td></tr>
<tr><td colspan="2">六、写出错误接线的功率表达式：
$P_1=$ $P_2=$
$P_3=$ $P_{总}=$</td></tr>
<tr><td colspan="2">七、计算更正系数</td></tr>
<tr><td colspan="2">八、计算退补电量（错误期间电能表走字50kWh，综合倍率为100）</td></tr>
</table>

技能等级评价专业技能考核操作评分标准

<table>
<tr><td>工种</td><td colspan="5">抄表核算收费员</td><td>评价等级</td><td>技师</td></tr>
<tr><td>项目模块</td><td colspan="4">电能计量—三相四线制电能表—电能计量装置错误接线分析</td><td>编号</td><td colspan="2">Jc0004252071－6</td></tr>
<tr><td>单位</td><td colspan="3"></td><td>准考证号</td><td></td><td>姓名</td><td></td></tr>
<tr><td>考试时限</td><td colspan="2">30分钟</td><td>题型</td><td colspan="2">单项操作</td><td>题分</td><td>100分</td></tr>
<tr><td>成绩</td><td></td><td>考评员</td><td></td><td>考评组长</td><td></td><td>日期</td><td></td></tr>
<tr><td>试题正文</td><td colspan="7">经电流互感器低压三相四线制电能计量装置接线分析</td></tr>
<tr><td>需要说明的问题和要求</td><td colspan="7">（1）要求单人操作。
（2）操作应注意安全，按照标准化作业书的技术安全说明做好安全措施</td></tr>
</table>

序号	项目名称	质量要求	满分	扣分标准	扣分原因	得分
1	工具使用及安全措施					
1.1	相关安全措施的准备	戴安全帽，穿全棉长袖工作服，穿绝缘鞋，操作时戴线手套，打开柜门前需先验电	5	准备不齐全或着装不规范每项扣1分，扣完为止		
1.2	各种工器具正确使用	正确使用验电笔，熟练正确使用相位伏安表	5	未验电扣2分，验电方法不当扣1分；工器具掉落每次扣1分；相位伏安表使用不当每次扣1分；测量过程摘手套扣2分；测量完毕后再次申请测量扣5分；扣完为止		
2	数据测量	正确填写电能表基本信息，正确记录实测数据并判断电压相序	10	电能表基本信息填写不正确，每处扣1分；测量数据不正确每项扣1分；无单位每处扣0.5分，最多扣2分；相序判断不正确扣2分；扣完为止		
3	绘制错误接线图及相量图					
3.1	错误接线相量图	正确绘制错误接线相量图	15	电压、电流相量标记错误每项扣2分，无相量符号扣1分；相量角度偏差超过15°每项扣2分；未标记功率因数角每项扣2分；扣完为止		

续表

序号	项目名称	质量要求	满分	扣分标准	扣分原因	得分
3.2	错误接线形式	正确判断错误接线形式	10	错误接线形式判断不正确每项扣 2 分，扣完为止		
3.3	错误接线示意图	正确绘制错误接线示意图	15	电压、电流回路接线不正确，每处扣 2 分；中性线接线不正确扣 2 分；未标注同名端扣 2 分；扣完为止		
4	计算功率表达式					
4.1	各元件的功率表达式	正确书写各元件的功率表达式	6	每个元件的功率表达式不正确扣 2 分，扣完为止		
4.2	计算总功率	正确计算总功率	4	每个元件的功率表达式不正确扣 4 分，未化简扣 2 分，扣完为止		
5	计算更正系数	正确计算更正系数	10	更正系数表达式不正确扣 10 分，未化简扣 5 分，结果不正确扣 5 分，扣完为止		
6	计算退补电量	正确计算退补电量	10	退补电量结果不正确扣 5 分，扣完为止		
7	现场恢复	恢复现场	10	未进行现场恢复扣 10 分		
合计			100			

计量装置设置：

（1）考试使用电能表为仿真表，通过模拟装置进行参数设置，相电压分别为 220、220、220V，相电流分别为 1、1、1A。

（2）默认设置为经电流互感器低压三相四线制电能表，假定负荷三相平衡，表尾电压接线为 bac，电流接线为 acb，表尾电流进出反接元件为一元件、三元件，功率因数角为 25°。

Jc0004252072－7　经电流互感器低压三相四线制电能计量装置接线分析。（100 分）

考核知识点：经电流互感器低压三相四线制电能计量装置接线分析

难易度：中

技能等级评价专业技能考核操作工作任务书

一、任务名称

经电流互感器低压三相四线制电能计量装置接线分析。

二、适用工种

抄表核算收费员技师。

三、具体任务

使用相位伏安表完成指定经电流互感器低压三相四线制电能计量装置相关参数的测量，分析接线形式并计算错误接线的更正系数及退补电量。

四、工作规范及要求

（1）着装符合要求，穿全棉长袖工作服、绝缘鞋，戴安全帽、线手套。

（2）携带自备工具（钢笔或中性笔、计算器、三角尺）进入现场，待考评老师宣布许可工作命令后开始工作并计时。

（3）打开计量柜（箱）门之前必须对柜（箱）体验电，现场操作严格执行《国家电网有限公司营销现场作业安全工作规程（试行）》。

（4）工作结束清理现场，并向监考老师报告。

五、考核及时间要求

本考核时间为 30 分钟，时间到停止考核。

三相四线制电能计量装置检查项目见表 Jc0004252072－7。

表 Jc0004252072－7

编号		姓名		工位号	
一、电能表基本信息（有功）					
型号		准确度等级		出厂编号	
规格	V；　　A		制造厂家		
二、实测数据					
线电压	$U_{12}=$	$U_{32}=$	$U_{13}=$	电压相序：	
相电压	$U_1=$	$U_2=$	$U_3=$	三、错误接线形式（下标用 A、B、C 表示） 第一元件： 第二元件： 第三元件：	
电流	$I_1=$	$I_2=$	$I_3=$		
相位	$\dot{U}_1\hat{}\dot{U}_2=$	基准相：			
	$\dot{U}_1\hat{}\dot{I}_1=$	$\dot{U}_1\hat{}\dot{I}_2=$	$\dot{U}_1\hat{}\dot{I}_3=$		
四、错误接线相量图 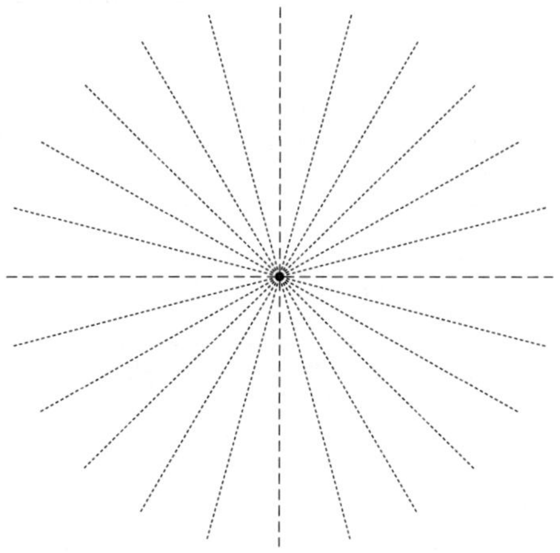			五、错误接线示意图		
六、写出错误接线的功率表达式： $P_1=$　　$P_2=$ $P_3=$　　$P_{总}=$					
七、计算更正系数					
八、计算退补电量（错误期间电能表走字 50kWh，综合倍率为 100）					

技能等级评价专业技能考核操作评分标准

工种	抄表核算收费员			评价等级	技师
项目模块	电能计量—三相四线制电能表—电能计量装置错误接线分析		编号	Jc0004252072－7	
单位		准考证号		姓名	
考试时限	30 分钟	题型	单项操作	题分	100 分
成绩	考评员		考评组长	日期	
试题正文	经电流互感器低压三相四线制电能计量装置接线分析				

续表

需要说明的问题和要求	（1）要求单人操作。 （2）操作应注意安全，按照标准化作业书的技术安全说明做好安全措施					
序号	项目名称	质量要求	满分	扣分标准	扣分原因	得分
1	工具使用及安全措施					
1.1	相关安全措施的准备	戴安全帽，穿全棉长袖工作服，穿绝缘鞋，操作时戴线手套，打开柜门前需先验电	5	准备不齐全或着装不规范每项扣 1 分，扣完为止		
1.2	各种工器具正确使用	正确使用验电笔，熟练正确使用相位伏安表	5	未验电扣 2 分，验电方法不当扣 1 分；工器具掉落每次扣 1 分；相位伏安表使用不当每次扣 1 分；测量过程摘手套扣 2 分；测量完毕后再次申请测量扣 5 分；扣完为止		
2	数据测量	正确填写电能表基本信息，正确记录实测数据并判断电压相序	10	电能表基本信息填写不正确，每处扣 1 分；测量数据不正确每项扣 1 分；无单位每处扣 0.5 分，最多扣 2 分；相序判断不正确扣 2 分；扣完为止		
3	绘制错误接线图及相量图					
3.1	错误接线相量图	正确绘制错误接线相量图	15	电压、电流相量标记错误每项扣 2 分，无相量符号扣 1 分；相量角度偏差超过 15°每项扣 2 分；未标记功率因数角每项扣 2 分；扣完为止		
3.2	错误接线形式	正确判断错误接线形式	10	错误接线形式判断不正确每项扣 2 分，扣完为止		
3.3	错误接线示意图	正确绘制错误接线示意图	15	电压、电流回路接线不正确，每处扣 2 分；中性线接线不正确扣 2 分；未标注同名端扣 2 分；扣完为止		
4	计算功率表达式					
4.1	各元件的功率表达式	正确书写各元件的功率表达式	6	每个元件的功率表达式不正确扣 2 分，扣完为止		
4.2	计算总功率	正确计算总功率	4	每个元件的功率表达式不正确扣 4 分，未化简扣 2 分，扣完为止		
5	计算更正系数	正确计算更正系数	10	更正系数表达式不正确扣 10 分，未化简扣 5 分，结果不正确扣 5 分，扣完为止		
6	计算退补电量	正确计算退补电量	10	退补电量结果不正确扣 5 分，扣完为止		
7	现场恢复	恢复现场	10	未进行现场恢复扣 10 分		
合计			100			

计量装置设置：

（1）考试使用电能表为仿真表，通过模拟装置进行参数设置，相电压分别为 220、220、220V，相电流分别为 1、1、1A。

（2）默认设置为经电流互感器低压三相四线制电能表，假定负荷三相平衡，表尾电压接线为 bca，电流接线为 cab，表尾电流进出反接元件为一元件、二元件、三元件，功率因数角为 30°。

Jc0004252073－8　经电流互感器低压三相四线制电能计量装置接线分析。（100 分）

考核知识点：经电流互感器低压三相四线制电能计量装置接线分析

难易度：中

技能等级评价专业技能考核操作工作任务书

一、任务名称

经电流互感器低压三相四线制电能计量装置接线分析。

二、适用工种

抄表核算收费员技师。

三、具体任务

使用相位伏安表完成指定经电流互感器低压三相四线制电能计量装置相关参数的测量，分析接线形式并计算错误接线的更正系数及退补电量。

四、工作规范及要求

（1）着装符合要求，穿全棉长袖工作服、绝缘鞋，戴安全帽、线手套。

（2）携带自备工具（钢笔或中性笔、计算器、三角尺）进入现场，待考评老师宣布许可工作命令后开始工作并计时。

（3）打开计量柜（箱）门之前必须对柜（箱）体验电，现场操作严格执行《国家电网有限公司营销现场作业安全工作规程（试行）》。

（4）工作结束清理现场，并向监考老师报告。

五、考核及时间要求

本考核时间为 30 分钟，时间到停止考核。

三相四线制电能计量装置检查项目见表 Jc0004252073－8。

表 Jc0004252073－8

<table>
<tr><td>编号</td><td></td><td>姓名</td><td></td><td>工位号</td><td></td></tr>
<tr><td colspan="6">一、电能表基本信息（有功）</td></tr>
<tr><td>型号</td><td></td><td>准确度等级</td><td></td><td>出厂编号</td><td></td></tr>
<tr><td>规格</td><td colspan="2">V；　　A</td><td>制造厂家</td><td colspan="2"></td></tr>
<tr><td colspan="6">二、实测数据</td></tr>
<tr><td>相电压</td><td>$U_1=$</td><td>$U_2=$</td><td>$U_3=$</td><td colspan="2" rowspan="5">三、错误接线形式（下标用 A、B、C 表示）
第一元件：
第二元件：
第三元件：</td></tr>
<tr><td>电流</td><td>$I_1=$</td><td>$I_2=$</td><td>$I_3=$</td></tr>
<tr><td colspan="4">电压相序：</td></tr>
<tr><td rowspan="2">相位</td><td>$\dot{U}_1 \hat{} \dot{U}_2=$</td><td colspan="2">基准相：</td></tr>
<tr><td>$\dot{U}_1 \hat{} \dot{I}_1=$</td><td>$\dot{U}_1 \hat{} \dot{I}_2=$</td><td>$\dot{U}_1 \hat{} \dot{I}_3=$</td></tr>
<tr><td colspan="3">四、错误接线相量图
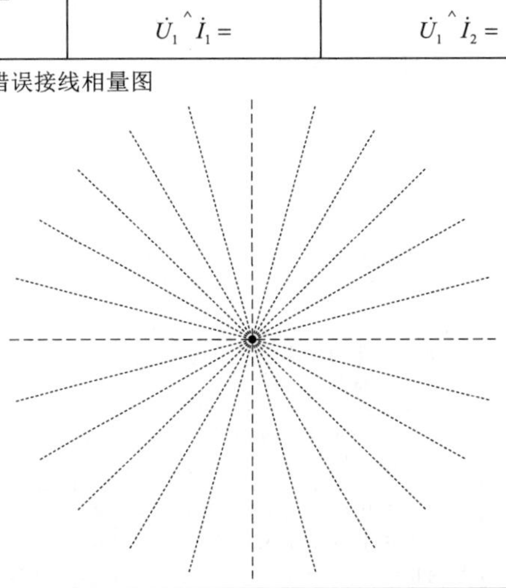</td><td colspan="3">五、错误接线示意图</td></tr>
</table>

续表

六、写出错误接线的功率表达式： $P_1=$ $P_2=$ $P_3=$ $P_{总}=$
七、计算更正系数
八、计算退补电量（错误期间电能表走字 50kWh，综合倍率为 100）

技能等级评价专业技能考核操作评分标准

工种	抄表核算收费员				评价等级	技师
项目模块	电能计量—三相四线制电能表—电能计量装置错误接线分析			编号	Jc0004252073－8	
单位		准考证号			姓名	
考试时限	30 分钟	题型	单项操作		题分	100 分
成绩		考评员		考评组长	日期	
试题正文	经电流互感器低压三相四线制电能计量装置接线分析					
需要说明的问题和要求	（1）要求单人操作。 （2）操作应注意安全，按照标准化作业书的技术安全说明做好安全措施					

序号	项目名称	质量要求	满分	扣分标准	扣分原因	得分
1	工具使用及安全措施					
1.1	相关安全措施的准备	戴安全帽，穿全棉长袖工作服，穿绝缘鞋，操作时戴线手套，打开柜门前需先验电	5	准备不齐全或着装不规范每项扣 1 分，扣完为止		
1.2	各种工器具正确使用	正确使用验电笔，熟练正确使用相位伏安表	5	未验电扣 2 分，验电方法不当扣 1 分；工器具掉落每次扣 1 分；相位伏安表使用不当每次扣 1 分；测量过程摘手套扣 2 分；测量完毕后再次申请测量扣 5 分；扣完为止		
2	数据测量	正确填写电能表基本信息，正确记录实测数据并判断电压相序	10	电能表基本信息填写不正确，每处扣 1 分；测量数据不正确每项扣 1 分；无单位每处扣 0.5 分，最多扣 2 分；相序判断不正确扣 2 分；扣完为止		
3	绘制错误接线图及相量图					
3.1	错误接线相量图	正确绘制错误接线相量图	15	电压、电流相量标记错误每项扣 2 分，无相量符号扣 1 分；相量角度偏差超过 15°每项扣 2 分；未标记功率因数角每项扣 2 分；扣完为止		
3.2	错误接线形式	正确判断错误接线形式	10	错误接线形式判断不正确每项扣 2 分，扣完为止		
3.3	错误接线示意图	正确绘制错误接线示意图	15	电压、电流回路接线不正确，每处扣 2 分；中性线接线不正确扣 2 分；未标注同名端扣 2 分；扣完为止		
4	计算功率表达式					
4.1	各元件的功率表达式	正确书写各元件的功率表达式	6	每个元件的功率表达式不正确扣 2 分，扣完为止		
4.2	计算总功率	正确计算总功率	4	每个元件的功率表达式不正确扣 4 分，未化简扣 2 分，扣完为止		
5	计算更正系数	正确计算更正系数	10	更正系数表达式不正确扣 10 分，未化简扣 5 分，结果不正确扣 5 分，扣完为止		

续表

序号	项目名称	质量要求	满分	扣分标准	扣分原因	得分
6	计算退补电量	正确计算退补电量	10	退补电量公式列写不正确扣 10 分，计算结果不正确扣 5 分，扣完为止		
7	现场恢复	恢复现场	10	未进行现场恢复扣 10 分		
合计			100			

计量装置设置：

（1）考试使用电能表为仿真表，通过模拟装置进行参数设置，相电压分别为 220、220、220V，相电流分别为 1、1、1A。

（2）默认设置为经电流互感器低压三相四线制电能表，假定负荷三相平衡，表尾电压接线为 bac，电流接线为 abc，表尾电流进出反接元件为一元件、三元件，电压断相为 C 相，功率因数角为 25°。

Jc0004252074－1　三相三线制电能计量装置接线分析。（100 分）

考核知识点：经电流互感器低压三相三线制电能计量装置接线分析

难易度：中

技能等级评价专业技能考核操作工作任务书

一、任务名称

三相三线制电能计量装置接线分析。

二、适用工种

抄表核算收费员技师。

三、具体任务

使用相位伏安表完成指定三相三线制电能计量装置相关参数的测量，分析接线形式并计算错误接线的更正系数及退补电量。

四、工作规范及要求

（1）着装符合要求，穿全棉长袖工作服、绝缘鞋，戴安全帽、线手套。

（2）携带自备工具（钢笔或中性笔、计算器、三角尺）进入现场，待考评老师宣布许可工作命令后开始工作并计时。

（3）打开计量柜（箱）门之前必须对柜（箱）体验电，现场操作严格执行《国家电网有限公司营销现场作业安全工作规程（试行）》。

（4）工作结束清理现场，并向监考老师报告。

五、考核及时间要求

本考核时间为 30 分钟，时间到停止考核。

三相三线制电能计量装置检查项目见表 Jc0004252074－1。

表 Jc0004252074－1

编号		姓名		工位号	

一、实测数据

表 1　测定三相电压、电流

U_{12}	U_{32}	U_{13}	I_1	I_2

表 2　确定 B 相

U_{1n}	U_{2n}	U_{3n}

续表

表 3　　测定电压、电流相位及确定相序

<table>
<tr><td>相位差</td><td>$\dot{U}_{32}$</td><td>$\dot{I}_1$</td><td>$\dot{I}_2$</td><td>电压相序判断</td><td rowspan="2">电压相别判断</td><td>U_1</td><td>U_2</td><td>U_3</td></tr>
<tr><td>$\dot{U}_{12}$</td><td></td><td></td><td></td><td></td><td></td><td></td><td></td></tr>
</table>

二、错误接线相量图

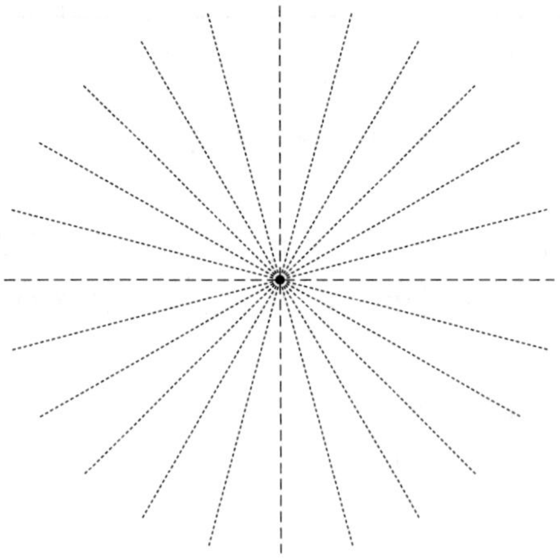

三、错误接线示意图

四、判断结论

<table>
<tr><td rowspan="2">接线组别</td><td>第一元件：</td><td rowspan="2">说明：</td></tr>
<tr><td>第二元件：</td></tr>
</table>

五、写出错误接线的功率表达式：

$P_1=$　　　　$P_2=$　　　　$P_{总}=$

六、计算更正系数

七、计算退补电量

技能等级评价专业技能考核操作评分标准

<table>
<tr><td>工种</td><td colspan="6">抄表核算收费员</td><td>评价等级</td><td>技师</td></tr>
<tr><td>项目模块</td><td colspan="5">电能计量—三相三线制电能表—电能计量装置错误接线分析</td><td>编号</td><td colspan="2">Jc0004252074－1</td></tr>
<tr><td>单位</td><td colspan="3"></td><td>准考证号</td><td colspan="2"></td><td>姓名</td><td></td></tr>
<tr><td>考试时限</td><td colspan="2">30 分钟</td><td>题型</td><td colspan="3">单项操作</td><td>题分</td><td>100 分</td></tr>
<tr><td>成绩</td><td></td><td>考评员</td><td></td><td>考评组长</td><td colspan="2"></td><td>日期</td><td></td></tr>
<tr><td>试题正文</td><td colspan="8">三相三线制电能计量装置接线分析</td></tr>
<tr><td>需要说明的问题和要求</td><td colspan="8">（1）要求单人操作。
（2）操作应注意安全，按照标准化作业书的技术安全说明做好安全措施</td></tr>
</table>

序号	项目名称	质量要求	满分	扣分标准	扣分原因	得分
1	工具使用及安全措施					
1.1	相关安全措施的准备	戴安全帽，穿全棉长袖工作服，穿绝缘鞋，操作时戴线手套，打开柜门前需先验电	5	准备不齐全或着装不规范每项扣 1 分，扣完为止		
1.2	各种工器具正确使用	正确使用验电笔，熟练正确使用相位伏安表	5	未验电扣 2 分，验电方法不当扣 1 分；工器具掉落每次扣 1 分；相位伏安表使用不当每次扣 1 分；测量过程摘手套扣 2 分；测量完毕后再次申请测量扣 5 分；扣完为止		

续表

序号	项目名称	质量要求	满分	扣分标准	扣分原因	得分
2	数据测量	正确填写电能表基本信息，正确记录实测数据并判断电压相序	10	电能表基本信息填写不正确，每处扣1分；测量数据不正确每项扣1分；无单位每处扣0.5分，最多扣2分；相序判断不正确扣2分；扣完为止		
3	绘制错误接线图及相量图					
3.1	错误接线相量图	正确绘制错误接线相量图	15	电压、电流相量标记错误每项扣2分，无相量符号扣1分；相量角度偏差超过15°每项扣2分；未标记功率因数角每项扣2分；扣完为止		
3.2	错误接线形式	正确判断错误接线形式	10	错误接线形式判断不正确每项扣2分，扣完为止		
3.3	错误接线示意图	正确绘制错误接线示意图	15	电压、电流回路接线不正确，每处扣2分；中性线接线不正确扣2分；未标注同名端扣2分；扣完为止		
4	计算功率表达式					
4.1	各元件的功率表达式	正确书写各元件的功率表达式	6	每个元件的功率表达式不正确扣3分，扣完为止		
4.2	计算总功率	正确计算总功率	4	每个元件的功率表达式不正确扣2分，未化简扣2分，扣完为止		
5	计算更正系数	正确计算更正系数	10	更正系数表达式不正确扣10分，未化简扣5分，结果不正确扣5分，扣完为止		
6	计算退补电量	正确计算退补电量	10	退补电量公式列写不正确扣10分，计算结果不正确扣5分，扣完为止		
7	现场恢复	恢复现场	10	未进行现场恢复扣10分		
合计			100			

计量装置设置：

（1）考试使用电能表为仿真表，通过模拟装置进行参数设置，相电压分别为57.7、57.7、57.7V，相电流分别为1、1、1A。

（2）默认设置为三相三线制电能表，假定负荷三相平衡，表尾电压接线为abc，电流接线为ac。

Jc0004252075－2 三相三线制电能计量装置接线分析。(100分)

考核知识点：三相三线制电能计量装置接线分析

难易度：中

技能等级评价专业技能考核操作工作任务书

一、任务名称

三相三线制电能计量装置接线分析。

二、适用工种

抄表核算收费员技师。

三、具体任务

使用相位伏安表完成指定三相三线制电能计量装置相关参数的测量，分析接线形式并计算错误接线的更正系数及退补电量。

四、工作规范及要求

（1）着装符合要求，穿全棉长袖工作服、绝缘鞋，戴安全帽、线手套。

（2）携带自备工具（钢笔或中性笔、计算器、三角尺）进入现场，待考评老师宣布许可工作命令后开始工作并计时。

（3）打开计量柜（箱）门之前必须对柜（箱）体验电，现场操作严格执行《国家电网有限公司营销现场作业安全工作规程（试行）》。

（4）工作结束清理现场，并向监考老师报告。

五、考核及时间要求

本考核时间为 30 分钟，时间到停止考核。

三相三线制电能计量装置检查项目见表 Jc0004252075－2。

表 Jc0004252075－2

编号		姓名		工位号	

一、实测数据

表 1　　测定三相电压、电流

U_{12}	U_{32}	U_{13}	I_1	I_2

表 2　　确定 B 相

U_{1n}	U_{2n}	U_{3n}

表 3　　测定电压、电流相位及确定相序

相位差	$\dot{U}_{32}$	$\dot{I}_1$	$\dot{I}_2$	电压相序判断	电压相别判断	U_1	U_2	U_3
$\dot{U}_{12}$								

二、错误接线相量图

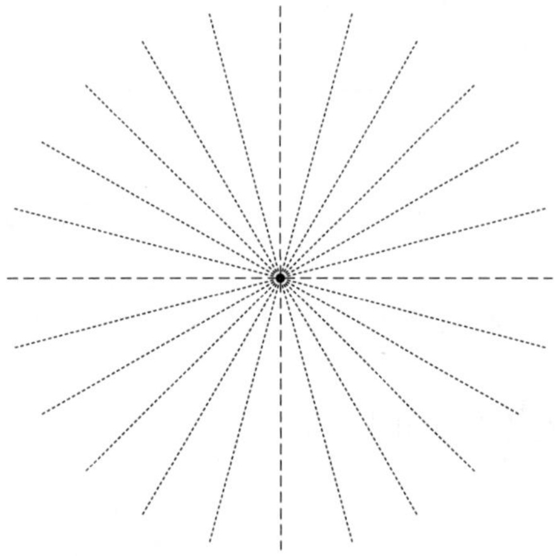

三、错误接线示意图

四、判断结论

接线组别	第一元件：	说明：
	第二元件：	

五、写出错误接线的功率表达式：

$P_1=$　　　　$P_2=$　　　　$P_{总}=$

六、计算更正系数

七、计算退补电量（错误期间电能表走字 20kWh，综合倍率为 1000）

技能等级评价专业技能考核操作评分标准

工种	抄表核算收费员				评价等级	技师
项目模块	电能计量—三相三线制电能表—电能计量装置错误接线分析			编号	Jc0004252075－2	
单位		准考证号			姓名	
考试时限	30 分钟	题型	单项操作		题分	100 分
成绩		考评员		考评组长	日期	
试题正文	三相三线制电能计量装置接线分析					
需要说明的问题和要求	（1）要求单人操作。 （2）操作应注意安全，按照标准化作业书的技术安全说明做好安全措施					

序号	项目名称	质量要求	满分	扣分标准	扣分原因	得分
1	工具使用及安全措施					
1.1	相关安全措施的准备	戴安全帽，穿全棉长袖工作服，穿绝缘鞋，操作时戴线手套，打开柜门前需先验电	5	准备不齐全或着装不规范每项扣 1 分，扣完为止		
1.2	各种工器具正确使用	正确使用验电笔，熟练正确使用相位伏安表	5	未验电扣 2 分，验电方法不当扣 1 分；工器具掉落每次扣 1 分；相位伏安表使用不当每次扣 1 分；测量过程摘手套扣 2 分；测量完毕后再次申请测量扣 5 分；扣完为止		
2	数据测量	正确填写电能表基本信息，正确记录实测数据并判断电压相序	10	电能表基本信息填写不正确，每处扣 1 分；测量数据不正确每项扣 1 分；无单位每处扣 0.5 分，最多扣 2 分；相序判断不正确扣 2 分；扣完为止		
3	绘制错误接线图及相量图					
3.1	错误接线相量图	正确绘制错误接线相量图	15	电压、电流相量标记错误每项扣 2 分，无相量符号扣 1 分；相量角度偏差超过 15°每项扣 2 分；未标记功率因数角每项扣 2 分；扣完为止		
3.2	错误接线形式	正确判断错误接线形式	10	错误接线形式判断不正确每项扣 2 分，扣完为止		
3.3	错误接线示意图	正确绘制错误接线示意图	15	电压、电流回路接线不正确，每处扣 2 分；中性线接线不正确扣 2 分；未标注同名端扣 2 分；扣完为止		
4	计算功率表达式					
4.1	各元件的功率表达式	正确书写各元件的功率表达式	6	每个元件的功率表达式不正确扣 3 分，扣完为止		
4.2	计算总功率	正确计算总功率	4	每个元件的功率表达式不正确扣 2 分，未化简扣 2 分，扣完为止		
5	计算更正系数	正确计算更正系数	10	更正系数表达式不正确扣 10 分，未化简扣 5 分，结果不正确扣 5 分，扣完为止		
6	计算退补电量	正确计算退补电量	10	退补电量公式列写不正确扣 10 分，计算结果不正确扣 5 分，扣完为止		
7	现场恢复	恢复现场	10	未进行现场恢复扣 10 分		
合计			100			

计量装置设置：

（1）考试使用电能表为仿真表，通过模拟装置进行参数设置，相电压分别为 57.7、57.7、57.7V，相电流分别为 1、1、1A。

（2）默认设置为三相三线制电能表，假定负荷三相平衡，表尾电压接线为 bca，电流接线为 ac。

Jc0005252076　10kV 大工业直购电客户电量电费计算。（100 分）

考核知识点：直购电客户电量电费计算

难易度：中

技能等级评价专业技能考核操作工作任务书

一、任务名称

10kV 大工业直购电客户电量电费计算。

二、适用工种

抄表核算收费员技师。

三、具体任务

2019 年 8 月，某化学制品公司，供电方由七里沟变电站以 10kV 电压，经出口 519 工业园 I 线开关送出，向用电方受电点供电，高供高计。变压器容量为 2900kVA，电流互感器变比为 300A/5A，《供用电合同》约定：该客户按合约最大需量计收基本电费，客户与供电企业签订的需量核定值为 1700kWh，抄表例日为每月 20 日。该户签订了《直接交易购售电合同》，执行直购电电价政策，8 月年度计划电量为 105 万 kWh，基数电量计划按 15%进行提取。且该户属于享受自治区工业和信息化办公厅关于降低优先产业用电成本促进产业结构调整政策执行范围内的客户，准予执行的电价补贴标准为 0.07 元/kWh。抄录的电能表示数及电价见表 Jc0005252076，请计算 8 月应缴纳的电费及各项代征费［基本电价为 30 元/（kW・月），基本电费按自然月计算］。

表 Jc0005252076

表计关系	示数类型	上月示数	本月示数	现行电价标准（元/kWh）	大客户（年度）直购电电价标准（元/kWh）	输配电价标准（元/kWh）
NO117003	有功（总）	10 271.67	10 545.51			
	有功（峰）	3445.57	3537.21	0.544 3	0.347 9	0.155 12
	有功（平）	3394.57	3485.36	0.394 9	0.248 5	0.110 8
	有功（谷）	3431.53	3522.94	0.245 5	0.149 1	0.066 48
	无功（总）	2509	2594.05			
	需量		0.348 6			

四、工作规范及要求

（1）自备钢笔或中性笔。

（2）计算公式、步骤正确。

（3）电价执行正确。

五、考核及时间要求

本考核为计算实操任务，严格按照规定步骤完成，考核时间为 60 分钟。

技能等级评价专业技能考核操作评分标准

<table>
<tr><td>工种</td><td colspan="4">抄表核算收费员</td><td>评价等级</td><td>技师</td></tr>
<tr><td>项目模块</td><td colspan="3">新型业务—新型业务知识</td><td>编号</td><td colspan="2">Jc0005252076</td></tr>
<tr><td>单位</td><td colspan="2"></td><td>准考证号</td><td></td><td>姓名</td><td></td></tr>
<tr><td>考试时限</td><td>60 分钟</td><td>题型</td><td colspan="2">综合操作</td><td>题分</td><td>100 分</td></tr>
</table>

续表

成绩		考评员		考评组长		日期	
试题正文	10kV 大工业直购电客户电量电费计算						
需要说明的问题和要求	（1）要求单人完成。 （2）需列式计算，写出计算公式、步骤，数据清晰						

序号	项目名称	质量要求	满分	扣分标准	扣分原因	得分
1	综合倍率	综合倍率计算正确	15	综合倍率错误扣 15 分		
2	市场化售电峰谷电费	市场化售电峰谷电费、市场化售电代征费计算正确	18	市场化售电未执行峰谷电价、电费，每错一项扣 2 分，市场化售电代征费每错一项扣 1 分，扣完为止		
3	总表有功、无功电量	总表有功、无功电量计算正确	6	总表有功、无功电量错误均扣 3 分，扣完为止		
4	基本电费	计费需量计算正确	10	计费需量换表前、后折算值计算错误各扣 5 分，扣完为止		
		基本电费金额计算正确	5	基本电费计算错误扣 5 分		
5	功率因数	表达式规范完整、计算数值正确	10	表达式错误、计算错误各扣 5 分，扣完为止		
		调整系数和调整金额计算正确	10	调整系数和调整金额错误各扣 5 分，扣完为止		
6	总表峰谷电量电费	总表峰谷电量电费计算正确	12	总表峰谷电量电费错误一项扣 2 分，扣完为止		
7	代征费	代征费计算正确	10	代征费错误一项扣 2 分，扣完为止		
8	应收电费计算	应收电费计算正确	4	应收电费计算错误扣 4 分		
合计			100			

Jc0005252077　绘制掌上电力电费充值流程图。（100 分）

考核知识点：绘制流程图

难易度：中

技能等级评价专业技能考核操作工作任务书

一、任务名称

绘制掌上电力电费充值流程图。

二、适用工种

抄表核算收费员技师。

三、具体任务

请绘制掌上电力电费充值流程图。

四、工作规范及要求

（1）自备钢笔或中性笔。

（2）文字描述条理清晰，简明扼要。

（3）正确绘制掌上电力电费充值流程图。

五、考核及时间要求

本考核为绘制流程实操任务，严格按照规定步骤完成，考核时间为 30 分钟。

技能等级评价专业技能考核操作评分标准

工种	抄表核算收费员					评价等级	技师
项目模块	新型业务—新型业务知识				编号	Jc0005252077	
单位			准考证号			姓名	
考试时限	30分钟	题型	单项操作			题分	100分
成绩		考评员		考评组长		日期	
试题正文	绘制掌上电力电费充值流程图						
需要说明的问题和要求	（1）要求单人完成。 （2）自备钢笔或中性笔						

序号	项目名称	质量要求	满分	扣分标准	扣分原因	得分
1	开始	图形规范，表述准确	10	不规范、表述错误扣10分		
2	流程步骤	图形规范，表述准确	80	步骤错、漏一处扣15分，扣完为止		
3	结束	图形规范，表述准确	10	不规范、表述错误扣10分		
合计			100			

Jc0005252078　绘制市场化客户抄表核算发行电费流程图。（100分）

考核知识点：绘制流程图

难易度：中

技能等级评价专业技能考核操作工作任务书

一、任务名称

绘制市场化客户抄表核算发行电费流程图。

二、适用工种

抄表核算收费员技师。

三、具体任务

请绘制营销业务市场化客户抄表核算发行电费流程图。

四、工作规范及要求

（1）自备计算器、铅笔、橡皮、钢笔、中性笔、直尺等。

（2）按照营销业务应用系统及市场化系统规范绘制流程。

五、考核及时间要求

本考核时间为30分钟，要求图形规范、文字描述清晰。

技能等级评价专业技能考核操作评分标准

工种	抄表核算收费员					评价等级	技师
项目模块	新型业务—新型业务知识				编号	Jc0005252078	
单位			准考证号			姓名	
考试时限	30分钟	题型	综合操作			题分	100分
成绩		考评员		考评组长		日期	
试题正文	绘制市场化客户抄表核算发行电费流程图						
需要说明的问题和要求	（1）要求单人完成。 （2）步骤规范、流程完整、准确清晰						

续表

序号	项目名称	质量要求	满分	扣分标准	扣分原因	得分
1	开始	图形规范，表述准确	10	不规范、表述错误扣 10 分		
2	主流程步骤	图形规范，表述准确	70	步骤错、漏一处扣 10 分，扣完为止		
3	审批	是否通过绘制分支	10	缺漏一处扣 10 分		
4	结束	图形规范，表述准确	10	不规范、表述错误扣 10 分		
合计			100			

Jc0005252079　分布式发电客户抄表及电费计算。（100 分）

考核知识点：分布式发电客户抄表及电费计算

难易度：中

技能等级评价专业技能考核操作工作任务书

一、任务名称

分布式发电客户抄表及电费计算。

二、适用工种

抄表核算收费员技师。

三、具体任务

（1）抄读指定三相四线电能表见表 Jc0005252079，完成铭牌信息及表内示数信息填写。

表 Jc0005252079

电能表铭牌参数		表内信息		
		示数类型	上一月	当前
电能表出厂编号		正向有功（总）		
参比电压		反向有功（总）		
标定电流及最大电流		Ⅰ象限无功（总）		
接线方式		Ⅱ象限无功（总）		
准确度等级		Ⅲ象限无功（总）		
电能表厂家		Ⅳ象限无功（总）		

（2）已知该户为分布式光伏客户，客户发电容量为 20MW，上网执行分布式电源上网标杆电价，电压互感器变比为 110kV/0.1kV，电流互感器变比为 150A/5A，该客户电能表安装在变电站专用线路间隔侧，根据公司关口计量点计算要求，上网电量计入变电站关口电能表反向电量。请根据表内信息计算客户当月上网电量电费及客户当月应向供电部门缴纳电费。（上网标杆电价为 0.259 5 元/kWh，销售电价为 0.364 9 元/kWh，代征费为 0.021 325 元/kWh）

四、工作规范及要求

（1）着装符合要求，穿全棉长袖工作服、绝缘鞋，戴安全帽、线手套。

（2）携带自备工具（钢笔或中性笔、计算器、线手套）进入现场，待考评老师宣布许可工作命令后开始工作并计时。

（3）打开计量柜（箱）门之前必须对柜（箱）体验电，现场操作严格执行《国家电网公司电力安全工作规程（配电部分）（试行）》。

（4）工作结束清理现场，并向监考老师报告。

五、考核及时间要求

本考核时间为 30 分钟，计时结束停止考核。

技能等级评价专业技能考核操作评分标准

<table>
<tr><td>工种</td><td colspan="6">抄表核算收费员</td><td>评价等级</td><td colspan="2">技师</td></tr>
<tr><td>项目模块</td><td colspan="5">新型业务—新型业务知识</td><td>编号</td><td colspan="3">Jc0005252079</td></tr>
<tr><td>单位</td><td colspan="3"></td><td>准考证号</td><td colspan="2"></td><td>姓名</td><td colspan="2"></td></tr>
<tr><td>考试时限</td><td colspan="2">30 分钟</td><td>题型</td><td colspan="3">单项操作</td><td>题分</td><td colspan="2">100 分</td></tr>
<tr><td>成绩</td><td></td><td>考评员</td><td></td><td>考评组长</td><td colspan="2"></td><td>日期</td><td colspan="2"></td></tr>
<tr><td>试题正文</td><td colspan="9">分布式发电客户抄表及电费计算</td></tr>
<tr><td>需要说明的问题和要求</td><td colspan="9">（1）要求单人操作。
（2）操作应注意安全，按照标准化作业书的技术安全说明做好安全措施</td></tr>
</table>

序号	项目名称	质量要求	满分	扣分标准	扣分原因	得分
1	安全文明生产	戴安全帽，穿全棉长袖工作服，穿绝缘鞋，操作时戴线手套，打开柜门前需先验电	10	有一项未按要求进行扣 5 分，扣完为止		
2	电能表抄读	电能表铭牌信息填写正确规范，表内示数信息填写正确规范	20	表格内每项数据未填写或填写错误扣 2 分，扣完为止		
3	电量计算	上网有功总电量计算正确，上网电费计算正确，下网有功总电量计算正确，下网电量功率因数计算正确，客户当月应缴纳电费计算正确	60	每项错误扣 12 分，扣完为止		
4	现场恢复	操作结束后清理现场杂物，并将工器具归位摆放整齐	10	现场留有杂物或工器具未归位扣 10 分		
合计			100			

Jc0005252080　执行居民电价的非居民客户执行分时电价的计算。（100 分）

考核知识点：分布式发电客户抄表及电费计算

难易度：中

技能等级评价专业技能考核操作工作任务书

一、任务名称

执行居民电价的非居民客户执行分时电价的计算。

二、适用工种

抄表核算收费员技师。

三、具体任务

某县青山乡方山村村部，煤改电后，安装本地费控表一只，客户选择执行峰谷分时电价，合同容量为 40kVA，电流互感器变比为 100A/5A，3 月抄见电能表示数信息见表 Jc0005252080，请计算该客户当月应缴纳电费多少元？

表 Jc0005252080

电能表编号	表计类型	示数类型	上次示数	本次示数	目录电度电价（元/kWh）
00100000104433	居民总表	有功（总）	637.42	845.77	0.498 6
00100000104433	居民总表	有功（峰）	252.35	311.74	—
00100000104433	居民总表	有功（谷）	355.80	504.77	—

四、工作规范及要求

（1）自备计算器、钢笔或中性笔。

（2）简答思路清晰、知识点明确。

（3）计算公式、步骤正确。

五、考核及时间要求

本考核为计算实操任务，严格按照规定步骤完成，考核时间 30 分钟。

技能等级评价专业技能考核操作评分标准

工种	抄表核算收费员				评价等级	技师
项目模块	新型业务—新型业务知识			编号	Jc0005252080	
单位		准考证号			姓名	
考试时限	30 分钟	题型	综合操作		题分	100 分
成绩		考评员		考评组长		日期
试题正文	执行居民电价的非居民客户执行分时电价的计算					
需要说明的问题和要求	（1）要求单人完成。 （2）需列式计算的写出计算公式、步骤，需文字描述的要规范					

序号	项目名称	质量要求	满分	扣分标准	扣分原因	得分
1	执行电价名称、政策	文字表达规范完整，要点明确	30	执行电价、政策内容缺一项扣 15 分，扣完为止		
2	煤改电电量	煤改电总、峰、谷电量计算正确	20	电量错误各扣 5 分，扣完为止		
3	煤改电电费	煤改电峰段、谷段电费计算正确	50	电费计算错误一项扣 25 分，扣完为止		
合计			100			

Jc0006262081 10kV 配电接地线装设误操作。（100 分）

考核知识点： 10kV 配电接地线装设误操作

难易度： 中

技能等级评价专业技能考核操作工作任务书

一、任务名称

10kV 配电接地线装设误操作。

二、适用工种

抄表核算收费员技师。

三、具体任务

2014 年 4 月 8 日 9 时左右，某供电公司工作负责人刘××（死者）带领工作班成员王××在倪岗分支线 41 号杆装设高压接地线两组（另一组装在同杆架设的废弃线路上，事后核实该废弃线路实际带电）。当王××在杆上装设好倪岗分支线的接地线后，因两人均误认为废弃多年的线路不带电，未验电就直接装设第二组接地线。接地线上升拖动过程中接地端连接桩头不牢固而脱落，地面监护人刘××未告知杆上人员即上前恢复脱落的接地桩头，此时王××正在杆上悬挂接地线，刘××因垂下的接地线并未接地且靠近自己背部，同时手部又接触了打入大地的接地极，随即触电倒地，经抢救无效死亡。请分析该起事件中违反营销现场作业安全工作规程的行为。

四、工作规范及要求

分析该起事件中违反营销现场作业安全工作规程的行为。

五、考核及时间要求

本考核间为30分钟，要求答题完整，文字描述应清晰、规范。

技能等级评价专业技能考核操作评分标准

工种	抄表核算收费员					评价等级	技师
项目模块	安全管理—安全管理知识				编号	Jc0006262081	
单位			准考证号			姓名	
考试时限	30分钟	题型	综合操作			题分	100分
成绩		考评员		考评组长		日期	
试题正文	10kV配电接地线装设误操作						
需要说明的问题和要求	（1）要求单人完成。 （2）分析该起事件中违反营销现场作业安全工作规程的行为，并说明违反营销现场作业安全工作规程中的哪条规定						

序号	项目名称	质量要求	满分	扣分标准	扣分原因	得分
1	分析原因	表达意思明确，文字描述清楚	75	每错、漏写一条扣15分，扣完为止		
2	每条原因分析的依据	写出原因分析的依据	25	每错、漏写一条扣5分，扣完为止		
合计			100			

第五章　高　级　技　师

Jc0001162001　表计异常处理。（100 分）

考核知识点：抄表异常分析及处理

难易度：中

技能等级评价专业技能考核操作工作任务书

一、任务名称

表计异常处理。

二、适用工种

抄表核算收费员高级技师。

三、具体任务

2020 年 8 月 10 日，某供电所接到上级部门下发的督办工单，主要工作内容：户号为 3056780011 的客户，非排灌期电量大于排灌期电量，请核查原因并上报处理结果，供电所立即安排台区经理核查，核查信息如下：

客户张某，SG186 系统查询客户用电类别为农业排灌，现场电能表为 2009 版三相本地费控电能表，现场核查，该客户主要用电为养殖业，多方证据证明客户自 2019 年 6 月 20 日开办养殖企业，作为台区经理，请处理如下问题。

（1）该客户扰乱正常供电秩序的行为属于什么用电行为?

（2）该客户用电行为违反了《供用电营业规则》的条款的哪一条?

（3）该违约责任的处理标准的具体内容有哪些?

（4）经采集系统查询的数据，如客户 2020 年 8 月 12 日接受处理（见表 Jc0001162001），请计算应补收电费及违约使用电费。（电价按现行电价，电量取整数，电费值取小数点后两位）

表 Jc0001162001

类型	2019 年 7 月 20 日示值	2020 年 8 月 12 日示值
总示数	4252	15 297
峰示数	1344	4744
平示数	1402	5120
谷示数	1506	5433

四、工作规范及要求

（1）着装符合要求，穿全棉长袖工作服、绝缘鞋，戴安全帽、线手套。

（2）携带自备工具（钢笔或中性笔、计算器线手套）进入现场，待考评老师宣布许可工作命令后开始工作并计时。

（3）打开计量柜（箱）门之前必须对柜（箱）体验电，现场操作严格执行《国家电网公司电力安全工作规程（配电部分）（试行）》。

（4）工作结束清理现场，并向监考师报告。

五、考核及时间要求

本考核时间为30分钟，计时结束停止考核。

技能等级评价专业技能考核操作评分标准

<table>
<tr><td>工种</td><td colspan="6">抄表核算收费员</td><td>评价等级</td><td colspan="2">高级技师</td></tr>
<tr><td>项目模块</td><td colspan="5">抄表管理—抄表方式</td><td>编号</td><td colspan="3">Jc0001162001</td></tr>
<tr><td>单位</td><td colspan="3"></td><td>准考证号</td><td colspan="2"></td><td>姓名</td><td colspan="2"></td></tr>
<tr><td>考试时限</td><td colspan="2">30分钟</td><td>题型</td><td colspan="3">单项操作</td><td>题分</td><td colspan="2">100分</td></tr>
<tr><td>成绩</td><td></td><td>考评员</td><td></td><td>考评组长</td><td colspan="2"></td><td>日期</td><td colspan="2"></td></tr>
<tr><td>试题正文</td><td colspan="9">表计异常处理</td></tr>
<tr><td>需要说明的问题和要求</td><td colspan="9">（1）要求单人操作。
（2）操作应注意安全，按照标准化作业书的技术安全说明做好安全措施</td></tr>
<tr><td>序号</td><td colspan="2">项目名称</td><td colspan="2">质量要求</td><td>满分</td><td colspan="2">扣分标准</td><td>扣分原因</td><td>得分</td></tr>
<tr><td>1</td><td colspan="2">判断客户属于哪类用电行为</td><td colspan="2">正确判断客户扰乱正常供电秩序的行为属于什么用电行为</td><td>10</td><td colspan="2">判断错误扣10分</td><td></td><td></td></tr>
<tr><td>2</td><td colspan="2">违约判断</td><td colspan="2">正确判断客户违法了《供用电营业规则》中的哪一条款</td><td>10</td><td colspan="2">《供用电营业规则》相关条款描述错误扣10分，描述不清酌情扣分，扣完为止</td><td></td><td></td></tr>
<tr><td>3</td><td colspan="2">违约用电处理的步骤</td><td colspan="2">该违约责任的处理标准的具体内容</td><td>30</td><td colspan="2">违约责任处理标准描述错误扣30分，描述不清酌情扣分，扣完为止</td><td></td><td></td></tr>
<tr><td>4</td><td colspan="2">补收电费计算</td><td colspan="2">峰段电费计算正确，平段电费计算正确，谷段电费计算正确，补收电费合计计算正确，违约使用电费计算正确</td><td>50</td><td colspan="2">每项计算错误扣10分，扣完为止</td><td></td><td></td></tr>
<tr><td colspan="3">合计</td><td colspan="2"></td><td>100</td><td colspan="2"></td><td></td><td></td></tr>
</table>

Jc0001162002　绘制审核异常发送工单流程图。（100分）

考核知识点：绘制流程图

难易度：中

技能等级评价专业技能考核操作工作任务书

一、任务名称

绘制审核异常发送工单流程图。

二、适用工种

抄表核算收费员高级技师。

三、具体任务

请绘制系统业务应用系统审核异常发送工单流程。

四、工作规范及要求

（1）自备计算器、铅笔、橡皮、钢笔、中性笔、直尺等。

（2）按照营销业务应用系统规范绘制流程。

五、考核及时间要求

本考核时间为20分钟，要求图形规范、文字描述清晰。

技能等级评价专业技能考核操作评分标准

工种	抄表核算收费员					评价等级	高级技师
项目模块	电费审核管理—审核异常处理				编号	Jc0001162002	
单位			准考证号			姓名	
考试时限	20 分钟	题型	单项操作			题分	100 分
成绩		考评员		考评组长		日期	
试题正文	绘制审核异常发送工单流程图						
需要说明的问题和要求	（1）要求单人完成。 （2）步骤规范、流程完整准确清晰						

序号	项目名称	质量要求	满分	扣分标准	扣分原因	得分
1	开始	图形规范，表述准确	10	不规范、表述错误扣 10 分		
2	流程步骤	图形规范，表述准确	80	步骤错、漏一处扣 15 分，扣完为止		
3	结束	图形规范，表述准确	10	不规范、表述错误扣 10 分		
合计			100			

Jc0001163003　供电方案存在问题分析。（100 分）

考核知识点：业扩报装管理规定、供电方案的编制的知识

难易度：难

技能等级评价专业技能考核操作工作任务书

一、任务名称

供电方案存在问题分析。

二、适用工种

抄表核算收费员高级技师。

三、具体任务

请对以下制定供电方案工作中存在的问题进行分析。

某煤矿企业于 2020 年 3 月 17 日到供电企业申请用电报装，报装容量为 6300kVA，客户填写的用电设备清单上注明井下通风机、井下载人电梯、井下抽水泵等一级负荷用电设备容量为 800kW。由于该煤矿地处农村，受供电条件限制（附近只有 35kV 电源），5 月 20 日，供电企业答复的供电方案为拟定该客户为一级重要客户，从某变电站以 35kV 单电源单回路供电，配置 1 台 6300kVA 变压器受电，同时应配置 1 台 1000kW 容量的发电机作为自备应急电源。8 月受电工程竣工后，该客户向政府安监部门申办安全生产许可证时，安监部门检查人员认为该煤矿供电电源配置不符合安全生产要求，客户随即向供电企业提出了质疑。

四、工作规范及要求

（1）写出违反了哪些规定。

（2）写出暴露了工作中出现的问题。

（3）写出今后整改的具体建议和意见。

五、考核及时间要求

本考核为计算实操任务，严格按照规定步骤完成，考核时间为 40 分钟。

技能等级评价专业技能考核操作评分标准

<table>
<tr><td>工种</td><td colspan="5">抄表核算收费员</td><td>评价等级</td><td colspan="2">高级技师</td></tr>
<tr><td>项目模块</td><td colspan="4">抄表管理—抄表方式</td><td>编号</td><td colspan="3">Jc0001163003</td></tr>
<tr><td>单位</td><td colspan="2"></td><td>准考证号</td><td colspan="2"></td><td>姓名</td><td colspan="2"></td></tr>
<tr><td>考试时限</td><td colspan="2">40 分钟</td><td>题型</td><td colspan="2">单项操作</td><td>题分</td><td colspan="2">100 分</td></tr>
<tr><td>成绩</td><td></td><td>考评员</td><td></td><td>考评组长</td><td></td><td>日期</td><td colspan="2"></td></tr>
<tr><td>试题正文</td><td colspan="8">供电方案存在问题分析</td></tr>
<tr><td>需要说明的问题和要求</td><td colspan="8">（1）要求单人完成。
（2）分析思路清晰，文字简洁规范，明确写出违反了哪些规定、暴露出的问题及整改的措施和建议</td></tr>
<tr><td>序号</td><td>项目名称</td><td colspan="2">质量要求</td><td>满分</td><td colspan="2">扣分标准</td><td>扣分原因</td><td>得分</td></tr>
<tr><td>1</td><td>违规条款</td><td colspan="2">内容正确全面</td><td>45</td><td colspan="2">缺一条扣 15 分，扣完为止</td><td></td><td></td></tr>
<tr><td>2</td><td>暴露问题</td><td colspan="2">内容正确全面</td><td>15</td><td colspan="2">缺一条扣 15 分</td><td></td><td></td></tr>
<tr><td>3</td><td>措施建议</td><td colspan="2">内容正确全面</td><td>40</td><td colspan="2">缺一条扣 20 分，扣完为止</td><td></td><td></td></tr>
<tr><td colspan="2">合计</td><td colspan="2"></td><td>100</td><td colspan="2"></td><td></td><td></td></tr>
</table>

Jc0001163004　高压客户临时、正式用电供电方案的确定。（100 分）

考核知识点：业扩报装管理规定、供电方案的编制的知识

难易度：难

技能等级评价专业技能考核操作工作任务书

一、任务名称

高压客户临时、正式用电供电方案的确定。

二、适用工种

抄表核算收费员高级技师。

三、具体任务描述

高阳村向当地供电公司申请安装一台 160kVA 变压器，用于建设唐徕渠电力排灌站泵房，6 个月电力排灌站建成后，该变压器原址不变，用于电力排灌站抽水灌溉农田。请问供电公司应为该客户办理何种用电业务？如何确定供电方案？收费项目有哪些？

四、工作规范及要求

（1）办理业务的名称。

（2）新装客户供电方案。

1）电源方案：明确负荷分类、电压等级、电源数量。

2）计量方案：明确计量点数量、计量方式、配置电能计量装置规格、数量、准确度等级。

3）计费方案：明确行业用电分类、电价类别、功率因数执行标准。

4）收费项目。

5）签订《供用电合同》类型。

（3）转正式用电后客户供电方案。

1）原客户费用的结算。

2）电源方案：明确负荷分类、电压等级、电源数量。

3）计量方案：明确计量点数量、计量方式。配置电能计量装置规格、数量、准确度等级。

4）计费方案：明确行业用电分类、电价类别、功率因数执行标准。

5）签订《供用电合同》类型。

五、考核及时间要求

本考核时间为30分钟，计算公式正确，文字描述清晰、规范。

技能等级评价专业技能考核操作评分标准

工种	抄表核算收费员				评价等级	高级技师
项目模块	抄表管理—抄表方式			编号	Jc0001163004	
单位		准考证号			姓名	
考试时限	30分钟	题型	单项操作		题分	100分
成绩		考评员		考评组长		日期
试题正文	高压客户临时、正式用电供电方案的确定					
需要说明的问题和要求	（1）要求单人完成。 （2）方案完整，包括电源、计量、计费方案，方案的具体内容按工作规范及要求内容完成					

序号	项目名称	质量要求	满分	扣分标准	扣分原因	得分
1	办理业务名称	正确写出办理业务名称	4	错误扣4分		
2	新装客户供电方案					
2.1	客户电源方案	负荷分类正确	3	错误扣3分		
		电压等级正确	3	错误扣3分		
		电源数量正确	3	错误扣3分		
2.2	客户计量方案	计量点数量正确	3	错误扣3分		
		计量方式正确	3	错误扣3分		
		电能表数量正确	3	错误扣3分		
		电能表规格正确	6	错误扣6分		
		电能表准确等级正确	3	错误扣3分		
		互感器数量正确	3	错误扣3分		
		互感器变比正确	6	错误扣6分		
		互感器准确等级正确	3	错误扣3分		
2.3	计费方案	行业分类正确	3	错误扣3分		
		电价类别正确	3	错误扣3分		
		功率因数标准正确	3	错误扣3分		
2.4	收费项目及合同类型	收费项目及合同类型正确	3	每项错误扣1.5分，扣完为止		
3	用电类别变更后客户供电方案					
3.1	原客户费用的结算	结算方式正确	5	每项错误扣2.5分，扣完为止		
3.2	客户电源方案	负荷分类正确	2	错误扣2分		
		电压等级正确	2	错误扣2分		
		电源数量正确	2	错误扣2分		
3.3	客户计量方案	计量点数量正确	2	错误扣2分		
		计量方式正确	2	错误扣2分		
		电能表数量正确	2	错误扣2分		
		电能表规格正确	5	错误扣5分		
		电能表准确等级正确	2	错误扣2分		
		互感器数量正确	2	错误扣2分		
		互感器变比正确	5	错误扣5分		
		互感器准确等级正确	2	错误扣2分		

续表

序号	项目名称	质量要求	满分	扣分标准	扣分原因	得分
3.4	计费方案	行业分类正确	3	错误扣 3 分		
		电价类别正确	3	错误扣 3 分		
		功率因数标准正确	3	错误扣 3 分		
3.5	合同类型	合同类型正确	3	错误扣 3 分		
合计			100			

Jc0001162005　电能计量装置的配置。（100 分）

考核知识点：业扩报装管理规定，供电方案编制

难易度：中

技能等级评价专业技能考核操作工作任务书

一、任务名称

电能计量装置的配置。

二、适用工种

抄表核算收费员高级技师。

三、具体任务

某电力客户用电性质为汽车修理，已知全厂的三相动力装置总容量为 200kW，运行的功率因数为 0.85，请问该客户电能计量装置应如何选配？

四、工作规范及要求

（1）自备钢笔或圆珠笔。

（2）书写完整规范。

五、考核及时间要求

本考核时间为 30 分钟，计时结束停止考核。

技能等级评价专业技能考核操作评分标准

工种	抄表核算收费员				评价等级	高级技师
项目模块	抄表管理—抄表方式			编号	Jc0001162005	
单位		准考证号			姓名	
考试时限	30 分钟	题型	单项操作		题分	100 分
成绩		考评员		考评组长	日期	
试题正文	电能计量装置的配置					
需要说明的问题和要求	无					

序号	项目名称	质量要求	满分	扣分标准	扣分原因	得分
1	计量方式确定	描述规范	20	回答错误扣 10～20 分，扣完为止		
2	电能表配置	描述规范，配置正确	20	漏回答或回答错误一处扣 5 分，扣完为止		
3	互感器配置	描述规范，配置正确	20	漏回答或回答错误一处扣 5 分，扣完为止		
4	采集设备配置	描述规范，配置正确	10	回答错误扣 10 分		

续表

序号	项目名称	质量要求	满分	扣分标准	扣分原因	得分
5	计量柜配置	描述规范，配置正确	10	回答错误扣 10 分		
6	计量二次回路选择	描述规范，配置正确	20	漏回答或回答错误一处扣 5 分，扣完为止		
合计			100			

Jc0001163006　10kV 高压客户用电方案确定。(100 分)

考核知识点： 业扩报装管理规定，供电方案编制

难易度： 难

技能等级评价专业技能考核操作工作任务书

一、任务名称

10kV 高压客户用电方案确定。

二、适用工种

抄表核算收费员高级技师。

三、具体任务

某 10kV 新装工业客户，变压器安装于室外。客户总视在功率为 3600kVA，其中一、二级负荷的视在计算负荷为 1800kVA，自然功率因数为 0.8。试选择该客户配电变压器型式、台数和容量。

四、工作规范及要求

（1）根据客户现场信息提供用电方案。

（2）根据客户的具体情况结合用电设备类型和电费的经济性原则。

五、考核及时间要求

本考核为计算实操任务，严格按照规定步骤完成，考核时间为 40 分钟。

技能等级评价专业技能考核操作评分标准

工种	抄表核算收费员					评价等级	高级技师
项目模块	抄表管理—抄表方式				编号	Jc0001163006	
单位			准考证号			姓名	
考试时限	40 分钟		题型	综合操作		题分	100 分
成绩		考评员		考评组长		日期	
试题正文	10kV 高压客户用电方案确定						
需要说明的问题和要求	（1）要求单人完成。 （2）答案要点明确，条理清晰，术语规范						

序号	项目名称	质量要求	满分	扣分标准	扣分原因	得分
1	变压器类型	写出变压器型号、规格	20	类型、规格不明确各扣 10 分，扣完为止		
2	变压器台数	写出变压器台数及选择原因	10	台数及选择原因错各扣 5 分，扣完为止		
3	变压器容量	写出变压器容量	20	少此项扣 20 分		
		负荷级因素	10	少此项扣 10 分		
		负荷率因素	20	少此项扣 20 分		
		故障因素	20	少此项扣 20 分		
合计			100			

Jc0001163007　高压新装客户供电方案确定。(100 分)

考核知识点：业扩报装管理规定，供电方案编制

难易度：难

技能等级评价专业技能考核操作工作任务书

一、任务名称

高压新装客户供电方案确定。

二、适用工种

抄表核算收费员高级技师。

三、具体任务描述

某面粉加工厂到供电公司申请安装 500kVA 变压器一台，用于面粉加工用电，其中动力用电 420kW，照明用电 10kW，请确定客户的电源、计量、计费方案。

四、工作规范及要求

（1）写出电源方案：明确负荷分类、电压等级、电源数量。

（2）写出计量方案：明确计量点数量、计量方式、配置电能表规格、数量、准确度等级、互感器变比、数量、准确度等级。

（3）写出计费方案：明确行业分类、电价类别、功率因数标准。

五、考核及时间要求

本考核时间为 20 分钟，计算公式应正确，文字描述应清晰、规范。

技能等级评价专业技能考核操作评分标准

工种	抄表核算收费员					评价等级	高级技师
项目模块	抄表管理—抄表方式				编号	Jc0001163007	
单位			准考证号			姓名	
考试时限	20 分钟		题型	综合操作		题分	100 分
成绩		考评员		考评组长		日期	
试题正文	高压新装客户供电方案确定						
需要说明的问题和要求	（1）要求单人完成。 （2）方案完整，包括电源、计量、计费方案，方案的具体内容按工作规范要求内容完成						

序号	项目名称	质量要求	满分	扣分标准	扣分原因	得分
1	电源方案	负荷分类正确	5	错误扣 5 分		
		电压等级正确	5	错误扣 5 分		
		电源数量正确	5	错误扣 5 分		
2	计量方案	计量点数量正确	5	错误扣 5 分		
		计量方式正确	10	错误一处扣 5 分，扣完为止		
		电能表数量正确	5	错误一处扣 2.5 分，扣完为止		
		电能表准确等级正确	5	错误一处扣 2.5 分，扣完为止		
		电能表规格正确	10	错误一处扣 5 分，扣完为止		
		互感器数量正确	5	错误一处扣 2.5 分，扣完为止		
		互感器变比正确	10	错误一处扣 5 分，扣完为止		
		互感器准确等级正确	5	错误一处扣 2.5 分，扣完为止		

续表

序号	项目名称	质量要求	满分	扣分标准	扣分原因	得分
3	计费方案	行业分类正确	10	错误扣 10 分		
		电价类别正确	10	错误一处扣 5 分，扣完为止		
		功率因数标准正确	10	错误一处扣 5 分，扣完为止		
合计			100			

Jc0001163008　制定光伏发电自发自用余电上网接入方案。（100 分）

考核知识点：业扩报装管理规定，供电方案编制

难易度：难

技能等级评价专业技能考核操作工作任务书

一、任务名称

制定光伏发电自发自用余电上网接入方案。

二、适用工种

抄表核算收费员高级技师。

三、具体任务描述

某县供电公司低压商业客户叶××，用电容量为 5kW，向供电公司申请分布式电源项目接入，项目名称为红军超市 3kW 屋顶分布式光伏发电项目，发电量消纳方式为自发自用余电上网。请为该客户制定接入方案，具体为并网点方案、计量点方案、计费方案。

四、工作规范及要求

（1）写出并网点方案：明确并网点数量、接入公共线路电压等级、接入容量。

（2）写出计量方案：明确计量点数量、计量方式、计量点主用途类型、配置电能表规格、数量、准确度等级。

（3）写出计费方案：明确行业分类、电价类别、是否执行峰谷分时标志。

五、考核及时间要求

本考核时间为 20 分钟，计算公式正确，文字描述清晰、规范。

技能等级评价专业技能考核操作评分标准

<table>
<tr><td>工种</td><td colspan="5">抄表核算收费员</td><td>评价等级</td><td>高级技师</td></tr>
<tr><td>项目模块</td><td colspan="4">抄表管理—抄表方式</td><td>编号</td><td colspan="2">Jc0001163008</td></tr>
<tr><td>单位</td><td colspan="3"></td><td>准考证号</td><td></td><td>姓名</td><td></td></tr>
<tr><td>考试时限</td><td colspan="2">20 分钟</td><td>题型</td><td colspan="2">综合操作</td><td>题分</td><td>100 分</td></tr>
<tr><td>成绩</td><td></td><td>考评员</td><td></td><td>考评组长</td><td></td><td>日期</td><td></td></tr>
<tr><td>试题正文</td><td colspan="7">制定光伏发电自发自用余电上网接入方案</td></tr>
<tr><td>需要说明的问题和要求</td><td colspan="7">（1）要求单人完成。
（2）方案完整，包括并网点、计量点、计费点方案，计量装置配置合理，写出分布式上网电价和分布式可再生能源补助电价即可</td></tr>
</table>

序号	项目名称	质量要求	满分	扣分标准	扣分原因	得分
1	并网点方案	并网点数量正确	5	错误扣 5 分		
		接入公共电网电压等级正确	5	错误扣 5 分		
		接入容量正确	5	错误扣 5 分		

续表

序号	项目名称	质量要求	满分	扣分标准	扣分原因	得分
2	计量点方案	计量点数量正确	5	错误一处扣 2.5 分，扣完为止		
		计量方式正确	10	错误一处扣 5 分，扣完为止		
		计量点主用途类型正确	10	错误一处扣 5 分，扣完为止		
		电能表数量正确	10	错误一处扣 5 分，扣完为止		
		电能表准确度等级正确	10	错误一处扣 5 分，扣完为止		
		电能表规格正确	10	错误一处扣 5 分，扣完为止		
3	计费方案	行业分类正确	10	错误扣 10 分		
		电价类别正确	10	错误一处扣 5 分，扣完为止		
		执行分时电价标志正确	10	错误一处扣 5 分，扣完为止		
合计			100			

Jc0001163009　绘制非政策退补流程图。（100 分）

考核知识点： 营销业务应用的操作手册相关知识

难易度： 难

技能等级评价专业技能考核操作工作任务书

一、任务名称

绘制非政策退补流程图。

二、适用工种

抄表核算收费员高级技师。

三、具体任务

请绘制营销业务应用系统非政策退补流程图。

四、工作规范及要求

（1）自备计算器、铅笔、橡皮、钢笔、中性笔、直尺等。

（2）按照营销业务应用系统规范绘制流程。

五、考核及时间要求

本考核时间为 20 分钟，要求图形规范、文字描述清晰。

技能等级评价专业技能考核操作评分标准

<table>
<tr><td>工种</td><td colspan="6">抄表核算收费员</td><td>评价等级</td><td colspan="2">高级技师</td></tr>
<tr><td>项目模块</td><td colspan="5">抄表管理—抄表异常处理</td><td>编号</td><td colspan="3">Jc0001163009</td></tr>
<tr><td>单位</td><td colspan="3"></td><td>准考证号</td><td colspan="2"></td><td>姓名</td><td colspan="2"></td></tr>
<tr><td>考试时限</td><td colspan="2">20 分钟</td><td>题型</td><td colspan="3">单项操作</td><td>题分</td><td colspan="2">100 分</td></tr>
<tr><td>成绩</td><td></td><td>考评员</td><td></td><td>考评组长</td><td colspan="2"></td><td>日期</td><td colspan="2"></td></tr>
<tr><td>试题正文</td><td colspan="9">绘制非政策退补流程图</td></tr>
<tr><td>需要说明的问题和要求</td><td colspan="9">（1）要求单人完成。
（2）步骤规范、流程完整准确清晰</td></tr>
<tr><td>序号</td><td colspan="2">项目名称</td><td colspan="2">质量要求</td><td>满分</td><td colspan="2">扣分标准</td><td>扣分原因</td><td>得分</td></tr>
<tr><td>1</td><td colspan="2">开始</td><td colspan="2">图形规范，表述准确</td><td>10</td><td colspan="2">不规范、表述错误扣 10 分</td><td></td><td></td></tr>
<tr><td>2</td><td colspan="2">流程步骤</td><td colspan="2">图形规范，表述准确</td><td>80</td><td colspan="2">步骤错、漏一处扣 15 分，扣完为止</td><td></td><td></td></tr>
<tr><td>3</td><td colspan="2">结束</td><td colspan="2">图形规范，表述准确</td><td>10</td><td colspan="2">不规范、表述错误扣 10 分</td><td></td><td></td></tr>
<tr><td colspan="3">合计</td><td colspan="2"></td><td>100</td><td colspan="2"></td><td></td><td></td></tr>
</table>

Jc0001163010　绘制抄表核算发行电费流程图。（100分）

考核知识点：营销业务应用的操作手册相关知识

难易度：难

技能等级评价专业技能考核操作工作任务书

一、任务名称

绘制抄表核算发行电费流程图。

二、适用工种

抄表核算收费员高级技师。

三、具体任务

请绘制营销业务抄表核算发行电费流程图。

四、工作规范及要求

（1）自备计算器、铅笔、橡皮、钢笔、中性笔、直尺等。

（2）按照营销业务应用系统规范绘制流程。

五、考核及时间要求

本考核时间为30分钟，要求图形规范、文字描述清晰。

技能等级评价专业技能考核操作评分标准

工种	抄表核算收费员					评价等级	高级技师
项目模块	抄表管理—抄表方式				编号	Jc0001163010	
单位			准考证号			姓名	
考试时限	30分钟		题型	单项操作		题分	100分
成绩		考评员		考评组长		日期	
试题正文	绘制抄表核算发行电费流程图						
需要说明的问题和要求	（1）要求单人完成。 （2）步骤规范、流程完整、准确清晰						

序号	项目名称	质量要求	满分	扣分标准	扣分原因	得分
1	开始	图形规范，表述准确	10	不规范、表述错误扣10分		
2	主流程步骤	图形规范，表述准确	70	步骤错、漏一处扣10分，扣完为止		
3	审批	是否通过绘制分支	10	缺漏一处扣10分		
4	结束	图形规范，表述准确	10	不规范、表述错误扣10分		
合计			100			

Jc0001162011　绘制低压批量新装户“一户一档一合同”流程图并简要说明。（100分）

考核知识点：营销业务应用的操作手册相关知识

难易度：中

技能等级评价专业技能考核操作工作任务书

一、任务名称

绘制低压批量新装户“一户一档一合同”流程图并简要说明。

二、适用工种

抄表核算收费员高级技师。

三、具体任务

请绘制低压批量新装户“一户一档一合同”流程图并简要说明。

四、工作规范及要求

（1）自备计算器、铅笔、橡皮、钢笔、中性笔、直尺等。

（2）按照营销业务应用系统规范绘制流程。

五、考核及时间要求

本考核时间为 30 分钟，要求图形规范、文字描述清晰。

技能等级评价专业技能考核操作评分标准

工种	抄表核算收费员					评价等级	高级技师
项目模块	抄表管理—抄表方式				编号	Jc0001162011	
单位			准考证号			姓名	
考试时限	30 分钟		题型	单项操作		题分	100 分
成绩		考评员		考评组长		日期	
试题正文	绘制低压批量新装户“一户一档一合同”流程图并简要说明						
需要说明的问题和要求	（1）要求单人完成。 （2）步骤规范、流程完整、准确清晰						

序号	项目名称	质量要求	满分	扣分标准	扣分原因	得分
1	开始	图形规范，表述完整准确	10	不规范、表述错误扣 10 分		
2	流程步骤	关键环节规范完整	40	步骤错、漏一处扣 8 分，扣完为止		
3	具体操作说明	操作说明表述完整准确	40	具体操作内容错、漏一处扣 8 分，扣完为止		
4	结束	图形规范，表述准确	10	不规范、表述错误扣 10 分		
合计			100			

Jc0001163012　用电信息采集系统应用及电费计算。（100 分）

考核知识点： 系统应用

难易度： 难

技能等级评价专业技能考核操作工作任务书

一、任务名称

用电信息采集系统应用及电费计算。

二、适用工种

抄表核算收费员高级技师。

三、具体任务

已知某供电公司表号为 0003696448 的客户，2016 年 6 月 23 日发生过失压异常。经现场工作人员提交的业务工作单反馈，“该户 A、B 相二次接线故障导致失压，失压时长为 32 940min，错误接线更正系数为 3”，请完成以下任务。

（1）在营销业务应用系统中通过表号查询出客户户号，在用电信息采集系统中查询该表计电压曲线，判断该户异常是否正确。

（2）根据系统写出失压发生时间及失压恢复时间，判断工作人员提供的失压时长是否正确。

（3）根据系统写出失压发生时刻有功总表码及失压恢复时刻有功总表码。

（4）判断现场工作人员更正系数计算是否正确，请计算客户失压期间应追补电量。

四、工作规范及要求

（1）在使用用电信息的用电信息采集系统及营销业务应用系统功能时，不得进行其他无关操作。

（2）自备钢笔或圆珠笔。

（3）提供 2016 年 6 月 23 日 A、B 相电压曲线截图；提供失压恢复时刻电压曲线截图，确定客户失压发生时间及恢复时间；提供失压时刻及失压恢复时刻电能示值曲线截图，确定失压期间表计抄见电量。

五、考核及时间要求

本考核时间为 30 分钟，计时结束停止考核。

技能等级评价专业技能考核操作评分标准

工种	抄表核算收费员				评价等级	高级技师	
项目模块	抄表管理—抄表异常处置			编号	Jc0001163012		
单位			准考证号		姓名		
考试时限	30 分钟	题型	单项操作		题分	100 分	
成绩		考评员		考评组长		日期	
试题正文	用电信息采集系统应用及电费计算						
需要说明的问题和要求	无						
序号	项目名称	质量要求	满分	扣分标准	扣分原因	得分	
1	营销业务应用系统档案查询	通过表号查询客户户号	5	漏答或错答扣 5 分			
2	失压时刻电压曲线查询	电压曲线截图能清楚反映 A 相电压值，电压曲线截图能清楚反映 B 相电压值，确定工作人员判断失压异常是否正确	30	每项数据错误扣 10 分，扣完为止			
3	失压时间确定	失压发生时刻时间确定正确，失压恢复时刻时间确定正确，提供失压恢复时间截图	30	每项数据错误扣 10 分，扣完为止			
4	失压期间表码确定	失压发生时刻表码确定正确，失压恢复时刻表码确定正确，提供失压发生及恢复时刻电能示值截图	20	每项数据错误扣 5 分，扣完为止			
5	电费计算	更正系数计算正确，失压期间抄见电量计算正确，追补电量计算正确	15	每项错误扣 5 分，扣完为止			
合计			100				

Jc0001162013 客户投诉案例分析。（100 分）

考核知识点：案例分析

难易度：中

技能等级评价专业技能考核操作工作任务书

一、任务名称

客户投诉案例分析。

二、适用工种

抄表核算收费员高级技师。

三、具体任务

2020 年 6 月 1 日，95598 接到某客户投诉，客户反映 2020 年 5 月 16 日前往供电营业厅，工作人员告知客户，由于长期不购电被销户，但客户表示一直处于正常用电。供电公司工作人员上门给客户更换一块新电能表，客户对未经同意在其正常用电情况下给其销户表示不满，要求供电公司相关部门尽快核实处理并尽快给客户合理解释。经调查，情况如下：2019 年年底该单位在梳理长期未购电户时发现该户自 2018 年 6 月后长达一年半未进行购电。经现场核实，该户为家用车库，多方联系未联系到车库业主，物业公司人员告知该车库一直未使用。该单位对该户进行销户处理。2020 年，客户欲使用车库，到营业厅购电发现销户，客户不满，造成投诉。供电企业擅自对客户进行销户符合相关规定吗？请分析此投诉暴露了哪些问题？并提出相关整改措施。

四、工作规范及要求

（1）自备钢笔或中性笔。

（2）文字描述条理清晰，简明扼要。

（3）正确描述此案例相关规定。

（4）正确分析此案例中暴露的问题并提出整改措施。

五、考核及时间要求

本考核为客户服务实操任务，严格按照规定步骤完成，考核时间为 45 分钟。

技能等级评价专业技能考核操作评分标准

工种	抄表核算收费员				评价等级	高级技师
项目模块	抄表管理—抄表异常处置			编号	Jc0001162013	
单位		准考证号			姓名	
考试时限	45 分钟	题型	单项操作		题分	100 分
成绩		考评员		考评组长	日期	
试题正文	客户投诉案例分析					
需要说明的问题和要求	（1）要求单人完成。 （2）自备钢笔或中性笔					

序号	项目名称	质量要求	满分	扣分标准	扣分原因	得分
1	销户	正确指出此案例中供电企业销户符合的相关规定	50	判断错误扣 20 分，不能正确描述相关规定扣 30 分，扣完为止		
2	综合分析	分析此案例暴露的问题及整改措施	50	暴露的问题及整改措施分别为 25 分，根据答案要点酌情扣分，扣完为止		
合计			100			

Jc0001162014　增容客户《供用电合同》变更案例分析。（100 分）

考核知识点：案例分析

难易度：中

技能等级评价专业技能考核操作工作任务书

一、任务名称

增容客户《供用电合同》变更案例分析。

二、适用工种

抄表核算收费员高级技师。

三、具体任务

2020 年某工业客户将其变压器由 160kVA 增容到 630kVA，按照《电力供应与使用条例》的规定，供电公司应与客户需要重新签订《供用电合同》，请问：

（1）什么情形下，允许变更或解除供用电合同？

（2）对上述客户供用电合同，应变更的内容有哪些？

四、工作规范及要求

问题回答全面，准确，条理清晰。

五、考核及时间要求

本考核时间为 20 分钟，文字描述应清晰，术语应规范。

技能等级评价专业技能考核操作评分标准

<table>
<tr><td>工种</td><td colspan="6">抄表核算收费员</td><td>评价等级</td><td colspan="2">高级技师</td></tr>
<tr><td>项目模块</td><td colspan="5">抄表管理—抄表异常处置</td><td>编号</td><td colspan="3">Jc0001162014</td></tr>
<tr><td>单位</td><td colspan="3"></td><td>准考证号</td><td colspan="2"></td><td>姓名</td><td colspan="2"></td></tr>
<tr><td>考试时限</td><td colspan="2">20 分钟</td><td>题型</td><td colspan="3">综合操作题</td><td>题分</td><td colspan="2">100 分</td></tr>
<tr><td>成绩</td><td></td><td>考评员</td><td></td><td>考评组长</td><td colspan="2"></td><td>日期</td><td colspan="2"></td></tr>
<tr><td>试题正文</td><td colspan="9">增容客户《供用电合同》变更案例分析</td></tr>
<tr><td>需要说明的问题和要求</td><td colspan="9">（1）要求单人完成。
（2）答案要点明确，写出允许变更或解除供用电合同的情况，已知客户供用电合同应变更的内容</td></tr>
<tr><td>序号</td><td>项目名称</td><td colspan="2">质量要求</td><td>满分</td><td colspan="3">扣分标准</td><td>扣分原因</td><td>得分</td></tr>
<tr><td>1</td><td>允许变更或解除供用电合同的情况</td><td colspan="2">写出共 4 条，内容正确全面</td><td>40</td><td colspan="3">错误一条扣 10 分，扣完为止</td><td></td><td></td></tr>
<tr><td>2</td><td>应变更的内容</td><td colspan="2">写出共 5 条，内容正确全面</td><td>60</td><td colspan="3">错误一条扣 12 分，扣完为止</td><td></td><td></td></tr>
<tr><td colspan="2">合计</td><td colspan="2"></td><td>100</td><td colspan="3"></td><td></td><td></td></tr>
</table>

Jc0001161015　实抄率计算、原因分析及整改措施。（100 分）

考核知识点：综合分析

难易度：易

技能等级评价专业技能考核操作工作任务书

一、任务名称

实抄率计算、原因分析及整改措施。

二、适用工种

抄表核算收费员高级技师。

三、具体任务

某供电所抄表总户数为 5000 户，6 月实际抄表 4865 户，请计算 6 月该供电所的实抄率，分析原因并提出整改措施。

四、工作规范及要求

列式计算实抄率，原因分析至少 5 条，整改措施至少 5 条，数值保留两位小数。

五、考核及时间要求

本考核时间为 20 分钟，要求答题完整，文字描述应清晰、规范。

技能等级评价专业技能考核操作评分标准

<table>
<tr><td>工种</td><td colspan="5">抄表核算收费员</td><td>评价等级</td><td colspan="2">高级技师</td></tr>
<tr><td>项目模块</td><td colspan="4">抄表管理—抄表作业流程及规范</td><td>编号</td><td colspan="3">Jc0001161015</td></tr>
<tr><td>单位</td><td colspan="2"></td><td>准考证号</td><td colspan="2"></td><td>姓名</td><td colspan="2"></td></tr>
<tr><td>考试时限</td><td>20 分钟</td><td>题型</td><td colspan="3">综合操作</td><td>题分</td><td colspan="2">100 分</td></tr>
<tr><td>成绩</td><td></td><td>考评员</td><td></td><td>考评组长</td><td></td><td>日期</td><td colspan="2"></td></tr>
<tr><td>试题正文</td><td colspan="8">实抄率计算、原因分析及整改措施</td></tr>
<tr><td>需要说明的问题和要求</td><td colspan="8">（1）要求单人完成。
（2）实抄率列式计算，原因分析正确，整改措施有效，文字描述清晰、规范</td></tr>
</table>

序号	项目名称	质量要求	满分	扣分标准	扣分原因	得分
1	实抄率	计算正确	20	公式错误扣 10 分，计算结果错误扣 10 分，扣完为止		
2	原因分析	写出 5 条，分析正确	40	每条错误扣 8 分，扣完为止		
3	整改措施	写出 5 条，措施有效	40	每条错误扣 8 分，扣完为止		
合计			100			

Jc0001143016　某小区居民客户远程充值超时。（100 分）

考核知识点： 抄表异常处理

难易度： 难

技能等级评价专业技能考核操作工作任务书

一、任务名称

某小区居民客户远程充值超时。

二、适用工种

抄表核算收费员高级技师。

三、具体任务

根据故障描述分析原因并提出合理的处理办法。

四、工作规范及要求

（1）携带自备工具（钢笔或中性笔）进入现场，待考评老师宣布许可工作命令后开始工作并计时。

（2）分析问题条理清晰。

（3）书写完整规范。

五、考核及时间要求

本考核时间为 30 分钟，时间到停止考核。

技能等级评价专业技能考核操作评分标准

<table>
<tr><td>工种</td><td colspan="5">抄表核算收费员</td><td>评价等级</td><td>高级技师</td></tr>
<tr><td>项目模块</td><td colspan="4">抄表管理—抄表异常处置</td><td>编号</td><td colspan="2">Jc0001143016</td></tr>
<tr><td>单位</td><td colspan="2"></td><td>准考证号</td><td colspan="2"></td><td>姓名</td><td></td></tr>
<tr><td>考试时限</td><td>30 分钟</td><td>题型</td><td colspan="3">单项操作</td><td>题分</td><td>100 分</td></tr>
<tr><td>成绩</td><td></td><td>考评员</td><td></td><td>考评组长</td><td></td><td>日期</td><td></td></tr>
<tr><td>试题正文</td><td colspan="7">某小区居民客户远程充值超时</td></tr>
<tr><td>需要说明的问题和要求</td><td colspan="7">无</td></tr>
</table>

续表

序号	项目名称	质量要求	满分	扣分标准	扣分原因	得分
1	原因分析	正确分析故障原因，写出分析该问题的详细步骤	50	分析故障原因错误扣50分；分析原因不完全，少一项扣20分；扣完为止		
2	提出处理方案	提出有效处理方案	50	未提出处理方案或处理方案不适用扣50分，描述不准确酌情扣分，扣完为止		
合计			100			

Jc0001143017　集中器冻结表码错误。（100分）

考核知识点：抄表异常处理

难易度：难

技能等级评价专业技能考核操作工作任务书

一、任务名称

集中器冻结表码错误。

二、适用工种

抄表核算收费员高级技师。

三、具体任务

某市供电公司在用电信息采集系统中查询日数据发现，某一台区时常会出现零星的表计某天停走的现象（经核实有负荷），发现某块表计现象如下：通过主站查询27、28日底码均为6332.5和6332.5，29日底码为6353.8，主站召测集中器中的日冻结与主站查询一致，通过主站透抄发现27日的底码为6332.5，28日的底码为6343.4，29日底码为6353.8。经过运维人员通过主站排查原因，发现该表计的时钟偏慢30分钟，集中器时钟无偏差，主站查询到集中器在27、28日及29日抄读该表计冻结的时间分别为00:45、00:15及00:38，说明该表计具备日冻结能力，且冻结有时标。

四、工作规范及要求

（1）携带自备工具（钢笔或中性笔）进入现场，待考评老师宣布许可工作命令后开始工作并计时。

（2）分析问题条理清晰。

（3）书写完整规范。

五、考核及时间要求

本考核时间为30分钟，时间到停止考核。

技能等级评价专业技能考核操作评分标准

<table>
<tr><td>工种</td><td colspan="5">抄表核算收费员</td><td>评价等级</td><td>高级技师</td></tr>
<tr><td>项目模块</td><td colspan="4">抄表管理—抄表异常处置</td><td>编号</td><td colspan="2">Jc0001143017</td></tr>
<tr><td>单位</td><td colspan="3"></td><td>准考证号</td><td></td><td>姓名</td><td></td></tr>
<tr><td>考试时限</td><td colspan="2">30分钟</td><td>题型</td><td colspan="2">单项操作</td><td>题分</td><td>100分</td></tr>
<tr><td>成绩</td><td></td><td>考评员</td><td></td><td>考评组长</td><td></td><td>日期</td><td></td></tr>
<tr><td>试题正文</td><td colspan="7">集中器冻结表码错误</td></tr>
<tr><td>需要说明的问题和要求</td><td colspan="7">（1）单人操作。
（2）操作时应注意安全，按照标准化作业指导书的技术安全说明做好安全措施</td></tr>
</table>

续表

序号	项目名称	质量要求	满分	扣分标准	扣分原因	得分
1	原因分析	正确分析故障原因，写出分析该问题的详细步骤	50	分析故障原因错误扣 50 分；分析原因不完全，少一项扣 20 分；扣完为止		
2	提出处理方案	提出有效处理方案	50	未提出处理方案或处理方案不适用扣 50 分，描述不准确酌情扣分，扣完为止		
合计			100			

Jc0001143018　集中器召测数据不完整。（100 分）

考核知识点：抄表异常处理

难易度：难

技能等级评价专业技能考核操作工作任务书

一、任务名称

集中器召测数据不完整。

二、适用工种

抄表核算收费员高级技师。

三、具体任务

某供电公司文化路 100 号院 5 号箱式变压器（金属箱体）在进行集中器数据召测时，有时能召测到完整数据，有时会召测到一部分数据，另一部分客户提示“终端无回码”，无法抄到数据，运维人员到现场按要求打开箱式变压器门进行检查发现：参数设置正确、内置天线已安装、信号基本符合要求，电话联系主站人员进行数据召测，能召测到完整数据，于是按要求关闭箱式变压器门，此工作结束。但是刚离开该小区就接到主站人员电话：问题依旧。经过这样多次反复运维，一直没有解决问题。

四、工作规范及要求

（1）携带自备工具（钢笔或中性笔）进入现场，待考评老师宣布许可工作命令后开始工作并计时。

（2）分析问题条理清晰。

（3）书写完整规范。

五、考核及时间要求

本考核时间为 30 分钟，时间到停止考核。

技能等级评价专业技能考核操作评分标准

<table>
<tr><td>工种</td><td colspan="6">抄表核算收费员</td><td>评价等级</td><td>高级技师</td></tr>
<tr><td>项目模块</td><td colspan="5">抄表管理—抄表异常处置</td><td>编号</td><td colspan="2">Jc0001143018</td></tr>
<tr><td>单位</td><td colspan="3"></td><td>准考证号</td><td colspan="2"></td><td>姓名</td><td></td></tr>
<tr><td>考试时限</td><td colspan="2">30 分钟</td><td>题型</td><td colspan="3">单项操作</td><td>题分</td><td>100 分</td></tr>
<tr><td>成绩</td><td></td><td>考评员</td><td></td><td>考评组长</td><td colspan="2"></td><td>日期</td><td></td></tr>
<tr><td>试题正文</td><td colspan="8">集中器召测数据不完整</td></tr>
<tr><td>需要说明的问题和要求</td><td colspan="8">无</td></tr>
<tr><td>序号</td><td>项目名称</td><td>质量要求</td><td>满分</td><td colspan="3">扣分标准</td><td>扣分原因</td><td>得分</td></tr>
<tr><td>1</td><td>原因分析</td><td>正确分析故障原因，写出分析该问题的详细步骤</td><td>50</td><td colspan="3">分析故障原因错误扣 50 分；分析原因不完全，少一项扣 20 分；扣完为止</td><td></td><td></td></tr>
</table>

续表

序号	项目名称	质量要求	满分	扣分标准	扣分原因	得分
2	提出处理方案	提出有效处理方案	50	未提出处理方案或处理方案不适用扣 50 分，描述不准确酌情扣分，扣完为止		
合计			100			

Jc0001143019　厂站终端部分表抄表失败，请检查并处理故障。（100 分）

考核知识点：抄表异常处理

难易度：难

技能等级评价专业技能考核操作工作任务书

一、任务名称

厂站终端部分表抄表失败，请检查并处理故障。

二、适用工种

抄表核算收费员高级技师。

三、具体任务

根据故障分析并检查原因，提出合理的处理办法。

四、工作规范及要求

（1）着装符合要求，穿全棉长袖工作服、绝缘鞋，戴安全帽、线手套。

（2）携带自备工具（钢笔或中性笔）进入现场，待考评老师宣布许可工作命令后开始工作并计时。

（3）打开计量柜（箱）门之前必须对柜（箱）体验电，现场操作严格执行《国家电网有限公司营销现场作业安全工作规程（试行）》。

（4）工作结束清理现场，并向监考老师报告。

五、考核及时间要求

本考核时间为 30 分钟，时间到停止考核。

技能等级评价专业技能考核操作评分标准

工种	抄表核算收费员					评价等级	高级技师
项目模块	抄表管理—抄表异常处置				编号	Jc0001143019	
单位			准考证号			姓名	
考试时限	30 分钟		题型	单项操作		题分	100 分
成绩		考评员		考评组长		日期	
试题正文	厂站终端部分表抄表失败，请检查并处理故障						
需要说明的问题和要求	（1）单人操作。 （2）操作时应注意安全，按照标准化作业指导书的技术安全说明做好安全措施						

序号	项目名称	质量要求	满分	扣分标准	扣分原因	得分
1	安全文明生产	戴安全帽，穿全棉长袖工作服，穿绝缘鞋，操作时戴线手套，打开柜门前需先验电	20	有一项未按要求进行扣 5 分，扣完为止		
2	各种工器具正确使用	熟练正确使用各种工具	5	未正确使用一次扣 1 分，扣完为止		
3	故障排查					

续表

序号	项目名称	质量要求	满分	扣分标准	扣分原因	得分
3.1	故障查找	能正确进行故障查找： （1）查看厂站终端参数配置文件是否错误。 （2）测量厂站终端 RS－485 通信端口电压，采集失败的电能表为同一端口，该端口电压不在正常范围（2～4.5V）	35	未找出故障扣 35 分		
3.2	故障排除	能正确地排除故障： （1）将采集失败的电能表的 RS－485 总线更换端口。 （2）同时更改参数设置	30	未正确排除故障扣 30 分，其中每个步骤为 15 分，扣完为止		
4	现场恢复	操作结束后清理现场杂物，并将工器具归位摆放整齐	10	现场留有杂物或工器具未归位扣 10 分		
合计			100			

计量（采集）装置设置：

（1）考试使用某一个 RS－485 端口损坏的厂站终端。

（2）将一部分电能表配置在该损坏的 RS－485 端口上。

Jc0001143020　专用变压器终端上行故障，请检查并排除故障。（100 分）

考核知识点：抄表异常处理

难易度：难

技能等级评价专业技能考核操作工作任务书

一、任务名称

专用变压器终端上行故障，请检查并排除故障。

二、适用工种

抄表核算收费员高级技师。

三、具体任务

（1）检查远程通信单元排针是否弯曲、掉落。

（2）检查远程通信单元对应的采集终端基座是否正常。

（3）查到故障原因后进行排除，使专用变压器终端上行通信恢复正常。

四、工作规范及要求

（1）着装符合要求，穿全棉长袖工作服、绝缘鞋，戴安全帽、线手套。

（2）携带自备工具（钢笔或中性笔）进入现场，待考评老师宣布许可工作命令后开始工作并计时。

（3）打开计量柜（箱）门之前必须对柜（箱）体验电，现场操作严格执行《国家电网有限公司营销现场作业安全工作规程（试行）》。

（4）工作结束清理现场，并向监考老师报告。

五、考核及时间要求

本考核时间为 30 分钟，时间到停止考核。

技能等级评价专业技能考核操作评分标准

工种	抄表核算收费员				评价等级	高级技师
项目模块	抄表管理—抄表异常处置			编号	Jc0001143020	
单位		准考证号			姓名	
考试时限	30分钟	题型	单项操作		题分	100分
成绩		考评员		考评组长		日期
试题正文	专用变压器终端上行故障，请检查并排除故障					
需要说明的问题和要求	（1）单人操作。 （2）操作时应注意安全，按照标准化作业指导书的技术安全说明做好安全措施					

序号	项目名称	质量要求	满分	扣分标准	扣分原因	得分
1	安全文明生产	戴安全帽，穿全棉长袖工作服，穿绝缘鞋，操作时戴线手套，打开柜门前需先验电	20	有一项未按要求进行扣5分，扣完为止		
2	各种工器具正确使用	熟练正确使用各种工具	5	未正确使用一次扣1分，扣完为止		
3	故障排查					
3.1	故障查找	能正确进行故障查找： （1）检查远程通信单元针脚是否弯曲，掉落。 （2）检查远程通信单元对应的采集终端基座焊点是否松动，用万用表测量采集终端基座电源电压值，看是否正常	35	未找出故障扣35分		
3.2	故障排除	能正确排除故障： （1）更换正常的远程通信模块并安装SIM卡。 （2）复位远程通信模块使其上线	30	未正确排除故障扣30分，其中每个步骤为15分，扣完为止		
4	现场恢复	操作结束后清理现场杂物，并将工器具归位摆放整齐	10	现场留有杂物或工器具未归位扣10分		
合计			100			

计量（采集）装置设置：

考试使用远程通信模块故障的专用变压器采集终端。

Jc0001143021　厂站终端网卡故障诊断。（100分）

考核知识点：抄表异常处理

难易度：难

技能等级评价专业技能考核操作工作任务书

一、任务名称

厂站终端网卡故障诊断。

二、适用工种

抄表核算收费员高级技师。

三、具体任务

当厂站终端采用以太网有线通信，且出现上行通信故障时，请诊断是否是厂站终端网卡故障（现场厂站终端网卡配置IP地址为172.20.247.120），并且简述如何处理。

四、工作规范及要求

（1）着装符合要求，穿全棉长袖工作服、绝缘鞋，戴安全帽、线手套。

（2）携带自备工具（钢笔或中性笔）进入现场，待考评老师宣布许可工作命令后开始工作并计时。

（3）打开计量柜（箱）门之前必须对柜（箱）体验电，现场操作严格执行《国家电网有限公司营销现场作业安全工作规程（试行）》。

（4）工作结束清理现场，并向监考老师报告。

五、考核及时间要求

本考核时间为30分钟，时间到停止考核。

技能等级评价专业技能考核操作评分标准

工种	抄表核算收费员					评价等级	高级技师	
项目模块	抄表管理—抄表异常处置				编号	Jc0001143021		
单位			准考证号			姓名		
考试时限	30分钟		题型	单项操作		题分	100分	
成绩		考评员		考评组长		日期		
试题正文	厂站终端网卡故障诊断							
需要说明的问题和要求	（1）单人操作。 （2）操作时应注意安全，按照标准化作业指导书的技术安全说明做好安全措施							

序号	项目名称	质量要求	满分	扣分标准	扣分原因	得分
1	安全文明生产	戴安全帽，穿全棉长袖工作服，穿绝缘鞋，操作时戴线手套，打开柜门前需先验电	20	有一项未按要求进行扣5分，扣完为止		
2	各种工器具正确使用	熟练正确使用各种工具	5	未正确使用一次扣1分，扣完为止		
3	故障诊断	能正确进行故障诊断：用采设备的本地IP为172.20.247.120，将电脑本地连接的IP设置为172.20.247.121，用网线连接电脑和厂站终端然后打开电脑的命令窗口，输入“ping 172.20.247.120”查看链接是否正常，若ping测试正常，则可证明用采设备的网卡正常；若ping测试异常，则可初步判断用采设备的网卡硬件异常	35	未找出故障扣35分		
4	处理方法	能正确的排除故障： （1）更换网卡单元或更换采集终端。 （2）联系设备厂家进行处理	30	未正确排除故障扣30分，其中每个步骤为15分，扣完为止		
5	现场恢复	操作结束后清理现场杂物，并将工器具归位摆放整齐	10	现场留有杂物或工器具未归位扣10分		
合计			100			

计量（采集）装置设置：

考试使用厂站终端本地IP地址配置为172.20.247.120。

Jc0001143022－1 用电信息采集系统应用及异常分析。（100分）

考核知识点： 系统应用

难易度： 难

技能等级评价专业技能考核操作工作任务书

一、任务名称

用电信息采集系统应用及异常分析。

二、适用工种

抄表核算收费员高级技师。

三、具体任务

已知某供电公司 2020 年 7 月 20 日用电信息采集系统监控出某户表号为 0004151774 的电能表存在潮流反向异常，经工作人员现场使用相位伏安表检测，确认该户现场接线正确无异常，请完成以下任务。

（1）在营销业务应用系统中通过表号查询出客户户号，在用电信息采集系统中查询 2020 年 7 月 20 日该表计电流曲线及功率因数曲线。

（2）画出三相四线正确接线时的相量图，并写出功率表达式。

（3）结合该户电流曲线及功率因数曲线，分析该户产生潮流反向的原因。

四、工作规范及要求

（1）在使用用电信息用电信息采集系统及营销业务应用系统功能时，不得进行其他无关操作。

（2）自备钢笔或圆珠笔。

（3）提供电流曲线截图、功率因数曲线截图。

五、考核及时间要求

本考核时间为 30 分钟，计时结束停止考核。

技能等级评价专业技能考核操作评分标准

工种	抄表核算收费员					评价等级	高级技师
项目模块	抄表管理—抄表异常处置				编号	Jc0001143022－1	
单位			准考证号			姓名	
考试时限	30 分钟		题型	单项操作		题分	100 分
成绩		考评员		考评组长		日期	
试题正文	用电信息采集系统应用及异常分析						
需要说明的问题和要求	无						

序号	项目名称	质量要求	满分	扣分标准	扣分原因	得分
1	营销业务应用系统档案查询	通过表号查询客户户号	10	漏答或错答扣 10 分		
2	用电信息采集系统数据查询	提供该户电流曲线截图，提供该户功率因数截图	30	曲线查询错误或未截图扣 15 分，扣完为止		
3	相量图绘制	相量图绘制正确规范	15	未绘制相量图或相量图错误扣 15 分；每错一条线扣 5 分，扣完为止		
4	写出功率表达式	有功功率表达式书写正确	15	有功功率表达式错误或未书写扣 15 分		
5	潮流反向的原因分析	原因分析准确、到位	30	原因描述不清楚扣 10 分，原因分析错误扣 20 分，扣完为止		
合计			100			

Jc0001143023－2　用电信息采集系统应用及异常分析。（100 分）

考核知识点：抄表异常处理

难易度：难

技能等级评价专业技能考核操作工作任务书

一、任务名称

用电信息采集系统应用及异常分析。

二、适用工种

抄表核算收费员高级技师。

三、具体任务

某公网专用客户计费主表（电能表表号0004607672）于2019年12月11日出现计量异常并于2020年4月2日排除故障恢复正常计量。在此期间此客户所用供电线路龙泉110kV变电站313龙谷线计量正常，由于公网专用，因此可以用313龙谷线的电量作为给客户追补电量的依据，已知此线路在计量正常月份的平均线损率为0.168%。请完成以下任务：

（1）通过电能表表号查询出采集终端编号，并利用采集系统分析该客户出现了何种计量异常，并提供截图。

（2）利用采集系统计算该客户故障期间应追补多少电量。

四、工作规范及要求

（1）在使用用电信息采集系统及营销业务应用系统功能时，不得进行其他无关操作。

（2）自备钢笔或圆珠笔。

（3）提供计量异常截图。

五、考核及时间要求

本考核时间为30分钟，计时结束停止考核。

技能等级评价专业技能考核操作评分标准

工种	抄表核算收费员					评价等级	高级技师
项目模块	抄表管理—抄表异常处置				编号	Jc0001143023－2	
单位			准考证号			姓名	
考试时限	30分钟		题型	单项操作		题分	100分
成绩		考评员		考评组长		日期	
试题正文	用电信息采集系统应用及异常分析						
需要说明的问题和要求	无						

序号	项目名称	质量要求	满分	扣分标准	扣分原因	得分
1	营销业务应用系统档案查询	通过表号查询采集终端编号	10	漏答或错答扣10分		
2	计量异常分析	正确分析计量异常原因，提供该异常表计电压截图	30	分析计量异常原因错误扣20分，没有提供异常表计电压截图扣10分，扣完为止		
3	用电信息采集系统数据查询	查询该计费主表故障期间起码和止码，查询龙泉110kV变电站313龙谷线在此期间起码和止码	15	某一项功能不会扣10分，数据查询错误扣5分，扣完为止		
4	计算该客户故障期间应追补多少电量	追补电量计算正确，写出必要的步骤	45	计算错误扣45分		
	合计		100			

Jc0001143024－3　用电信息采集系统应用及异常分析。（100 分）

考核知识点： 抄表异常处理

难易度： 难

技能等级评价专业技能考核操作工作任务书

一、任务名称

用电信息采集系统应用及异常分析。

二、适用工种

抄表核算收费员高级技师。

三、具体任务

已知某供电公司 2020 年 2 月 29 日用电信息采集系统监控出某户表号为 0003434217 的电能表存在潮流反向异常，经工作人员现场使用相位伏安表检测，确认该户现场接线正确无异常，请完成以下任务。

（1）在营销业务应用系统中通过表号查询出客户户号，在用电信息采集系统中查询 2020 年 2 月 29 日该表计电流曲线及功率因数曲线。

（2）画出三相三线正确接线时的相量图，并写出功率表达式。

（3）结合该户电流曲线及功率因数曲线，分析该户产生潮流反向的原因。

四、工作规范及要求

（1）在使用用电信息采集系统及营销业务应用系统功能时，不得进行其他无关操作。

（2）自备钢笔或圆珠笔。

（3）提供电流曲线截图、功率因数曲线截图。

五、考核及时间要求

本考核时间为 30 分钟，计时结束停止考核。

技能等级评价专业技能考核操作评分标准

工种	抄表核算收费员				评价等级	高级技师
项目模块	抄表管理—抄表异常处置			编号	Jc0001143024－3	
单位		准考证号			姓名	
考试时限	30 分钟	题型	单项操作		题分	100 分
成绩		考评员		考评组长	日期	
试题正文	用电信息采集系统应用及异常分析					
需要说明的问题和要求	无					

序号	项目名称	质量要求	满分	扣分标准	扣分原因	得分
1	营销业务应用系统档案查询	通过表号查询客户户号	10	漏答或错答扣 10 分		
2	用电信息采集系统数据查询	提供该户电流曲线截图，提供该户功率因数截图	30	某一项功能不会扣 10 分，数据查询错误扣 5 分，扣完为止		
3	相量图绘制	相量图绘制正确规范	15	电压线、电流线绘制每错一处扣 2.5 分，未标识功率因数角扣 2.5 分，扣完为止		
4	写出功率表达式	有功功率表达式书写正确	15	三项功率表达式错误一项扣 5 分，扣完为止		

续表

序号	项目名称	质量要求	满分	扣分标准	扣分原因	得分
5	潮流反向的原因分析	原因分析准确、到位	30	原因描述不清楚扣 10 分，原因分析错误扣 20 分，扣完为止		
合计			100			

Jc0002163025　10kV 高供高计大工业客户增容业务的电费计算。（100 分）

考核知识点： 电费计算

难易度： 难

技能等级评价专业技能考核操作工作任务书

一、任务名称

10kV 高供高计大工业客户增容业务的电费计算。

二、适用工种

抄表核算收费员高级技师。

三、具体任务

某工业客户 10kV 供电，受电变压器容量为 800kVA，计量方式为高供高计，电流互感器变比为 50A/5A，下设办公照明子表一套（电流互感器变比为 75A/5A）。3 月 16 日该客户增容 315kVA，同时也将电流互感器变比更换为 75A/5A。增容后客户继续选择按实际最大需量计收基本电费，抄表例日为每月 1 日。4 月 1 日抄见示数见表 Jc0002163025。请计算该客户 4 月应缴纳电费。[需量单价为 30 元/（kW・月）]

表 Jc0002163025

电能表编号	示数类型	3 月 1 日示数	3 月 16 日示数	4 月 1 日示数	电度电价单价（元/kWh）	代征费（元/kWh）
1058124	有功（总）	8601.07	8751.61	8887.85	—	
1058124	有功（峰）	2852.36	2890.81	2931.05	0.600 870	0.041 325
1058124	有功（平）	2842.91	2877.77	2913.23	0.441 000	
1058124	有功（谷）	2905.8	2983.03	3042.57	0.281 130	
1058124	无功（总）	3832.11	3982.11	4115.44	—	
1058124	需量	—	0.53	0.56	—	
22459	有功（总）	7124.43	—	7404.43		
22459	有功（峰）	3254.96	—	3388.29	0.681 090	0.041 325
22459	有功（平）	2654.12	—	2767.46	0.498 300	
22459	有功（谷）	1215.35	—	1248.68	0.315 510	

四、工作规范及要求

（1）自备计算器、钢笔或中性笔。

（2）简答思路清晰、知识点明确。

（3）计算公式、步骤正确。

五、考核及时间要求

本考核为计算实操任务，严格按照规定步骤完成，考核时间为60分钟。

技能等级评价专业技能考核操作评分标准

<table>
<tr><td>工种</td><td colspan="5">抄表核算收费员</td><td>评价等级</td><td colspan="2">高级技师</td></tr>
<tr><td>项目模块</td><td colspan="4">应收审核管理—电费计算</td><td>编号</td><td colspan="3">Jc0002163025</td></tr>
<tr><td>单位</td><td colspan="3"></td><td>准考证号</td><td></td><td>姓名</td><td colspan="2"></td></tr>
<tr><td>考试时限</td><td colspan="2">60分钟</td><td>题型</td><td colspan="2">综合操作</td><td>题分</td><td colspan="2">100分</td></tr>
<tr><td>成绩</td><td></td><td>考评员</td><td></td><td>考评组长</td><td></td><td>日期</td><td colspan="2"></td></tr>
<tr><td>试题正文</td><td colspan="8">10kV高供高计大工业客户增容业务的电费计算</td></tr>
<tr><td>需要说明的问题和要求</td><td colspan="8">（1）要求单人完成。
（2）需列式计算的写出计算公式、步骤，数据清晰</td></tr>
</table>

序号	项目名称	质量要求	满分	扣分标准	扣分原因	得分
1	综合倍率	综合倍率计算正确	15	照明子表、总表综合倍率错误扣5分，扣完为止		
2	照明子表峰谷、电费	照明子表峰谷、电费、照明子表代征费计算正确	18	照明子表未执行峰谷、电费错误各扣2分，照明子表代征费每错一项扣1分，扣完为止		
3	总表有功、无功电量	总表有功、无功电量计算正确	6	总表有功、无功电量错误各扣3分，扣完为止		
4	基本电费	计费需量计算正确	10	计费需量换表前、后折算值计算错误各扣5分，扣完为止		
		基本电费金额计算正确	5	基本电费计算错误扣5分		
5	功率因数	表达式规范完整、计算数值正确	10	表达式错误、计算错误各扣5分，扣完为止		
		调整系数和调整金额计算正确	10	调整系数和调整金额错误各扣5分，扣完为止		
6	总表峰谷电量电费	总表峰谷电量电费计算正确	12	总表峰谷电量电费错误一项扣2分，扣完为止		
7	代征费	代征费计算正确	10	代征费错误一项扣2分，扣完为止		
8	应收电费	应收电费计算	4	应收电费计算错误扣4分		
合计			100			

Jc0003152026 填制电费通知单。(100分)

考核知识点： 电费催收工作的内容及具体要求

难易度： 中

技能等级评价专业技能考核操作工作任务书

一、任务名称

填制电费通知单。

二、适用工种

抄表核算收费员高级技师。

三、具体任务

根据应收电费账单（见表Jc0003152026-1）填制电费通知单（见表Jc0003152026-2）。

表 Jc0003152026－1

客户名称	计量点编号	电价名称	电量计算方式	父计量点编号	电能表编号	示数类型	上次示数/本次示数	度差/倍率	抄见电量	容量(kVA)	套扣电量(kWh)	有功结算电量(kWh)/无功结算电量(kvarh)	目录电度电价(元/kWh)/目录电度电费(元)	计费容量(元/kWh)/计费需量(kW)	基本电价(元/kWh)/基本电费(元)	功率因数标准	实际功率因数/调整系数/优惠折扣	(调整/优惠)电费(元)	电费小计(元)	国家重大水利建设基金(元)	库区移民代征费(元)	可再生资源代征费(元)	总电费(元)
0010906450某公司	1000367947	工商业及其他用电/两部制/大工业/1～10kV	实抄(装表计量)		0003660297	有功(总)	6767.36	155.660 0	124 528 kWh	563													
							6923.02	800															
						有功(峰)	1419.9	39.420 0	31 536 kWh		3736	27 800	0.522 975						14 538.70	31.28	33.36	528.20	15 131.54
							1459.32	800					14 538.70										
						有功(平)	3330.17	108.050 0	86 440 kWh		1245	85 195	0.373 575		30.000 0	0.90	0.94	−387.21	48 419.52	95.84	102.23	1618.71	50 236.30
							3438.22	800				44 688	31 826.73	566	16 980.00		−0.60						
						有功(谷)	2017.29	8.190 0	6552 kWh		1245	5307	0.224 175						1189.70	5.97	6.37	100.83	1302.87
							2025.48	800					1189.70										
						无功(总)	2888.66	55.860 0	44 688 kvarh														
							2944.52	800															
						最大需量		0.707 6	566														
							0.707 6	800															
	1000369524	工商业及其他用电/单一制/非居民/1～10kV	定比	1000367947		有功(峰)						3736	0.625 775						2337.91	4.20	4.48	70.98	2417.57
													2337.91										
						有功(平)						1245	0.446 975						556.48	1.40	1.49	23.66	583.03
													556.48										
						有功(谷)						1245	0.268 175						333.88	1.40	1.49	23.66	360.43
													333.88										
	小计										6226	124 528	50 783.4		16 980.00			−387.21	67 376.19	140.09	149.42	2366.04	70 031.74
												44 688	0	566									

表 Jc0003152026－2

单位：某供电公司			抄表段：1012000500			抄表日期：2021－02－01	
客户编号			客户名称				
用电地址							
出厂编号	示数类型	上次示数	本次示数	综合倍率	抄见电量	退补电量	变/线损
0003660297	最大需量						
0003660297	有功（总）						
0003660297	有功（平）						
0003660297	有功（谷）						
0003660297	有功（峰）						
0003660297	无功（总）						
	有功（平）						
	有功（谷）						
	有功（峰）						
电价名称	时段	结算电量	单价	退补电费	基本电费	力调电费	结算电费
工商业及其他用电/两部制/大工业/1～10kV	峰						
工商业及其他用电/两部制/大工业/1～10kV	平						
工商业及其他用电/两部制/大工业/1～10kV	谷						
工商业及其他用电/单一制/非居民/1～10kV	峰						
工商业及其他用电/单一制/非居民/1～10kV	平						
工商业及其他用电/单一制/非居民/1～10kV	谷						
电价名称	功率因数标准	实际功率因数	奖罚系数				
工商业及其他用电/两部制/大工业/1～10kV							
工商业及其他用电/两部制/大工业/1～10kV							
工商业及其他用电/两部制/大工业/1～10kV							
工商业及其他用电/单一制/非居民/1～10kV							
工商业及其他用电/单一制/非居民/1～10kV							
工商业及其他用电/单一制/非居民/1～10kV							
合计金额							

四、工作规范及要求

按项目填写表中对应数值，数值保留两位小数。

五、考核及时间要求

本考核时间为 30 分钟，如填写错误，须用双横线划去，在被修改数据上面重新填写，不得直接涂改抹去。

技能等级评价专业技能考核操作评分标准

<table>
<tr><td>工种</td><td colspan="5">抄表核算收费员</td><td>评价等级</td><td colspan="2">高级技师</td></tr>
<tr><td>项目模块</td><td colspan="4">收费管理—电费回收及风险防控—催收工作—填制电费通知单</td><td>编号</td><td colspan="3">Jc0003152026</td></tr>
<tr><td>单位</td><td colspan="2"></td><td>准考证号</td><td colspan="2"></td><td>姓名</td><td colspan="2"></td></tr>
<tr><td>考试时限</td><td>30 分钟</td><td>题型</td><td colspan="3">多项操作</td><td>题分</td><td colspan="2">100 分</td></tr>
<tr><td>成绩</td><td></td><td>考评员</td><td></td><td>考评组长</td><td></td><td>日期</td><td colspan="2"></td></tr>
<tr><td>试题正文</td><td colspan="8">填制电费通知单</td></tr>
<tr><td>需要说明的问题和要求</td><td colspan="8">（1）要求单人完成。
（2）根据给定的数据，准确填写通知单中数据</td></tr>
</table>

序号	项目名称	质量要求	满分	扣分标准	扣分原因	得分
1	客户基本信息	数据正确填写	2	每空填写错误扣 1 分，扣完为止		
2	上次及本次示数、综合倍率	数据正确填写	27	每空填写错误扣 1 分，扣完为止		
3	各类电量电费	数据正确填写	48	每空填写错误扣 1 分，扣完为止		
4	功率因数标准、实际功率因数、奖罚系数	数据正确填写	18	每空填写错误扣 1 分，扣完为止		
5	合计金额	数据正确填写	5	每空填写错误扣 2.5 分，扣完为止		
合计			100			

Jc0003162027　破产客户催缴电费案例分析。（100 分）

考核知识点：电费催收工作的内容及具体要求

难易度：中

技能等级评价专业技能考核操作工作任务书

一、任务名称

破产客户催缴电费案例分析。

二、适用工种

抄表核算收费员高级技师。

三、具体任务

某水泥厂拖欠供电公司 254 万元电费，供电公司收到区人民法院发来的参加某水泥厂债权人清算庭审会的通知，针对该户拖欠 254 万元电费，对申请破产进行了分析，发现该户不是真破产而是破债。请问：

（1）债权人权利行使的内容包括有哪些？

（2）供电企业接到通知后，应该采取什么方法收回拖欠电费？

四、工作规范及要求

（1）自备钢笔或中性笔。

（2）问题回答全面，准确，条理清晰。

五、考核及时间要求

本考核为电费催缴停电实操任务，严格按照规定步骤完成，考核时间为 30 分钟。

技能等级评价专业技能考核操作评分标准

<table>
<tr><td colspan="2">工种</td><td colspan="7">抄表核算收费员</td><td>评价等级</td><td colspan="3">高级技师</td></tr>
<tr><td colspan="2">项目模块</td><td colspan="6">收费管理—电费回收及风险防控—催收工作</td><td>编号</td><td colspan="4">Jc0003162027</td></tr>
<tr><td colspan="2">单位</td><td colspan="4"></td><td>准考证号</td><td colspan="2"></td><td>姓名</td><td colspan="3"></td></tr>
<tr><td colspan="2">考试时限</td><td colspan="3">30 分钟</td><td>题型</td><td colspan="3">综合操作</td><td>题分</td><td colspan="3">100 分</td></tr>
<tr><td colspan="2">成绩</td><td></td><td colspan="2">考评员</td><td></td><td colspan="2">考评组长</td><td></td><td>日期</td><td colspan="3"></td></tr>
<tr><td colspan="2">试题正文</td><td colspan="11">破产客户催缴电费案例分析</td></tr>
<tr><td colspan="2">需要说明的问题和要求</td><td colspan="11">（1）要求单人完成。
（2）答案要点明确，写出收回拖欠电费的具体措施和债权人权利的行使内容</td></tr>
<tr><td>序号</td><td colspan="3">项目名称</td><td colspan="3">质量要求</td><td>满分</td><td colspan="3">扣分标准</td><td>扣分原因</td><td>得分</td></tr>
<tr><td>1</td><td colspan="3">债权人权利的行使内容</td><td colspan="3">写出共 4 条，内容正确全面</td><td>40</td><td colspan="3">错误一条扣 10 分，扣完为止</td><td></td><td></td></tr>
<tr><td>2</td><td colspan="3">措施建议</td><td colspan="3">写出共 4 条，内容正确全面</td><td>60</td><td colspan="3">错误一条扣 15 分，扣完为止</td><td></td><td></td></tr>
<tr><td colspan="4">合计</td><td colspan="3"></td><td>100</td><td colspan="3"></td><td></td><td></td></tr>
</table>

Jc0003162028　中止供电案例分析。（100 分）

考核知识点： 电费催收工作的内容及具体要求

难易度： 中

技能等级评价专业技能考核操作工作任务书

一、任务名称

中止供电案例分析。

二、适用工种

抄表核算收费员高级技师。

三、具体任务

某大型建材企业是政府重点关注的企业之一，是当地的用电大户，月均电费为 1500 万元左右，由于该企业的信誉一直很好，没有发生过拖欠电费的事情，该企业虽然有负控装置，供电部门也一直未对其采取负控购电的方式，延续了先用后缴的收费方式。2018 年由于国家节能减排政策，企业的电量锐减，供电部门为防范电费风险，征得企业口头同意后，将负控装置跳闸回路接入运行，采取负控预购电结算方式，每月分四次结算电费。该企业分别于 9 月 6 日、14 日、22 日、28 日通过银行转账方式支付购电款 300 万元、200 万元、100 万元、140 万元，最后一笔购电款 140 万元因工作人员未及时核实到账确认，导致购电数据未及时刷新。月末零点结算电费时发行电费 650 万元，产生欠费 50 万元，负控装置跳闸，该企业生产中断 2h，造成直接经济损失 30 万元，客户投诉并要求赔偿经济损失。请问：供电公司是否应承担赔偿责任？赔偿的依据是什么？暴露出哪些问题？

四、工作规范及要求

根据题意进行分析，内容完整，条理清晰。

五、考核及时间要求

本考核时间为 20 分钟，文字描述应清晰，术语应规范。

技能等级评价专业技能考核操作评分标准

<table>
<tr><td>工种</td><td colspan="5">抄表核算收费员</td><td>评价等级</td><td>高级技师</td></tr>
<tr><td>项目模块</td><td colspan="4">收费管理—电费回收及风险防控—催收工作—中止供电案例分析</td><td>编号</td><td colspan="2">Jc0003162028</td></tr>
<tr><td>单位</td><td colspan="2"></td><td>准考证号</td><td colspan="2"></td><td>姓名</td><td></td></tr>
<tr><td>考试时限</td><td colspan="2">20 分钟</td><td>题型</td><td colspan="2">综合操作</td><td>题分</td><td>100 分</td></tr>
<tr><td>成绩</td><td></td><td>考评员</td><td></td><td>考评组长</td><td></td><td>日期</td><td></td></tr>
<tr><td>试题正文</td><td colspan="7">中止供电案例分析</td></tr>
<tr><td>需要说明的问题和要求</td><td colspan="7">（1）要求单人完成。
（2）答案要点明确，条理清晰，术语规范</td></tr>
</table>

序号	项目名称	质量要求	满分	扣分标准	扣分原因	得分
1	是否承担赔偿责任	内容正确	10	内容错、漏扣 10 分		
2	赔偿依据	内容正确全面	30	内容错、漏扣 30 分		
3	暴露出的问题	写出 3 条，内容正确全面	60	每条内容错、漏扣 20 分，扣完为止		
合计			100			

Jc0003142029　不明款账务处理。（100 分）

考核知识点：实收审核处理的相关工作标准及规定

难易度：中

技能等级评价专业技能考核操作工作任务书

一、任务名称

不明款账务处理。

二、适用工种

抄表核算收费员高级技师。

三、具体任务

2016 年 10 月 15 日，某供电公司到账确认时查询出单位名称为某连锁超市、金额为 5000 元的不明款，收费员张某核查后确定该笔费用为客户号 1025834569 交纳的预收电费，遂通过坐收界面将该笔电费进行了预收挂账处理。11 月 5 日，该超市业务人员持上述缴款单前来购电，另一收费人员李某为其办理了卡表购电业务，电费账务员进行到账确认时，发现此笔电费业务系重复收费，无法到账确认。

（1）请问业务处理方式出现了哪些错误事项？

（2）应如何纠正错误？

（3）为避免此类情况产生，收费员在不明款的核实处理过程中应注意哪些事项？

四、工作规范及要求

（1）自备钢笔或中性笔。

（2）文字描述条理清晰，简明扼要。

五、考核及时间要求

本考核为电费账务实操任务，严格按照规定步骤完成，考核时间为 20 分钟。

技能等级评价专业技能考核操作评分标准

<table>
<tr><td>工种</td><td colspan="6">抄表核算收费员</td><td>评价等级</td><td colspan="2">高级技师</td></tr>
<tr><td>项目模块</td><td colspan="5">收费管理—电费收缴—实收审核—不明款账务处理</td><td>编号</td><td colspan="3">Jc0003142029</td></tr>
<tr><td>单位</td><td colspan="3"></td><td>准考证号</td><td colspan="2"></td><td>姓名</td><td colspan="2"></td></tr>
<tr><td>考试时限</td><td colspan="2">20 分钟</td><td>题型</td><td colspan="3">单项操作</td><td>题分</td><td colspan="2">100 分</td></tr>
<tr><td>成绩</td><td></td><td>考评员</td><td></td><td>考评组长</td><td colspan="2"></td><td>日期</td><td colspan="2"></td></tr>
<tr><td>试题正文</td><td colspan="9">不明款账务处理</td></tr>
<tr><td>需要说明的问题和要求</td><td colspan="9">（1）要求单人完成。
（2）自备钢笔或中性笔</td></tr>
</table>

序号	项目名称	质量要求	满分	扣分标准	扣分原因	得分
1	不明款处理	错误事项描述准确、齐全	40	不准确每处扣 10～20 分，缺一项扣 20 分，扣完为止		
		处理方式描述准确	20	描述不准确扣 5～20 分，扣完为止		
		不明款核实中注意事项描述准确	40	描述不准确每项扣 5～20 分，扣完为止		
合计			100			

Jc0003162030　违约金收取的案例分析。（100 分）

考核知识点：电费违约金的收取标准及计算方法

难易度：中

技能等级评价专业技能考核操作工作任务书

一、任务名称

违约金收取的案例分析。

二、适用工种

抄表核算收费员高级技师。

三、具体任务

2017 年 3 月 1 日，陈先生到供电公司营业厅缴纳 2 月营业房的电费，该客户 2 月应收电费为 81 元整，由于超过规定缴费时间一天，导致产生电费 1 元违约金，客户对此产生疑问。请分析：

（1）如何消除客户的误解？

（2）如何避免客户类似的误会再次出现？

四、工作规范及要求

问题回答全面、准确，条理清晰。

五、考核及时间要求

本考核时间为 20 分钟，文字描述应清晰，术语应规范。

技能等级评价专业技能考核操作评分标准

<table>
<tr><td>工种</td><td colspan="4">抄表核算收费员</td><td>评价等级</td><td>高级技师</td></tr>
<tr><td>项目模块</td><td colspan="3">收费管理—电费收缴—电费违约金—违约金收取的案例分析</td><td>编号</td><td colspan="2">Jc0003162030</td></tr>
<tr><td>单位</td><td colspan="2"></td><td>准考证号</td><td></td><td>姓名</td><td></td></tr>
<tr><td>考试时限</td><td>20 分钟</td><td>题型</td><td colspan="2">综合操作</td><td>题分</td><td>100 分</td></tr>
</table>

续表

成绩		考评员		考评组长		日期	
试题正文	违约金收取的案例分析						
需要说明的问题和要求	（1）要求单人完成。 （2）自备钢笔或中性笔						

序号	项目名称	质量要求	满分	扣分标准	扣分原因	得分
1	《供电营业规则》规定的违约金收取的标准	写出共 2 条，内容正确全面	40	错误一条扣 20 分，扣完为止		
2	措施建议	写出共 3 条，内容正确全面	60	错误一条扣 20 分，扣完为止		
合计			100			

Jc0003142031　违约金的计算。（100 分）

考核知识点： 电费违约金的收取标准及计算方法

难易度： 中

技能等级评价专业技能考核操作工作任务书

一、任务名称

违约金的计算。

二、适用工种

抄表核算收费员高级技师。

三、具体任务

某企业在申请用电时，与供电企业签订电费结算协议，采用分期结算方式缴纳电费，每月 5 日、15 日定额缴纳 5 万元电费，月末 25 日抄表后结算尾款，多退少补。合同双方约定在抄表后 7 日内结算尾款电费，付款方式为银行电子托收，未按期缴纳，从退票之日起加收违约金。该企业为一茶叶加工制作企业，用电性质为普通工业。2019 年年底，企业资金出现问题，从 11 月起连续 3 个月出现欠费，供电企业经催缴后仍未能收回电费，于 2020 年 2 月实施停电，2020 年 4 月 10 日，客户前来供电营业窗口缴纳电费并申请复电，表 Jc0003142031 列举了其 2019 年 11 月以来的欠费及缴费情况，请计算其应缴纳的违约金额。

表 Jc0003142031

时间	电费金额(元)	5 日缴费金额（元）	15 日缴费金额（元）	25 日缴费金额（元）	退票日期	实际结清日期
2019 年 11 月	121 992.15	50 000.00	50 000.00	21 992.15	2019 年 11 月 27 日	2019 年 12 月 5 日
2019 年 12 月	70 806.96	50 000.00	0.00	20 806.96	2019 年 12 月 27 日	2019 年 4 月 10 日
2020 年 1 月	39 117.77	0.00	0.00	39 117.77	2020 年 1 月 29 日	2020 年 4 月 10 日

四、工作规范及要求

（1）自备计算器、钢笔或中性笔。

（2）计算公式、步骤正确。

（3）正确计算违约金。

五、考核及时间要求

本考核为计算实操任务，严格按照规定步骤完成，考核时间为 30 分钟。

技能等级评价专业技能考核操作评分标准

工种	抄表核算收费员					评价等级	高级技师
项目模块	收费管理—电费收缴—电费违约金—违约金的计算				编号	Jc0003142031	
单位			准考证号			姓名	
考试时限	30 分钟		题型	单项操作		题分	100 分
成绩		考评员		考评组长		日期	
试题正文	违约金的计算						
需要说明的问题和要求	（1）要求单人完成。 （2）自备计算器、钢笔或中性笔						

序号	项目名称	质量要求	满分	扣分标准	扣分原因	得分
1	当年电费违约天数	计算正确	20	错误一项扣 10 分，扣完为止		
2	当年违约金比例	计算正确	10	错误一项扣 5 分，扣完为止		
3	当年违约金电费	计算正确	20	错误一项扣 10 分，扣完为止		
4	上年电费违约天数	计算正确	10	错误扣 10 分		
5	上年违约金比例	计算正确	10	错误一项扣 5 分，扣完为止		
6	上年违约金电费	计算正确	20	错误扣 20 分		
7	总电费	计算正确	10	错误扣 10 分		
合计			100			

Jc0003142032　省级直收后预收调账业务流程。（100 分）

考核知识点：退费及调账处理的相关工作标准及规定

难易度：中

技能等级评价专业技能考核操作工作任务书

一、任务名称

省级直收后预收调账业务流程。

二、适用工种

抄表核算收费员高级技师。

三、具体任务

请简要写出省级直收后预收调账业务流程。

四、工作规范及要求

（1）自备钢笔或中性笔。

（2）文字表述清楚，按顺序填写。

五、考核及时间要求

本考核时间为 20 分钟，要求文字描述清晰、规范，步骤书写应正确。

技能等级评价专业技能考核操作评分标准

工种	抄表核算收费员					评价等级	高级技师
项目模块	收费管理—电费收缴—省级直收后预收调账业务流程				编号	Jc0003142032	
单位			准考证号			姓名	
考试时限	20 分钟		题型	单项操作		题分	100 分

续表

成绩		考评员		考评组长		日期		
试题正文	省级直收后预收调账业务流程							
需要说明的问题和要求	（1）要求单人完成。 （2）自备计算器、钢笔或中性笔。 （3）文字表述清楚							
序号	项目名称	质量要求	满分	扣分标准	扣分原因	得分		
1	操作流程	填写完整、准确	100	共计 5 条，不完整或不准确每条扣 20 分，扣完为止				
合计			100					

Jc0003142033　省级直收后高可靠性供电费转收入业务流程。（100 分）

考核知识点：电费、业务费收取的相关工作标准及规定

难易度：中

技能等级评价专业技能考核操作工作任务书

一、任务名称

省级直收后高可靠性供电费转收入业务流程。

二、适用工种

抄表核算收费员高级技师。

三、具体任务

请简要写出省级直收后高可靠性供电费转收入业务流程及注意事项。

四、工作规范及要求

（1）自备钢笔或中性笔。

（2）文字表述清楚，按顺序填写。

五、考核及时间要求

本考核时间为 20 分钟，要求文字描述清晰、规范，步骤书写应正确。

技能等级评价专业技能考核操作评分标准

工种	抄表核算收费员					评价等级	高级技师	
项目模块	收费管理—电费收缴—省级直收后高可靠性供电费转收入业务流程				编号	Jc0003142033		
单位			准考证号			姓名		
考试时限	20 分钟		题型	单项操作		题分	100 分	
成绩		考评员		考评组长		日期		
试题正文	省级直收后高可靠性供电费转收入业务流程							
需要说明的问题和要求	（1）要求单人完成。 （2）自备计算器、钢笔或中性笔。 （3）文字表述清楚							
序号	项目名称	质量要求	满分	扣分标准	扣分原因	得分		
1	操作流程	填写完整、准确	80	共计 4 条，不完整或不准确，每条扣 20 分，扣完为止				
2	注意事项	填写完整、准确	20	共计 2 条，不完整或不准确，每条扣 10 分，扣完为止				
合计			100					

Jc0003142034　省级直收后预收电费转收入业务流程。(100 分)

考核知识点： 预收电费管理处理的相关工作标准及规定

难易度： 中

技能等级评价专业技能考核操作工作任务书

一、任务名称

省级直收后预收电费转收入业务流程。

二、适用工种

抄表核算收费员高级技师。

三、具体任务

请简要写出省级直收后预收电费转收入业务流程。

四、工作规范及要求

（1）自备钢笔或中性笔。

（2）文字表述清楚，按顺序填写。

五、考核及时间要求

本考核时间为 20 分钟，要求文字描述清晰规范、步骤正确。

技能等级评价专业技能考核操作评分标准

<table>
<tr><td>工种</td><td colspan="6">抄表核算收费员</td><td>评价等级</td><td colspan="3">高级技师</td></tr>
<tr><td>项目模块</td><td colspan="5">收费管理—电费收缴—省级直收后预收电费转收入业务流程</td><td>编号</td><td colspan="4">Jc0003142034</td></tr>
<tr><td>单位</td><td colspan="3"></td><td>准考证号</td><td colspan="2"></td><td>姓名</td><td colspan="3"></td></tr>
<tr><td>考试时限</td><td colspan="2">20 分钟</td><td>题型</td><td colspan="3">单项操作</td><td>题分</td><td colspan="3">100 分</td></tr>
<tr><td>成绩</td><td></td><td>考评员</td><td></td><td>考评组长</td><td colspan="2"></td><td>日期</td><td colspan="3"></td></tr>
<tr><td>试题正文</td><td colspan="10">省级直收后预收电费转收入业务流程</td></tr>
<tr><td>需要说明的问题和要求</td><td colspan="10">（1）要求单人完成。
（2）自备计算器、钢笔或中性笔。
（3）文字表述清楚</td></tr>
<tr><td>序号</td><td colspan="2">项目名称</td><td colspan="2">质量要求</td><td>满分</td><td colspan="3">扣分标准</td><td>扣分原因</td><td>得分</td></tr>
<tr><td>1</td><td colspan="2">操作流程</td><td colspan="2">填写完整、准确</td><td>100</td><td colspan="3">共计 4 条，不完整或不准确，每条扣 25 分，扣完为止</td><td></td><td></td></tr>
<tr><td colspan="3">合计</td><td colspan="2"></td><td>100</td><td colspan="3"></td><td></td><td></td></tr>
</table>

Jc0003142035　省级直收后预收电费转业务费业务流程。(100 分)

考核知识点： 预收电费管理处理的相关工作标准及规定

难易度： 中

技能等级评价专业技能考核操作工作任务书

一、任务名称

省级直收后预收电费转业务费业务流程。

二、适用工种

抄表核算收费员高级技师。

三、具体任务

请简要写出省级直收后预收电费转业务费业务流程。

四、工作规范及要求

（1）自备钢笔或中性笔。

（2）文字表述清楚，按顺序填写。

五、考核及时间要求

本考核时间为20分钟，要求文字描述清晰、规范。

技能等级评价专业技能考核操作评分标准

工种	抄表核算收费员				评价等级	高级技师
项目模块	收费管理—电费收缴—省级直收后预收电费转业务费业务流程			编号	Jc0003142035	
单位		准考证号			姓名	
考试时限	20分钟	题型	单项操作		题分	100分
成绩	考评员		考评组长		日期	
试题正文	省级直收后预收电费转业务费业务流程					
需要说明的问题和要求	（1）要求单人完成。 （2）自备计算器、钢笔或中性笔。 （3）文字表述清楚					

序号	项目名称	质量要求	满分	扣分标准	扣分原因	得分
1	操作流程	填写完整、准确	100	共计3条，描述不完整或不准确，每条扣40分，扣完为止		
合计			100			

Jc0003142036　应收电费税金计提。（100分）

考核知识点： 增值税发票的相关工作标准及管理规定

难易度： 中

技能等级评价专业技能考核操作工作任务书

一、任务名称

应收电费税金计提。

二、适用工种

抄表核算收费员高级技师。

三、具体任务

某供电公司收入及各项税金计提方式：主营业务收入=应收售电收入/1.13；应交增值税=主营业务收入×13%；城建税及各项附加税=应交增值税×税率。其中：教育费附加税率为3%；地方教育费附加税率为2%；城建税的税率为7%。已知某供电公司2021年1月应收电费数据见表Jc0003142036，请完成以下问题（要求列出完整算式，结果保留2位小数）。

（1）电费及各项代征费的主营业务收入及应交增值税。

（2）计算3项代征费的城建税及各项附加税（假定该供电公司属于市区管理范围）。

表Jc0003142036　　单位：元

电费合计	目录电费	农网还贷基金	国家重大水利基金	城市附加费	水库移民基金	可再生能源基金
5 074 068.76	5 022 952.90	0	15 674.92	0	3661.87	31 779.07

四、工作规范及要求

（1）自备钢笔或中性笔。

（2）计算公式、步骤正确。

五、考核及时间要求

本考核为电费账务实操任务，严格按照规定步骤完成，考核时间为 20 分钟。

技能等级评价专业技能考核操作评分标准

工种	抄表核算收费员					评价等级	高级技师
项目模块	收费管理—票据管理—增值税发票开具				编号	Jc0003142036	
单位			准考证号			姓名	
考试时限	20 分钟		题型	单项操作		题分	100 分
成绩		考评员		考评组长		日期	
试题正文	应收电费税金计提						
需要说明的问题和要求	（1）要求单人完成。 （2）自备钢笔或中性笔						

序号	项目名称	质量要求	满分	扣分标准	扣分原因	得分
1	计算主营业务收入	正确计算电费及各项代征费主营业务收入	40	共计 5 步，每算错一步扣 8 分，扣完为止		
2	计算应交增值税	正确计算电费及各项代征费应交增值税	40	共计 5 步，每算错一步扣 8 分，扣完为止		
3	计算代征税	正确计算代征税	20	共计 4 步，每算错一步扣 5 分，扣完为止		
合计			100			

Jc0003142037　电子银行承兑汇票的审核及背书转让业务。（100 分）

考核知识点：银行承兑汇票收取的管理规定

难易度：中

技能等级评价专业技能考核操作工作任务书

一、任务名称

电子银行承兑汇票的审核及背书转让业务。

二、适用工种

抄表核算收费员高级技师。

三、具体任务

收取电子银行承兑汇票时，应重点审核哪些内容？办理电子承兑汇票背书转让业务时，应如何处理？

四、工作规范及要求

（1）自备钢笔或中性笔。

（2）文字表述条理清晰，简明扼要。

（3）正确描述电子银行承兑汇票的审核及背书转让流程。

五、考核及时间要求

本考核为电费账务实操任务，严格按照规定步骤完成，考核时间为 30 分钟。

技能等级评价专业技能考核操作评分标准

<table>
<tr><td>工种</td><td colspan="5">抄表核算收费员</td><td>评价等级</td><td colspan="2">高级技师</td></tr>
<tr><td>项目模块</td><td colspan="4">收费管理—票据管理—承兑汇票收取—电子银行承兑汇票的审核及背书转让业务</td><td>编号</td><td colspan="3">Jc0003142037</td></tr>
<tr><td>单位</td><td colspan="2"></td><td>准考证号</td><td colspan="2"></td><td>姓名</td><td colspan="2"></td></tr>
<tr><td>考试时限</td><td>30 分钟</td><td>题型</td><td colspan="3">单项操作</td><td>题分</td><td colspan="2">100 分</td></tr>
<tr><td>成绩</td><td></td><td>考评员</td><td></td><td>考评组长</td><td></td><td>日期</td><td colspan="2"></td></tr>
<tr><td>试题正文</td><td colspan="8">电子银行承兑汇票的审核及背书转让业务</td></tr>
<tr><td>需要说明的问题和要求</td><td colspan="8">（1）要求单人完成。
（2）自备钢笔或中性笔</td></tr>
<tr><td>序号</td><td>项目名称</td><td>质量要求</td><td>满分</td><td colspan="3">扣分标准</td><td>扣分原因</td><td>得分</td></tr>
<tr><td>1</td><td>电子银行承兑汇票的审核</td><td>正确描述审核电子银行承兑汇票的要素</td><td>62.5</td><td colspan="3">共计 5 项，缺少或错误一项扣 12.5 分，扣完为止</td><td></td><td></td></tr>
<tr><td>2</td><td>电子银行承兑汇票背书转让</td><td>正确描述电子银行承兑汇票背书转让业务的步骤</td><td>37.5</td><td colspan="3">共计 3 项，缺少或错误一项扣 12.5 分，扣完为止</td><td></td><td></td></tr>
<tr><td colspan="2">合计</td><td></td><td>100</td><td colspan="3"></td><td></td><td></td></tr>
</table>

Jc0003162038　电力营销综合分析。(100 分)

考核知识点：抄核收统计报表的种类、内容及报表对应数据的分析方法

难易度：中

技能等级评价专业技能考核操作工作任务书

一、任务名称

电力营销综合分析。

二、适用工种

抄表核算收费员高级技师。

三、具体任务

某供电公司 35kV 黑山变电站 10kV 供电线路 518 县城 I 回线带 3 户专用变压器客户、1 台公用变压器，公用变压器带 5 户低压客户，2021 年 1 月 31 日，518 县城 I 回线出口电能表电量为 60 000kWh，公用变压器总表抄见电量为 6000kWh。相关信息如客户明细表、现行销售电价表分别见表 Jc0003162038－1 和表 Jc0003162038－2。

表 Jc0003162038－1

序号	客户名称	在运容量/负荷	用电类别	行业用电分类	当月电量（kWh）	电费（元）
1	李亮家庭照明	10kW			150	
2	王华修理部	20kW			3000	
3	岳家村 1 队抗旱机井	15kW			2000	
4	许磊餐厅	20kW			400	
5	清真寺	15kW			200	
6	青山路派出所	50kVA			18 000	
7	祥云水泥有限公司	80kVA			20 000	
8	平达活性炭有限公司	50kVA			12 000	

表 Jc0003162038－2　　单位：元/kWh

电价类别	不满 1kV	1～10kV
居民生活	0.448 6	0.448 6
工商业及其他用电（单一制）	0.488 3	0.468 3
符合国家民族政策的宗教公共活动场所	0.498 6	0.498 6
工商业及其他用电（两部制）	—	0.394 9
农业生产	0.473	0.463
农业排灌	0.302	0.292
多级扬水	0.106	0.106

（1）根据题意，填写客户明细表中客户对应的用电类别、行业用电分类，并根据给定电量及电价计算各客户的电费，并将其填写在客户明细表中。

（2）计算 518 县城Ⅰ回线 1 月总售电量、总应收电费、到户平均单价，以及工业用电量和居民用电量所占比重。

（3）2021 年 1 月 518 县城Ⅰ回线的售电量是 50 000kWh，请计算 1 月售电量增长率。

（4）截至 1 月底，该线路客户实收电费合计 25 000 元，请计算该线路客户 1 月电费回收率。

（5）《供用电合同》约定当月电费在月末结清，祥云水泥有限公司 1 月电费在 2 月 10 日结清，请计算该客户应缴纳的电费违约金。

（6）计算 1 月台区线损率和线路线损率。

（7）说明以上客户应签订的供用电合同类型，其有效期限分别是多少年。

四、工作规范及要求

（1）需列式计算或文字描述，数值保留两位小数，文字描述规范。

（2）直接填写客户明细表中的数据。

（3）行业分类写至二级及以下。

五、考核及时间要求

本考核时间为 45 分钟，时间到停止答题，需列式计算的，不能直接填写答案。

技能等级评价专业技能考核操作评分标准

<table>
<tr><td>工种</td><td colspan="5">抄表核算收费员</td><td>评价等级</td><td>高级技师</td></tr>
<tr><td>项目模块</td><td colspan="4">收费管理—报表统计及分析—报表统计分析—电力营销综合分析</td><td>编号</td><td colspan="2">Jc0003162038</td></tr>
<tr><td>单位</td><td colspan="3"></td><td>准考证号</td><td></td><td>姓名</td><td></td></tr>
<tr><td>考试时限</td><td colspan="2">45 分钟</td><td>题型</td><td colspan="2">综合操作</td><td>题分</td><td>100 分</td></tr>
<tr><td>成绩</td><td></td><td>考评员</td><td></td><td>考评组长</td><td></td><td>日期</td><td></td></tr>
<tr><td>试题正文</td><td colspan="7">电力营销综合分析</td></tr>
<tr><td>需要说明的问题和要求</td><td colspan="7">（1）要求单人完成。
（2）表格数据填写清楚，需列式计算的写出计算步骤，需文字描述的描述清晰、规范</td></tr>
</table>

<table>
<tr><td>序号</td><td>项目名称</td><td>质量要求</td><td>满分</td><td>扣分标准</td><td>扣分原因</td><td>得分</td></tr>
<tr><td rowspan="3">1</td><td rowspan="3">填写客户明细表</td><td>用电类别正确</td><td>8</td><td>未正确填写每空扣 1 分，扣完为止</td><td></td><td></td></tr>
<tr><td>行业分类正确</td><td>8</td><td>未正确填写每空扣 1 分，扣完为止</td><td></td><td></td></tr>
<tr><td>电费正确</td><td>16</td><td>未正确填写每空扣 2 分，扣完为止</td><td></td><td></td></tr>
</table>

续表

序号	项目名称	质量要求	满分	扣分标准	扣分原因	得分
2	总售电量	计算正确	5	不正确扣 5 分		
3	总应收电费	计算正确	5	不正确扣 5 分		
4	到户平均单价	计算正确	5	不正确扣 5 分		
5	工业用电量比重	计算正确	5	不正确扣 5 分		
6	居民用电量比重	计算正确	5	不正确扣 5 分		
7	售电量增长率	计算正确	5	不正确扣 5 分		
8	电费回收率	计算正确	5	不正确扣 5 分		
9	电费违约金	计算正确	5	不正确扣 5 分		
10	台区的线损率	计算正确	6	供、售电量不正确每项扣 1 分，线损率不正确扣 4 分，扣完为止		
11	线路的线损率	计算正确	6	供、售电量不正确每项扣 1 分，线损率不正确扣 4 分，扣完为止		
12	供用电合同类型	正确	8	不正确每户扣 1 分，扣完为止		
13	合同有效期	正确	8	不正确每户扣 1 分，扣完为止		
合计			100			

Jc0003163039　平均电价及电费收入变化分析。（100 分）

考核知识点：抄核收统计报表的种类、内容及报表对应数据的分析方法

难易度：难

技能等级评价专业技能考核操作工作任务书

一、任务名称

平均电价及电费收入变化分析。

二、适用工种

抄表核算收费员高级技师。

三、具体任务

某电力公司当月全行业平均销售电价为 447.31 元/MWh，当月大工业平均销售电价为 436.11 元/MWh，当月全行业售电量为 51.52 亿 kWh，当月大工业售电量为 45.44 亿 kWh。同期全行业平均销售电价为 428.31 元/MWh，同期大工业平均销售电价为 420.13 元/MWh，同期全行业售电量为 48.48 亿 kWh，同期大工业售电量为 40.84 亿 kWh。请计算大工业售电量结构变化和单价变化对平均销售电价的影响值、合计变化影响值，计算当月全行业售电量和全行业平均销售电价变化对售电收入的影响值、合计影响值。

四、工作规范及要求

列式计算，数值保留两位小数。

五、考核及时间要求

本考核完成时间为 30 分钟，要求答题完整。

技能等级评价专业技能考核操作评分标准

<table>
<tr><td>工种</td><td colspan="5">抄表核算收费员</td><td>评价等级</td><td colspan="2">高级技师</td></tr>
<tr><td>项目模块</td><td colspan="4">收费管理—报表统计及分析—报表统计分析—平均电价及电费收入变化分析</td><td>编号</td><td colspan="3">Jc0003163039</td></tr>
<tr><td>单位</td><td colspan="2"></td><td>准考证号</td><td></td><td></td><td>姓名</td><td colspan="2"></td></tr>
<tr><td>考试时限</td><td colspan="2">30 分钟</td><td>题型</td><td colspan="2">综合操作</td><td>题分</td><td colspan="2">100 分</td></tr>
<tr><td>成绩</td><td></td><td>考评员</td><td></td><td>考评组长</td><td></td><td>日期</td><td colspan="2"></td></tr>
<tr><td>试题正文</td><td colspan="8">平均电价及电费收入变化分析</td></tr>
<tr><td>需要说明的问题和要求</td><td colspan="8">（1）要求单人完成。
（2）列式计算数据，步骤清晰，单位正确，答题完整</td></tr>
<tr><td>序号</td><td>项目名称</td><td colspan="2">质量要求</td><td>满分</td><td colspan="2">扣分标准</td><td>扣分原因</td><td>得分</td></tr>
<tr><td rowspan="3">1</td><td rowspan="3">大工业售电量结构变化和单价变化对平均销售电价的影响值</td><td colspan="2">结构变化影响值计算正确</td><td>30</td><td colspan="2">公式错误扣 20 分，计算结果错误扣 10 分，扣完为止</td><td></td><td></td></tr>
<tr><td colspan="2">单价变化影响值计算正确</td><td>20</td><td colspan="2">公式错误扣 10 分，计算结果错误扣 10 分，扣完为止</td><td></td><td></td></tr>
<tr><td colspan="2">合计变化影响值计算正确</td><td>5</td><td colspan="2">计算结果错误扣 5 分</td><td></td><td></td></tr>
<tr><td rowspan="3">2</td><td rowspan="3">当月全行业售电量和全行业平均销售电价变化对售电收入的影响值</td><td colspan="2">售电量变化对销售收入的影响值</td><td>20</td><td colspan="2">公式错误扣 10 分，计算结果错误扣 10 分，扣完为止</td><td></td><td></td></tr>
<tr><td colspan="2">平均销售电价变化对售电收入的影响值</td><td>20</td><td colspan="2">公式错误扣 10 分，计算结果错误扣 10 分，扣完为止</td><td></td><td></td></tr>
<tr><td colspan="2">合计影响值</td><td>5</td><td colspan="2">计算结果错误扣 5 分</td><td></td><td></td></tr>
<tr><td colspan="2">合计</td><td colspan="2"></td><td>100</td><td colspan="2"></td><td></td><td></td></tr>
</table>

Jc0003143040 填制全行业售电量情况统计表。（100 分）

考核知识点：抄核收统计报表的种类、内容及报表对应数据的分析方法

难易度：难

技能等级评价专业技能考核操作工作任务书

一、任务名称

填制全行业售电量情况统计表。

二、适用工种

抄表核算收费员高级技师。

三、具体任务

根据客户电量电费清单（见表 Jc0003143040－1）填制全行业售电量情况统计表（见表 Jc0003143040－2）。

表 Jc0003143040－1

户名（用电性质）	用电容量	同期售电量（kWh）	本期售电量（kWh）
张军城镇居民	5kW	160	200
好运来超市	8kW	280	300
公安局办公楼	50kVA	2100	2000
王天福奶牛场	20kW	420	500
幸福村抗旱机井	20kW	450	500

续表

户名（用电性质）	用电容量	同期售电量（kWh）	本期售电量（kWh）
第二中学建筑工地	315kVA	5600	6000
宏达大米加工厂	400kVA	25 000	30 000
小马饼子加工店	15kW	450	400
兴盛汽车修理厂	315kVA	7000	8000
平安保险公司	50kVA	2800	3000
恒利冶金公司冶炼炉	1000kVA	180 000	200 000
中国移动公司基站	30kW	850	800
韵达快递公司	10kW	400	500
王晓丽乡村居民	5kW	80	100
祥顺宾馆	50kVA	2500	3400
星源物业公司	50kVA	3000	2800
市场管理中心	20kW	560	750

表 Jc0003143040－2

名称	同期售电量（kWh）	本期售电量（kWh）	本期净增电量（kWh）	本期增长率（%）	本期电量增长贡献率（%）
全社会用电总计					
A. 全行业用电合计					
第一产业					
第二产业					
第三产业					
B. 城乡居民生活用电合计					
城镇居民					
乡村居民					
全行业用电分类					
一、农、林、牧、渔业					
二、工业					
三、建筑业					
四、交通运输、仓储和邮政业					
五、信息传输、软件和信息技术服务业					
六、批发和零售业					
七、住宿和餐饮业					
八、金融业					
九、房地产业					
十、租赁和商务服务业					
十一、公共服务及管理组织					

四、工作规范及要求

按行业填写同期售电量、本期售电量、本期净增电量、本期增长率、本期电量增长贡献率。电量保留整数位，本期增长率、本期电量增长贡献率保留两位小数。

五、考核及时间要求

本考核时间为 60 分钟，如填写错误，须用双横线划去，在被修改数据上面重新填写，不得直接涂改抹去。表中数据每空必填，若哪一类无数据，则填零，不填视为错误。

技能等级评价专业技能考核操作评分标准

<table>
<tr><td>工种</td><td colspan="5">抄表核算收费员</td><td>评价等级</td><td colspan="2">高级技师</td></tr>
<tr><td>项目模块</td><td colspan="4">收费管理—报表统计及分析—报表统计分析—
填制全行业售电量情况统计表</td><td>编号</td><td colspan="3">Jc0003163040</td></tr>
<tr><td>单位</td><td colspan="3"></td><td>准考证号</td><td></td><td>姓名</td><td colspan="2"></td></tr>
<tr><td>考试时限</td><td colspan="2">60 分钟</td><td>题型</td><td colspan="2">综合操作</td><td>题分</td><td colspan="2">100 分</td></tr>
<tr><td>成绩</td><td></td><td>考评员</td><td></td><td>考评组长</td><td></td><td>日期</td><td colspan="2"></td></tr>
<tr><td>试题正文</td><td colspan="8">填制全行业售电量情况统计表</td></tr>
<tr><td>需要说明的问题和要求</td><td colspan="8">（1）要求单人完成。
（2）表中数据按行业逐级填写，若哪一行业无客户电量，则填零，不填视为错误</td></tr>
</table>

序号	项目名称	质量要求	满分	扣分标准	扣分原因	得分
1	同期售电量	数据正确填写	20	每空错误扣 1 分，扣完为止		
2	本期售电量	数据正确填写	20	每空错误扣 1 分，扣完为止		
3	本期净增电量	数据正确填写	20	每空错误扣 1 分，扣完为止		
4	本期增长率	数据正确填写	20	每空错误扣 1 分，扣完为止		
5	本期贡献率	数据正确填写	20	每空错误扣 1 分，扣完为止		
合计			100			

Jc0003163041 填制平均销售电价变化分析表。(100 分)

考核知识点：抄核收统计报表的种类、内容及报表对应数据的分析方法

难易度：难

技能等级评价专业技能考核操作工作任务书

一、任务名称

填制平均销售电价变化分析表。

二、适用工种

抄表核算收费员高级技师。

三、具体任务

根据平均销售电价变化分析表（见表 Jc0003163041）中已知数据，填制表内空白项。

表 Jc0003163041

类别	电量（万 kWh）			电量比重（%）			单价（元/MWh）			对平均电价的影响		
	本期	同期	增减量	本期	同期	比重增减量	本期	同期	增减量	电量结构变化对平均电价的影响	分类单价变化对平均电价的影响	合计影响值
全行业	81 603.44	97 426.26					367.26	395.16				
大工业	79 071.4	95 193.22					362.85	391.91				

续表

类别	电量（万 kWh）			电量比重（%）			单价（元/MWh）			对平均电价的影响		
	本期	同期	增减量	本期	同期	比重增减量	本期	同期	增减量	电量结构变化对平均电价的影响	分类单价变化对平均电价的影响	合计影响值
非普工业	358.42	407					683.39	731.7				
农业	587.55	564.11					368.44	369.96				
非居民	162.87	155.19					660.39	707.19				
居民照明	815.11	781.3					444.53	444.67				
商业	362.67	325.43					665.32	701.84				
大客户直接交易	245.42	0					430.53	0				
其他	0.01	0.01					364.09	364				

四、工作规范及要求

按项目填写表中对应数值，数值保留两位小数。

五、考核及时间要求

本考核时间为 45 分钟，如填写错误，须用双横线划去，在被修改数据上面重新填写，不得直接涂改抹去。表中数据每空必填，若哪一项无数据，则填零，不填视为错误。

技能等级评价专业技能考核操作评分标准

工种	抄表核算收费员					评价等级	高级技师
项目模块	收费管理—报表统计及分析—报表统计分析				编号	Jc0003163041	
单位			准考证号			姓名	
考试时限	45 分钟		题型	综合操作		题分	100 分
成绩		考评员		考评组长		日期	
试题正文	填制平均销售电价变化分析表						
需要说明的问题和要求	（1）要求单人完成。 （2）表中数据每空必填，若哪一项无数据，则填零，不填视为错误						

序号	项目名称	质量要求	满分	扣分标准	扣分原因	得分
1	电量增减量	数据正确填写	9	每空填写错误扣 1 分，扣完为止		
2	本期电量比重	数据正确填写	9	每空填写错误扣 1 分，扣完为止		
3	同期电量比重	数据正确填写	9	每空填写错误扣 1 分，扣完为止		
4	比重增减量	数据正确填写	9	每空填写错误扣 1 分，扣完为止		
5	单价增减量	数据正确填写	18	每空填写错误扣 2 分，扣完为止		
6	电量结构变化对平均电价的影响	数据正确填写	18	每空填写错误扣 2 分，扣完为止		
7	分类单价变化对平均电价的影响	数据正确填写	18	每空填写错误扣 2 分，扣完为止		
8	合计影响值	数据正确填写	10	全行业值填写错误扣 2 分，其他值每空填写错误扣 1 分，扣完为止		
合计			100			

Jc0003163042　填写电费收入变化分析表。(100 分)

考核知识点： 抄核收统计报表的种类、内容及报表对应数据的分析方法

难易度： 难

技能等级评价专业技能考核操作工作任务书

一、任务名称

填写电费收入变化分析表。

二、适用工种

抄表核算收费员高级技师。

三、具体任务

根据电费收入变化分析表（见表 Jc0003163042）中数据填写表中空白数据。

表 Jc0003163042

类别	电量（万 kWh）		单价（元/MWh）		对电费收入的影响		
	本期	同期	本期	同期	电量变化对售电收入的影响值	单价变化对售电收入的影响值	合计值
全行业	56 333.02	87 332.23	383.04	402.96			
大工业	53 978.05	85 003.10	375.03	397.15			
非普工业	604.06	723.07	688.16	745.61			
农业	222.40	144.72	415.10	398.63			
非居民	188.92	198.10	678.50	748.79			
居民照明	924.86	889.52	441.30	440.93			
商业	412.81	371.28	701.26	793.26			
其他	1.91	2.44	364.10	364.10			

四、工作规范及要求

按用电类别填写表中电量变化对售电收入的影响值、单价变化对售电收入的影响值、合计值，数值保留两位小数。

五、考核及时间要求

本考核时间为 30 分钟，数据填写清楚，不能直接涂改，如填写错误，必须用双横线划掉，在上边重新填写，表中数据每空必填，若哪一类无数据，则填零，不填视为错误。

技能等级评价专业技能考核操作评分标准

<table>
<tr><td>工种</td><td colspan="5">抄表核算收费员</td><td>评价等级</td><td>高级技师</td></tr>
<tr><td>项目模块</td><td colspan="4">收费管理—报表统计及分析—报表统计分析—电费收入变化分析表的填写</td><td>编号</td><td colspan="2">Jc0003163042</td></tr>
<tr><td>单位</td><td colspan="2"></td><td>准考证号</td><td colspan="2"></td><td>姓名</td><td></td></tr>
<tr><td>考试时限</td><td colspan="2">30 分钟</td><td>题型</td><td colspan="2">综合操作</td><td>题分</td><td>100 分</td></tr>
<tr><td>成绩</td><td></td><td>考评员</td><td></td><td>考评组长</td><td></td><td>日期</td><td></td></tr>
<tr><td>试题正文</td><td colspan="7">填写电费收入变化分析表</td></tr>
<tr><td>需要说明的问题和要求</td><td colspan="7">（1）要求单人完成。
（2）表中数据每空必填，若哪一类无数据，则填零，不填视为错误</td></tr>
</table>

续表

序号	项目名称	质量要求	满分	扣分标准	扣分原因	得分
1	电量变化对售电收入的影响值	数据正确填写	40	每空填写错误扣5分，扣完为止		
2	单价变化对售电收入的影响值	数据正确填写	40	每空填写错误扣5分，扣完为止		
3	合计值	数据正确填写	20	每空填写错误扣2.5分，扣完为止		
合计			100			

Jc0004161043－1　综合业务分析（100分）

考核知识点：国家电网有限公司供电服务相关要求

难易度：易

技能等级评价专业技能考核操作工作任务书

一、任务名称

综合业务分析。

二、适用工种

抄表核算收费员高级技师。

三、具体任务

根据业务描述，指出供电企业工作人员有哪些违规之处，写出这一事件暴露出的问题后提出改进建议，并进行点评。

城门制鞋厂副厂长张先生于4月19日来到当地供电营业厅申请新装用电。走进营业厅张先生见到两个柜台前都已有客户在办理业务，他在厅内张望一会见没人搭理自己，便走向离自己最近的1号柜台询问："同志，请问新装用电应该怎么办理？"1号柜台业务受理员小陈正在忙碌地工作，听到问话便回答："稍等一会，这位客户还没有办完，2号柜台也可以咨询。"张先生在一旁等了15分钟，见到2号柜台业务受理员小李在办完前一客户的业务后接了一个电话就走到后台去了，张先生又等了10分钟，看见1号柜台仍在办理业务、2号柜台业务受理员一直没有回到岗位上。他有些着急了，只好又走到1号柜台前说："同志，你能不能先跟我说一下我新装个电能表需要什么材料，我在这等很久了！"业务受理员小陈答道："再稍等一会吧，这位客户快好了。"张先生又在一边等了5分钟，见小陈还未办完，就上前急匆匆地问道："同志，你什么时候才能办完，我咨询个问题都不行，你们的主管在哪！"小陈表示说主管当天生病请假不在后，又继续做事。张先生无奈地拨打了95598服务热线投诉。

四、工作规范及要求

（1）自备钢笔或中性笔。

（2）文字描述条理清晰，简明扼要。

（3）正确描述此案例相关规定。

（4）正确分析此案例中暴露的问题并提出整改措施。

五、考核及时间要求

本考核为实操任务，严格按照规定步骤完成，考核时间为30分钟。

技能等级评价专业技能考核操作评分标准

<table>
<tr><td>工种</td><td colspan="6">抄表核算收费员</td><td>评价等级</td><td colspan="2">高级技师</td></tr>
<tr><td>项目模块</td><td colspan="5">供电服务—95598 业务</td><td>编号</td><td colspan="3">Jc0004161043－1</td></tr>
<tr><td>单位</td><td colspan="3"></td><td>准考证号</td><td colspan="2"></td><td>姓名</td><td colspan="2"></td></tr>
<tr><td>考试时限</td><td colspan="2">30 分钟</td><td>题型</td><td colspan="3">单项操作</td><td>题分</td><td colspan="2">100 分</td></tr>
<tr><td>成绩</td><td></td><td>考评员</td><td></td><td>考评组长</td><td colspan="2"></td><td>日期</td><td colspan="2"></td></tr>
<tr><td>试题正文</td><td colspan="9">综合业务分析</td></tr>
<tr><td>需要说明的问题和要求</td><td colspan="9">（1）自备钢笔或中性笔。
（2）文字描述条理清晰，简明扼要。
（3）正确描述此案例相关规定。
（4）正确分析此案例中暴露的问题并提出整改措施</td></tr>
<tr><td>序号</td><td colspan="2">项目名称</td><td colspan="2">质量要求</td><td>满分</td><td colspan="2">扣分标准</td><td>扣分原因</td><td>得分</td></tr>
<tr><td>1</td><td colspan="2">违反的相关条款</td><td colspan="2">正确描述此案例中违反的相关规定</td><td>36</td><td colspan="2">每少分析一条条款扣 6 分，描述不清酌情扣分，扣完为止</td><td></td><td></td></tr>
<tr><td>2</td><td colspan="2">暴露出的问题</td><td colspan="2">分析此案例暴露的问题</td><td>24</td><td colspan="2">每少分析一条扣 6 分，描述不清酌情扣分，扣完为止</td><td></td><td></td></tr>
<tr><td>3</td><td colspan="2">措施建议</td><td colspan="2">正确描述结局此类问题的措施建议</td><td>36</td><td colspan="2">每少提出一项建议扣 12 分，描述不清酌情扣分，扣完为止</td><td></td><td></td></tr>
<tr><td>4</td><td colspan="2">案例点评</td><td colspan="2">根据案例做相应评价</td><td>4</td><td colspan="2">描述不清酌情扣分，扣完为止</td><td></td><td></td></tr>
<tr><td colspan="3">合计</td><td colspan="2"></td><td>100</td><td colspan="2"></td><td></td><td></td></tr>
</table>

Jc0004161044－2　综合业务分析。（100 分）

考核知识点：国家电网有限公司供电服务相关要求、电力法律法规相关条款

难易度：易

技能等级评价专业技能考核操作工作任务书

一、任务名称

综合业务分析。

二、适用工种

抄表核算收费员高级技师。

三、具体任务

某居民客户，9 月交纳电费时发现电费较以往多 300 余元，认为出入较大，怀疑电能表不准，随即到营业厅进行反映。对以上情况，营业人员应该如何处理？如果客户申请校表，应如何处理？

四、工作规范及要求

（1）自备钢笔或中性笔。

（2）文字描述条理清晰，简明扼要。

（3）正确描述此案例相关规定。

五、考核及时间要求

本考核为实操任务，严格按照规定步骤完成，考核时间为 30 分钟。

技能等级评价专业技能考核操作评分标准

<table>
<tr><td>工种</td><td colspan="6">抄表核算收费员</td><td>评价等级</td><td colspan="2">高级技师</td></tr>
<tr><td>项目模块</td><td colspan="5">供电服务—95598 业务</td><td>编号</td><td colspan="3">Jc0004161044－2</td></tr>
<tr><td>单位</td><td colspan="3"></td><td>准考证号</td><td colspan="2"></td><td>姓名</td><td colspan="2"></td></tr>
<tr><td>考试时限</td><td colspan="2">30 分钟</td><td>题型</td><td colspan="3">单项操作</td><td>题分</td><td colspan="2">100 分</td></tr>
<tr><td>成绩</td><td></td><td>考评员</td><td></td><td>考评组长</td><td colspan="2"></td><td>日期</td><td colspan="2"></td></tr>
<tr><td>试题正文</td><td colspan="9">综合业务分析</td></tr>
<tr><td>需要说明的问题和要求</td><td colspan="9">（1）自备钢笔或中性笔。
（2）文字描述条理清晰，简明扼要。
（3）正确描述此案相关规定</td></tr>
</table>

序号	项目名称	质量要求	满分	扣分标准	扣分原因	得分
1	分析电费增加的原因及相应处理办法	正确描述造成客户电费增多可能存在的原因及处理办法	40	每少分析一条条款扣 10 分，描述不清酌情扣分，扣完为止		
2	校表及追补电费的相关规定	正确描述与该案例有关的校表及追补电费的相关规定	60	每少分析一条条款扣 10 分，描述不清酌情扣分，扣完为止		
合计			100			

Jc0004163045－3　综合业务分析。（100 分）

考核知识点：国家电网有限公司供电服务相关要求、电力法律法规相关条款

难易度：难

技能等级评价专业技能考核操作工作任务书

一、任务名称

综合业务分析。

二、适用工种

抄表核算收费员高级技师。

三、具体任务

居民客户李先生来到营业厅要求办理用电，客户代表小陈经系统核查，发现该客户 4 年前因欠费超过 1 年被供电公司销户。客户代表小陈说：“李先生，由于您拖欠电费达 1 年以上，且长达 1 年未用电，按照我们公司规定，供电公司有权进行销户，如重新用电，必须在结清欠费后按新装办理。”客户李先生一听就非常气愤地说：“好好的电能表被你们拆了，你们供电局这是霸王条款。”客户代表小陈说：“李先生，公司就是这么规定的。您这种情况，必须按照新装用电办理，同时还要缴纳装表费。” 这时李先生情绪激动，大声地说：“你这是什么态度，我还要投诉你们供电局，欠费都没有通知我，就把电能表给销户了。我告诉你，结清电费可以，我是不会缴纳装表费的。”客户代表小陈说：“时间都过去这么久了，再说欠费通知那是抄表班的事，我才来上班不到一年，不太清楚当年的事。”随即李先生拨打了 95598 供电服务热线进行投诉。

请问在此过程中，供电公司工作人员有哪些违规之处？请指出这一事件暴露出的问题并提出改进建议。

四、工作规范及要求

（1）自备钢笔或中性笔。

（2）文字描述条例清晰，简明扼要。

（3）分析供电公司工作人员有哪些违规之处，指出这一事件暴露出的问题并提出改进建议。

五、考核及时间要求

本考核为实操任务，严格按照规定步骤完成，考核时间为30分钟。

技能等级评价专业技能考核操作评分标准

<table>
<tr><td>工种</td><td colspan="5">抄表核算收费员</td><td>评价等级</td><td colspan="2">高级技师</td></tr>
<tr><td>项目模块</td><td colspan="4">供电服务—95598业务</td><td>编号</td><td colspan="3">Jc0004163045－3</td></tr>
<tr><td>单位</td><td colspan="3"></td><td>准考证号</td><td></td><td>姓名</td><td colspan="2"></td></tr>
<tr><td>考试时限</td><td colspan="2">30分钟</td><td>题型</td><td colspan="2">单项操作</td><td>题分</td><td colspan="2">100分</td></tr>
<tr><td>成绩</td><td></td><td>考评员</td><td></td><td>考评组长</td><td></td><td>日期</td><td colspan="2"></td></tr>
<tr><td>试题正文</td><td colspan="8">综合业务分析</td></tr>
<tr><td>需要说明的问题和要求</td><td colspan="8">（1）自备钢笔或中性笔。
（2）文字描述条例清晰，简明扼要。
（3）分析供电公司工作人员有哪些违规之处，指出这一事件暴露出的问题并提出改进建议</td></tr>
<tr><td>序号</td><td>项目名称</td><td colspan="2">质量要求</td><td>满分</td><td colspan="2">扣分标准</td><td>扣分原因</td><td>得分</td></tr>
<tr><td>1</td><td>供电公司工作人员有哪些违规之处</td><td colspan="2">判断正确和完整</td><td>40</td><td colspan="2">每少一条得分点扣13分，描述不清酌情扣分，扣完为止</td><td></td><td></td></tr>
<tr><td>2</td><td>指出这一事件暴露出的问题</td><td colspan="2">正确指出问题</td><td>30</td><td colspan="2">每少一条得分点扣10分，描述不清酌情扣分，扣完为止</td><td></td><td></td></tr>
<tr><td>3</td><td>提出改进建议</td><td colspan="2">给出正确的改进建议</td><td>30</td><td colspan="2">每少一条得分点扣10分，描述不清酌情扣分，扣完为止</td><td></td><td></td></tr>
<tr><td colspan="2">合计</td><td colspan="2"></td><td>100</td><td colspan="2"></td><td></td><td></td></tr>
</table>

Jc0004163046－4 综合业务分析。（100分）

考核知识点：国家电网有限公司供电服务相关要求

难易度：难

技能等级评价专业技能考核操作工作任务书

一、任务名称

综合业务分析。

二、适用工种

抄表核算收费员高级技师。

三、具体任务

5月11日11时，客户关先生来到某供电公司营业厅投诉，其昨晚开车行驶在八一路上坡处，被地面突起的电缆井盖剐到汽车底盘，汽车底盘严重受损，气囊弹出，关先生要求供电公司对车辆的损失给予赔偿。营业厅客户代表按规范受理了关先生的投诉，及时派转相关部门处理，当日16时左右，责任部门回复客户代表，现场井盖确属该部门维护，但现场情况是因市政的地面下陷导致电缆井盖超出下陷地面，才使汽车被剐到的，责任不在供电公司，应属市政的责任。随后客户代表向该负责人建议，即便责任不在供电公司，也应该马上通知市政公司做紧急处理，防止再发生车辆被剐的事件，该负责人接受了客户代表的建议。客户代表向班长汇报了此事，随之向客户说明现场的情况，同时留给客户营业厅的联系电话，提醒客户若有事可再联系，客户表示接受。5月16日10时，营业厅接到该市电视台记者要求采访的电话，记者反映：车辆损坏的车主说供电公司人员否认现场井盖是供电公司，为了将责任划定清楚，记者要求供电公司派相关人员一起到现场确认井盖的产权归属。随后，营业厅班长再次联系到该部门的负责人，向其说明了记者的意图，并询问是否已经通知市政前去道路维修了，该负责人说还没有。

此时营业厅班长预感到该事件有可能被媒体曝光，遂告知该负责人尽快与记者沟通，以防止新闻报道时出现偏差，将事件责任引向供电公司。当日15时，该部门负责人回复，已经与市政沟通，近日将会进行道路维修，但没有与记者联系，并要求营业厅向记者进行答复。为了防止事态的扩大，营业厅班长便与记者进行联系，但是该记者手机始终关机，在无奈的情况下，营业厅班长将该事件的前后始末向该公司的新闻中心进行了汇报。当日晚18时，当地电视台的新闻直通车便将该事件进行了报道，且舆论导向直指供电公司。在新闻报道的次日，事发地段又再次发生了车辆被剐事件。

请问在此过程中，供电公司工作人员有哪些违规之处？请指出这一事件暴露出的问题并提出改进建议。

四、工作规范及要求

（1）自备钢笔或中性笔。

（2）文字描述条例清晰，简明扼要。

（3）分析供电公司工作人员有哪些违规之处？并指出这一事件暴露出的问题、提出改进建议。

五、考核及时间要求

本考核为实操任务，严格按照规定步骤完成，考核时间为30分钟。

技能等级评价专业技能考核操作评分标准

工种	抄表核算收费员					评价等级	高级技师
项目模块	供电服务—95598业务				编号	Jc0004163046－4	
单位			准考证号			姓名	
考试时限	30分钟		题型	单项操作		题分	100分
成绩		考评员		考评组长		日期	
试题正文	综合业务分析						
需要说明的问题和要求	（1）自备钢笔或中性笔。 （2）文字描述条例清晰，简明扼要。 （3）分析供电公司工作人员有哪些违规之处，并指出这一事件暴露出的问题并提出改进建议						

序号	项目名称	质量要求	满分	扣分标准	扣分原因	得分
1	供电公司工作人员有哪些违规之处	判断正确和完整	40	每少一条得分点扣20分，描述不清酌情扣分，扣完为止		
2	指出这一事件暴露出的问题	正确指出问题	30	每少一条得分点扣10分，描述不清酌情扣分，扣完为止		
3	提出改进建议	给出正确的改进建议	30	每少一条得分点扣10分，描述不清酌情扣分，扣完为止		
合计			100			

Jc0004162047－5　综合业务分析。（100分）

考核知识点：国家电网有限公司供电服务相关要求

难易度：中

技能等级评价专业技能考核操作工作任务书

一、任务名称

综合业务分析。

二、适用工种

抄表核算收费员高级技师。

三、具体任务

某供电局计划于4月30日7:00～18:00对某110kV变电站Ⅰ段母线进行停电改造，停电范围涉及专线供电客户某电子厂，为便于客户提早做好生产准备，供电局提前7天将停电信息电话告知该客户，该客户接到停电通知后，立即向供电公司报告，近期是生产旺季，4月30日要生产最后一批出口订单，能否将停电时间推迟一天，即5月1日。该客户同时拨打95598供电服务热线说明情况，要求推迟停电时间。95598座席人员安抚了客户的情绪，立即咨询相关部门，调度部门反馈信息各项停电工作已按4月30日准备，停电时间无法更改。95598座席人员及时将此信息告知该客户，该客户对此行为感到不满。请问在此过程中，供电公司工作人员有哪些违规之处？并对这一事件暴露出的问题提出改进建议。

四、工作规范及要求

（1）自备钢笔或中性笔。

（2）文字描述条例清晰，简明扼要。

（3）分析供电公司工作人员有哪些违规之处？并对这一事件暴露出的问题提出改进建议。

五、考核及时间要求

本考核为实操任务，严格按照规定步骤完成，考核时间为30分钟。

技能等级评价专业技能考核操作评分标准

<table>
<tr><td>工种</td><td colspan="5">抄表核算收费员</td><td>评价等级</td><td>高级技师</td></tr>
<tr><td>项目模块</td><td colspan="4">供电服务—法律法规</td><td>编号</td><td colspan="2">Jc0004162047－5</td></tr>
<tr><td>单位</td><td colspan="2"></td><td>准考证号</td><td colspan="2"></td><td>姓名</td><td></td></tr>
<tr><td>考试时限</td><td colspan="2">30分钟</td><td>题型</td><td colspan="2">单项操作</td><td>题分</td><td>100分</td></tr>
<tr><td>成绩</td><td></td><td>考评员</td><td></td><td>考评组长</td><td></td><td>日期</td><td></td></tr>
<tr><td>试题正文</td><td colspan="7">综合业务分析</td></tr>
<tr><td>需要说明的问题和要求</td><td colspan="7">（1）自备钢笔或中性笔。
（2）文字描述条例清晰，简明扼要。
（3）分析供电公司工作人员有哪些违规之处，并指出这一事件暴露出的问题并提出改进建议</td></tr>
</table>

序号	项目名称	质量要求	满分	扣分标准	扣分原因	得分
1	供电公司工作人员有哪些违规之处	判断正确和完整	40	每少一条得分点扣20分，描述不清酌情扣分，扣完为止		
2	指出这一事件暴露出的问题	正确指出问题	20	未答出扣20分，描述不清酌情扣分，扣完为止		
3	提出改进建议	给出正确的改进建议	40	每少一条得分点扣20分，描述不清酌情扣分，扣完为止		
合计			100			

Jc0004162048－6 综合业务分析。（100分）

考核知识点： 国家电网有限公司供电服务相关要求

难易度： 中

技能等级评价专业技能考核操作工作任务书

一、任务名称

综合业务分析。

二、适用工种

抄表核算收费员高级技师。

三、具体任务

某年 4 月 11 日上午 12:00，客户李女士在营业厅等待办理打印电费清单。客户代表小王："营业厅已下班，办不了了，下午再过来吧"。客户李女士："小妹，我只打印一份电费清单，不会占用很多时间的"。客户代表小王："唉，那你提供一下客户编号"。当天下午 14:35 客户代表收到客户李女士的投诉。投诉内容为：客户代表面无表情，态度冷淡，随意将其家中电费清单打印给身份未经核实的人士。请问在此过程中，供电公司工作人员有哪些违规之处？并对这一事件暴露出的问题提出改进建议。

四、工作规范及要求

（1）自备钢笔或中性笔。

（2）文字描述条例清晰，简明扼要。

（3）分析供电公司工作人员有哪些违规之处，指出这一事件暴露出的问题并提出改进建议。

五、考核及时间要求

本考核为实操任务，严格按照规定步骤完成，考核时间为 30 分钟。

技能等级评价专业技能考核操作评分标准

工种	抄表核算收费员					评价等级	高级技师
项目模块	供电服务—95598 业务				编号	Jc0004162048－6	
单位			准考证号			姓名	
考试时限	30 分钟		题型	单项操作		题分	100 分
成绩		考评员		考评组长		日期	
试题正文	综合业务分析						
需要说明的问题和要求	（1）自备钢笔或中性笔。 （2）文字描述条例清晰，简明扼要。 （3）分析供电公司工作人员有哪些违规之处，指出这一事件暴露出的问题并提出改进建议						

序号	项目名称	质量要求	满分	扣分标准	扣分原因	得分
1	供电公司工作人员有哪些违规之处	判断正确和完整	50	每少一条得分点扣 16 分，描述不清酌情扣分，扣完为止		
2	指出这一事件暴露出的问题	正确指出问题	20	每少一条得分点扣 10 分，描述不清酌情扣分，扣完为止		
3	提出改进建议	给出正确的改进建议	30	每少一条得分点扣 10 分，描述不清酌情扣分，扣完为止		
合计			100			

Jc0004162049－7　综合业务分析。（100 分）

考核知识点： 国家电网有限公司供电服务相关要求、电力法律法规相关条款

难易度： 中

技能等级评价专业技能考核操作工作任务书

一、任务名称

综合业务分析。

二、适用工种

抄表核算收费员高级技师。

三、具体任务

某天晚 22:00，客户陈先生拨打 95598 供电服务热线，质问为什么停电，座席人员查询后告知客户："对不起，您已连续欠费 3 个月，根据《电力供应与使用条例》的有关规定，对您实施了停电催费措施，希望您理解。"客户："跟我讲法，那你们在没有告知我的情况下擅自停电合法吗？现在我从外地回来，冰箱的东西都臭了，冰箱已不能用了，你们如何赔偿？"。座席人员："我们停电前一周已经把停电通知书贴在您的表箱上。"客户："谁知道你们表箱安在哪里！我有义务天天跑去表箱看有没有通知单吗？我跟你讲，马上给我送电，我还要赶写报告呢"。座席人员："先生，您的电费还没交，我们没法给您送电。"发生冲突 10 分钟后，客户："像我这样天天国内国外经常跑的，你们当然要及时告知我缴费的信息，不然怎么可能会记得准时去缴费？"座席人员："可是，您经常在国内国外跑，难道我的欠费停电通知单还要跑到国外去发给您吗？"客户："你说的是什么话？你什么服务态度？我跟你讲不清楚，我找你们上级。"客户随即挂机并进行了投诉。请问在此过程中，供电公司工作人员有哪些违规之处？并对这一事件暴露出的问题提出改进建议。

四、工作规范及要求

（1）自备钢笔或中性笔。

（2）文字描述条例清晰，简明扼要。

（3）分析供电公司工作人员有哪些违规之处，指出这一事件暴露出的问题并提出改进建议。

五、考核及时间要求

本考核为实操任务，严格按照规定步骤完成，考核时间为 30 分钟。

技能等级评价专业技能考核操作评分标准

<table>
<tr><td colspan="2">工种</td><td colspan="3">抄表核算收费员</td><td>评价等级</td><td colspan="2">高级技师</td></tr>
<tr><td colspan="2">项目模块</td><td colspan="2">供电服务—95598 业务</td><td>编号</td><td colspan="3">Jc0004162049－7</td></tr>
<tr><td colspan="2">单位</td><td colspan="2"></td><td>准考证号</td><td></td><td>姓名</td><td></td></tr>
<tr><td colspan="2">考试时限</td><td>30 分钟</td><td>题型</td><td colspan="2">单项操作</td><td>题分</td><td>100 分</td></tr>
<tr><td>成绩</td><td></td><td>考评员</td><td></td><td>考评组长</td><td></td><td>日期</td><td></td></tr>
<tr><td colspan="2">试题正文</td><td colspan="6">综合业务分析</td></tr>
<tr><td colspan="2">需要说明的问题和要求</td><td colspan="6">（1）自备钢笔或中性笔。
（2）文字描述条例清晰，简明扼要。
（3）分析供电公司工作人员有哪些违规之处，指出这一事件暴露出的问题并提出改进建议</td></tr>
<tr><td>序号</td><td>项目名称</td><td>质量要求</td><td>满分</td><td colspan="2">扣分标准</td><td>扣分原因</td><td>得分</td></tr>
<tr><td>1</td><td>供电公司工作人员有哪些违规之处</td><td>判断正确和完整</td><td>40</td><td colspan="2">每少一条得分点扣 13 分，描述不清酌情扣分，扣完为止</td><td></td><td></td></tr>
<tr><td>2</td><td>指出这一事件暴露出的问题</td><td>正确指出问题</td><td>30</td><td colspan="2">每少一条得分点扣 10 分，描述不清酌情扣分，扣完为止</td><td></td><td></td></tr>
<tr><td>3</td><td>提出改进建议</td><td>给出正确的改进建议</td><td>30</td><td colspan="2">每少一条得分点扣 10 分，描述不清酌情扣分，扣完为止</td><td></td><td></td></tr>
<tr><td colspan="2">合计</td><td></td><td>100</td><td colspan="2"></td><td></td><td></td></tr>
</table>

Jc0004162050－8　综合业务分析。（100 分）

考核知识点： 国家电网有限公司供电服务相关要求

难易度： 中

技能等级评价专业技能考核操作工作任务书

一、任务名称

综合业务分析。

二、适用工种

抄表核算收费员高级技师。

三、具体任务

某年 9 月 8 日居民客户李先生收到供电公司“欠费通知单”，他发现“欠费通知单”上所列本月用电量是正常月份用电量的 3 倍。次日上午，李先生带上自己查抄下来的电能表度数到供电营业厅去核实情况。窗口客户代表小杨告知客户李先生，核对电量要到办公楼抄表班去找抄表人员。李先生来到办公楼发现有多个抄表班组，便到其中的一个抄表班组询问，该抄表班的工作人员看完用电地址又对客户说：“你要找的抄表员在隔壁”，李先生又来到了隔壁班组发现抄表员已去现场抄表，他只好又回到营业厅找到客户代表小杨。小杨告知客户说：“李先生，您这种情况要不先申请校表，缴纳校验费后 10 天就能出结果。我今天下午再帮您问问抄表员电话，问到电话我再打电话告诉您，您看行吗”？于是客户便填写了申请表，按要求提供了相关资料，然后离开了营业厅。请问在此过程中，供电公司工作人员有哪些违规之处？并对这一事件暴露出的问题提出改进建议。

四、工作规范及要求

（1）自备钢笔或中性笔。

（2）文字描述条例清晰，简明扼要。

（3）分析供电公司工作人员有哪些违规之处，指出这一事件暴露出的问题并提出改进建议。

五、考核及时间要求

本考核为实操任务，严格按照规定步骤完成，考核时间为 30 分钟。

技能等级评价专业技能考核操作评分标准

工种	抄表核算收费员					评价等级	高级技师
项目模块	供电服务—95598 业务				编号	Jc0004162050－8	
单位			准考证号			姓名	
考试时限	30 分钟		题型	单项操作		题分	100 分
成绩		考评员		考评组长		日期	
试题正文	综合业务分析						
需要说明的问题和要求	（1）自备钢笔或中性笔。 （2）文字描述条例清晰，简明扼要。 （3）分析供电公司工作人员有哪些违规之处，指出这一事件暴露出的问题并提出改进建议						

序号	项目名称	质量要求	满分	扣分标准	扣分原因	得分
1	供电公司工作人员有哪些违规之处	判断正确和完整	30	每少一条得分点扣 10 分，描述不清酌情扣分，扣完为止		
2	指出这一事件暴露出的问题	正确指出问题	50	每少一条得分点扣 10 分，描述不清酌情扣分，扣完为止		

续表

序号	项目名称	质量要求	满分	扣分标准	扣分原因	得分
3	提出改进建议	给出正确的改进建议	20	每少一条得分点扣 10 分，描述不清酌情扣分，扣完为止		
合计			100			

Jc0004162051－9　综合业务分析。(100 分)

考核知识点： 国家电网有限公司供电服务相关要求、电力法律法规相关条款

难易度： 中

技能等级评价专业技能考核操作工作任务书

一、任务名称

综合业务分析。

二、适用工种

抄表核算收费员高级技师。

三、具体任务

某小区居民客户张先生拨打 95598 供电服务热线反映：昨天该直供小区 2 号楼旁配电箱爆炸，楼内 30 多户的电视、冰箱等家用电器受到不同程度损坏，要求赔偿。客服代表答复张先生让其自行修理。张先生随即拨打 95598 供电服务热线，代表所有受损客户进行了集体投诉，第三天，工作人员到现场对损坏的电器进行登记，除张先生家的电视机已使用 11 年，不予赔偿之外，对其他客户均做了不同程度的修理或者赔偿处理。请问本案中有哪些违规之处，暴露出什么问题？并对这一事件暴露出的问题提出改进建议。

四、工作规范及要求

（1）自备钢笔或中性笔。

（2）文字描述条例清晰，简明扼要。

（3）分析供电公司工作人员有哪些违规之处，指出这一事件暴露出的问题并提出改进建议。

五、考核及时间要求

本考核为实操任务，严格按照规定步骤完成，考核时间为 30 分钟。

技能等级评价专业技能考核操作评分标准

工种	抄表核算收费员					评价等级	高级技师
项目模块	供电服务—95598 业务				编号	Jc0004162051－9	
单位			准考证号			姓名	
考试时限	30 分钟		题型	单项操作		题分	100 分
成绩		考评员		考评组长		日期	
试题正文	综合业务分析						
需要说明的问题和要求	（1）自备钢笔或中性笔。 （2）文字描述条例清晰，简明扼要。 （3）分析供电公司工作人员有哪些违规之处，指出这一事件暴露，出的问题并提出改进建议						

序号	项目名称	质量要求	满分	扣分标准	扣分原因	得分
1	供电公司工作人员有哪些违规之处	判断正确和完整	40	每少一条得分点扣 13 分，描述不清酌情扣分，扣完为止		

续表

序号	项目名称	质量要求	满分	扣分标准	扣分原因	得分
2	指出这一事件暴露出的问题	正确指出问题	30	每少一条得分点扣 10 分，描述不清酌情扣分，扣完为止		
3	提出改进建议	给出正确的改进建议	30	每少一条得分点扣 10 分，描述不清酌情扣分，扣完为止		
合计			100			

Jc0004162052－10　综合业务分析。（100 分）

考核知识点：国家电网有限公司供电服务相关要求、电力法律法规相关条款

难易度：中

技能等级评价专业技能考核操作工作任务书

一、任务名称

综合业务分析。

二、适用工种

抄表核算收费员高级技师。

三、具体任务

某天，客户张先生来营业厅办理客户号为 0012345678 的二手房用电过户业务。在无原户主身份证的情况下，张先生向客户代表提供了房屋产权证。办理过程中，客户代表发现在营销业务应用系统中户号 0012345678 的地址为“绿光新村 A－103 室”，而张先生提供的产权证上用电地址为“绿光小区 1 座 103 室”，为慎重起见，客户代表向张先生再次确认用电地址。张先生表示因房子刚买，自己并不清楚绿光小区与绿光新村是否为同一个地方。因此，客户代表告知张先生，按照供电公司规定，出现这种情况时客户应去社区开具地址一致的证明方可办理。张先生一听说还要找社区确认地址，立刻向客户代表再三保证这是同一个地方，并愿意书面承诺今后一旦出现问题由自己一人承担，同时还拿出两张其单位赞助的演唱会门票送给客户代表。在张先生的软磨硬泡下，座席人员为其办理了过户手续。1 个月后，绿光新村 A－103 室的客户拨打 95598 供电服务热线投诉说，突然收到供电公司欠费通知单，才知道在自己不知情的情况下，家中电能表已改到别人的名下，银行代扣代缴业务也被取消。他要求供电公司给个说法，由此产生的欠费滞纳金也应由供电公司承担。请问在此过程中，供电公司工作人员有哪些违规之处？并对这一事件暴露出的问题提出改进建议。

四、工作规范及要求

（1）自备钢笔或中性笔。

（2）文字描述条例清晰，简明扼要。

（3）分析供电公司工作人员有哪些违规之处，指出这一事件暴露出的问题并提出改进建议。

五、考核及时间要求

本考核为实操任务，严格按照规定步骤完成，考核时间为 30 分钟。

技能等级评价专业技能考核操作评分标准

<table>
<tr><td>工种</td><td colspan="4">抄表核算收费员</td><td>评价等级</td><td>高级技师</td></tr>
<tr><td>项目模块</td><td colspan="3">供电服务—95598 业务</td><td>编号</td><td colspan="2">Jc0004162052－10</td></tr>
<tr><td>单位</td><td colspan="2"></td><td>准考证号</td><td></td><td>姓名</td><td></td></tr>
<tr><td>考试时限</td><td>30 分钟</td><td>题型</td><td colspan="2">单项操作</td><td>题分</td><td>100 分</td></tr>
</table>

续表

成绩		考评员		考评组长		日期	
试题正文	综合业务分析						
需要说明的问题和要求	（1）自备钢笔或中性笔。 （2）文字描述条例清晰，简明扼要。 （3）分析供电公司工作人员有哪些违规之处，指出这一事件暴露出的问题并提出改进建议						

序号	项目名称	质量要求	满分	扣分标准	扣分原因	得分
1	供电公司工作人员有哪些违规之处	判断正确和完整	50	每少一条得分点扣 25 分，描述不清酌情扣分，扣完为止		
2	指出这一事件暴露出的问题	正确指出问题	20	每少一条得分点扣 10 分，描述不清酌情扣分，扣完为止		
3	提出改进建议	给出正确的改进建议	30	每少一条得分点扣 10 分，描述不清酌情扣分，扣完为止		
合计			100			

Jc0004163053－11 综合业务分析。（100 分）

考核知识点：国家电网有限公司供电服务相关要求、电力法律法规相关条款

难易度：难

技能等级评价专业技能考核操作工作任务书

一、任务名称

综合业务分析。

二、适用工种

抄表核算收费员高级技师。

三、具体任务

某年 11 月，客户李先生到当地供电所反映他家当月的电量高达 728kWh，远远超过了以往任何月份的电量，客户认为电能表肯定有问题，要求帮忙解决。接待他的营业厅客户代表小周告知说：“电能表转动过快可能是由于漏电引起，您可以回家后将开关、插头等电源断开，目测电能表是否还会走。”李先生回家做过试验后，于当天下午再次来到供电所反映其家中并无漏电情况。客户代表小周只简单回复说：“那我们就不清楚了，我们电能表应该是准的，你自己回家处理吧。”对该事件，客户代表小周没做任何记录，也没有向供电所负责人汇报。第二天，李先生再次到供电所反映该情况，仍没有得到满意答复。4 天过去了，供电所始终没有安排人员来检查，李先生十分生气就拨打了电视台维权热线与 12315 投诉电话进行了投诉。请问在此过程中，客户代表小周的行为有哪些违规之处？请对这一事件暴露出的问题提出改进建议。

四、工作规范及要求

（1）自备钢笔或中性笔。

（2）文字描述条例清晰，简明扼要。

（3）分析客户代表小周有哪些违规之处，指出这一事件暴露出的问题并提出改进建议。

五、考核及时间要求

本考核为实操任务，严格按照规定步骤完成，考核时间为 30 分钟。

技能等级评价专业技能考核操作评分标准

<table>
<tr><td>工种</td><td colspan="4">抄表核算收费员</td><td>评价等级</td><td colspan="2">高级技师</td></tr>
<tr><td>项目模块</td><td colspan="3">供电服务—95598 业务</td><td>编号</td><td colspan="3">Jc0004163053－11</td></tr>
<tr><td>单位</td><td colspan="2"></td><td>准考证号</td><td></td><td>姓名</td><td colspan="2"></td></tr>
<tr><td>考试时限</td><td colspan="2">30 分钟</td><td>题型</td><td>单项操作</td><td>题分</td><td colspan="2">100 分</td></tr>
<tr><td>成绩</td><td></td><td>考评员</td><td></td><td>考评组长</td><td></td><td>日期</td><td></td></tr>
<tr><td>试题正文</td><td colspan="7">综合业务分析</td></tr>
<tr><td>需要说明的问题和要求</td><td colspan="7">（1）自备钢笔或中性笔。
（2）文字描述条例清晰，简明扼要。
（3）分析客户代表小周有哪些违规之处，指出这一事件暴露出的问题并提出改进建议</td></tr>
</table>

序号	项目名称	质量要求	满分	扣分标准	扣分原因	得分
1	客户代表小周有哪些违规之处	判断正确和完整	40	每少一条得分点扣 13 分，描述不清酌情扣分，扣完为止		
2	指出这一事件暴露出的问题	正确指出问题	30	每少一条得分点扣 10 分，描述不清酌情扣分，扣完为止		
3	提出改进建议	给出正确的改进建议	30	每少一条得分点扣 10 分，描述不清酌情扣分，扣完为止		
合计			100			

Jc0004161054－12　综合业务分析。（100 分）

考核知识点：电力法律法规相关条款

难易度：易

技能等级评价专业技能考核操作工作任务书

一、任务名称

综合业务分析。

二、适用工种

抄表核算收费员高级技师。

三、具体任务

7 月 30 日，95598 供电服务热线接到一位 220V 低压客户陈先生的咨询电话，陈先生反映“家中空调因电压低，有时启动不了，特别是中午和晚上”。座席人员询问电压值是多少，陈先生说委托电工检查后发现电压值为 199V，座席人员解释说：电压偏差超出允许范围、电压质量不合格，随后派工单给供电公司处理。供电公司回复说明：陈先生家地处市郊工业开发区，近年来外来人口不断增加，用电量激增，公司拟增加一台 500kVA 的变压器，但因低压线路立杆位置需占用村民王先生家的土地，王先生不同意施工方案，多次阻挠施工，目前公司正积极协调，拟与该村委会共同协商新的线路走廊通道，以便推进工程实施，届时该地区电力供需矛盾将会得到缓解。请问在此过程中，供电公司工作人员有哪些违规之处？并对这一事件暴露出的问题提出改进建议。

四、工作规范及要求

（1）自备钢笔或中性笔。

（2）文字描述条例清晰，简明扼要。

（3）分析供电公司工作人员有哪些违规之处，指出这一事件暴露出的问题并提出改进建议。

五、考核及时间要求

本考核为实操任务，严格按照规定步骤完成，考核时间为 30 分钟。

技能等级评价专业技能考核操作评分标准

工种	抄表核算收费员					评价等级	高级技师
项目模块	供电服务—95598 业务				编号	Jc0004161054－12	
单位			准考证号			姓名	
考试时限	30 分钟		题型	单项操作		题分	100 分
成绩		考评员		考评组长		日期	
试题正文	综合业务分析						
需要说明的问题和要求	（1）自备钢笔或中性笔。 （2）文字描述条例清晰，简明扼要。 （3）分析供电公司工作人员有哪些违规之处，指出这一事件暴露出的问题并提出改进建议						

序号	项目名称	质量要求	满分	扣分标准	扣分原因	得分
1	供电公司工作人员有哪些违规之处	判断正确和完整	20	未答出扣 20 分，描述不清酌情扣分，扣完为止		
2	指出这一事件暴露出的问题	正确指出问题	40	每少一条得分点扣 20 分，描述不清酌情扣分，扣完为止		
3	提出改进建议	给出正确的改进建议	40	每少一条得分点扣 20 分，描述不清酌情扣分，扣完为止		
合计			100			

Jc0005152055－1　三相三线制电能计量装置接线分析。（100 分）

考核知识点：三相三线制电能计量装置接线分析

难易度：中

技能等级评价专业技能考核操作工作任务书

一、任务名称

三相三线制电能计量装置接线分析。

二、适用工种

抄表核算收费员高级技师。

三、具体任务

使用相位伏安表完成指定三相三线制电能计量装置相关参数的测量，分析接线形式并计算错误接线的更正系数及退补电量。

四、工作规范及要求

（1）着装符合要求，穿全棉长袖工作服、绝缘鞋，戴安全帽、线手套。

（2）携带自备工具（钢笔或中性笔、计算器、三角尺）进入现场，待考评老师宣布许可工作命令后开始工作并计时。

（3）打开计量柜（箱）门之前必须对柜（箱）体验电，现场操作严格执行《国家电网有限公司营销现场作业安全工作规程（试行）》。

（4）工作结束清理现场，并向监考老师报告。

五、考核时间及要求

本考核时间为 30 分钟，时间到停止考核。

三相三线制电能计量装置检查项目见表 Jc0005152055－1。

表 Jc0005152055－1

编号		姓名		工位号	

一、实测数据

表 1　测定三相电压、电流

U_{12}	U_{32}	U_{13}	I_1	I_2

表 2　确定 B 相

U_{1n}	U_{2n}	U_{3n}

表 3　测定电压、电流相位及确定相序

相位差	$\dot{U}_{32}$	$\dot{I}_1$	$\dot{I}_2$	电压相序判断	电压相别判断	U_1	U_2	U_3
$\dot{U}_{12}$								

二、错误接线相量图

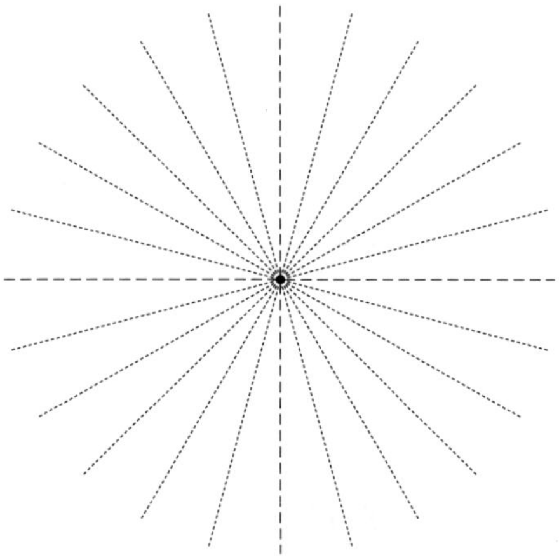

三、错误接线示意图

四、判断结论

接线组别	第一元件：	说明：
	第二元件：	

五、写出错误接线的功率表达式：

$P_1=$　　　　$P_2=$　　　　$P_{总}=$

六、计算更正系数

七、计算退补电量（错误接线期间电能表走字 20kWh，综合倍率为 1000）

技能等级评价专业技能考核操作评分标准

工种	抄表核算收费			评价等级	高级技师
项目模块	电能计量—三相三线制电能表—电能计量装置错误接线分析		编号	Jc0005152055－1	
单位		准考证号		姓名	

续表

考试时限	30分钟		题型	单项操作		题分	100分
成绩		考评员		考评组长		日期	
试题正文	三相三线制电能计量装置接线分析						
需要说明的问题和要求	（1）要求单人操作。 （2）操作应注意安全，按照标准化作业书的技术安全说明做好安全措施						

序号	项目名称	质量要求	满分	扣分标准	扣分原因	得分
1	工具使用及安全措施					
1.1	相关安全措施的准备	戴安全帽，穿全棉长袖工作服，穿绝缘鞋，操作时戴线手套，打开柜门前需先验电	5	准备不齐全或着装不规范每项扣1分，扣完为止		
1.2	各种工器具正确使用	正确使用验电笔，熟练正确使用相位伏安表	5	未验电扣2分，验电方法不当扣1分；工器具掉落每次扣1分；相位伏安表使用不当每次扣1分；测量过程摘手套扣2分；测量完毕后再次申请测量扣5分；扣完为止		
2	数据测量	正确填写电能表基本信息，正确记录实测数据并判断电压相序	10	电能表基本信息填写不正确，每处扣1分；测量数据不正确，每项扣1分；无单位每处扣0.5分，最多扣2分；相序判断不正确扣2分；扣完为止		
3	绘制错误接线图及相量图					
3.1	错误接线相量图	正确绘制错误接线相量图	15	电压、电流相量标记错误每项扣2分，无相量符号扣1分；相量角度偏差超过15°每项扣2分；未标记功率因数角每项扣2分；扣完为止		
3.2	错误接线形式	正确判断错误接线形式	10	错误接线形式判断不正确每项扣2分，扣完为止		
3.3	错误接线示意图	正确绘制错误接线示意图	15	电压、电流回路接线不正确，每处扣2分；中性线接线不正确扣2分；未标注同名端扣2分；扣完为止		
4	计算功率表达式					
4.1	各元件的功率表达式	正确书写各元件的功率表达式	6	每个元件的功率表达式不正确扣3分，扣完为止		
4.2	计算总功率	正确计算总功率	4	每个元件的功率表达式不正确扣2分，未化简扣2分，扣完为止		
5	计算更正系数	正确计算更正系数	10	更正系数表达式不正确扣10分，未化简扣5分，结果不正确扣5分，扣完为止		
6	计算退补电量	正确计算退补电量	10	退补电量公式列写不正确扣10分，计算结果不正确扣5分，扣完为止		
7	现场恢复	恢复现场	10	未进行现场恢复扣10分		
合计			100			

计量装置设置：

（1）考试使用电能表为仿真表，通过模拟装置进行参数设置，相电压分别为57.7、57.7、57.7V，相电流分别为1、1、1A。

（2）默认设置为三相三线制电能表，假定负荷三相平衡，表尾电压接线为bac，电流接线为ca。

Jc0005152056－2 三相三线制电能计量装置接线分析。（100分）

考核知识点：三相三线制电能计量装置接线分析

难易度：中

技能等级评价专业技能考核操作工作任务书

一、任务名称

三相三线制电能计量装置接线分析。

二、适用工种

抄表核算收费员高级技师。

三、具体任务

使用相位伏安表完成指定三相三线制电能计量装置相关参数的测量，分析接线形式，并计算错误接线的更正系数及退补电量。

四、工作规范及要求

（1）着装符合要求，穿全棉长袖工作服、绝缘鞋，戴安全帽、线手套。

（2）携带自备工具（钢笔或中性笔、计算器、三角尺）进入现场，待考评老师宣布许可工作命令后开始工作并计时。

（3）打开计量柜（箱）门之前必须对柜（箱）体验电，现场操作严格执行《国家电网有限公司营销现场作业安全工作规程（试行）》。

（4）工作结束清理现场，并向监考老师报告。

五、考核时间及要求

本考核时间为 30 分钟，时间到停止考核。

三相三线制电能计量装置检查项目见表 Jc0005152056－2。

表 Jc0005152056－2

编号		姓名		工位号	

一、实测数据

表 1　　测定三相电压、电流

U_{12}	U_{32}	U_{13}	I_1	I_2

表 2　　确定 B 相

U_{1n}	U_{2n}	U_{3n}

表 3　　测定电压、电流相位及确定相序

相位差	$\dot{U}_{32}$	$\dot{I}_1$	$\dot{I}_2$	电压相序判断	电压相别判断	U_1	U_2	U_3
$\dot{U}_{12}$								

二、错误接线相量图

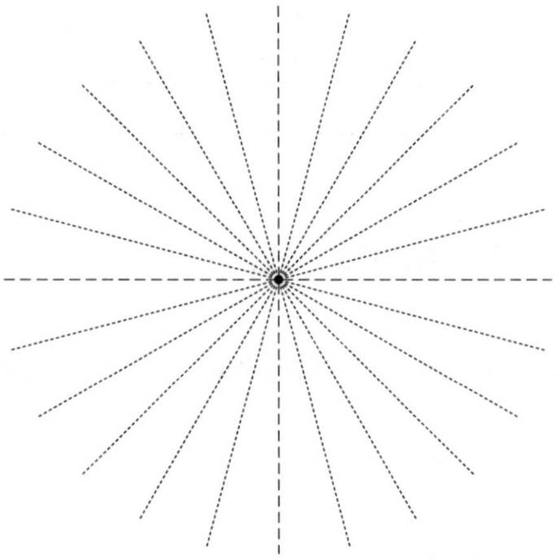

三、错误接线示意图

续表

四、判断结论

接线组别	第一元件：	说明：
	第二元件：	

五、写出错误接线的功率表达式：

P_1=　　　　P_2=　　　　$P_{总}$=

六、计算更正系数

七、计算退补电量（错误接线期间电能表走字 20kWh，综合倍率为 1000）

技能等级评价专业技能考核操作评分标准

工种	抄表核算收费				评价等级	高级技师
项目模块	电能计量—三相三线制电能表—电能计量装置错误接线分析			编号	Jc0005152056－2	
单位		准考证号			姓名	
考试时限	30 分钟	题型	单项操作		题分	100 分
成绩		考评员		考评组长		日期	
试题正文	三相三线制电能计量装置接线分析					
需要说明的问题和要求	（1）要求单人操作。 （2）操作应注意安全，按照标准化作业书的技术安全说明做好安全措施					

序号	项目名称	质量要求	满分	扣分标准	扣分原因	得分
1	工具使用及安全措施					
1.1	相关安全措施的准备	戴安全帽，穿全棉长袖工作服，穿绝缘鞋，操作时戴线手套，打开柜门前需先验电	5	准备不齐全或着装不规范每项扣 1 分，未验电扣 2 分，扣完为止		
1.2	各种工器具正确使用	正确使用验电笔，熟练正确使用相位伏安表	5	验电方法不当扣 1 分；工器具掉落每次扣 1 分；相位伏安表使用不当每次扣 1 分；测量过程摘手套扣 2 分；测量完毕后再次申请测量扣 5 分；扣完为止		
2	数据测量	正确填写电能表基本信息，正确记录实测数据并判断电压相序	10	电能表基本信息填写不正确，每处扣 1 分；测量数据不正确每项扣 1 分；无单位每处扣 0.5 分，最多扣 2 分；相序判断不正确扣 2 分；扣完为止		
3	绘制错误接线图及相量图					
3.1	错误接线相量图	正确绘制错误接线相量图	15	电压、电流相量标记错误每项扣 2 分，无相量符号扣 1 分；相量角度偏差超过 15°每项扣 2 分；未标记功率因数角每项扣 2 分；扣完为止		
3.2	错误接线形式	正确判断错误接线形式	10	错误接线形式判断不正确每项扣 2 分，扣完为止		
3.3	错误接线示意图	正确绘制错误接线示意图	15	电压、电流回路接线不正确，每处扣 2 分；中性线接线不正确扣 2 分；未标注同名端扣 2 分；扣完为止		
4	计算功率表达式					
4.1	各元件的功率表达式	正确书写各元件的功率表达式	6	每个元件的功率表达式不正确扣 3 分，扣完为止		

续表

序号	项目名称	质量要求	满分	扣分标准	扣分原因	得分
4.2	计算总功率	正确计算总功率	4	每个元件的功率表达式不正确扣 2 分，未化简扣 2 分，扣完为止		
5	计算更正系数	正确计算更正系数	10	更正系数表达式不正确扣 10 分，未化简扣 5 分，结果不正确扣 5 分，扣完为止		
6	计算退补电量	正确计算退补电量	10	退补电量公式列写不正确扣 10 分，计算结果不正确扣 5 分，扣完为止		
7	现场恢复	恢复现场	10	未进行现场恢复扣 10 分		
合计			100			

计量装置设置：

考试使用电能表为仿真表，通过模拟装置进行参数设置，相电压分别为 57.7、57.7、57.7V，相电流分别为 1、1、1A。

默认设置为三相三线制电能表，假定负荷三相平衡，表尾电压接线为 cba，电流接线为 ca。

Jc0005152057－3　三相三线制电能计量装置接线分析。（100 分）

考核知识点：三相三线制电能计量装置接线分析

难易度：中

技能等级评价专业技能考核操作工作任务书

一、任务名称

三相三线制电能计量装置接线分析。

二、适用工种

抄表核算收费员高级技师。

三、具体任务

使用相位伏安表完成指定三相三线制电能计量装置相关参数的测量，分析接线形式并计算错误接线的更正系数及退补电量。

四、工作规范及要求

（1）着装符合要求，穿全棉长袖工作服、绝缘鞋，戴安全帽、线手套。

（2）携带自备工具（钢笔或中性笔、计算器、三角尺）进入现场，待考评老师宣布许可工作命令后开始工作并计时。

（3）打开计量柜（箱）门之前必须对柜（箱）体验电，现场操作严格执行《国家电网有限公司营销现场作业安全工作规程（试行）》。

（4）工作结束清理现场，并向监考老师报告。

五、考核时间及要求

本考核时间为 30 分钟，时间到停止考核。

三相三线制电能计量装置检查项目见表 Jc0005152057－3。

表 Jc0005152057－3

编号		姓名		工位号	

一、实测数据

表 1 测定三相电压、电流

U_{12}	U_{32}	U_{13}	I_1	I_2

表 2 确定 B 相

U_{1n}	U_{2n}	U_{3n}

表 3 测定电压、电流相位及确定相序

<table>
<tr><td>相位差</td><td>$\dot{U}_{32}$</td><td>$\dot{I}_1$</td><td>$\dot{I}_2$</td><td>电压相序判断</td><td rowspan="2">电压相别判断</td><td>U_1</td><td>U_2</td><td>U_3</td></tr>
<tr><td>$\dot{U}_{12}$</td><td></td><td></td><td></td><td></td><td></td><td></td><td></td></tr>
</table>

二、错误接线相量图

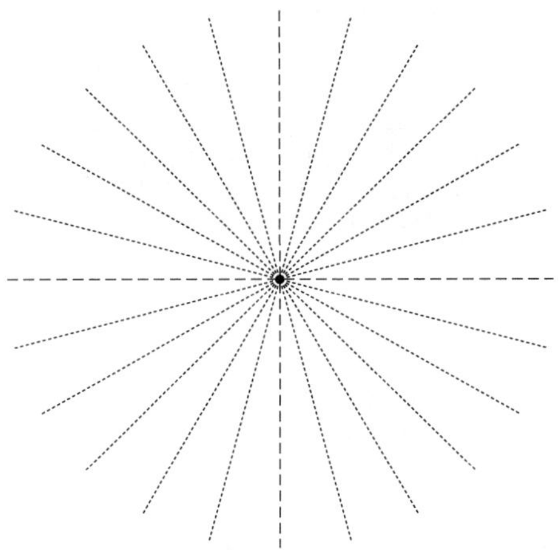

三、错误接线示意图

四、判断结论

<table>
<tr><td rowspan="2">接线组别</td><td>第一元件：</td><td rowspan="2">说明：</td></tr>
<tr><td>第二元件：</td></tr>
</table>

五、写出错误接线的功率表达式：

P_1= P_2= $P_{总}$=

六、计算更正系数

七、计算退补电量（错误接线期间电能表走字 20kWh，综合倍率为 1000）

技能等级评价专业技能考核操作评分标准

<table>
<tr><td>工种</td><td colspan="5">抄表核算收费</td><td>评价等级</td><td>高级技师</td></tr>
<tr><td>项目模块</td><td colspan="4">电能计量—三相三线制电能表—电能计量装置错误接线分析</td><td>编号</td><td colspan="2">Jc0005152057－3</td></tr>
<tr><td>单位</td><td colspan="2"></td><td>准考证号</td><td colspan="2"></td><td>姓名</td><td></td></tr>
<tr><td>考试时限</td><td colspan="2">30 分钟</td><td>题型</td><td colspan="2">单项操作</td><td>题分</td><td>100 分</td></tr>
<tr><td>成绩</td><td></td><td>考评员</td><td></td><td>考评组长</td><td></td><td>日期</td><td></td></tr>
<tr><td>试题正文</td><td colspan="7">三相三线制电能计量装置接线分析</td></tr>
</table>

续表

需要说明的问题和要求	（1）要求单人操作。 （2）操作应注意安全，按照标准化作业书的技术安全说明做好安全措施					
序号	项目名称	质量要求	满分	扣分标准	扣分原因	得分
1	工具使用及安全措施					
1.1	相关安全措施的准备	戴安全帽，穿全棉长袖工作服，穿绝缘鞋，操作时戴线手套，打开柜门前需先验电	5	准备不齐全或着装不规范每项扣1分，扣完为止		
1.2	各种工器具正确使用	正确使用验电笔，熟练正确使用相位伏安表	5	未验电扣2分，验电方法不当扣1分；工器具掉落每次扣1分；相位伏安表使用不当每次扣1分；测量过程摘手套扣2分；测量完毕后再次申请测量扣5分；扣完为止		
2	数据测量	正确填写电能表基本信息，正确记录实测数据并判断电压相序	10	电能表基本信息填写不正确，每处扣1分；测量数据不正确每项扣1分；无单位每处扣0.5分，最多扣2分；相序判断不正确扣2分；扣完为止		
3	绘制错误接线图及相量图					
3.1	错误接线相量图	正确绘制错误接线相量图	15	电压、电流相量标记错误每项扣2分，无相量符号扣1分；相量角度偏差超过15°每项扣2分；未标记功率因数角每项扣2分；扣完为止		
3.2	错误接线形式	正确判断错误接线形式	10	错误接线形式判断不正确每项扣2分，扣完为止		
3.3	错误接线示意图	正确绘制错误接线示意图	15	电压、电流回路接线不正确，每处扣2分；中性线接线不正确扣2分；未标注同名端扣2分；扣完为止		
4	计算功率表达式					
4.1	各元件的功率表达式	正确书写各元件的功率表达式	6	每个元件的功率表达式不正确扣3分，扣完为止		
4.2	计算总功率	正确计算总功率	4	每个元件的功率表达式不正确扣2分，未化简扣2分，扣完为止		
5	计算更正系数	正确计算更正系数	10	更正系数表达式不正确扣10分，未化简扣5分，结果不正确扣5分，扣完为止		
6	计算退补电量	正确计算退补电量	10	退补电量公式列写不正确扣10分，计算结果不正确扣5分，扣完为止		
7	现场恢复	恢复现场	10	未进行现场恢复扣10分		
合计			100			

计量装置设置：

考试使用电能表为仿真表，通过模拟装置进行参数设置，线电压为3×100V，电流为1.5A。

默认设置为三相三线制电能表，假定负荷三相平衡，表尾电压接线为cab，电流接线为ca，功率因数角为15°，表尾电流进出线反接二元件。

Jc0005152058－4　三相三线制电能计量装置接线分析。（100分）

考核知识点：三相三线制电能计量装置接线分析

难易度：中

技能等级评价专业技能考核操作工作任务书

一、任务名称

三相三线制电能计量装置接线分析。

二、适用工种

抄表核算收费员高级技师。

三、具体任务

使用相位伏安表完成指定三相三线制电能计量装置相关参数的测量，分析接线形式并计算错误接线的更正系数及退补电量。

四、工作规范及要求

（1）着装符合要求，穿全棉长袖工作服、绝缘鞋，戴安全帽、线手套。

（2）携带自备工具（钢笔或中性笔、计算器、三角尺）进入现场，待考评老师宣布许可工作命令后开始工作并计时。

（3）打开计量柜（箱）门之前必须对柜（箱）体验电，现场操作严格执行《国家电网有限公司营销现场作业安全工作规程（试行）》。

（4）工作结束清理现场，并向监考老师报告。

五、考核时间及要求

本考核时间为 30 分钟，时间到停止考核。

三相三线制电能计量装置检查项目见表 Jc0005152058－4。

表 Jc0005152058－4

编号		姓名		工位号	

一、实测数据

表 1 测定三相电压、电流

U_{12}	U_{32}	U_{13}	I_1	I_2

表 2 确定 B 相

U_{1n}	U_{2n}	U_{3n}

表 3 测定电压、电流相位及确定相序

相位差	$\dot{U}_{32}$	$\dot{I}_1$	$\dot{I}_2$	电压相序判断	电压相别判断	U_1	U_2	U_3
$\dot{U}_{12}$								

二、错误接线相量图

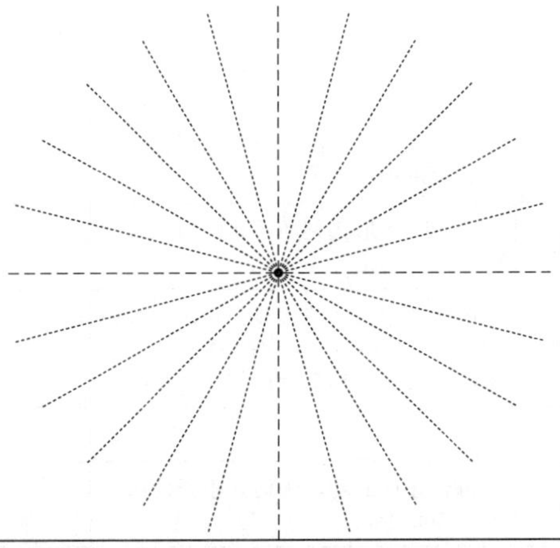

三、错误接线示意图

续表

四、判断结论

接线组别	第一元件：	说明：
	第二元件：	

五、写出错误接线的功率表达式：

P_1=　　　　P_2=　　　　$P_总$=

六、计算更正系数

七、计算退补电量（错误接线期间电能表走字 20kWh，综合倍率为 1000）

技能等级评价专业技能考核操作评分标准

工种	抄表核算收费				评价等级	高级技师
项目模块	电能计量—三相三线制电能表—电能计量装置错误接线分析			编号	Jc0005152058－4	
单位		准考证号			姓名	
考试时限	30 分钟	题型	单项操作		题分	100 分
成绩		考评员		考评组长		日期	
试题正文	三相三线制电能计量装置接线分析					
需要说明的问题和要求	（1）要求单人操作。 （2）操作应注意安全，按照标准化作业书的技术安全说明做好安全措施					

序号	项目名称	质量要求	满分	扣分标准	扣分原因	得分
1	工具使用及安全措施					
1.1	相关安全措施的准备	戴安全帽，穿全棉长袖工作服，穿绝缘鞋，操作时戴线手套，打开柜门前需先验电	5	准备不齐全或着装不规范每项扣 1 分，扣完为止		
1.2	各种工器具正确使用	正确使用验电笔，熟练正确使用相位伏安表	5	未验电扣 2 分，验电方法不当扣 1 分；工器具掉落每次扣 1 分；相位伏安表使用不当每次扣 1 分；测量过程摘手套扣 2 分；测量完毕后再次申请测量扣 5 分；扣完为止		
2	数据测量	正确填写电能表基本信息，正确记录实测数据并判断电压相序	10	电能表基本信息填写不正确，每处扣 1 分；测量数据不正确每项扣 1 分；无单位每处扣 0.5 分，最多扣 2 分；相序判断不正确扣 2 分；扣完为止		
3	绘制错误接线图及相量图					
3.1	错误接线相量图	正确绘制错误接线相量图	15	电压、电流相量标记错误每项扣 2 分，无相量符号扣 1 分；相量角度偏差超过 15°每项扣 2 分；未标记功率因数角每项扣 2 分；扣完为止		
3.2	错误接线形式	正确判断错误接线形式	10	错误接线形式判断不正确每项扣 2 分，扣完为止		
3.3	错误接线示意图	正确绘制错误接线示意图	15	电压、电流回路接线不正确，每处扣 2 分；中性线接线不正确扣 2 分；未标注同名端扣 2 分；扣完为止		
4	计算功率表达式					
4.1	各元件的功率表达式	正确书写各元件的功率表达式	6	每个元件的功率表达式不正确扣 3 分，扣完为止		

续表

序号	项目名称	质量要求	满分	扣分标准	扣分原因	得分
4.2	计算总功率	正确计算总功率	4	每个元件的功率表达式不正确扣2分，未化简扣2分，扣完为止		
5	计算更正系数	正确计算更正系数	10	更正系数表达式不正确扣10分，未化简扣5分，结果不正确扣5分，扣完为止		
6	计算退补电量	正确计算退补电量	10	退补电量公式列写不正确扣10分，计算结果不正确扣5分，扣完为止		
7	现场恢复	恢复现场	10	未进行现场恢复扣10分		
合计			100			

计量装置设置：

考试使用电能表为仿真表，通过模拟装置进行参数设置，线电压为3×100V，电流为1.5A。

默认设置为三相三线制电能表，假定负荷三相平衡，表尾电压接线为acb，电流接线为ac，功率因数角为15°，电流互感器二次极性反接。

Jc0006153059　110kV大工业直购电客户电量电费计算。(100分)

考核知识点：电费计算

难易度：难

技能等级评价专业技能考核操作工作任务书

一、任务名称

110kV大工业直购电客户电量电费计算。

二、适用工种

抄表核算收费员高级技师。

三、具体任务

某石油开采公司，供电方由洪广变电站以110kV电压，经出口121和111开关送出的地埋电缆专线，向用电方受电点直配供电。变压器总容量为100 000kVA，其中：2台50 000kVA变压器为正常运行状态，互为备用。安装4只计费表，其中变电站出线间隔安装2只计费总表，121间隔的电流互感器变比为800A/5A，111间隔的电流互感器变比为800A/5A。《供用电合同》约定：该客户按照实际抄见最大需量方式计收基本电费，抄表例日为每月25日。与该户签订了《直接交易购售电合同》，执行直购电电价政策，8月月度计划电量为860万kWh，年度计划电量为2000万kWh，基数电量计划按15%进行提取。抄录的电能表示数及电价见表Jc0006153059，请计算12月应缴纳的电费及代征费[基本电价为30元/（kW·月），基本电费按自然月计算]。

表Jc0006153059

表计关系	示数类型	上月示数	本月示数	现行电价标准（元/kWh）	大客户（年度）直购电电价标准（元/kWh）	大客户（月度）直购电电价标准（元/kWh）	输配电价标准（元/kWh）
121间隔	有功（总）	820.53	1018.40				
	有功（峰）	277.09	343.77	0.502 3	0.345 8	0.353 5	0.113 1 2
	有功（平）	267.04	331.25	0.364 9	0.247	0.252 5	0.080 8
	有功（谷）	276.4	343.38	0.227 5	0.148 2	0.151 5	0.048 4 8

续表

表计关系	示数类型	上月示数	本月示数	现行电价标准（元/kWh）	大客户（年度）直购电电价标准（元/kWh）	大客户（月度）直购电电价标准（元/kWh）	输配电价标准（元/kWh）
121 间隔	无功（总）	148.57	201.30				
	需量		0.281 8				

四、工作规范及要求

（1）自备钢笔或中性笔。

（2）计算公式、步骤正确。

（3）电价执行正确。

五、考核及时间要求

本考核为计算实操任务，严格按照规定步骤完成，考核时间为 60 分钟。

技能等级评价专业技能考核操作评分标准

工种	抄表核算收费员				评价等级	高级技师
项目模块	新型业务—新型业务知识			编号	Jc0006153059	
单位		准考证号			姓名	
考试时限	60 分钟	题型	综合操作		题分	100 分
成绩		考评员		考评组长		日期	
试题正文	110kV 大工业直购电客户电量电费计算					
需要说明的问题和要求	（1）要求单人完成。 （2）需列式计算的写出计算公式、步骤，数据清晰					

序号	项目名称	质量要求	满分	扣分标准	扣分原因	得分
1	综合倍率	综合倍率计算正确	15	综合倍率错误扣 15 分		
2	市场化售电峰谷电费	市场化售电峰谷电费、市场化售电代征费计算正确	18	市场化售电未执行峰谷电价、电费计算错误各扣 2 分，市场化售电代征费每错一项扣 1 分，扣完为止		
3	总表有功、无功电量电费	总表有功、无功电量电费计算正确	6	总表有功、无功电量电费计算错误各扣 3 分，扣完为止		
4	基本电费	计费需量计算正确	10	计费需量换表前、后折算值计算错误各扣 5 分，扣完为止		
		基本电费金额计算正确	5	基本电费计算错误扣 5 分		
5	功率因数	表达式规范完整、计算数值正确	10	表达式错误、计算错误各扣 5 分，扣完为止		
		调整系数和调整金额计算正确	10	调整系数和调整金额错误各扣 5 分，扣完为止		
6	总表峰谷电量电费	总表峰谷电量电费计算正确	12	总表峰谷电量电费错误一项扣 2 分，扣完为止		
7	代征费	代征费计算正确	10	代征费错误一项扣 2 分，扣完为止		
8	应收电费	应收电费计算正确	4	应收电费计算错误扣 4 分		
合计			100			

Jc0006152060　分布式发电客户抄表电量计算。（100 分）

考核知识点：电费计算

难易度：中

技能等级评价专业技能考核操作工作任务书

一、任务名称

分布式发电客户抄表电量计算。

二、适用工种

抄表核算收费员高级技师。

三、具体任务

图 Jc0006152060 为某低压分布式客户计量点方案接线图，已知 1、2 号电能表表号，请完成以下操作。

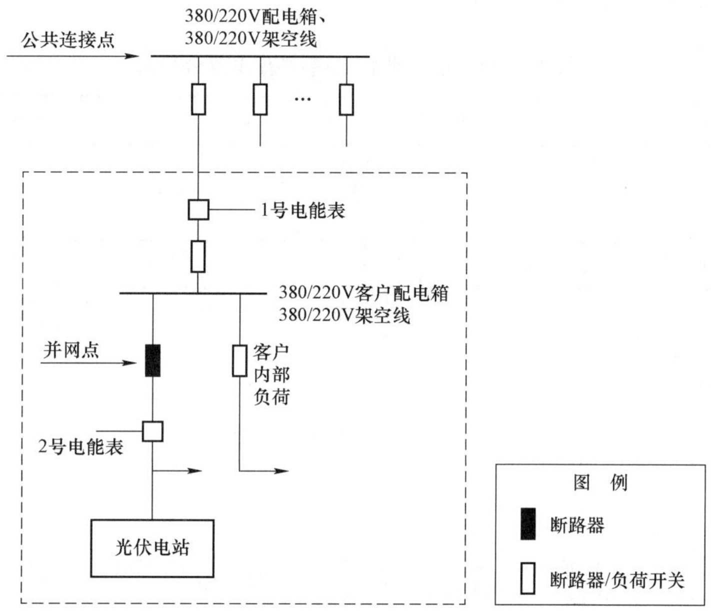

图 Jc0006152060

（1）分别抄读 1、2 号电能表相关信息。

1 号电能表信息见表 Jc0006152060－1。

表 Jc0006152060－1

电能表铭牌参数		表内信息	
电能表出厂编号		正向有功（总）	
参比电压		上一月正向有功（总）	
标定电流及最大电流		反向有功（总）	
接线方式		上一月反向有功（总）	

2 号电能表信息见表 Jc0006152060－2。

表 Jc0006152060－2

电能表铭牌参数		表内信息	
电能表出厂编号		正向有功（总）	
参比电压		上一月正向有功（总）	
标定电流及最大电流		反向有功（总）	
接线方式		上一月反向有功（总）	

（2）计算出客户当月发电量、上网电量、网购电量以及用电量。

四、工作规范及要求

（1）着装符合要求，穿全棉长袖工作服、绝缘鞋，戴安全帽、线手套。

（2）携带自备工具（钢笔或中性笔、计算器、线手套）进入现场，待考评老师宣布许可工作命令后开始工作并计时。

（3）打开计量柜（箱）门之前必须对柜（箱）体验电，现场操作严格执行《国家电网公司电力安全工作规程（配电部分）（试行）》。

（4）工作结束清理现场，并向监考老师报告。

五、考核及时间要求

本考核时间为30分钟，计时结束停止考核。

技能等级评价专业技能考核操作评分标准

工种	抄表核算收费员					评价等级	高级技师
项目模块	新型业务—新型业务知识				编号	Jc0006152060	
单位			准考证号			姓名	
考试时限	30分钟		题型	单项操作		题分	100分
成绩		考评员		考评组长		日期	
试题正文	分布式发电客户抄表电量计算						
需要说明的问题和要求	（1）要求单人操作。 （2）操作应注意安全，按照标准化作业书的技术安全说明做好安全措施						

序号	项目名称	质量要求	满分	扣分标准	扣分原因	得分
1	安全文明生产	戴安全帽，穿全棉长袖工作服，穿绝缘鞋，操作时戴线手套，打开柜门前需先验电	10	有一项未按要求进行扣5分，扣完为止		
2	电能表抄读	电能表铭牌信息填写正确规范，表内示数信息填写正确规范	32	表格内每项数据未填写或填写错误扣2分，扣完为止		
3	电量计算	发电量计算正确，上网电量计算正确，网购电量计算正确，用电量计算正确	48	每项错误扣12分，扣完为止		
4	现场恢复	操作结束后清理现场杂物，并将工器具归位摆放整齐	10	现场留有杂物或工器具未归位扣10分		
合计			100			

Jc0006152061　绘制分布式电源新装流程图。（100分）

考核知识点： 流程图绘制

难易度： 中

技能等级评价专业技能考核操作工作任务书

一、任务名称

绘制分布式电源新装流程图。

二、适用工种

抄表核算收费员高级技师。

三、具体任务

请绘制分布式电源新装流程图。

四、工作规范及要求

（1）自备钢笔或中性笔。

（2）文字描述条理清晰，简明扼要。

（3）正确绘制分布式电源新装流程图。

五、考核及时间要求

本考核时间为 30 分钟，要求图形规范、文字描述清晰。

技能等级评价专业技能考核操作评分标准

工种	抄表核算收费员					评价等级	高级技师
项目模块	新型业务—新型业务知识				编号	Jc0006152061	
单位		准考证号				姓名	
考试时限	30 分钟		题型	单项操作		题分	100 分
成绩		考评员		考评组长		日期	
试题正文	绘制分布式电源新装流程图						
需要说明的问题和要求	（1）要求单人完成。 （2）自备钢笔或中性笔						

序号	项目名称	质量要求	满分	扣分标准	扣分原因	得分
1	开始	图形规范，表述准确	10	不规范、表述错误扣 10 分		
2	流程步骤	图形规范，表述准确	80	步骤错、漏一处扣 15 分，扣完为止		
3	结束	图形规范，表述准确	10	不规范、表述错误扣 10 分		
合计			100			

Jc0006152062－1　分布式光伏发电项目的业务办理流程及考核时限。（100 分）

考核知识点：业务流程及考核时限

难易度：中

技能等级评价专业技能考核操作工作任务书

一、任务名称

分布式光伏发电项目的业务办理流程及考核时限。

二、适用工种

抄表核算收费员高级技师。

三、具体任务

填写 380（220）V 接入电网分布式光伏发电项目的业务办理流程及考核时限表。

四、工作规范及要求

（1）自备钢笔或中性笔。

（2）文字描述条理清晰，简明扼要。

（3）正确填写 380（220）V 接入电网分布式光伏发电项目的业务办理流程及考核时限表。

五、考核及时间要求

本考核时间为 30 分钟，要求填写规范、文字描述清晰。

技能等级评价专业技能考核操作评分标准

<table>
<tr><td>工种</td><td colspan="5">抄表核算收费员</td><td>评价等级</td><td colspan="2">高级技师</td></tr>
<tr><td>项目模块</td><td colspan="4">新型业务—新型业务知识</td><td>编号</td><td colspan="3">Jc0006152062-1</td></tr>
<tr><td>单位</td><td colspan="2"></td><td>准考证号</td><td colspan="2"></td><td>姓名</td><td colspan="2"></td></tr>
<tr><td>考试时限</td><td>30 分钟</td><td>题型</td><td colspan="3">单项操作</td><td>题分</td><td colspan="2">100 分</td></tr>
<tr><td>成绩</td><td></td><td>考评员</td><td></td><td>考评组长</td><td></td><td>日期</td><td colspan="2"></td></tr>
<tr><td>试题正文</td><td colspan="8">分布式光伏发电项目的业务办理流程及考核时限</td></tr>
<tr><td>需要说明的问题和要求</td><td colspan="8">（1）要求单人完成。
（2）自备钢笔或中性笔</td></tr>
</table>

序号	项目名称	质量要求	满分	扣分标准	扣分原因	得分
1	开始	填写规范，表述准确	10	不规范、表述错误扣 10 分		
2	流程步骤	填写规范，表述准确	80	步骤错、漏一处扣 15 分，扣完为止		
3	结束	填写规范，表述准确	10	不规范、表述错误扣 10 分		
合计			100			

Jc0006152063－2　分布式光伏发电项目的业务办理流程及考核时限。（100 分）

考核知识点：业务流程及考核时限

难易度：中

技能等级评价专业技能考核操作工作任务书

一、任务名称

分布式光伏发电项目的业务办理流程及考核时限。

二、适用工种

抄表核算收费员高级技师。

三、具体任务

填写 10kV 接入电网分布式光伏发电项目开始与完成结点及考核时限。

四、工作规范及要求

（1）自备钢笔或中性笔。

（2）文字描述条理清晰，简明扼要。

（3）正确填写 10kV 接入电网分布式光伏发电项目开始与完成结点及考核时限。

五、考核及时间要求

本考核时间为 30 分钟，要求填写规范、文字描述清晰。

技能等级评价专业技能考核操作评分标准

<table>
<tr><td>工种</td><td colspan="5">抄表核算收费员</td><td>评价等级</td><td>高级技师</td></tr>
<tr><td>项目模块</td><td colspan="4">新型业务—新型业务知识</td><td>编号</td><td colspan="2">Jc0006152063－2</td></tr>
<tr><td>单位</td><td colspan="2"></td><td>准考证号</td><td colspan="2"></td><td>姓名</td><td></td></tr>
<tr><td>考试时限</td><td>30 分钟</td><td>题型</td><td colspan="3">单项操作</td><td>题分</td><td>100 分</td></tr>
<tr><td>成绩</td><td></td><td>考评员</td><td></td><td>考评组长</td><td></td><td>日期</td><td></td></tr>
<tr><td>试题正文</td><td colspan="7">分布式光伏发电项目的业务办理流程及考核时限</td></tr>
</table>

续表

需要说明的问题和要求	（1）要求单人完成。 （2）自备钢笔或中性笔					
序号	项目名称	质量要求	满分	扣分标准	扣分原因	得分
1	开始	填写规范，表述准确	10	不规范、表述错误扣 10 分		
2	流程步骤	填写规范，表述准确	80	步骤错、漏一处扣 15 分，扣完为止		
3	结束	填写规范，表述准确	10	不规范、表述错误扣 10 分		
合计			100			

Jc0007163064　10kV 业扩验收。（100 分）

考核知识点：10kV 业扩验收

难易度：难

技能等级评价专业技能考核操作工作任务书

一、任务名称

10kV 业扩验收。

二、适用工种

抄表核算收费员高级技师。

三、具体任务

2010 年 9 月 26 日 8 时 30 分，某供电公司工作负责人吕××带领吴××、李××、熊××、赵××4 人对客户新安装的 800kVA 箱式变压器进行验收。10 时 55 分，他们到达现场后，吕××与客户负责人联系，到现场协助验收事宜。此时，李××独自一人到高压计量柜处（工作地点），没有查验箱式变压器是否带电，强行打开具有带电闭锁功能的高压计量柜门，进行高压计量装置检查，触及带电的计量装置 10kV C 相桩头，经抢救无效死亡。经调查，9 月 17 日，施工人员施工完毕并试验合格，因客户要求送电，施工人员擅自对箱式变压器进行搭火。请分析该起事件中违反营销现场作业安全工作规程的行为。

四、工作规范及要求

分析该起事件中违反营销现场作业安全工作规程的行为。

五、考核及时间要求

本考核时间为 20 分钟，要求答题完整，文字描述应清晰、规范。

技能等级评价专业技能考核操作评分标准

工种	抄表核算收费员					评价等级	高级技师
项目模块	安全管理—安全管理知识				编号	Jc0007163064	
单位			准考证号			姓名	
考试时限	20 分钟		题型	综合操作题		题分	100 分
成绩		考评员		考评组长		日期	
试题正文	10kV 业扩验收						
需要说明的问题和要求	（1）要求单人完成。 （2）分析该起事件中违反营销现场作业安全工作规程的行为，并说明违反了营销现场作业安全工作规程中的哪条规定						

续表

序号	项目名称	质量要求	满分	扣分标准	扣分原因	得分
1	分析原因	表达意思明确，文字描述清楚	80	每错、漏写一条扣 40 分，扣完为止		
2	每条原因分析的依据	写出原因分析的依据	20	每错、漏写一条扣 10 分，扣完为止		
合计			100			

Jc0007163065　10kV 配电台架电能表更换。（100 分）

考核知识点：10kV 配电台架电能表更换

难易度：难

技能等级评价专业技能考核操作工作任务书

一、任务名称

10kV 配电台架电能表更换。

二、适用工种

抄表核算收费员高级技师。

三、具体任务

2017 年 8 月 10 日上午，某供电公司营业所张××（死者）、柳涂××（工作负责人）持低压工作票进行台区低压计量总表更换工作。9 时 35 分到达工作地点后，张××登上台架检修平台，坐在平台上，开始电能表更换工作，柳××未对工作人员进行全过程监护。约 10 分钟后，柳××听见台架上发出碰击声，随后发现拆开的电压线裸露线头搭在张××左手虎口处，发生触电，张××经抢救无效死亡。试分析该起事件中违反营销现场作业安全工作规程的行为。

四、工作规范及要求

分析该起事件中违反营销现场作业安全工作规程的行为。

五、考核及时间要求

本考核时间为 20 分钟，要求答题完整，文字描述应清晰、规范。

技能等级评价专业技能考核操作评分标准

工种	抄表核算收费员				评价等级	高级技师
项目模块	安全管理—安全管理知识			编号	Jc0007163065	
单位		准考证号			姓名	
考试时限	20 分钟	题型	综合操作题		题分	100 分
成绩		考评员		考评组长	日期	
试题正文	10kV 配电台架电能表更换					
需要说明的问题和要求	（1）要求单人完成。 （2）分析该起事件中违反营销现场作业安全工作规程的行为，并说明违反营销现场作业安全工作规程中的哪条规定					

序号	项目名称	质量要求	满分	扣分标准	扣分原因	得分
1	分析原因	表达意思明确，文字描述清楚	75	每错、漏写一条扣 25 分，扣完为止		
2	每条原因分析的依据	写出原因分析的依据	25	每错、漏写一条扣 10 分，扣完为止		
合计			100			